高等院校电子信息与电气学科系列教材

电 路

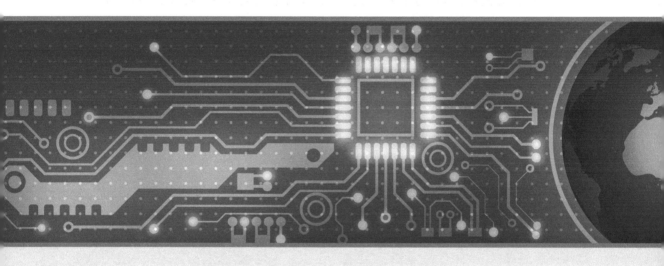

张宇飞 史学军 周井泉 编著

U0218631

机械工业出版社
China Machine Press

图书在版编目（CIP）数据

电路／张宇飞，史学军，周井泉编著 . —北京：机械工业出版社，2015.2（2024.1 重印）
（高等院校电子信息与电气学科系列教材）

ISBN 978-7-111-49144-6

I. 电⋯ Ⅱ. ①张⋯ ②史⋯ ③周⋯ Ⅲ. 电路－高等学校－教材 Ⅳ. TM13

中国版本图书馆 CIP 数据核字（2015）第 012221 号

　　本书内容符合教育部高等学校电子信息科学与电气信息类基础课程教学指导分委会制订的"电路理论基础"和"电路分析基础"教学基本要求。全书共 13 章，主要内容包括电路模型和电路定律、电阻电路的等效变换、电阻电路的一般分析法、电路定理、非线性电阻电路分析、动态电路的时域分析、动态电路的复频域分析、正弦稳态电路的分析、三相电路、含耦合电感和变压器的电路分析、电路的频率特性、二端口网络、磁路和铁心线圈电路。本书结合实例讲解电路理论，不仅含有大量的例题和详细解答，而且各章配有难易适中、题型齐全的习题，并在书后给出了习题的参考答案，便于学生自学和教师施教。

　　本书可作为高等学校电子信息科学与电气信息类专业电路课程的教材，也可供有关科技人员学习使用。

出版发行：机械工业出版社（北京市西城区百万庄大街 22 号　邮政编码：100037）

责任编辑：刘立卿　　　　　　　　　　　　　　责任校对：殷　虹

印　　刷：北京建宏印刷有限公司　　　　　　　版　　次：2024 年 1 月第 1 版第 6 次印刷

开　　本：185mm×260mm　1/16　　　　　　　印　　张：21.5

书　　号：ISBN 978-7-111-49144-6　　　　　　定　　价：45.00 元

客服电话：（010）88361066　68326294

前 言

电路课程是高等学校电子信息科学与电气信息类专业的一门重要的专业基础课程，学生通过学习该课程，能够掌握电路的基本概念、基本理论和基本分析方法，为后续课程的进一步学习打下坚实的基础。

本教材内容符合教育部高等学校电子信息科学与电气信息类基础课程教学指导分委会制订的"电路理论基础"和"电路分析基础"教学基本要求，在内容选材上立足于强化基础、精选内容、突出重点、贴近实际、由浅入深、利于教学、便于自学，注意与先修的"高等数学""大学物理"和后续的"模拟电子电路""信号与系统"等课程的衔接和配合。

本教材精心编排了各类典型例题，以便于读者结合实例学习电路理论。章后给出的习题除一些基础性的之外，还有一些有一定的深度，目的在于锻炼和提高学生的自主学习能力和电路分析能力。书后给出了习题的参考答案。

本教材是在南京邮电大学电路与系统教学中心全体教师多年教学经验积累的基础上编写而成的，是该校电路教学改革和教材建设的继承和发展。全书由张宇飞、史学军和周井泉老师合作编写。其中张宇飞编写了第1、2、8、9、12和13章；史学军编写了第3、4、10和11章；周井泉编写了第5、6、7章。全书由张宇飞统稿。

在教材编写过程中，课程组老师和我们的学生提出了宝贵的意见，黄丽亚教授对本教材的编写给予了热情的鼓励和帮助，同时许多兄弟院校的教材和文献也给予我们启发，在此对编写教材提供帮助的所有人表示衷心的感谢。

限于编者的水平，缺点和不足之处在所难免，敬请读者批评指正。

编者
2014 年 9 月

教学建议

本教材适用于高等学校电子信息科学与电气信息类专业"电路"课程的学习，它是研究电路理论的入门课程，着重讨论集总参数的线性时不变电路，其基本概念、基本理论和基本分析方法是电类专业后续课程的基础。

一、教学目的

(1) 了解集总参数、分布参数以及线性、非线性、时变、时不变的基本概念，掌握电压、电流及其参考方向、功率、能量的概念及计算。熟悉电阻、电感、电容、运算放大器、电压源、电流源、受控源的参数及其元件特性，深刻理解欧姆定律和基尔霍夫定律；掌握等效变换的概念，能用等效变换的概念分析、计算电路；掌握网孔分析法、节点分析法和回路分析法，熟悉树、树支、连支、基本回路、基本割集等网络图论的基本概念；掌握叠加定理、戴维南定理、诺顿定理的内容及运用，掌握替代定理、互易定理的内容及应用条件，了解特勒根定理和对偶原理；掌握功率匹配的概念。

(2) 熟悉一阶电路的零输入响应、直流激励下的零状态响应和全响应以及一阶电路的三要素法，掌握阶跃信号、阶跃响应；掌握二阶电路的零输入响应、零状态响应和全响应以及冲激信号和动态电路的冲激响应；了解拉普拉斯正、反变换的定义，掌握拉普拉斯变换的一些基本性质，掌握拉普拉斯反变换的部分分式展开法，熟悉电路基本元件的复频域模型和基尔霍夫定律的复频域形式，掌握线性时不变动态电路的暂态响应的复频域分析法。

(3) 掌握正弦信号的三要素、相位差、有效值的概念，熟悉基尔霍夫定律、元件伏安关系的相量形式。由阻抗及导纳的概念，会做相量模型，并对正弦稳态电路进行相量分析和计算。掌握平均功率、无功功率、视在功率、功率因数、复功率的概念与计算。熟悉感性负载电路提高功率因数的方法，掌握最大功率传输的概念及计算。了解周期性非正弦稳态电路响应的概念及计算方法，了解非正弦周期波平均功率和有效值的计算；掌握对称三相电路的线电压、线电流、相电压、相电流的关系及其计算，熟悉三相对称电路的归一相计算和三相电路功率的计算。理解不对称负载的中性点的位移及负载不对称情况下中线的意义，了解不对称三相电路的计算。

(4) 掌握耦合电感的伏安关系及去耦等效电路，理解同名端、耦合系数的概念，掌握含耦合电感电路的分析和计算；掌握理想变压器的伏安关系及其阻抗变换作用，熟悉含理想变压器电路的分析和计算。了解铁心变压器的伏安关系。

(5) 掌握电路的频率特性与网络函数的概念、RC 电路的高通、低通性质；熟悉 RLC 串联谐振和 GCL 并联谐振产生的条件及谐振时电路的特点。掌握频率响应、谐振频率、特性阻抗、品质因数、通频带的概念和计算。了解选频的概念。

（6）掌握二端口网络方程的建立及相应的 Z 参数、Y 参数、H 参数、A 参数的定义和计算；掌握二端口网络的等效电路及互连，了解二端口网络参数间的转换；了解回转器和负阻抗变换器的应用。

（7）了解磁场的基本知识、铁磁物质的磁性能、磁路及其基本规律，了解恒定磁通磁路的计算、交变磁通磁路中的波形畸变和能量损耗，了解铁心线圈的电路模型和分析方法。

二、教学目标

通过"电路"课程的学习，使学生熟悉电路分析的基础理论、基本知识和基本技能，能对基本概念和基本方法准确理解和灵活运用，使学生建立正确的思想方法和合理的思维方式，达到理解和掌握电路理论规律的目的，为以后学习"电子电路""电机学""电力电子技术"等有关专业课程及进行电路设计打下坚实基础。

三、教学建议

教学内容	教学要点	课时安排	
		多学时	少学时
第1章 电路模型和电路定律	• 集总参数的概念和电路模型 • 电压、电流及参考方向的概念 • 基尔霍夫定律	4	4
第2章 电阻电路的等效变换	• 等效的概念和等效变换 • 含源电路的等效变换 • 无源电路的等效变换和输入电阻的概念	6	6
第3章 电阻电路的一般分析法	• 网络图论的基本概念 • 网孔分析法、回路分析法 • 节点分析法	6	4
第4章 电路定理	• 叠加定理 • 戴维南定理、诺顿定理 • 最大功率传输定理	6	6
第5章 非线性电阻电路分析	• 非线性电阻的解析法、图解法分析 • 小信号分析法	2	0
第6章 动态电路的时域分析	• 一阶电路的零输入响应 • 直流激励的零状态响应和全响应 • 三要素法求一阶电路的响应 • 阶跃信号和阶跃响应 • 二阶电路的零输入响应、零状态响应、全响应 • 冲激信号和冲激响应	10	8
第7章 动态电路的复频域分析	• 拉普拉斯变换的定义和基本性质 • 拉普拉斯反变换的部分式展开法 • 动态电路的复频域分析法	4	0
第8章 正弦稳态电路的分析	• 基尔霍夫定律的相量形式 • 电路基本元件 VCR 的相量关系 • 阻抗和导纳的概念 • 正弦稳态电路的相量分析法 • 正弦稳态电路中的功率	8	6

（续）

教学内容	教学要点	课时安排	
		多学时	少学时
第9章 三相电路	• 三相电路的连接方式 • 对称三相电路的分析和计算 • 三相电路的功率及测量 • 不对称三相电路的概念	4	2
第10章 含耦合电感和变压器的电路分析	• 耦合电感和理想变压器的伏安关系 • 含耦合元件的电路分析	4	4
第11章 电路的频率特性	• 网络函数及频率特性的概念 • RC 电路的频率特性 • 谐振的概念，RLC 串联谐振电路的分析，GLC 并联谐振电路的分析	4	4
第12章 二端口网络	• 二端口网络及其方程 • 二端口网络的 Z、Y、H 和 A 参数及各参数之间的关系 • 二端口网络的等效电路及连接 • 回转器和负阻抗变换器	4	4
第13章 磁路和铁心线圈电路	• 铁磁物质的磁性能、磁路及其基本定律 • 恒定磁通磁路的计算	2	0
教学总学时建议		64	48

四、说明

（1）本教材为"电路"课程教材，授课学时数为 48～64，不同专业可根据不同的教学要求和计划课时对教材内容进行适当取舍。

（2）"电路"课程是电类专业学生学习专业课程的第一步，该课程不仅有很强的理论性，也有很强的实践性。在课堂教学中，可增加应用实例的内容，加深学生对理论知识的理解，提高学习兴趣，培养学生分析和解决问题的能力。

（3）本教材未包含实验方面的内容，原则上，"电路"课程应安排有关实验，建议与"多学时"课程配套的实验时数为 10 学时，而"少学时"课程配套的实验时数为 8 学时，也可适当在课内安排有关的演示实验内容。

目 录

第1章

电路模型和电路定律

内容提要：本章介绍电路模型和电压、电流参考方向的概念，以及电路吸收功率的表达式和计算，还介绍电阻、独立电源、受控电源和运算放大器等电路元件。电路中的电压、电流一定受两类约束的支配，一类是电路元件自身的电压、电流约束，另一类是由元件的连接方式引入的拓扑约束。拓扑约束由基尔霍夫定律来表达，该定律是集总参数电路的基本定律。

1.1 实际电路和电路模型

实际电路是由各种电气器件按一定方式互相连接而组成的。通常包括三个部分：一是提供能量或信号的电源；二是用电装置，称为负载；三是连接电源和负载的导线、开关等中间环节。实际电路的主要功能可概括为两个方面：一是进行电能的产生、传输、分配与转换，如电力系统中的发电、输配电线路等；二是实现信号的产生、传递、变换、处理与控制，如电话、收音机、电视机电路等。

为了对实际电路加以分析，必须对实际电路进行数学建模，该模型称为电路模型，即电路模型是实际电路在一定条件下的科学抽象和精确的数学描述，是指由各种理想电路元件按一定的方式互连组成的整体，简称电路。

理想电路元件是组成电路模型的最小单元，它是一种理想化的模型并具有精确的数学定义。每一种理想电路元件表示实际器件所具有的一种主要电磁性能(物理性质)。例如，理想电阻元件仅表示消耗电能的特征，理想电容元件仅表示储存电场能量的特征，理想电感元件仅表示储存磁场能量的特征。这三种理想元件模型如图 1-1 所示。今后所说的电路，除特别说明外均指电路模型，所说的电路元件均指理想电路元件。图 1-2a 为一简单的实际电路，这是一个照明电路。其电路模型如图 1-2b 所示。

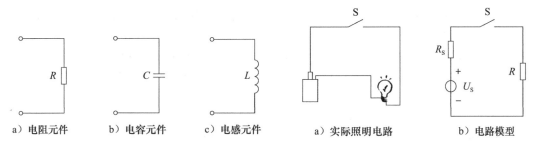

a）电阻元件 b）电容元件 c）电感元件	a）实际照明电路 b）电路模型
图 1-1 3 种基本电路元件的电路符号	图 1-2 实际照明电路和电路模型

实际电路部件的运用一般都与电能的消耗及电磁能的储存现象有关，它们交织在一起并发生在整个部件中。对理想电路元件来说，是假定这些现象可以分别研究，并且这些电磁过程都分别集中在各理想元件之中，故理想电路元件称为集总参数元件，简称为集总元件。由集总元件构成的电路称为集总参数电路，简称集总电路。由于集总元件的特性是集中表现在空间的一个点上，所以在集总电路中，任一时刻该电路在任一处的电流、电压

都是与其空间位置无关的确定值。

用集总电路模型来近似描述实际电路是有条件的，它要求实际电路的尺寸 l（长度）要远小于电路最高工作频率 f 所对应的波长 λ，即

$$l \ll \lambda$$

其中 $\lambda = c/f$，而 $c = 3 \times 10^8 \mathrm{m/s}$（光速）。

我国电力用电的频率是 $50\mathrm{Hz}$，对应的波长为 $6000\mathrm{km}$，对以此为工作频率的实验室设备来说，其尺寸与这一波长相比可以忽略不计，因而采用集总的概念是合适的。但对于远距离的输电线来说，就不满足上述条件，所以不能用集总参数，而要用分布参数来表征。本书只讨论集总参数电路。

本书的主要任务就是对由理想电路元件组成的电路模型进行分析，分析结果是判断实际电路电气性能和指导电路设计的重要依据。

1.2　电路的基本物理量

通过电路分析，可以得到给定电路的电性能，而电性能通常可用一组表示为时间函数的物理量来描述，这些物理量通常称为电路变量，电路分析的任务就是解得这些变量。这些变量中最常用的是电流、电压和功率，另外还有电荷、磁通和能量。电流和电压的参考方向是重要的基本概念，学习过程中要多给予关注。

1.2.1　电流及其参考方向

电子和质子都是带电的粒子，电子带负电荷，质子带正电荷，电荷在导体中的定向运动形成电流。

单位时间内通过导体横截面的电荷量定义为电流强度，简称电流，用符号 i 表示，即

$$i = \frac{\mathrm{d}q}{\mathrm{d}t} \tag{1-1}$$

习惯上把正电荷运动的方向规定为电流的实际方向。

如果电流的大小和方向都不随时间而变，则这种电流称为恒定电流或直流电流，可用大写字母 I 表示。如果电流的大小和方向都随时间变化，则称为交变电流或交流电流，用小写字母 i 表示。

在国际单位制（SI）中，电流的单位为安培（简称安，符号为 A），电荷的单位为库仑（简称库，符号为 C），时间的单位为秒（符号为 s）。

在电力系统中，电路中的电流一般较大，常用千安（kA）作为电流单位。在信息工程领域，电路中的电流一般较小，常用毫安（mA）、微安（μA）作为电流的单位。它们之间的换算关系是

$$1\mathrm{kA} = 10^3 \mathrm{A}, \quad 1\mathrm{mA} = 10^{-3} \mathrm{A}, \quad 1\mu\mathrm{A} = 10^{-6} \mathrm{A}$$

对于给定的简单电路，电流的实际方向容易判定。但当电路较为复杂时，就很难确定电路中某元件上电流的实际方向。况且，在交流电路中电流的实际方向是随时间变动的。因此，为了能方便地确定电路中某一电路元件的电流实际方向，便引入了电流参考方向的概念。

任意给定电路中某元件上的电流方向即为参考方向。可见电流的参考方向是人为假定的电流方向。在图 1-3 所示电路中，流经元件的电流 i 的参考方向可用箭头表示，也可用双下标 i_{ab} 表示，i_{ab} 表示电流的参考方向由 a 指向 b。当电流的实际方向与参考方向一致

时，电流的数值就为正值($i>0$)，如图 1-3a 所示。反之，当电流的实际方向与参考方向相反时，电流的数值就为负值($i<0$)，如图 1-3b 所示。

由此可见，既有电流的参考方向，又有其带有正号或负号的代数值，才能给出电流的完整解答，只有数值而无参考方向的电流是没有意义的。因此，求解电路时，要先选定电流的参考方向。应该注意，虽然参考方向可任意选定，但一旦选定，就不能再改变。在给定的电流参考方向下，若计算出的电流值为正值，表

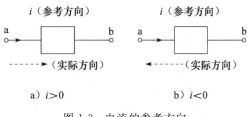

图 1-3　电流的参考方向

明电流的参考方向与实际方向一致；若计算出的电流值为负值，则表明电流参考方向与实际方向相反。

今后，电路中所标电流方向都是指电流的参考方向。电流的参考方向又称为电流的正方向。

1.2.2　电压及其参考方向

电压即两点之间的电位差，用符号 u 表示。电路中 a、b 两点间的电压表明了单位正电荷由 a 点转移到 b 点时所获得或失去的能量，即

$$u = \frac{\mathrm{d}w}{\mathrm{d}q} \tag{1-2}$$

式中，$\mathrm{d}q$ 为由 a 点移至 b 点的电量，单位为库仑(C)；$\mathrm{d}w$ 为转移过程中电荷 $\mathrm{d}q$ 所获得或失去的能量，单位为焦耳(J)。

习惯上把电位降落的方向(高电位指向低电位)规定为电压的实际方向。通常电压的高电位端标为"＋"极，低电位端标为"－"极。

如果电压的大小和方向都不随时间而变，则这种电压称为恒定电压或直流电压，可用大写字母 U 表示。如果电压的大小和方向都随时间变化，则称为交变电压或交流电压，用小写字母 u 表示。

在国际单位制(SI)中，电压的单位为伏特(简称伏，符号为 V)，在电力系统中电压一般较大，常用千伏(kV)作单位。在无线电电路中电压一般较小，常用毫伏(mV)、微伏(μV)作为电压单位。它们之间的换算关系是

$$1\mathrm{kV} = 10^3\mathrm{V}, \quad 1\mathrm{mV} = 10^{-3}\mathrm{V}, \quad 1\mu\mathrm{V} = 10^{-6}\mathrm{V}$$

同需要为电流选定参考方向一样，也需要为电压选定参考方向(参考极性)。通常在电路图中用"＋"表示参考方向的高电位端，"－"表示参考方向的低电位端，正极指向负极的方向就是电压的参考方向，如图 1-4 所示。电压的参考极性同样是任意选定的。

电压的参考方向也可用双下标表示。在图 1-4 中，电压 u 也可用 u_{ab} 表示，u_{ab} 表示电压的参考方向由 a 指向 b。也可用箭头表示电压的参考方向，箭头指向是从高电位端指向低电位端。在电压参考极性下，若计算出的电压值为正值，表

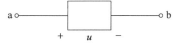

图 1-4　电压的参考方向

明电压的参考极性与真实极性一致；若计算出的电压值为负值，则表明电压参考极性与真实极性相反。

在求解电路时必须首先选定电压的参考方向，只有数值而无参考方向的电压是没有意义的。

　　电压即两点之间的电位差，而电位的计算是相对于参考点来说的。指定电路中某一点为参考点，通常用符号"⊥"表示。参考点的电位为零。电路中各点电位指该点到参考点间的电压。

1.2.3　关联参考方向

　　在分析电路时，电流和电压的参考方向原是可以独立无关地任意假定的。但为了计算方便，对同一元件或同一段电路，常采用关联的参考方向，即电流参考方向与电压参考"＋"极到"－"极的方向一致，也就是电流与电压降的参考方向一致，如图1-5a所示。当两者的参考方向不一致时，称为非关联参考方向。在图1-5b中，N表示电路的一个部分，对外有两个端子，电流的参考方向由电压的正极性端流入，从负极性端流出，两者参考方向一致，为关联参考方向；而图1-5c所示电流和电压的参考方向为非关联的。

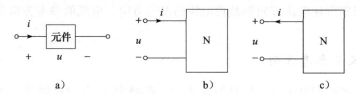

图1-5　关联参考方向

　　当电流、电压采用关联参考方向时，在电路图上就只需标出电流的参考方向和电压参考极性中的任意一个即可。

1.2.4　电功率和能量

　　电路在工作状况下总伴随有电能与其他形式能量的相互交换。另外，电气设备、电路部件本身都有功率的限制，在使用时要注意其电流值或电压值是否超过额定值。所谓额定值就是制造厂家为使产品能在给定的工作条件下正常运行而规定的正常允许值。过载会使设备或部件损坏，或是不能正常工作。因此，在电路的分析和计算中，能量和功率的计算十分重要。

　　能量对时间的变化率称为功率，用字符 p 表示，即

$$p = \frac{\mathrm{d}w}{\mathrm{d}t} \tag{1-3}$$

由式(1-1)和式(1-2)，得功率和电压、电流的关系式如下：

$$p = \frac{\mathrm{d}w}{\mathrm{d}t} = \frac{\mathrm{d}w}{\mathrm{d}q} \cdot \frac{\mathrm{d}q}{\mathrm{d}t} = ui \tag{1-4}$$

　　式(1-4)是当电压、电流为关联参考方向时，对图1-6a所示的二端电路（网络）吸收功率的表示式。当二端网络电压、电流为非关联参考方向时，如图1-6b所示，其吸收功率的表示式如下：

$$p = -ui \tag{1-5}$$

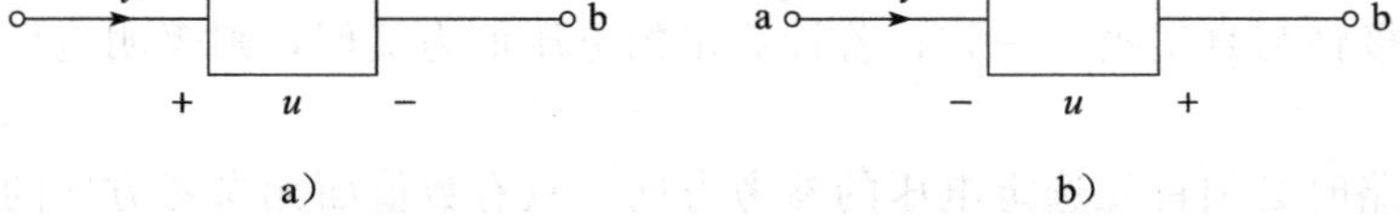

图1-6　二端网络功率的计算

需要指出的是：无论是式(1-4)还是式(1-5)，都是指吸收功率的计算式。只要计算出的功率为正值，均表明二端网络吸收了功率；若计算出的功率为负值，均表示该二端网络发出功率。

在国际单位制中，功率的单位是瓦[特]（简称瓦，符号为 W）。

$$1 \text{ 瓦} = 1 \text{ 焦[耳]}/\text{秒} = 1 \text{ 伏} \cdot \text{安}$$

当电压、电流为关联参考方向时，从 t_0 到 t 时刻内电路吸收的能量为

$$w_0(t_0, t) = \int_{t_0}^{t} p(\xi)\mathrm{d}\xi = \int_{t_0}^{t} u(\xi)i(\xi)\mathrm{d}\xi \tag{1-6}$$

在国际单位制中，能量的单位为焦耳，简称焦（J）。

【例 1-1】　如图 1-7 所示各电路中，某时刻端子上的电压、电流值已给出，求该时刻各电路吸收或产生的功率。

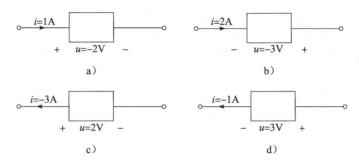

图 1-7　例 1-1 图

解　图 1-7a 电压、电流为关联参考方向，由式(1-4)，得

$$p = ui = (-2 \times 1)\text{W} = -2\text{W}$$

图 1-7a 电路吸收功率为 -2W，即产生功率为 2W。

图 1-7b 电压、电流为非关联参考方向，由式(1-5)，得

$$p = -ui = [-(-3) \times 2]\text{W} = 6\text{W}$$

图 1-7b 电路吸收功率为 6W。

图 1-7c 电压、电流为非关联参考方向，由式(1-5)，得

$$p = -ui = [-2 \times (-3)]\text{W} = 6\text{W}$$

图 1-7c 电路吸收功率为 6W。

图 1-7d 电压、电流为关联参考方向，由式(1-4)，得

$$p = ui = [3 \times (-1)]\text{W} = -3\text{W}$$

图 1-7d 电路吸收功率为 -3W，即产生功率为 3W。

在实际应用中，要注意器件所标注的额定值。对理想电阻元件来说，功率数值的范围不受任何限制，但对任何一个实际的电阻器来说，使用时都不得超过所标注的功率，否则会烧坏电阻器。各种电器设备如灯泡、电阻器等都规定了额定功率、额定电压、额定电流，使用时不得超过额定值。由于功率、电压、电流之间有一定的关系，故额定值一般不会全部给出。例如，灯泡只给出额定电压、额定功率（如 220V、40W），电阻器只标明电阻值和额定功率（如 500Ω、5W）。各种电器设备在使用时，实际值不一定等于它们的额定值，但一般不应超过额定值。

1.3　基尔霍夫定律

集总电路由集总元件相互连接而成，基尔霍夫定律是集总电路的基本定律。为了说明基尔霍夫定律，先介绍几个名词或术语。

1）支路：电路中每一个二端元件称为一条支路。

通常将流经元件的电流和元件的端电压分别称之为支路电流和支路电压，它们是集总电路中分析和研究的对象。

2）节点：电路中两条或两条以上支路的连接点称为节点。

由图 1-8 可见，该电路有 5 条支路，3 个节点。

在分析电路时，也可把支路看成是一个具有两个端钮而由多个元件串联而成的组合。例如，把图 1-8 中的元件 4 和 5 作为一条支路，那么连接点 3 就不能算作节点了。这时，该电路就有 4 条支路，2 个节点。

3）回路：电路中的任一闭合路径称为回路。

在图 1-8 中，元件 1、2，元件 1、4、5，元件 1、3 均构成回路，按回路的定义，该电路共有 6 个回路。

4）网孔：其内部不包含任何支路的回路称为网孔。

在图 1-8 中，元件 1、2，元件 2、3 均构成网孔，该电路有 3 个网孔。一般把含元件较多的电路称为

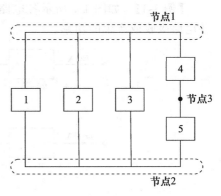

图 1-8　支路、节点和回路

（电）网络，实际上，电路与（电）网络这两个名词并无明确的区别，一般可以混用。

如果将电路中各支路电流与支路电压作为变量，这些变量将受到两类约束。一类是元件的特性构成的约束。例如，线性电阻元件上的电压与电流为关联参考方向时必须满足 $u=Ri$ 的关系（元件 VCR），即元件的 VCR 约束，简称元件约束。另一类约束是由元件的相互连接给支路电流之间或支路电压之间带来的约束，有时称为几何约束或拓扑约束，这类约束由基尔霍夫定律体现。两类约束是电路分析的基本依据。

1.3.1　基尔霍夫电流定律

基尔霍夫电流定律（Kirchhoff's Current Law，KCL）反映了电路中任一节点上各支路电流间的相互约束关系，具体表述如下。

在集总参数电路中，任一时刻，对任一节点，所有流出节点的支路电流的代数和恒等于零。其数学表示式为

$$\sum_{k=1}^{n_1} i_k = 0 \tag{1-7}$$

式中，i_k 为流出（或流入）该节点的第 k 条支路的电流；n_1 为与该节点相连接的支路数。式（1-7）称为节点电流方程或节点的 KCL 方程。电流的"代数和"是根据电流是流出节点还是流入节点判断的。若流出节点的电流前面取"＋"号，则流入节点的电流前面取"－"号（也可作相反的规定，结果是等价的），电流是流出节点还是流入节点，均根据电流的参考方向判断。

以图 1-9 为例，对节点①列写 KCL 方程，有

$$i_1 + i_4 - i_6 = 0$$

上式可写为 $\qquad\qquad i_1 + i_4 = i_6$

该式表明，流出节点①的支路电流之
和等于流入该节点的支路电流之和。故
KCL 也可表述为：任一时刻，流出任一节
点的支路电流之和等于流入该节点的支路
电流之和。

即 $\qquad\qquad \sum i_{出} = \sum i_{入} \qquad\qquad$ (1-8)

这是基尔霍夫电流定律的另一种表示形式。

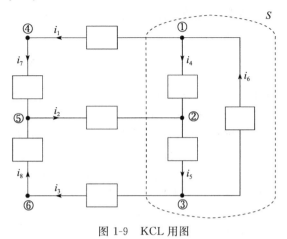

图 1-9 KCL 用图

KCL 通常用于节点，但对包围几个节
点的闭合面也是适用的。在图 1-9 电路中，
虚线所示的闭合面 S 内有 3 个节点，分别
为①、②和③，这三个节点的 KCL 方程分
别为

节点① $\qquad\qquad i_1 + i_4 - i_6 = 0$
节点② $\qquad\qquad -i_2 - i_4 + i_5 = 0$
节点③ $\qquad\qquad i_3 - i_5 + i_6 = 0$

将以上 3 式相加，即得图示虚线封闭面 S 的 KCL 方程

$$i_1 - i_2 + i_3 = 0$$

其中 i_1 和 i_3 流出闭合面 S，i_2 流入闭合面 S。

上式表明，在集总参数电路中，通过任一封闭面的支路电流的代数和为零。这种假想
的封闭面又称为广义节点。这是基尔霍夫电流定律的推广。

基尔霍夫电流定律的实质是电流连续性原理，是电荷守恒原理的体现。电荷既不能创
造也不能消失，在任一时刻流入节点的电荷等于流出该节点的电荷。

【例 1-2】 电路如图 1-10 所示，方框代表电路元件，已知 $i_2 = 2\mathrm{A}$，$i_4 = -3\mathrm{A}$，$i_5 = -4\mathrm{A}$，求 i_3。

解 根据已知条件，先对节点①列写 KCL 方程，可求出 i_1。

节点① $\qquad -i_1 - i_4 + i_5 = 0$

得 $i_1 = -i_4 + i_5 = [-(-3) + (-4)]\mathrm{A} = -1\mathrm{A}$

再对节点②列 KCL 方程，即可求得 i_3。

节点② $\qquad i_1 - i_2 + i_3 = 0$

得 $\qquad i_3 = -i_1 + i_2 = [-(-1) + 2]\mathrm{A} = 3\mathrm{A}$

该题也可直接选虚线封闭面作为广义节点 S，
只需列一个 KCL 方程即可。

广义节点 S $\qquad i_2 - i_3 + i_4 - i_5 = 0$

可得 $\qquad i_3 = i_2 + i_4 - i_5 = [2 + (-3) - (-4)]\mathrm{A} = 3\mathrm{A}$

应用 KCL 分析计算电路时，要注意两套
正负符号。其 KCL 方程中电流变量前所取正、

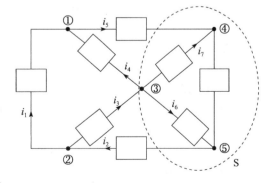

图 1-10 例 1-2 图

负号取决于电流参考方向的选择，而电流变量本身可能为正，也可能为负。

1.3.2 基尔霍夫电压定律

基尔霍夫电压定律(Kirchhoff's Voltage Law，KVL)反映了电路中任一回路各支路电

压间的相互约束关系，具体表述如下。

在集总参数电路中，任一时刻，沿任一回路的所有支路电压的代数和恒等于零。其数学表示式为

$$\sum_{k=1}^{n_2} u_k = 0 \qquad (1-9)$$

式中，u_k 为回路中第 k 条支路的电压；n_2 为该回路的支路数。

式(1-9)称为回路电压方程或回路的 KVL 方程。在建立 KVL 方程时，首先选定回路的一个绕行方向，支路电压的参考方向与回路绕行方向一致时取正号，支路电压参考方向与回路绕向相反时取负号。

图 1-11 为电路中某一回路，该回路的绕行方向为顺时针方向，则 KVL 方程为

$$u_1 + u_2 - u_3 - u_4 - u_5 = 0$$

上式又可改写为 $\qquad u_1 + u_2 = u_3 + u_4 + u_5$

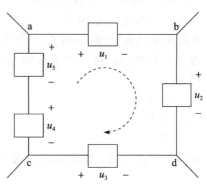

该式表明，沿回路的绕行方向，各支路电压升之和等于电压降之和。故 KVL 也可表述为：在集总参数电路中，任一时刻，沿任一回路的支路电压降之和等于电压升之和，即

$$\sum u_{降} = \sum u_{升} \qquad (1-10)$$

这是基尔霍夫电压定律的另一种表示形式。

图 1-11　KVL 用图

KVL 不仅适用于回路，也适用于电路中任意假想的回路，这种假想的回路又称为广义回路。在图 1-11 电路中，a、d 之间并无支路存在，但仍可把 abda 或 acda 分别看成一个回路(广义回路)，由 KVL 分别得

abda 回路 $\qquad\qquad\qquad u_1 + u_2 - u_{ad} = 0$

acda 回路 $\qquad\qquad\qquad u_{ad} - u_3 - u_4 - u_5 = 0$

故有 $\qquad\qquad\qquad\qquad u_{ad} = u_1 + u_2 = u_3 + u_4 + u_5$

可见，电路中两点间电压与选择的路径无关。由此可得出求电路中任意两点间电压的重要结论：求任意 a、b 两点间的电压 u_{ab}，等于自 a 点出发沿任何一条路径绕行至 b 点的所有支路电压降的代数和。

基尔霍夫电压定律的实质是能量守恒定律在集总参数电路中的体现。从电压变量的定义容易理解 KVL 的正确性。如果单位正电荷从 a 点移动，沿着构成回路的各支路又回到 a 点，相当于求电压 u_{aa}，显然 $u_{aa} = 0$，即该正电荷既没有得到能量，又没有失去能量。

【例 1-3】 电路如图 1-12 所示，已知 $u_1 = 3V$，$u_2 = -5V$，$u_3 = -4V$，$u_4 = 6V$，试求 u_5 和 u_{AD}。

解　将 KVL 应用于回路 ABCDEA，选顺时针方向为绕向，则

$$u_1 - u_2 - u_3 - u_4 - u_5 = 0$$

因此 $u_5 = u_1 - u_2 - u_3 - u_4 = [3 - (-5) - (-4) - 6]V = 6V$

将 KVL 应用于假想回路 ABCDA 或 ADEA

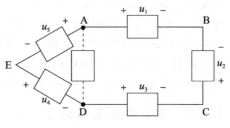

则有 $u_1 - u_2 - u_3 - u_{AD} = 0$ 或 $u_{AD} - u_4 - u_5 = 0$

得 $u_{AD} = u_1 - u_2 - u_3 = [3 - (-5) - (-4)]V = 12V$

或 $\qquad\qquad u_{AD} = u_4 + u_5 = (6 + 6)V = 12V$

图 1-12　例 1-3 图

可见，KVL 不仅针对回路而言，也适用于广义回路。电路任意两点间的电压与其所走的路径无关。

1.4 电路元件

电路元件是组成电路的基本单元，通过其端子与外部连接。电路元件的特性通过其端子上的电压、电流关系来描述，通常称为伏安特性，记为 VCR(Voltage Current Relation)。元件的 VCR 可以用数学关系式表示，也可由电压、电流的关系曲线，即伏安特性曲线来描述。

电路元件分为无源元件和有源元件。

若某一元件接在任一电路中，在其工作的全部时间范围内总的输入能量不为负值，则称无源元件，可用数学式表示为

$$w(t) = \int_{-\infty}^{t} p(\xi)\mathrm{d}\xi = \int_{-\infty}^{t} u(\xi)i(\xi)\mathrm{d}\xi \geqslant 0 \tag{1-11}$$

不满足式(1-11)的元件称为有源元件。

电路中涉及的无源元件有电阻元件、电感元件、电容元件、互感元件和理想变压器元件等；有源元件有独立电源、受控电源和理想运算放大器。本节首先介绍电阻元件、独立电源、受控电源和理想运算放大器。其余元件将在后面章节中介绍。

1.4.1 电阻元件

电阻元件是从实际电阻器抽象出来的模型，它是表征电阻器对电流呈现阻力、消耗能量的一种理想元件。

在任意时刻，一个二端元件的伏安特性若能用 u-i 平面上的一条曲线来描述，则称为电阻元件。

线性电阻的伏安特性曲线是 u-i 平面上一条通过原点的直线，电阻值的大小与直线的斜率成正比。若直线的斜率随时间变化则称为线性时变电阻，否则称为线性时不变电阻（简称线性电阻或电阻）。

凡不满足线性特性的电阻，即为非线性电阻。非线性电阻也有时变与时不变之分。电阻元件的四种类型见表 1-1。

表 1-1　电阻元件的四种类型

u-i	线性	非线性
时不变		
时变		

在电路分析中，一般所说的电阻均指线性时不变(非时变)电阻元件。

图 1-13 给出了线性电阻的元件符号及伏安特性曲线。

设电压、电流为关联参考方向，则线性时不变电阻的 VCR 由欧姆定律决定，即

$$u = Ri \quad \text{或} \quad i = Gu \tag{1-12}$$

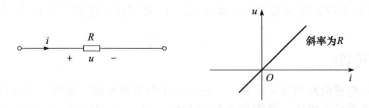

a）电阻元件符号　　　　　　　　b）电阻元件伏安特性曲线

图 1-13　线性电阻的元件符号及伏安特性曲线

式中，R 为该直线的斜率，是与电压、电流无关的常量，电阻的单位为欧［姆］（符号为 Ω）；G 为电阻元件的电导，电导的单位为西［门子］（符号为 S）。

显然，电阻元件的电导与电阻互为倒数的关系，即

$$G = \frac{1}{R} \tag{1-13}$$

当 $R=0$ 时，不论流经电阻的电流为多大，其两端电压恒为零，此时的电阻称为"短路"，其伏安特性就是 u-i 平面上与 i 轴重合的直线；当 $G=0$ 时，不论电阻两端的电压为多大，流经电阻的电流恒为零，此时的电阻称为"断路"，其伏安特性就是 u-i 平面上与 u 轴重合的直线。

由功率的定义及欧姆定律可知，电阻吸收的功率为

$$p = ui = Ri^2 = Gu^2 \tag{1-14}$$

这表明正电阻总是吸收（消耗）功率的，称为无源元件。

1.4.2　独立电源

独立电源是二端有源元件，分为独立电压源和独立电流源，它们是从实际电源抽象得到的电路模型。常见的实际电源有电池、发电机、信号源等。

1. 电压源

一个二端元件接到任一电路中，如果其两端电压始终保持给定的时间函数 $u_S(t)$ 或定值 U_S，而与流过它的电流无关，该二端元件称为独立电压源，简称电压源。

电压源的电路符号如图 1-14a 所示。当 $u_S(t)$ 为恒定值时，这种电压源称为恒定电压源或直流电压源，有时用如图 1-14b 所示电路符号表示，长横线表示电压的参考正极性，短横线表示参考负极性。在电路分析中，常取电流参考方向和电压参考方向为非关联参考方向，见图 1-14。

在 u-i 平面上，电压源在时刻 t_1 的伏安特性曲线是一条平行于 i 轴且纵坐标为 $u_S(t_1)$ 的直线，如图 1-15 所示。该特性曲线表明了电压源端电压与电流大小无关。

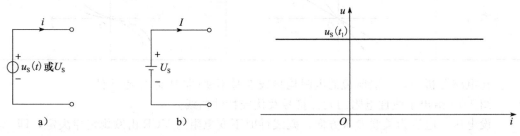

图 1-14　电压源电路符号　　　　　　图 1-15　电压源在时刻 t_1 的伏安特性曲线

电压源具有以下两个基本性质。

1) 它的端电压是定值 U_S 或是一定的时间函数 $u_S(t)$，与流过的电流无关。

2) 电压源的电压是由它本身确定的，流过它的电流是由与它相连接的外电路来决定的。

由于流经电压源的电流由外电路来决定，故电流可以从不同方向流经电压源，因此电压源可能对外电路提供能量，也可能从外电路吸收能量。

2. 电流源

一个二端元件接到任一电路中，如果流经它的电流始终保持为给定的时间函数 $i_S(t)$ 或定值 I_S，而与其两端电压无关，该二端元件称为独立电流源，简称电流源。

电流源的电路符号如图 1-16a 所示。当 $i_S(t)$ 为恒定值时，这种电流源称为恒定电流源或直流电流源，电流值用 I_S 表示。

在电路分析中，常取电流参考方向和电压参考方向为非关联参考方向，见图 1-16a。

在 u-i 平面上，电流源在时刻 t_1 的伏安特性曲线是一条平行于 u 轴且横坐标为 $i_S(t_1)$ 的直线，如图 1-16b 所示。该特性曲线表明了电流源电流与其上的电压大小无关。

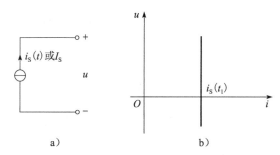

图 1-16　电流源的电路符号及在时刻 t_1 的伏安特性曲线

电流源具有以下两个基本性质。

1) 流经电流源的电流是定值 I_S 或是一定的时间函数 $i_S(t)$，与其两端的电压无关。

2) 电流源的电流是由它本身确定的，它两端的电压是由与它相连接的外电路来决定的。

由于电流源的端电压由外电路来决定，其两端的电压可以有不同的真实级性，因此电流源既可能对外电路提供能量，也可能从外电路吸收能量。

图 1-17　例 1-4 图

【例 1-4】　电路如图 1-17 所示，已知图 1-17a 中 $U_S = 10V$，图 1-17b 中 $I_S = 10A$，当 R_L 分别为 1Ω、10Ω、100Ω 时，分别求图 1-17a 中的电流 I 和图 1-17b 中的电压 U。

解　由图 1-17a，根据欧姆定律：　　　　由图 1-17b，根据欧姆定律：

$$R_L = 1\Omega \text{ 时} \quad I = \frac{U_S}{R_L} = 10A \qquad R_L = 1\Omega \text{ 时} \quad U = I_S R_L = 10V$$

$$R_L = 10\Omega \text{ 时} \quad I = \frac{U_S}{R_L} = 1A \qquad R_L = 10\Omega \text{ 时} \quad U = I_S R_L = 100V$$

$$R_L = 100\Omega \text{ 时} \quad I = \frac{U_S}{R_L} = 0.1A \qquad R_L = 100\Omega \text{ 时} \quad U = I_S R_L = 1000V$$

由图 1-17a 的计算结果说明，电压源的电流由外电路确定；由图 1-17b 的计算结果说明，电流源的端电压由外电路确定。

1.4.3 受控电源

受控(电)源是由电子器件抽象而来的一种电路模型。一些电子器件如晶体管、真空管等均具有输入端的电压(电流)能控制输出端的电压(电流)的特点，于是提出了受控源元件。

受控源是指输出电压或电流受到电路中某部分的电压或电流控制的电源，它是非独立电源，不能单独作为电路中的激励。前面介绍的电阻元件、独立电压源、独立电流源均属二端元件或称为单口元件，而受控源是四端元件(或称为双口元件)。

根据控制量和受控量不同，受控源有四种基本形式，如图 1-18 所示。

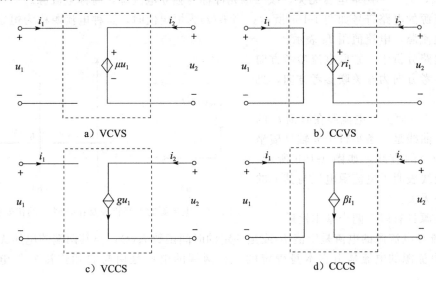

图 1-18　四种受控源的电路符号

1) 图 1-18a 为电压控制的电压源，简称 VCVS，满足以下关系：

$$i_1 = 0$$
$$u_2 = \mu u_1 \tag{1-15}$$

其中 μ 称为电压放大系数，它是无量纲的常量。

2) 图 1-18b 为电流控制的电压源，简称 CCVS，满足以下关系：

$$u_1 = 0$$
$$u_2 = r i_1 \tag{1-16}$$

其中 r 称为转移电阻，它是具有电阻量纲的常量。

3) 图 1-18c 为电压控制的电流源，简称 VCCS，满足以下关系：

$$i_1 = 0$$
$$i_2 = g u_1 \tag{1-17}$$

其中 g 称为转移电导，它是具有电导量纲的常量。

4) 图 1-18d 为电流控制的电流源，简称 CCCS，满足以下关系：

$$u_1 = 0$$
$$i_2 = \beta i_1 \tag{1-18}$$

其中 β 称为电流放大系数，它是无量纲的常量。

受控源与独立电压源和电流源虽然同为电源，但却有本质上的不同。独立源在电路中可对外提供能量，直接起到激励的作用，没有独立源的电路是没有响应的；而受控源则不能直接起到激励的作用，它的电压或电流受电路中其他支路电压或电流的控制，控制量存在，则受控源就存在，当控制量为零时，则受控源也为零。它仅表示这种"控制"与"被控制"的关系，是电路内部一种物理现象而已。在求解具有受控源的电路时，可以把受控电压(电流)源作为电压(电流)源处理，但必须注意其激励电压(电流)是取决于控制量的。

当受控源两个端口的电压、电流均采用关联参考方向时，受控源吸收的功率为

$$p(t) = u_1 i_1 + u_2 i_2 \tag{1-19}$$

由各类受控源的端口特性可知，控制支路不是 $i_1 = 0$，就是 $u_1 = 0$，故上式可写为

$$p(t) = u_2 i_2 \tag{1-20}$$

即受控源吸收的功率由受控源受控支路来计算。

在电路分析中，把由独立电源、电阻及受控源组成的电路称为电阻电路。

【例 1-5】 VCVS 连接于信号电压源 u_S 与负载 R_L 之间，如图 1-19 所示，R_S 为信号电压源的内阻。试求负载电压(输出电压)u_o 与信号电压(输入电压)u_S 的关系，并求受控源的功率。

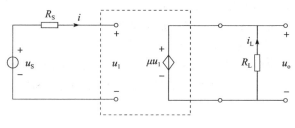

图 1-19 例 1-5 图

解 当电路中含有受控源时，可先把受控源视为独立源。由于 $i = 0$，由图 1-19 可得

$$u_1 = u_S$$

又

$$u_o = \mu u_1 = \mu u_S$$

受控源上的功率 $p(t) = \mu u_1 \cdot i_L = \mu u_1(-\mu u_1/R_L) = -(\mu u_1)^2/R_L$

受控源的功率恒为负，表明受控源对外提供功率，说明受控源是有源元件。另外，由于表征受控源的方程是以电压、电流为变量的代数方程，因此受控源也可看作电阻元件，故受控源是具有"有源性"和"电阻性"双重特性的元件。

【例 1-6】 如图 1-20 所示直流电路是单回路电路，试求流经各元件的电流 I 及各元件的功率，并说明是吸收还是发出功率。

解 由电路图可知，回路中各元件流过的是同一个电流 I，对回路沿顺时针绕向列写 KVL 方程，得

$$-6 - U + 3U + 6I = 0$$

又

$$U = -2I$$

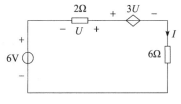

图 1-20 例 1-6 图

联立求解，得 $U = -6\text{V}$，$I = 3\text{A}$

各元件的功率分别为

$$P_{6\Omega} = 6I^2 = (6 \times 3^2)\text{W} = 54\text{W}（吸收）$$

$$P_{2\Omega} = 2I^2 = (2 \times 3^2)\text{W} = 18\text{W}（吸收）$$

$$P_{6\text{V}} = -6I = (-6 \times 3)\text{W} = -18\text{W}（发出）$$

$$P_{3U} = 3U \times I = [3 \times (-6) \times 3]\text{W} = -54\text{W}（发出）$$

可见整个电路的功率是平衡的。

【例 1-7】　单节偶直流电路如图 1-21 所示，求电压 U 及各元件的功率，并说明是吸收还是发出功率。

解　单节偶电路各元件的端电压是相同的。对节点 A 列写 KCL 方程，得

$$4-I+2I-\frac{U}{2}=0$$

又
$$U=6I$$

联立求解，得
$$U=12\text{V},\quad I=2\text{A}$$

各元件的功率分别为

$$P_{4\text{A}}=-4U=(-4\times12)\text{W}=-48\text{W}（发出）$$

$$P_{6\Omega}=UI=6I^2=(6\times2^2)\text{W}=24\text{W}（吸收）$$

$$P_{2I}=-2I\times U=(-2\times2\times12)\text{W}=-48\text{W}（发出）$$

$$P_{2\Omega}=\frac{U^2}{2}=\left(\frac{12^2}{2}\right)\text{W}=72\text{W}（吸收）$$

在应用 KCL、KVL 时应该注意：KCL 是针对节点（或闭合面）而言的，在支路电流之间施加的线性约束关系；KVL 是针对回路（或假想回路）而言的，对

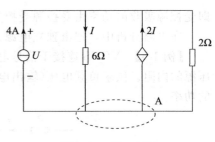

图 1-21　例 1-7 图

支路电压之间施加的线性约束关系。KCL、KVL 仅与电路元件的相互连接有关，而与元件的性质无关。不论元件是线性的还是非线性的，时变的还是时不变的，KCL、KVL 总成立。

1.4.4　运算放大器

运算放大器简称运放，是由晶体管等元件构成的集成电路，是一种多功能有源多端电子器件。它被广泛用于电子计算机、自动控制系统和各种通信系统中，除了可用来实现信号放大外，还能与其他元件组合来完成比例、加减、微分、积分等数学运算，因而称为运算放大器。运放作为一个电路元件，从电路分析的角度出发，人们更关注的是该器件的外部特性。

图 1-22a 给出了运放的电路符号。标注为 $+U$ 和 $-U$ 字样的两个端钮是供接直流电源的，以维持运放内部晶体管正常工作。除这两个端钮外，运放有两个输入端 a 和 b，一个输出端 o 和一个公共端（接地端），其中与 a 相连的接线端称为反相输入端，用"$-$"号表示；与 b 相连的接线端称为同相输入端或非反相输入端，用"$+$"号表示；与 o 相接的接线

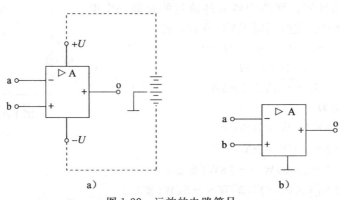

a)　　　　　　　　　　　　b)

图 1-22　运放的电路符号

端称为输出端，用"＋"号表示；与参考点相连的接线端称为接地端。

通常在分析运算放大器电路时，可不必考虑其直流偏置电路，也就不需要画出供电电源，因此运算放大器常用的电路符号为图1-22b所示。

当输入电压 u_a 加在 a 端与公共端之间，且其实际电压方向从 a 端指向公共端时，输出电压 u_o 的实际方向则自公共端指向 o 端，即两者的方向正好相反，所以 a 称为反相输入端。当输入电压 u_b 加在 b 端与公共端之间，u_o 与 u_b 两者的实际方向相对公共端恰好相同，所以 b 称为同相输入端。

下面介绍运算放大器的三种输入方式。

1）如果在 a 端和 b 端分别同时加输入电压 u_a 和 u_b，则输出电压 u_o 为

$$u_o = A(u_b - u_a) = Au_d \tag{1-21}$$

其中，$u_d = u_b - u_a$，A 为运放的电压放大倍数（或开环增益），运放的这种输入情况称为差动输入，而 u_d 称为差动输入电压。

2）如果把同相输入端与公共端相连（接地），即 $u_b = 0$，只在反相输入端加输入电压，输出电压为

$$u_o = -Au_a$$

可见 u_o 和 u_a 恒反相，故 a 端为反相输入端。

3）把反相输入端与公共端相连（接地），即 $u_a = 0$，只在同相输入端加输入电压，输出电压为

$$u_o = Au_b$$

可见 u_o 和 u_b 恒同相，故 b 端为同相输入端。

运放的输出电压 u_o 与差动输入电压 u_d 之间的关系可用图1-23近似描述。若运放工作在线性区，图1-24即为其电路模型。其中电压控制电压源的电压为 $A(u_b - u_a)$，R_i 为运放的输入电阻，R_o 为输出电阻。实际运放的 R_i 都比较高，而 R_o 则较低。它们的具体值根据运放的制造工艺有所不同，但可认为 $R_i \gg R_o$。当 R_o 可以忽略不计时，上述受控源的电压即为运放的输出电压。对实际运放来说，模型中的 R_i、R_o 和 A 这三个参数的典型数据如表1-2所示。

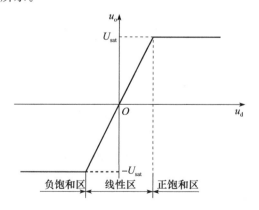

图1-23　运放的输入输出特性

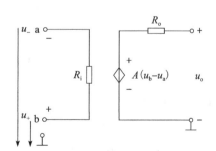

图1-24　线性运放的电路模型

表 1-2　实际运放的典型数值

参数	名称	典型数值	理想值
A	放大倍数	$10^5 \sim 10^7$	∞
R_i	输入电阻	$10^6 \sim 10^{13}\,\Omega$	∞
R_o	输出电阻	$10 \sim 100\,\Omega$	0

从表 1-2 的典型数据可见，实际运算放大器的输入电阻 R_i 很大，输出电阻 R_o 很小，电压放大倍数 A 很大。

在电路分析中常用理想运算放大器模型，其参数具有下列特征

$$A \to \infty$$
$$R_i \to \infty \qquad\qquad (1\text{-}22)$$
$$R_o \to 0$$

由式(1-22)可得理想运算放大器的以下两个重要特性。

（1）虚短

由于 A 为无限大，输出电阻 R_o 为零，且输出电压 u_o 为有限值，由式(1-21)可知，此时 $u_d = u_b - u_a = 0$，亦即

$$u_b = u_a \qquad\qquad (1\text{-}23)$$

即理想运算放大器的反相输入端和同相输入端等电位，此时两输入端之间可视为短路，称之为"虚短"。要注意，虚短仅指反相输入端和同相输入端等电位，并没有用理想导线将其短路。

（2）虚断

由于输入电阻 R_i 无限大，即流入每一输入端的电流均为零，亦即

$$i_a = i_b = 0 \qquad\qquad (1\text{-}24)$$

即理想运算放大器的反相输入端和同相输入端均没有电流流入，此时两输入端可视为断路，称之为"虚断"。

利用"虚短"和"虚断"的概念，可以大大地简化含运算放大器电路的分析。一个实际的运算放大器一般都能很好地近似为一个理想运算放大器。今后讨论的运算放大器如不特别说明均指理想运算放大器，其电路符号如图 1-25 所示。图中符号中加"∞"的字样表示运算放大器的开环增益 A 为无穷大。

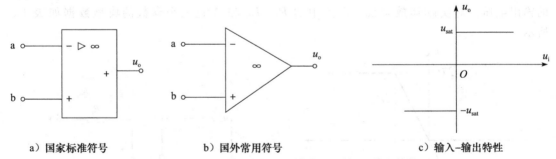

a）国家标准符号　　　　　b）国外常用符号　　　　　c）输入-输出特性

图 1-25　理想运算放大器的电路符号及输入-输出特性

【例 1-8】 图 1-26 所示为含有运算放大器的电阻电路，该电路为反相比例器，试求其输出电压 u_o 与输入电压 u_i 之间的关系。

解　由"虚断"概念可知，$i_1 = i_2$，由"虚短"概念可知，$u_a = u_b = 0$，因此，有

$$\frac{u_i}{R_1} = \frac{0 - u_o}{R_2}$$

即

$$\frac{u_o}{u_i} = -\frac{R_2}{R_1}$$

由此可见，反相比例放大器具有使输出电压

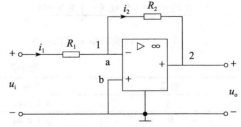

图 1-26　例 1-8 图

和输入电压成比例的功能，其比值只与 R_2/R_1 有关，而与开环增益无关。当 $R_1 = R_2$ 时，$u_o = -u_i$，此时的比例器称为反相器。

利用反相比例放大器，可以构成将电压源转换成电流源的电源转换器，如图 1-27 所示。

由"虚短"概念可知，$u_i' = 0$，由"虚断"可知，$i_1 = i_L$，故流过负载 R_L 的电流为

$$i_L = \frac{u_i}{R_1}$$

负载电流 i_L 与负载电阻的大小无关，负载 R_L 相当于接在一个电流为 i_L 的电流源上，且电流源电流的大小可以通过改变 u_i 和 R_1 的值加以调节。

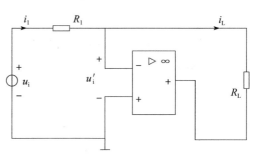

图 1-27 电源转换器

习题 1

1-1 电路如题 1-1 图所示，试问：

(1) 各图 u、i 的参考方向是否关联？

(2) 各图元件吸收功率的表示式是什么？

(3) 若在题 1-1 图 a 中，$u > 0$，$i < 0$，在题 1-1 图 b 中，$u > 0$，$i > 0$，元件实际吸收还是发出功率？

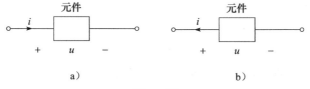

题 1-1 图

1-2 在题 1-2 图所示电路中，试问：

(1) 对于网络 N_1 和网络 N_2，u、i 的参考方向是否关联？

(2) 网络 N_1 和网络 N_2 吸收功率的表达式分别是什么？

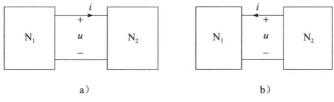

题 1-2 图

1-3 在题 1-3 图所示电路中，请给出各元件电压和电流的实际方向，计算各元件的功率，并说明是吸收还是发出功率。

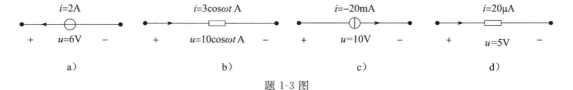

题 1-3 图

1-4 试写出题 1-4 图所示电路中电压 u_{ab} 和电流 i 的关系式。

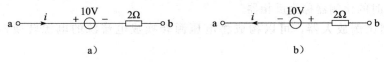

题 1-4 图

1-5 在题 1-5 图所示电路中，已知 $I_1=2A$，$I_3=-3A$，$U_1=10V$，$U_4=-5V$，求各元件吸收的功率。

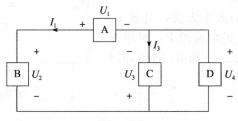

题 1-5 图

1-6 试求题 1-6 图所示各电路中电压源、电流源及电阻的功率，并说明是吸收还是发出。

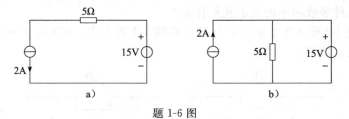

题 1-6 图

1-7 试求题 1-7 图所示各电路中的电压 U，并分别讨论其功率平衡。

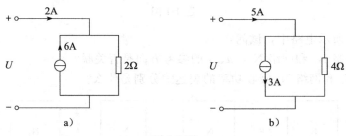

题 1-7 图

1-8 电路如题 1-8 图所示，利用 KCL 和 KVL 求图中电流 I。

1-9 试用 KCL、KVL 计算题 1-9 图所示电路中的电流 I。

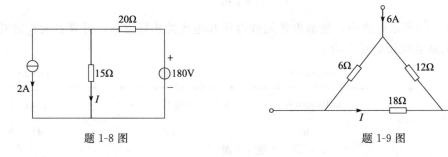

题 1-8 图　　　　　　　　　题 1-9 图

1-10　在题 1-10 图所示电路中，已知 $i_1 = 2\text{A}$，$r = 0.5\Omega$，求电流源电流 i_S。

1-11　求题 1-11 图所示电路中的电流 I。

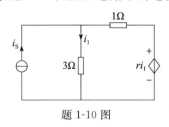

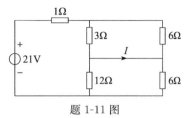

题 1-10 图　　　　　　　　　　　题 1-11 图

1-12　求题 1-12 图所示电路的电压 u 和电流 i。

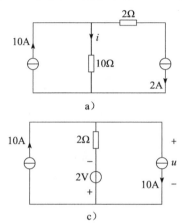

a)

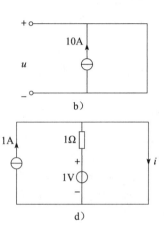

b)

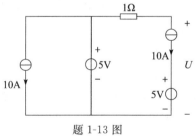

c)

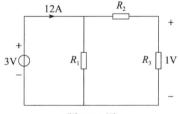

d)

题 1-12 图

1-13　求题 1-13 图所示电路中的电压 U。

1-14　在题 1-14 图所示电路中，电阻 R_3 消耗的功率为 10W，求电阻 R_2。

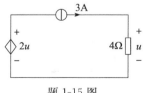

题 1-13 图

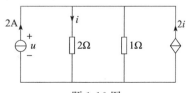

题 1-14 图

1-15　电路如题 1-15 图所示，试求 3A 电流源所吸收的功率。

1-16　求题 1-16 图所示电路的电压 u 和电流 i，并求受控源所吸收的功率。

题 1-15 图　　　　　　　　　　　题 1-16 图

1-17　试计算题 1-17 图所示电路中 A 点的电位 U_A。（提示：电路中任一点的电位等于该点与参考点间的电压。当参考点选的不同，电路中各点电位随之改变，但任意两点间的电压不变。）

1-18 计算题 1-18 图所示电路中的电位 U_a 和 U_b。

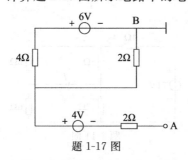

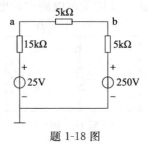

题 1-17 图   题 1-18 图

1-19 在题 1-19 图所示电路中，求电压 U。

1-20 电路如题 1-20 图所示，求电压 u。

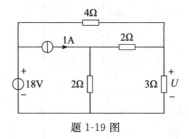

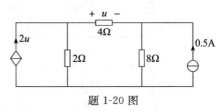

题 1-19 图   题 1-20 图

1-21 在题 1-21 图所示电路中，电压源 $U_S = 3V$，电流源 $I_S = 1A$，$R_1 = 3\Omega$，$R_2 = 1\Omega$，$R_3 = 2\Omega$。求电压源 U_S 及电流源 I_S 对外的输出功率。

1-22 电路如题 1-22 图所示，求电流 I 及电压 U_{ab} 和 U_{cd}。

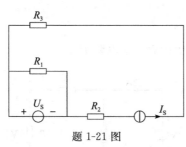

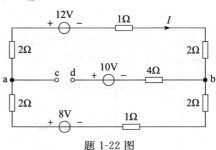

题 1-21 图   题 1-22 图

1-23 电路如题 1-23 图所示，求电压比 u_o/u_i。（提示：用理想运放的"虚短"和"虚断"原则求解。由于"虚断"，就有 $i_1 = i_2$，$i_3 = i_4$，由于"虚短"，则有 $u^+ = u^-$。建立方程，联立即可求解。）

1-24 电路如题 1-24 图所示，试求输出电压 u_o 和输入电压 u_1、u_2 之间的关系。

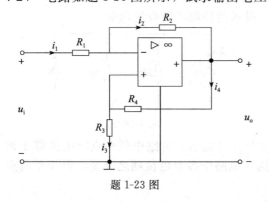

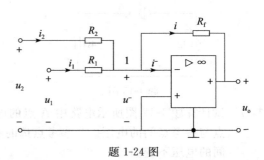

题 1-23 图   题 1-24 图

第2章

电阻电路的等效变换

内容提要：本章介绍电路中等效的概念。利用等效变换的方法可以化简电路，进而对电路进行分析与计算。还介绍求等效电路的方法和由等效变换的概念得出的一些有用的结论、公式以及二端网络输入电阻的计算。

2.1 电路的等效变换

在讨论电路的等效概念之前，先给出二端网络（电路）的概念。

一个电路整体如果对外只有两个端子，且满足端口条件，即从一个端子流入的电流等于从另一个端子流出的电流，则两个端子构成一个端口，称这个整体为二端网络（一端口网络或单口网络）。图 2-1a 和 b 都为二端网络。当二端网络内部含有独立源，称其为含源二端网络，当二端网络内不含独立源，称其为无源二端网络。

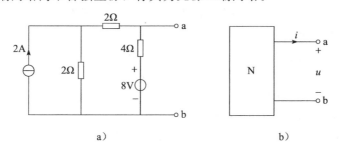

图 2-1 二端网络

两个二端网络 N_1 和 N_2，如果它们的端口 VCR 完全相同，则 N_1 和 N_2 是等效的，或称 N_1 和 N_2 互为等效电路。尽管 N_1 和 N_2 可以具有完全不同的结构，但对任一外电路来说，它们都具有完全相同的作用。故等效仅为"对外等效"，对内并不等效。

等效变换是指将电路中的某部分用另一种电路结构与元件参数代替后，不影响电路中留下来没有做变换的任一支路中的电压和电流。

在电路的分析和计算中，特别是只需求解某支路电压或电流时，可先把待求支路以外的二端网络进行等效变换，即化简，再用化简后的电路去替代原复杂的二端网络，然后求解待求量。通过等效变换可把整个电路变为简单电路，便于电路的计算。

2.2 电阻的串联和并联

2.2.1 电阻的串联

n 个电阻元件串联如图 2-2 所示，电阻串联连接的特点是元件顺序首尾相接，设端口电压为 u，流经每个电阻的电流均为 i。由 KVL 得端口的 VCR 为

$$u = R_1 i + R_2 i + \cdots + R_k + \cdots + R_n i = (R_1 + R_2 + \cdots + R_k + \cdots + R_n)i = R_{eq}i$$

其等效电阻为

$$R_{eq} = \frac{u}{i} = R_1 + R_2 + \cdots + R_k + \cdots + R_n \tag{2-1}$$

$$= \sum_{k=1}^{n} R_k$$

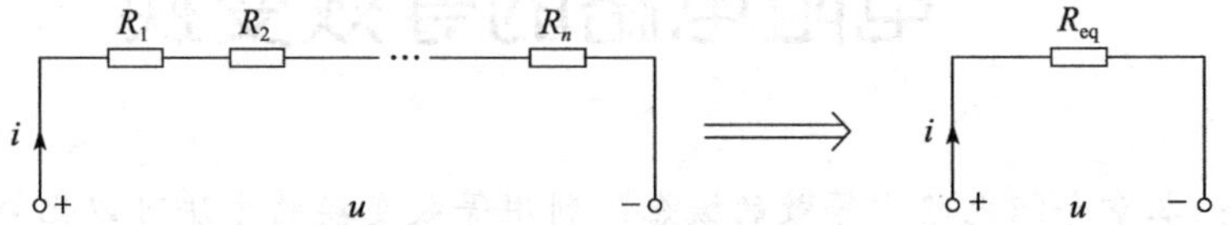

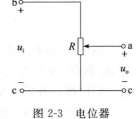

图 2-2　n 个电阻元件串联

即 n 个电阻元件串联，就其端口来说，可等效为一个电阻 R_{eq}。当电压、电流为关联参考方向时，第 k 个电阻上的电压为

$$u_k = R_k i = \frac{R_k}{R_{eq}} u \quad (k = 1, 2, \cdots, n) \tag{2-2}$$

式(2-2)为串联电阻的分压公式，它表明在电阻串联电路中，电阻值越大，分配到的电压就越大，即总电压 u 按电阻大小成正比分配。

当只有两个电阻 R_1 和 R_2 相串联时，有分压公式如下：

$$u_1 = \frac{R_1}{R_1 + R_2} u, \quad u_2 = \frac{R_2}{R_1 + R_2} u \tag{2-3}$$

将式(2-1)两边同乘 i^2，得

$$R_{eq} i^2 = R_1 i^2 + R_2 i^2 + \cdots + R_k i^2 + \cdots + R_n i^2$$

即
$$p = p_1 + p_2 + \cdots + p_k + \cdots + p_n \tag{2-4}$$

式(2-4)表明，当 n 个电阻串联，其等效电阻上消耗的功率等于每个串联电阻消耗功率之和。电阻值越大，消耗的功率也越大。

在实际应用中，分压电路可用一个具有滑动接触端的三端电阻器来组成，如图 2-3 所示。这种可变电阻器又称为"电位器"。电压 u_i 施加于电阻 R 的两端，即 b、c 端，随着 a 端的滑动，在 a、c 端可得到从零至 u_i 连续可变而极性不变的电压。

【例 2-1】　图 2-4 所示为电阻分压电路。已知 $R_1 = R_2 = 0.5\text{k}\Omega$，$R_w$ 为 1kΩ 的电位器。若输入电压 $u_i = 100\text{V}$，试求输出电压 u_o 的变化范围。

解　当电位器滑动触头在最下端时，输出电压 u_o 最小，由分压公式得

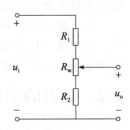

图 2-3　电位器

$$u_{omin} = \frac{R_2}{R_1 + R_2 + R_w} u_i = \left(\frac{0.5}{0.5 + 1 + 0.5} \times 100 \right) \text{V} = 25\text{V}$$

当电位器滑动触头在最上端时，输出电压 u_o 最大，同理可得

$$u_{omax} = \frac{R_2 + R_w}{R_1 + R_2 + R_w} u_i = \left(\frac{0.5 + 1}{0.5 + 1 + 0.5} \times 100 \right) \text{V} = 75\text{V}$$

由此可见，调节电位器 R_w 时，输出电压 u_o 可在 25～75V 范围内连续变化。

图 2-4　例 2-1 图

2.2.2　电阻的并联

n 个电阻元件的并联如图 2-5 所示，其基本特征是各电阻的端电压为同一电压 u，由

KCL 得端口的 VCR 关系为

$$i = \frac{u}{R_1} + \frac{u}{R_2} + \cdots + \frac{u}{R_k} + \cdots + \frac{u}{R_n} = \left(\frac{1}{R_1} + \frac{1}{R_2} + \cdots + \frac{u}{R_k} + \cdots + \frac{1}{R_n}\right)u$$

其等效电导为

$$G_{eq} = \frac{i}{u} = \frac{1}{R_1} + \frac{1}{R_2} + \cdots + \frac{1}{R_k} + \cdots + \frac{1}{R_n} = G_1 + G_2 + \cdots + G_k + \cdots + G_n = \sum_{k=1}^{n} G_k$$

$$(2\text{-}5)$$

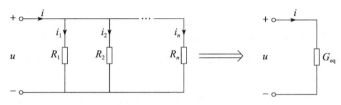

图 2-5 n 个电阻元件并联

即 n 个电阻元件并联，就其端口来说，可等效为一个电导 G_{eq}。当电压、电流为关联参考方向时，第 k 个电导(电阻)上的电流为

$$i_k = G_k u = \frac{G_k}{G_{eq}} i \quad (k = 1, 2, \cdots, n) \tag{2-6}$$

式(2-6)为并联电阻的分流公式。它表明在电阻并联电路中，电导值越大(电阻值越小)，分配到的电流就越大，即总电流 i 按各个并联电导值成正比分配。

当只有两个电阻 R_1 和 R_2 相并联时，有分流公式如下：

$$i_1 = \frac{R_1}{R_1 + R_2} i, \quad i_2 = \frac{R_1}{R_1 + R_2} i \tag{2-7}$$

将式(2-5)两边同乘 u^2，得

$$G_{eq} u^2 = G_1 u^2 + G_2 u^2 + \cdots + G_n u^2$$

即
$$p = p_1 + p_2 + \cdots + p_n \tag{2-8}$$

式(2-8)表明，当 n 个电阻并联时，其等效电导上消耗的功率等于每个并联电导(电阻)消耗功率之和。电导值越大(电阻值越小)，消耗的功率也越大。

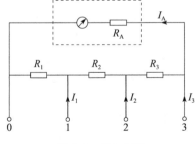

图 2-6 例 2-2 图

【例 2-2】 多量程电流表如图 2-6 所示，已知表头内阻 $R_A = 2300\Omega$，量程为 $50\mu A$，各分流电阻分别为 $R_1 = 1\Omega$，$R_2 = 9\Omega$，$R_3 = 90\Omega$。求扩展后各量程。

解 基本表头偏转满刻度为 $50\mu A$。当用"0"、"1"端钮测量时，"2"、"3"端钮悬空，这时 R_A、R_2、R_3 是串联的，而 R_1 与它们并联，由分流公式(2-7)可得

$$I_A = \frac{R_1}{R_1 + R_2 + R_3 + R_A} I_1$$

则
$$I_1 = \frac{R_1 + R_2 + R_3 + R_A}{R_1} I_A = \left(\frac{1 + 9 + 90 + 2300}{1} \times 0.05\right) mA = 120 mA$$

同理，用"0"、"2"端测量时，"1"、"3"端悬空，这时流经表头的电流仍为 $50\mu A$。而 R_1、R_2 串联，再与 R_A 和 R_3 的串联电阻相并联，得

$$I_{\mathrm{A}} = \frac{R_1 + R_2}{R_1 + R_2 + R_3 + R_{\mathrm{A}}} I_2 = 0.05\mathrm{mA}$$

$$I_2 = \frac{R_1 + R_2 + R_3 + R_{\mathrm{A}}}{R_1 + R_2} I_{\mathrm{A}} = \left(\frac{2400}{10} \times 0.05\right)\mathrm{mA} = 12\mathrm{mA}$$

用"0"、"3"端测量时，"1"、"2"端悬空，得

$$I_{\mathrm{A}} = \frac{R_1 + R_2 + R_3}{R_1 + R_2 + R_3 + R_{\mathrm{A}}} I_3$$

$$I_3 = \frac{R_1 + R_2 + R_3 + R_{\mathrm{A}}}{R_1 + R_2 + R_3} I_{\mathrm{A}} = \left(\frac{2400}{100} \times 0.05\right)\mathrm{mA} = 1.2\mathrm{mA}$$

由此例可见，若直接利用该表头测量电流，它只能测量 0.05mA 以下的电流，而并联了分流电阻 R_1、R_2、R_3 以后，作为电流表，它就有 120mA、12mA、1.2mA 三个量程，实现了电流表量程的扩展。

通过对电阻元件的串联和并联分析可知：串联电阻电路起分压作用；并联电阻电路则起分流作用。

当电阻的连接中既有串联又有并联时，称为电阻的串、并联，简称混联。逐个运用串联等效和并联等效，以及分压、分流公式，可以很方便地解决混联电路的计算问题。

【例 2-3】 求图 2-7a 电路 a、b 端的等效电阻 R_{ab}。

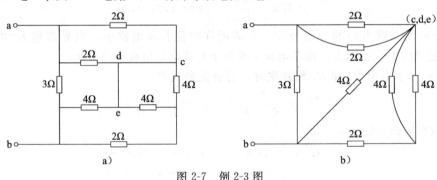

图 2-7　例 2-3 图

解　为了看清楚电阻的串、并联关系，先将各同电位点合为一点，那么 c、d、e 三个点合为一点，如图 2-7b 所示，这样就可以方便地求得

$$R_{\mathrm{ab}} = \{[(4 \mathbin{/\!/} 4 + 2) \mathbin{/\!/} 4 + 2 \mathbin{/\!/} 2] \mathbin{/\!/} 3\}\Omega = 1.5\Omega$$

式中，"$/\!/$"表示求并联电阻的等效值。

对于具有对称性的电路，可根据其电路特点，首先找出等电位点，通过用短接线连接等电位点(或断开等电位点间的支路)，将电路变换为简单的串、并联形式，再求出等效电阻。

【例 2-4】 求图 2-8a 所示电路的等效电阻 R_{ab}。

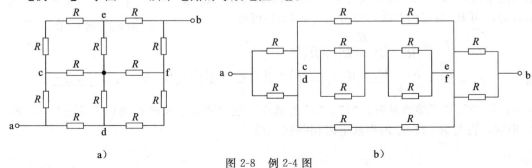

图 2-8　例 2-4 图

解 图 2-8a 电路为一对称电路，设想在 a、b 端加一电压源，必然得出 c、d 两点为同电位点，e、f 两点也为同电位点，将 c、d 两点和 e、f 两点分别用短接线连接得图 2-8b，由图 2-8b 可得等效电阻

$$R_{ab} = \frac{R}{2} + \frac{R}{2} + \frac{R}{2} = \frac{3R}{2}$$

2.2.3 平衡电桥

有时电路中电阻之间的连接既不是串联也不是并联，就无法直接用电阻的串并联方法求出等效电阻。在图 2-9 所示电路中，对两个串联支路，由分压公式可得

$$u_2 = \frac{R_2}{R_1 + R_2} u_S, \quad u_4 = \frac{R_4}{R_3 + R_4} u_S$$

若 $$u_2 = u_4$$

则 $$R_1 R_4 = R_2 R_3 \qquad (2-9)$$

此时 $$u_a = u_b$$

在电路中，若无支路连接的两点电位相同，即两点间电压为零，则用某元件(虚线支路)或短接线将这两点连接，不会影响电路的工作状态；若电路中某支路的电流为零，则将该支路断开，也不会影响电路的工作状态。因此，在满足式(2-9)的条件下，无论 a 点和 b 点之间是开路、短路，还是连接任一二端元件或网络，都不会影响电路的工作状态。

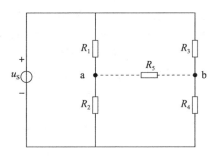

图 2-9 平衡电桥的讨论

式(2-9)称为电桥平衡条件，满足该条件的电路状态为电桥平衡，这种子电路称为平衡电桥，也称为桥式电路。

应用电桥平衡，将桥式电路等效变换为电阻的串并联连接方式，便可方便地分析电路了。

【例 2-5】 电路如图 2-10 所示，求电流 I。

解 由图 2-10 可见，该电路为桥式电路，且 $3 \times 30 = 6 \times 15$，满足电桥平衡条件。

则电阻 R 上电流为零，可视为开路，

$$R_{ab} = [(3+15)/\!/(6+30)]\Omega = 12\Omega$$

或电阻 R 上电压为零，可视为短路，

$$R_{ab} = [(3/\!/6) + (15/\!/30)]\Omega = 12\Omega$$

故 $$I = \left(\frac{15}{3+12}\right)A = 1A$$

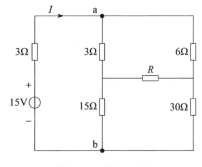

图 2-10 例 2-5 图

但当桥式电路不满足电桥平衡时，电路就不能直接等效变换为电阻的串、并联连接方式了。下节将要介绍的利用三端网络的等效变换可以解决这一问题。

2.3 电阻的 Y 联结和 △ 联结

前面讨论的是二端电阻网络的等效，本节讨论三端电阻网络的等效。两个三端网络等效的条件是这两个网络在对应端子上的 VCR 相同。

设两个三端网络 N_1 和 N_2，如图 2-11 所示。根据 KVL，给定任意两对端钮间的电压，其余一对端钮间的电压便可确定。例如，给定 u_{13} 和 u_{23}，则由 $u_{12} = u_{13} - u_{23}$，u_{12} 便可确定。根据 KCL，给定任意两个端钮的电流，其余一个端钮的电流便可确定。例如，给定 i_1 和 i_2，则由 $i_3 = -(i_1 + i_2)$，i_3 便可确定。也就是说，如果这两个网络的 u_{12}、u_{23}、i_1、i_2 的关系完全相同，则这两个三端网络 N_1 和 N_2 便是等效的。

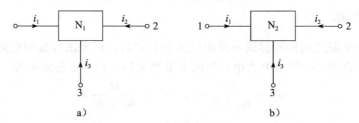

图 2-11　两个三端网络的等效

三端网络的最简单形式便是电阻的星形（Y）联结和三角形（△）联结。

在电路的分析过程中，常会遇到含有这种 Y、△联结的电阻网络，用电阻串联、并联的方法无法得到整个电阻网络的等效电阻，但若能用 Y-△等效变换的方法，先对星形、三角形网络进行等效变换，然后再用电阻的串、并联方法即可求得电阻网络的等效电阻。

图 2-12a 和 b 分别是星形网络和三角形网络。现在根据三端网络等效的定义来推导星形网络和三角形网络的等效条件。

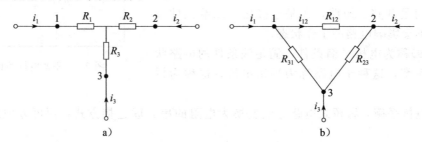

图 2-12　星形网络和三角形网络

对图 2-12a 的星形网络来说，有

$$\begin{cases} u_{13} = R_1 i_1 + R_3(i_1 + i_2) = (R_1 + R_3)i_1 + R_3 i_2 \\ u_{23} = R_2 i_2 + R_3(i_1 + i_2) = R_3 i_1 + (R_2 + R_3)i_2 \end{cases} \tag{2-10}$$

对图 2-12b 的三角形网络来说，沿顺时针绕向列写 KVL 方程，得

$$-(i_1 - i_{12})R_{31} + R_{12}i_{12} + (i_2 + i_{12})R_{23} = 0$$

即

$$i_{12} = \frac{R_{31}i_1 - R_{23}i_2}{R_{12} + R_{23} + R_{31}} = \frac{R_{31}i_1}{R_{12} + R_{23} + R_{31}} - \frac{R_{23}i_2}{R_{12} + R_{23} + R_{31}}$$

由此可得

$$\begin{cases} u_{13} = (i_1 - i_{12})R_{31} = \dfrac{R_{31}(R_{12} + R_{23})}{R_{12} + R_{23} + R_{31}}i_1 + \dfrac{R_{23}R_{31}}{R_{12} + R_{23} + R_{31}}i_2 \\ u_{23} = (i_2 + i_{12})R_{23} = \dfrac{R_{23}R_{31}}{R_{12} + R_{23} + R_{31}}i_1 + \dfrac{R_{23}(R_{12} + R_{31})}{R_{12} + R_{23} + R_{31}}i_2 \end{cases} \tag{2-11}$$

式(2-10)和式(2-11)分别为星形网络和三角形网络的 VCR，如果两式的 VCR 完全相同，则两式中 i_1 与 i_2 的对应系数应分别相等，即

$$\begin{cases} R_1 + R_3 = \dfrac{R_{31}(R_{12} + R_{23})}{R_{12} + R_{23} + R_{31}} \\[2mm] R_3 = \dfrac{R_{23}R_{31}}{R_{12} + R_{23} + R_{31}} \\[2mm] R_2 + R_3 = \dfrac{R_{23}(R_{12} + R_{31})}{R_{12} + R_{23} + R_{31}} \end{cases} \tag{2-12}$$

由式(2-12)可解得

$$\begin{cases} R_1 = \dfrac{R_{31}R_{12}}{R_{12} + R_{23} + R_{31}} \\[2mm] R_2 = \dfrac{R_{12}R_{23}}{R_{12} + R_{23} + R_{31}} \\[2mm] R_3 = \dfrac{R_{23}R_{31}}{R_{12} + R_{23} + R_{31}} \end{cases} \tag{2-13}$$

式(2-13)就是三角形网络变换为等效的星形网络的变换公式，式中三式可概括为

$$Y\text{网络电阻 } R_i = \frac{\triangle\text{ 网络端钮 } i \text{ 所连两电阻乘积}}{\triangle\text{ 网络三电阻之和}}$$

由式(2-12)也可解得

$$\begin{cases} R_{12} = \dfrac{R_1 R_2 + R_2 R_3 + R_3 R_1}{R_3} \\[2mm] R_{23} = \dfrac{R_1 R_2 + R_2 R_3 + R_3 R_1}{R_1} \\[2mm] R_{31} = \dfrac{R_1 R_2 + R_2 R_3 + R_3 R_1}{R_2} \end{cases} \tag{2-14}$$

式(2-14)就是星形网络变换为三角形网络的公式，这三式可概括为

$$\triangle\text{ 网络电阻 } R_{jk} = \frac{Y\text{网络电阻两两乘积之和}}{\text{接在与 } R_{jk} \text{ 相对端钮的 } Y \text{ 网络电阻}}$$

若星形网络中 3 个电阻相等，即 $R_1 = R_2 = R_3 = R_Y$，则等效三角形网络中 3 个电阻也相等，且等于 $R_\triangle = R_{12} = R_{23} = R_{32} = 3R_Y$。

即 $\qquad\qquad R_\triangle = 3R_Y, \qquad R_Y = 1/3R_\triangle$

当电路中含有 Y、△联结的电阻网络时，可对 Y、△联结的电阻网络进行 Y-△等效变换，再进一步分析和计算电路。下面举例说明。

【例 2-6】 求图 2-13a 所示电路中的电压 U_1。

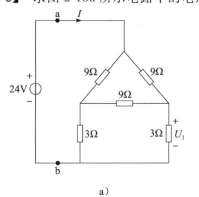
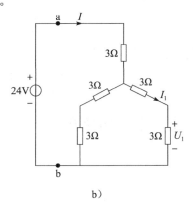

a)   b)

图 2-13   例 2-6 图

解 应用 Y-△等效变换，将图 2-13a 中 3 个 9Ω 电阻构成的三角形网络进行等效变换得图 2-13b，在图 2-13b 中，由电阻串、并联等效求得 a、b 端的等效电阻为

$$R_{ab} = [3 + (3 + 3) /\!/ (3 + 3)]\Omega = 6\Omega$$

得

$$I = \frac{24}{6}\text{A} = 4\text{A}$$

由分流公式，得

$$I_1 = \left(\frac{6}{6 + 6} \times 4\right)\text{A} = 2\text{A}$$

则

$$U_1 = (3 \times 2)\text{V} = 6\text{V}$$

【例 2-7】 电路如图 2-14a 所示，试求电流 I。

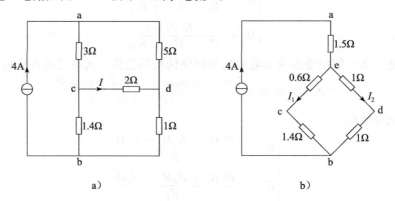

图 2-14 例 2-7 图

解 该例题是一个不满足电桥平衡条件的电桥电路，利用 Y-△等效变换，将图 2-14a 中 acda 间三个电阻构成的三角形网络等效变换为星形网络，如图 2-14b 所示。

在图 2-14b 中，设电流 I_1 和 I_2 如图所示，由分流公式，得

$$I_1 = \left(\frac{2}{0.6 + 1.4 + 1 + 1} \times 4\right)\text{A} = 2\text{A}$$

$$I_2 = \left(\frac{1}{2} \times 4\right)\text{A} = 2\text{A}$$

故得

$$u_{cd} = (1.4 \times 2 - 1 \times 2)\text{V} = 0.8\text{V}$$

返回到图 2-14a，可得

$$I = \frac{u_{cd}}{2\Omega} = \left(\frac{0.8}{2}\right)\text{A} = 0.4\text{A}$$

根据等效的概念，要求解电流 I，必须在原电路中求取。

由本例可见，当桥式电路不满足电桥平衡时，利用三端网络的 Y-△等效变换，先将电路等效变换为电阻的串、并联连接方式，然后再对电路进一步求解。

2.4 含独立电源电路的等效变换

1. 电压源的串联

图 2-15a 为 n 个电压源的串联，它可以用一个电压源等效替代如图 2-15b 所示。根据 KVL，等效电压源的电压 u_S 为

$$u_S = u_{S1} + u_{S2} - u_{S3} + \cdots + u_{Sn} = \sum_{k=1}^{n} u_{Sk} \qquad (2\text{-}15)$$

若 u_{Sk} 的参考方向与图 2-15b 中 u_S 的参考方向一致，式(2-15)中 u_{Sk} 的前面取"＋"号，不一致时取"－"号。

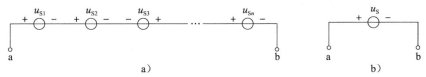

图 2-15 电压源的串联及其等效电路

2. 电压源的并联

只有电压相等且极性一致的电压源才允许并联，否则违背 KVL。其等效电压源为其中任一电压源，如图 2-16 所示。

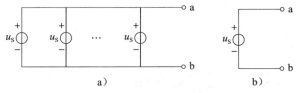

图 2-16 电压源的并联及其等效电路

3. 电压源与任意二端网络并联

电压源与任意二端网络并联，其等效电路仍为电压源，如图 2-17 所示。图 2-17a 中的网络 N，可以是任意的二端元件，如电阻 R 或电流源 i_S 等，也可以是一个简单或复杂的二端网络。需要强调的是，等效变

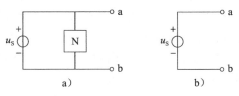

图 2-17 电压源与任意二端网络相并联及等效电路

换改变了电路内部结构，但仍保持端口上电压和电流关系不变，因而不影响外接电路的工作状态，即对外等效。对同一外电路来说，图 2-17a 中的电压源 u_S 流出的电流显然不等于图 2-17b 中电压源 u_S 流出的电流，即对内不等效。

4. 电流源的并联

图 2-18a 为 n 个电流源的并联，可以用一个电流源等效替代如图 2-18b 所示，由 KCL，等效电流源的电流 i_S 为

$$i_S = i_{S1} + i_{S2} - i_{S3} + \cdots + i_{Sn} = \sum_{k=1}^{n} i_{Sk} \qquad (2\text{-}16)$$

若 i_{Sk} 的参考方向与图 2-18b 中 i_S 的参考方向一致，式(2-16)中 i_{Sk} 的前面取"＋"号，不一致时取"－"号。

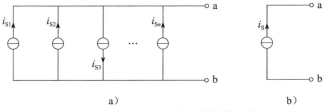

图 2-18 电流源的并联及其等效电路

5. 电流源的串联

只有电流相等且流向一致的电流源才允许串联，否则违背 KCL。其等效电流源为其中任一电流源，如图 2-19 所示。

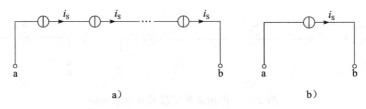

a)   b)

图 2-19   电流源的串联及其等效电路

6. 电流源与任意二端网络串联

电流源与任意二端网络串联，其等效电路为电流源，如图 2-20 所示。同电压源与任意二端网络并联一样，图 2-20a 中网络 N，可以是任意的二端元件，也可以是一个二端网络。

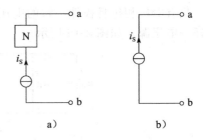

a)   b)

图 2-20   电流源与任意二端网络
串联及其等效电路

2.5   实际电源的两种模型及等效变换

2.4 节讨论的都是理想独立源模型，而实际电源接入电路时，电源自身会有一定的损耗，那就不能忽略电源的内阻，因此有必要讨论实际电源的模型及其等效变换。

实际电源有实际电压源模型（戴维南电路模型）和实际电流源模型（诺顿电路模型），它们可分别用图 2-21a、b 来表示。

在 2.4 节讨论的最简等效电路都只含一个元件，即用一个元件替代原电路而端口的 VCR 不变。图 2-21 所示的实际电源两种模型都无法再进行化简，但当满足一定条件时，它们可以互为等效电路，也就是说它们可以互相替换而保持端口的 VCR 不变。

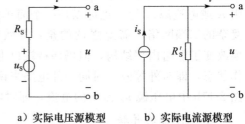

a）实际电压源模型   b）实际电流源模型

图 2-21   实际电源的两种模型

为寻求它们的等效条件，应当从两种模型端口的 VCR 入手，由图 2-21a 得

$$u = u_S - R_S i \qquad (2\text{-}17)$$

由图 2-21b 得

$$i = i_S - u/R_S' \qquad (2\text{-}18)$$

为了便于与式（2-17）比较，将式（2-18）改写为

$$u = R_S' i_S - R_S' i \qquad (2\text{-}19)$$

比较式（2-17）、式（2-19），显然，如果满足如下条件：

$$R_S = R_S' \qquad (2\text{-}20)$$

$$u_S = R_S' i_S \quad \text{或} \quad i_S = u_S/R_S' \qquad (2\text{-}21)$$

则这两种模型的 VCR 完全相同，即这两个电路是等效的。

换句话说，若要这两个电路等效，那么这两种模型端口处的伏安特性曲线要完全相同。为此，给出式(2-17)和式(2-19)所示的 u-i 关系曲线分别如图 2-22a 和 b 所示。

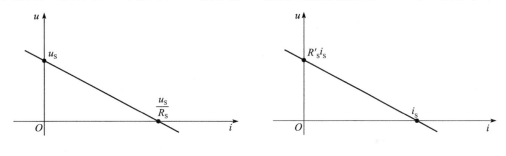

a) 实际电压源的伏安特性曲线　　　　　　　b) 实际电流源的伏安特性曲线

图 2-22　两种实际电源的伏安特性曲线

由图 2-22 可以很清楚地看到，当图 2-22a 和 b 的伏安特性曲线完全相同，就有 $u_S = R'_S i_S$，$u_S/R_S = i_S$，即 $R_S = R'_S$。

无论是从式(2-17)和式(2-19)的对比，还是从图 2-22a 和 b 的对比都可以看到，图 2-21a 和 b 所示电路等效的条件是式(2-20)和式(2-21)，即

$$R_S = R'_S, \quad u_S = R'_S i_S \text{ 或 } i_S = u_S/R'_S$$

图 2-21 所示的实际电源两种模型可根据式(2-20)和式(2-21)进行等效变换，两种电源模型的等效变换如图 2-23 所示。

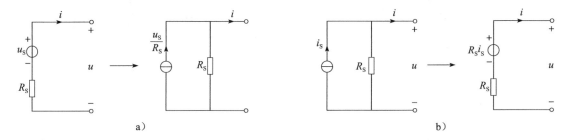

图 2-23　两种电源模型的等效变换

如果已知电压源模型，则可求得其等效的电流源模型的 i_S，并将 R_S 和 i_S 并联即可。如果已知电流源模型，则可求得其等效的电压源模型的 u_S，并将 R_S 和 u_S 串联即可。要注意等效变换时电压源电压的极性与电流源电流方向的关系，如图 2-23 所示。还要注意，互换电路中的电阻 R_S 是一样的，只是连接方式不同。

在电路中，不与电阻串联的电压源和不与电阻并联的电流源称为无伴电源，无伴电压源和无伴电流源之间不能直接进行等效变换。

运用等效变换的概念分析电路的方法也叫等效分析法。等效的根本是：不同结构的电路要有相同的端口伏安关系，所求的待求量应是端口以外的任意变量，因为对内是不等效的。

等效分析法可归结为：先对待求量以外的二端网络进行等效变换(化简)，再将待求支路接入化简后的电路，然后求出待求量。

【例 2-8】　求如图 2-24a 所示电路的电流 i。

解　在图 2-24a 中，10V 电压源并 10Ω 电阻等效为一个 10V 的电压源，如图 2-24b 所示。在图 2-24b 中，10V 电压源串 5V 电压源(两电源参考极性相反)，等效为一个 5V 的

电压源，且参考极性为上"＋"下"－"，如图 2-24c 所示。

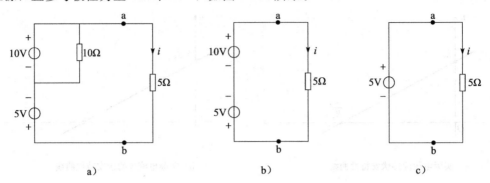

图 2-24　例 2-8 图

图 2-24c 电路就是等效变换后的电路，5Ω 这一待求支路，对 a、b 左端的电路来说是外电路。也就是说，在图 2-24a 中求 i，和在图 2-24c 中求 i 的结果是完全相同的。由图 2-24c 得 $i=\dfrac{5}{5}=1\mathrm{A}$。

【例 2-9】　求如图 2-25a 所示电路的电压 u。

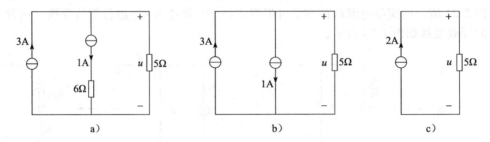

图 2-25　例 2-9 图

解　在图 2-25a 中，1A 电流源串 6Ω 电阻支路，可等效为一个 1A 电流源，如图 2-25b 所示。在图 2-25b 中，3A 电流源并 1A 电流源（两电流源参考方向相反）等效为 2A 电流源，如图 2-25c 所示，要注意 2A 电流源的方向向上。

在图 2-25c 中，得 $u=2\times5=10\mathrm{V}$。

【例 2-10】　求如图 2-26a 所示电路中的电流 i。

解　将所求支路看作外电路，对 a、b 端左边电路进行等效变换，也就是进行化简。

由图 2-26a 电路，将实际电流源（2A 电流源并 2Ω 电阻支路）等效变换为实际电压源（2Ω 电阻串 4V 电压源支路），将实际电压源（4Ω 电阻串 8V 电压源支路）等效变换为实际电流源（4Ω 电阻并 2A 电流源支路），如图 2-26b 所示。

图 2-26b 电路中，2Ω 电阻串 2Ω 电阻，等效为 4Ω 电阻，如图 2-26c 所示。在图 2-26c 中，将 4Ω 电阻串 4V 电压源等效变换为 1A 电流源并 4Ω 电阻，如图 2-26d 所示。

在图 2-26d 中，1A 电流源并 2A 电流源等效为 3A 电流源，4Ω 电阻并 4Ω 电阻，等效为 2Ω 电阻，如图 2-26e 所示。

在图 2-26e 所示电路中，利用分流公式可得电流 i 为

$$i=\left(\frac{2}{2+4}\times3\right)\mathrm{A}=1\mathrm{A}$$

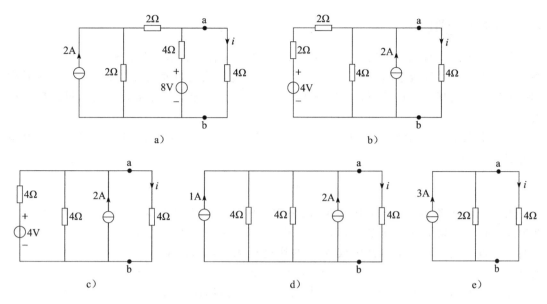

图 2-26　例 2-10 图

2.6　含受控源电路的等效变换

在分析含受控源电路时，也可用上述的等效变换方法进行变换。需要注意以下两点。

1) 先将受控源视为独立源，上述有关独立源的各种等效变换同样适用于受控源。

2) 在等效变换过程中，受控源的控制量不能消失。

【例 2-11】　在图 2-27a 所示电路中，已知 $u_S = 12V$，$R = 2\Omega$，VCCS 的电流 i_C 受电阻 R 上的电压 u_R 控制，且 $i_C = gu_R$，$g = 2S$，求 u_R。

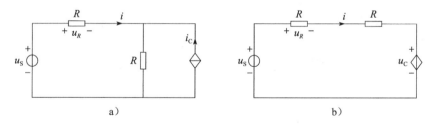

图 2-27　例 2-11 图

解　将 VCCS 与电阻 R 并联的诺顿电路等效变换为戴维南支路如图 2-27b 所示，其中

$$u_C = Ri_C = Rgu_R = 2 \times 2u_R = 4u_R$$

又 $$u_R = Ri$$

由 KVL，得 $$Ri + Ri + u_C = u_S$$

即 $$4i + 4u_R = u_S, \qquad 2u_R + 4u_R = u_S$$

得 $$u_R = \frac{u_S}{6} = \left(\frac{12}{6}\right)V = 2V$$

需要注意的是：在等效变换过程中，若进一步变换会使控制量消失，而电路还没有化到最简形式，就要从列写端口的电压、电流的伏安关系（VCR）入手，以得到最简的电路形式。

2.7　输入电阻

若一个无源二端网络内部仅含电阻元件，则应用电阻的串、并联和 Y-△ 形变换等方法，可以求得它的等效电阻。若一个无源二端网络内部除电阻处还含有受控源，不论其内部如何复杂，就其端口特性而言，同样可等效为一个线性电阻，由此定义二端网络输入电阻如下：

当一个无源二端网络 N_0 的电压 u 和电流 i 为关联参考方向时，如图 2-28 所示，其输入电阻 R_i 定义为

$$R_i = \frac{u}{i} \tag{2-22}$$

无源二端网络 N_0 的等效电阻 R_{eq} 也称为二端网络的输入电阻。在电路分析中，常需要计算输入电阻。当无源二端网络 N_0 不含受控源时，可直接用电阻的串、并联或 Y-△ 变换进行化简，求出输入电阻 R_i；当 N_0 含有受控源时，可用外施电源法，即在端口加以电压源 u_S，然后求出端口电流 i（外施电压源求电流法，简称加压求流法），或在端口加以电流源 i_S，然后求出端口电压 u（外施电流源求电压法，

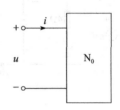

图 2-28　无源二端网络

简称加流求压法），则 $R_i = \dfrac{u_S}{i} = \dfrac{u}{i_S}$。可见，外施电源法的实质仍然是求端口的 VCR 关系。

【例 2-12】　求如图 2-29a 所示电路的等效电阻 R_{ab}。

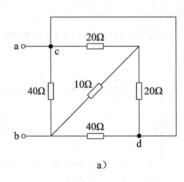
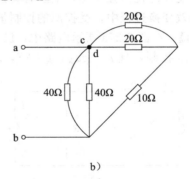

a)　　　　　　　　　　　　　　b)

图 2-29　例 2-12 图

解　该例为不含受控源的无源二端网络，将图 2-29a 中 c、d 两个同位点合为一点，得图 2-29b，则

$$R_{ab} = \{[(20 \mathbin{/\!/} 20) + 10] \mathbin{/\!/} (40 \mathbin{/\!/} 40)\}\Omega = 10\Omega$$

【例 2-13】　求如图 2-30 所示二端网络的输入电阻 R_{ab}。

解　该无源二端网络含有受控源，可用外施电源法求该网络的输入电阻。设二端网络端口外施电压源电压为 u，端口电流为 i，由 KVL，得

$$u = R_2 i + R_1(i - 4i) = (R_2 - 3R_1)i$$

输入电阻　　　　　　$R_{ab} = \dfrac{u}{i} = R_2 - 3R_1$

由该例可见，当电路中存在受控源时，在一定的参数条件下，输入电阻可能为正值，也可能为负值。而负电阻元件

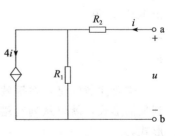

图 2-30　例 2-13 图

实际是一个发出功率的元件。

从以上分析可见：无论是求二端网络的等效电路，还是对二端网络进行化简，以及求无源二端网络的输入电阻等，都涉及二端网络 VCR 的求解。二端网络的 VCR 是由它本身性质决定的，与外接电路无关。因此，可以在任何外接电路的情况下求它的 VCR。通常选择用最简单的外接电路求二端网络的 VCR，加压求流法和加流求压法是常用的方法。一般来说，无源二端网络的 VCR 总可表示为 $u=ai$ 的形式，其中 a 为无源二端网络的等效电阻；而有源二端网络的 VCR 总可表示为 $u=ai+b$ 的形式，其中 a 为等效戴维南电路中的电阻，b 为等效戴维南电路中的电压源。

习题 2

2-1 求题 2-1 图所示各电路 a、b 端的等效电阻 R_{ab}。

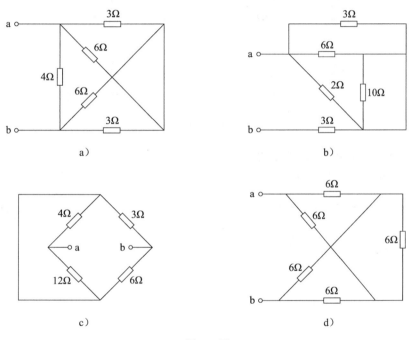

题 2-1 图

2-2 用 Y-△ 等效变换法求题 2-2 图所示电路中 a、b 端的等效电阻 R_{ab}。

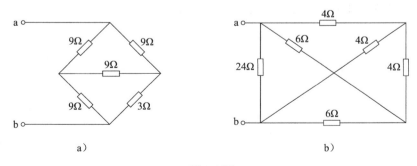

题 2-2 图

2-3 求题 2-3 图所示各电路的等效电阻 R_{ab}。

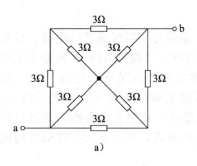
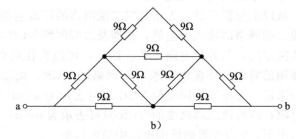

题 2-3 图

2-4　将题 2-4 图所示各电路化为最简形式。

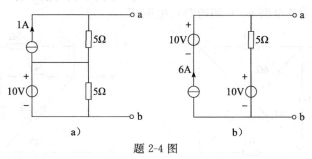

题 2-4 图

2-5　用等效变换法求题 2-5 图所示电路中的电压 U_{ab}。

2-6　求题 2-6 图所示电路中的电流 I。

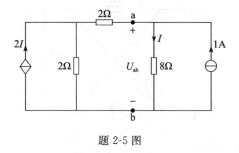

题 2-5 图

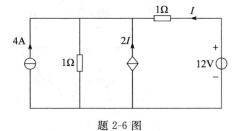

题 2-6 图

2-7　在题 2-7 图所示电路中，N 为含源线性网络，当 $R=5\Omega$ 时，$i=10\mathrm{A}$；当 $R=15\Omega$ 时，$i=5\mathrm{A}$。求网络 N 的等效戴维南电路。

2-8　求题 2-8 图所示电路中 10V 电压源发出的功率。

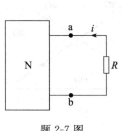

题 2-7 图

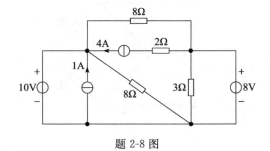

题 2-8 图

2-9　在题 2-9 图 a 所示电路中，$u_{S1}=24\mathrm{V}$，$u_{S2}=6\mathrm{V}$，$R_1=12\mathrm{k\Omega}$，$R_2=6\mathrm{k\Omega}$，$R_3=2\mathrm{k\Omega}$。题 2-9 图 b 为经等效变换后的等效电路。试求：

（1）等效电路的 i_S 和 R。

（2）根据等效电路求 R_3 中电流和消耗功率。

（3）分别在题 2-9 图 a、b 中求出 R_1、R_2 及 R_3 消耗的功率。

（4）试问 u_S1、u_S2 发出的功率是否等于 i_S 发出的功率？R_1、R_2 消耗的功率是否等于 R 消耗的功率？为什么？

（提示：关于等效的概念中，要注意等效是指"对外"等效，"对内"是不等效的。）

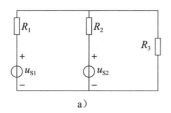 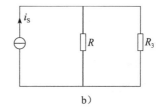

题 2-9 图

2-10　利用电源的等效变换，求题 2-10 图所示电路中的电流 i。

2-11　电路如题 2-11 图所示，已知 $U=4\text{V}$，求电阻 R。

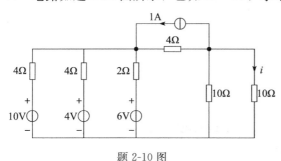 

题 2-10 图　　　　　　　　　　题 2-11 图

2-12　电路如题 2-12 图所示，求 2Ω 电阻上消耗的功率。

2-13　试写出题 2-13 图所示电路的端口伏安关系（VCR）。

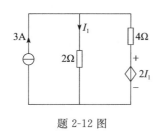 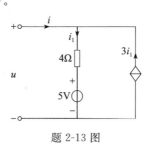

题 2-12 图　　　　　　　　　　题 2-13 图

2-14　化简题 2-14 图所示电路为等效戴维南电路。

2-15　化简题 2-15 图所示电路为等效诺顿电路。

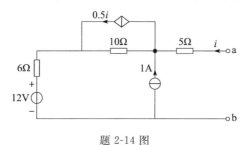 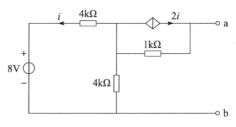

题 2-14 图　　　　　　　　　　题 2-15 图

2-16　求题 2-16 图所示二端网络的输入电阻 R_i。

2-17　求题 2-17 图所示电路的输入电阻 R_{ab}。

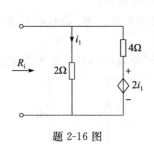

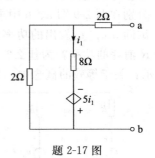

题 2-16 图　　　　　　　　　　　　题 2-17 图

2-18　试求题 2-18 图 a、b 所示电路的输入电阻 R_{ab}。

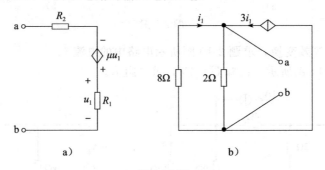

a)　　　　　　　　　　b)

题 2-18 图

2-19　若题 2-19 图所示电路中全部电阻均为 1Ω，求输入电阻 R_i。

2-20　求题 2-20 图所示电路中电压 U 及电压 U_{ab}。

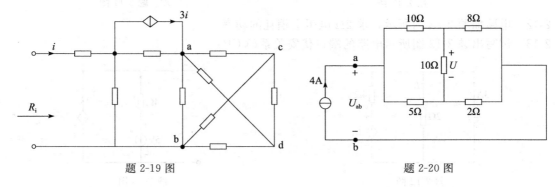

题 2-19 图　　　　　　　　　　　题 2-20 图

第 3 章

电阻电路的一般分析法

内容提要：本章介绍电阻电路的一般分析方法，即适用于任何线性网络的具有普遍性和系统化的分析方法，其特点是不改变电路结构，分析过程有规律。其分析步骤为：先选择电路变量(电流或电压)，再根据 KCL、KVL 及元件的 VCR 建立以电路变量为变量的方程，解方程求得电路变量，最后由电路变量求出待求响应。

本章内容包括电路图论的基本概念、支路电流法、网孔分析法、回路分析法及节点分析法。所述分析方法均适用于任何线性网络，并且也是计算机辅助分析电路所用的基本方法。

3.1 电路图论的基本概念

在电路分析中，可将图论作为数学工具来选择电路独立变量，列出与之相应的独立方程。图论在电路中的应用也称为"网络图论"(或称为"电路图论")。网络图论为电路分析建立严密的数学基础并提供系统化的表达方式，更为利用计算机分析、计算、设计大规模电路问题奠定了基础。本节主要介绍有关电路图论的基本概念。

1. 线图

基尔霍夫定律分别反映了电路的连接方式造成的各支路电流和各支路电压之间的约束关系，它与电路元件的性质无关。因此，在研究电路的支路电流或支路电压之间的关系时，可以不考虑构成电路的元件特性，此时电路的每条支路可以用线段来代表它，称为拓扑支路，简称支路。将电路中每一个节点抽象为一个几何点，称为拓扑节点，简称节点。这样，电路图便抽象成为了一个由点和线段构成的图形，称为电路的拓扑图，简称线图。图 3-1b 和 c 为图 3-1a 所示电路的线图。显然，线图与电路图的结构相同。

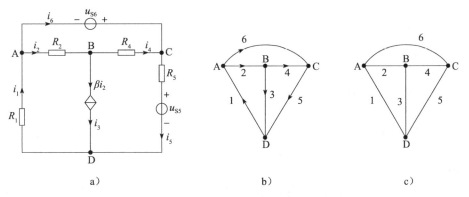

a)   b)   c)

图 3-1　电路图、有向图和无向图

2. 有向图与无向图

如果电路的各支路电流与电压取关联参考方向，则可在对应线图的各支路上用箭头表示出该参考方向，这样得到的线图称为有向线图，如图 3-1b 所示；不标出参考方向的线图称为无向图，如图 3-1c 所示。

3. 子图

给定线图 G 和 G_S，如果 G_S 的每个节点都是图 G 的节点，G_S 的每条支路都是图 G 的支路，则称 G_S 是图 G 的子图。换句话说，从图 G 中去掉部分支路和节点，可得图 G 的子图 G_S。如图 3-2 所示，G_1、G_2、G_3、G_4 都是图 G 的子图。其中 G_4 仅含一个节点。

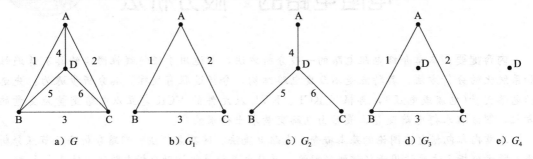

图 3-2　线图 G 及其子图

4. 连通图和非连通图

如果一个线图的任意两个节点之间至少存在一条由支路构成的路径，这样的线图称为连通图，否则为非连通图（习惯上把仅有一个节点的图也称为连通图）。如图 3-3 所示的图形，其中图 a 是连通图，图 b 是非连通图。显然，非连通图至少有彼此分离的两个部分。

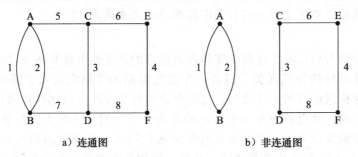

图 3-3　连通图与非连通图

5. 树与补树

连通图 G 的子图 T 如果满足以下条件就称为图 G 的一个树。

1）T 是连通图；

2）T 包含图 G 的所有节点；

3）T 中没有任何回路。

通常将连通图 G 中属于树 T 的支路称为树支，不属于树 T 的支路称为连支。由于只有把连支补上才会出现闭合回路，因此连支组成的集合称为树 T 的余树或补树。图 3-4 给出了线图 G 的几个树。

显然，对于一个给定的连通图，其树的形式有很多种。可以证明：一个具有 n 个节点，b 条支路的连通图 G，有 n^{n-2} 个不同的树（证明从略）。且树支数为 $n-1$ 条，连支数为 $b-(n-1)$ 条。

6. 割集

连通图 G 的一组支路集合，如满足：①去掉这组支路集合（保留节点），连通图分成两个独立部分；②保留其中任一支路，连通图 G 仍为连通图，则称这组支路的集合为图 G 的一个割集。

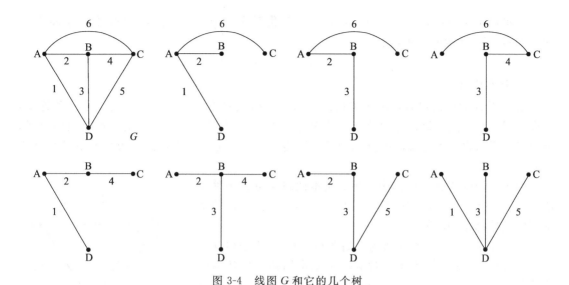

图 3-4　线图 G 和它的几个树

通常可以用一个封闭曲面切割连通图 G 的支路的方法方便确定割集，当所有与该封闭曲面相交的支路仅与其相交一次时，该封闭曲面所切割的支路集合即为割集。如图 3-5 中支路集合{1，2，3，4}，{2，3，7，8}均满足割集定义，因此都为割集。如图 3-6 中支路集合{2，3，5，6，7，8}，{2，3，6，7，8}均不满足割集定义，为非割集。

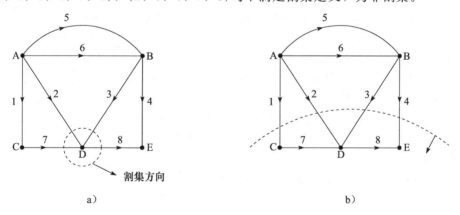

a)　　　　　　　　　　　　　　　b)

图 3-5　割集示例

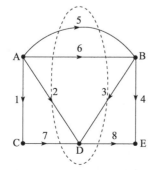
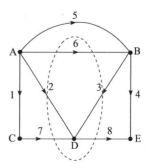

a）将支路2，3，5，6，7，8移去后，线图被分为3个独立的部分　　　b）不移去支路6，线图仍为非连通图

图 3-6　非割集示例

若将封闭曲面看成一广义节点，则一个割集对应一个广义节点，对割集可列 KCL 方程。如图 3-5a 所示的割集，有

$$-i_2 - i_3 - i_7 + i_8 = 0$$

7. 基本回路

连通图 G 的树选定后，由于树是连通的且不构成回路，因此若给该树加上一条连支，则会出现一个回路。该回路由这条连支和连支两个端点间经过若干树支的唯一通路组成，通常将这样只含一条连支的回路称为基本回路。一般约定，基本回路的方向与它所含连支的方向一致。

由于线图的树有多种选法，相应基本回路组也有多种选法，树的选择不同，得到的基本回路组也不同，但它们的基本回路数量都是相同的。

对于 n 个节点、b 条支路的连通图 G，有 $n-1$ 条树支和 $b-(n-1)$ 条连支，每条连支对应一个基本回路。故基本回路数与连支数一样也应为 $b-(n-1)$。图 3-7 给出了线图 G 的基本回路，图中粗实线表示树支。

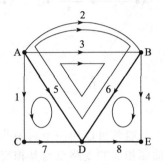

图 3-7　线图 G 的基本回路

8. 基本割集

连通图 G 的树选定后，由于树是图 G 的连通子图，因此图 G 的任意一个割集至少要包含一条树支，通常将只含一条树支的割集称为基本割集，且一般规定基本割集的方向与它所含树支方向一致。

与基本回路类似，树的选择不同，得到的基本割集也不同。树有多种选法，相应的基本割集也有多种选法，但它们的基本割集数目都是相同的。

对于 n 个节点，b 条支路的连通图，其树支数为 $(n-1)$，每一条树支对应一个基本割集，因此相应的应该有 $(n-1)$ 个基本割集。

图 3-8 给出了线图 G 的基本割集。图中粗实线表示树支。

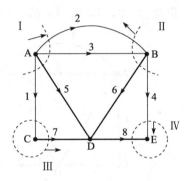

图 3-8　线图 G 的基本割集

3.2　独立的 KCL 和 KVL 方程

3.2.1　独立的 KCL 方程

图 3-9 所示电路为一个具有 4 个节点，6 条支路的电路。对 4 个节点分别列 KCL 方程得

$$
\left.
\begin{array}{ll}
\text{节点 A：} & i_1 - i_3 + i_4 = 0 \\
\text{节点 B：} & -i_4 - i_5 + i_6 = 0 \\
\text{节点 C：} & i_2 + i_3 - i_6 = 0 \\
\text{节点 D：} & -i_1 - i_2 + i_5 = 0
\end{array}
\right\}
\tag{3-1}
$$

上述 4 个方程是不独立的，其中任意一个方程等于其余 3 个方程取负相加；但若去掉 (3-1) 方程组中的任一个 (如节点 D 的 KCL 方程)，则剩余的 3 个节点方程中，每一个方程含有一个其余两个方程所没有的支路电流变量。以选节点 A、B 和 C 的 KCL 方程为例，

i_1、i_5 和 i_2 分别为各方程所独有的支路电流变量，因此是一组独立方程。通常将独立 KCL 方程所对应的节点称为独立节点，删去方程所对应节点称为非独立节点或参考节点。因此，对于图 3-9 所示的具有 4 个节点的电路，其独立节点数和独立的 KCL 方程数为 $4-1=3$。

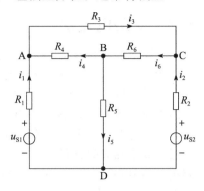

将上述结论推广至一般情况：对于具有 n 个节点的电路，其独立节点数和独立的 KCL 方程数为 $n-1$。

从以上分析可以看出，为了得到独立的 KCL 方程可以先确定独立的节点。一般对于给定电路可以先任意选定一个节点作为参考节点，则其余节点即为独立节点，对其列 KCL 方程可得一组独立的 KCL 方程。

图 3-9 独立的 KCL 和 KVL 方程示例

3.2.2 独立的 KVL 方程

由于图 3-9 所示电路中有 7 个回路，对每个回路列 KVL 方程，可得 7 个 KVL 方程。

回路 ABDA：$\qquad -R_4 i_4 + R_5 i_5 - u_{S1} + R_1 i_1 = 0$ ①

回路 BCDB：$\qquad -R_6 i_6 - R_2 i_2 + u_{S2} - R_5 i_5 = 0$ ②

回路 ACBA：$\qquad R_3 i_3 + R_6 i_6 + R_4 i_4 = 0$ ③

回路 ABCDA：$\quad -R_4 i_4 - R_6 i_6 - R_2 i_2 + u_{S2} - u_{S1} + R_1 i_1 = 0$ ①+② $\qquad$ (3-2)

回路 ACBDA：$\quad R_3 i_3 + R_6 i_6 + R_5 i_5 - u_{S1} + R_1 i_1 = 0$ ①+③

回路 ACDBA：$\quad R_3 i_3 - R_2 i_2 + u_{S2} - R_5 i_5 + R_4 i_4 = 0$ ②+③

回路 ACDA：$\qquad R_3 i_3 - R_2 i_2 + u_{S2} - u_{S1} + R_1 i_1 = 0$ ①+②+③

显然上述 7 个方程是不独立的，其中后 4 个方程可由前 3 个方程导出，而前 3 个方程（该电路的 3 个网孔的 KVL 方程）由于分别独立含有 i_1、i_2 和 i_3 支路电流变量，因此这 3 个方程是独立的。通常将独立的 KVL 方程所对应的回路称为独立回路。因此，对于图 3-9 所示的具有 4 个节点、6 条支路的电路，其独立回路数和独立的 KVL 方程数为 $6-(4-1)=3$。

将上述结论推广至一般情况：对于具有 n 个节点、b 条支路的电路，其独立回路数和独立的 KVL 方程数为 $L=b-(n-1)$。

从以上分析可以看出，电路（网络）的回路数大于独立回路数，因此为了得到独立的 KVL 方程就有一个如何选择独立回路的问题。比较方便的方法就是利用 3.1 节介绍的"树"的概念来寻找网络的独立回路组，从而得到独立的 KVL 方程组。对于给定电路，我们可以首先确定树，从而得基本回路，由于每个基本回路含有一个其他基本回路所没有的连支电压变量，因此根据基本回路所列出的 KVL 方程组是独立方程，相应的基本回路为一组独立的回路。由于选择不同的树就可以得到不同的基本回路，因此对于一个给定网络，独立回路数是一定的但独立回路的选取是不唯一的。可以证明：对于具有 n 个节点、b 条支路的平面连通网络，其独立回路数等于网孔数，并且网孔就是独立回路，由网孔列出的 KVL 方程是独立的。因此，为方便起见，对平面网络常选网孔为独立回路。如图 3-9 所示电路有 3 个网孔对应 3 个独立回路，按网孔列出的 KVL 方程即为独立方程，如方程组 3-2 的①、②、③三个方程。

综上所述，对于具有 n 个节点、b 条支路的连通网络，有 $(n-1)$ 个独立节点，可列出 $(n-1)$ 个独立的 KCL 方程；有 $L=b-(n-1)$ 个独立回路，可列出 $L=b-(n-1)$ 个独立的

KVL 方程。

3.3 支路电流法

支路电流法是直接以支路电流作为电路变量，应用两类约束关系，列出与支路电流数相等的独立方程，先解得支路电流，进而求得电路响应的电路分析方法。

下面以图 3-10 所示具有 2 个节点、3 条支路的电路为例介绍支路电流法。设各支路电流的参考方向如图 3-10 所示。由于电路有 3 条支路，故有 3 个支路电流变量，解出这 3 个变量需 3 个独立的方程。由 3.2 节知，对于 2 个节点、3 条支路组成的电路，有 $(2-1)=1$ 个独立节点，对应可列 1 个独立的 KCL 方程；有 $3-(2-1)=2$ 个独立回路，对应可列 2 个独立的 KVL 方程。因此，可列出的独立方程总数为 $(2-1)+[3-(2-1)]=3$，恰好等于待求的支路电流数。联立求解这 3 个方程可求得各支路电流。

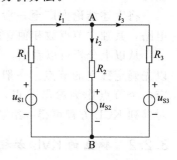

图 3-10　支路电流法示例

因此，对于图 3-10 所示电路，若去掉节点 B，则节点 A 为独立节点，由其可列独立 KCL 方程为

$$i_1 - i_2 - i_3 = 0 \tag{3-3}$$

由于图 3-10 所示电路为平面电路，故选择网孔作为独立回路，并选顺时针方向作为回路的绕行方向，则得独立的 KVL 方程为

$$\left.\begin{array}{l} -u_{S1} + R_1 i_1 + R_2 i_2 + u_{S2} = 0 \\ -u_{S2} - R_2 i_2 + R_3 i_3 + u_{S3} = 0 \end{array}\right\} \tag{3-4}$$

式(3-3)、式(3-4)组成图 3-10 所示电路的支路电流方程，解方程即可求得各支路电流。

由此可归纳出支路电流法分析电路的步骤如下：

1) 确定各支路电流的参考方向；

2) 对 $n-1$ 个独立节点列出 KCL 方程；

3) 选 $b-(n-1)$ 个独立回路(对平面网络，通常取网孔为独立回路)，对独立回路列出 $b-(n-1)$ 个以支路电流为变量的 KVL 方程；

4) 联立求解上述 b 个独立方程，解得各支路电流，并以此求出待求响应。

【例 3-1】 试用支路电流法求图 3-11 所示电路中各支路电流和支路电压 u_{AB}。

解 该电路共有 3 条支路，故有 3 个支路电流变量。设各支路电流的参考方向如图 3-11 所示。由于电路的节点数 $n=2$，故其独立节点数为 $2-1=1$，若选 A 为独立节点，则由 KCL 得

$$i_1 + i_2 + i_3 = 0$$

由于电路为平面网络，故可选网孔为独立回路，根据 KVL 得

网孔 Ⅰ：　　$-5 + 4i_1 - 5i_3 + 1 = 0$

网孔 Ⅱ：　　$-10i_2 + 2 - 1 + 5i_3 = 0$

联立 KCL 和 KVL 方程，可解得三个支路电流为

$$i_1 = 0.5\text{A}, \quad i_2 = -0.5\text{A}, \quad i_3 = -0.4\text{A}$$

进一步求解得　$u_{AB} = [-5 \times (-0.4) + 1]\text{V} = 3\text{V}$

如果选支路电压为电路变量，并将独立的 KCL 方程中的

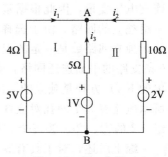

图 3-11　例 3-1 图

各支路电流用支路电压表示，然后连同支路电压的独立 KVL 方程，可得到以支路电压为变量的 b 个独立方程，联立求解即可得各支路电压，进一步求解可得其他响应。这就是支路电压法。

3.4 网孔分析法

前面我们介绍了支路电流法。支路电流法的优点是对未知支路电流可直接求解，缺点是需联立求解的方程数目较多，且方程的列写无规律可循。因此，我们希望适当选择一组电压或电流变量，这组变量数必须最少，从而使得相应的所需联立求解的独立方程数目最少，同时电路中所有的支路电压、电流变量都能很容易地由这些变量来线性表示，进而可方便地求出电路中的其他响应。由线性代数知识可知，满足此要求的电路变量必须是一组独立的、完备的变量。"独立的"指这组变量之间无线性关系。具体而言，即若是一组独立的电流变量，则各电流变量之间不受 KCL 约束；若是一组独立的电压变量，则各电压变量之间不受 KVL 约束。"完备的"指只要这组变量求出后，电路中其他变量都能用这组变量表示。网孔电流便是这样的一组电流变量。

网孔分析法是以网孔电流作为电路的独立变量，直接列写网孔的 KVL 方程。先解得网孔电流，进而求得电路响应的一种平面网络的分析方法。

3.4.1 网孔电流

1. 网孔电流的定义

所谓网孔电流(mesh current)指平面网络中沿着网孔边界连续流动的假想电流，如图 3-12 所示的 i_{m1}、i_{m2} 和 i_{m3}。对于 n 个节点、b 条支路的平面网络，有 $m=b-(n-1)$ 个网孔，因而有 m 个网孔电流。

2. 网孔电流的完备性和独立性

（1）完备性

对于图 3-12 所示平面网络，假设各支路电流的参考方向如图所示，则支路电流与网孔电流有以下关系。

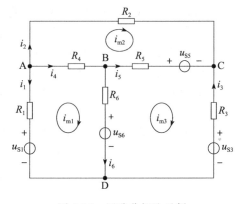

图 3-12 网孔分析法示例

$$\left. \begin{array}{l} i_1 = -\,i_{m1} \\ i_2 = i_{m2} \\ i_3 = -\,i_{m3} \\ i_4 = i_{m1} - i_{m2} \\ i_5 = i_{m3} - i_{m2} \\ i_6 = i_{m1} - i_{m3} \end{array} \right\} \tag{3-5}$$

可见所有的支路电流都能用网孔电流表示，网孔电流一旦求得，所有支路电流随之求得。进一步求解可求得电路中其他响应。所以，网孔电流是一组完备的电流变量。

（2）独立性

由于每一网孔电流流经某节点时，从该节点流入又流出，在 KCL 方程中彼此相消。如图 3-12 所示节点 A 的 KCL 方程为

$$-i_1 - i_2 - i_4 = 0$$

将式(3-5)代入上式，得到网孔电流表示的 KCL 方程为

$$-(-i_{\mathrm{m1}}) - i_{\mathrm{m2}} - (i_{\mathrm{m1}} - i_{\mathrm{m2}}) = 0$$

上式恒为零，对于其他节点也有类似的结果。故网孔电流不受 KCL 约束，具有独立性。因此，网孔电流是一组独立且完备的电流变量。

3.4.2　网孔方程

为了求出 m 个网孔电流，必须建立 m 个以网孔电流为变量的独立方程。由于网孔电流不受 KCL 约束，因此只能根据 KVL 和元件 VCR 列方程。由 3.2 节知，网孔是独立回路，故对各网孔所列 KVL 的方程是一组独立的 KVL 方程。若将 KVL 方程中的各支路电压用网孔电流表示，则可得到 m 个以网孔电流为变量的独立方程，该组方程称为网孔方程，联立解网孔方程，即可求得网孔电流。下面以图 3-12 所示电路为例来说明网孔方程的建立。

设各网孔电流的参考方向均为顺时针方向，如图 3-12 所示，则可列得各网孔的 KVL 方程为

$$
\left.
\begin{aligned}
\text{网孔 I：} && -u_{\mathrm{S1}} - R_1 i_1 + R_4 i_4 + R_6 i_6 + u_{\mathrm{S6}} &= 0 \\
\text{网孔 II：} && R_2 i_2 - u_{\mathrm{S5}} - R_5 i_5 - R_4 i_4 &= 0 \\
\text{网孔 III：} && -R_3 i_3 + u_{\mathrm{S3}} - R_6 i_6 - u_{\mathrm{S6}} + R_5 i_5 + u_{\mathrm{S5}} &= 0
\end{aligned}
\right\} \tag{3-6}
$$

将式(3-5)代入式(3-6)，并整理得

$$
\left.
\begin{aligned}
\text{网孔 I：} && (R_1 + R_4 + R_6) i_{\mathrm{m1}} - R_4 i_{\mathrm{m2}} - R_6 i_{\mathrm{m3}} &= u_{\mathrm{S1}} - u_{\mathrm{S6}} \\
\text{网孔 II：} && -R_4 i_{\mathrm{m1}} + (R_2 + R_4 + R_5) i_{\mathrm{m2}} - R_5 i_{\mathrm{m3}} &= u_{\mathrm{S5}} \\
\text{网孔 III：} && -R_6 i_{\mathrm{m1}} - R_5 i_{\mathrm{m2}} + (R_3 + R_5 + R_6) i_{\mathrm{m3}} &= u_{\mathrm{S6}} - u_{\mathrm{S5}} - u_{\mathrm{S3}}
\end{aligned}
\right\} \tag{3-7}
$$

上述方程就是图 3-12 所示电路的网孔方程。联立求解网孔方程，可得网孔电流 i_{m1}、i_{m2} 和 i_{m3}。

为了找出列写网孔方程的规律，现将式(3-7)改写成如下的一般形式：

$$
\left.
\begin{aligned}
R_{11} i_{\mathrm{m1}} + R_{12} i_{\mathrm{m2}} + R_{13} i_{\mathrm{m3}} &= u_{\mathrm{Sm1}} \\
R_{21} i_{\mathrm{m1}} + R_{22} i_{\mathrm{m2}} + R_{23} i_{\mathrm{m3}} &= u_{\mathrm{Sm2}} \\
R_{31} i_{\mathrm{m1}} + R_{32} i_{\mathrm{m2}} + R_{33} i_{\mathrm{m3}} &= u_{\mathrm{Sm3}}
\end{aligned}
\right\} \tag{3-8}
$$

式(3-8)中 $R_{11} = R_1 + R_4 + R_6$，$R_{22} = R_2 + R_4 + R_5$，$R_{33} = R_3 + R_5 + R_6$。由图 3-12 所示电路可知 R_{11} 为网孔 I 所含支路电阻之和，称为网孔 I 的自电阻；类似地，R_{22}、R_{33} 则分别为网孔 II 和网孔 III 的自电阻。自电阻总是正的。

式(3-8)中 $R_{12} = R_{21} = -R_4$，$R_{13} = R_{31} = -R_6$，$R_{23} = R_{32} = -R_5$。由图 3-12 所示电路可知 $R_{12} = R_{21}$、$R_{13} = R_{31}$、$R_{23} = R_{32}$ 分别为网孔 I 与网孔 II、网孔 I 与网孔 III 和网孔 II 与网孔 III 公共支路上的电阻，称为互电阻。应该注意，互电阻可能为正，也可能为负。当各网孔电流均取顺时针方向或均取逆时针方向时，互电阻为对应两网孔公共支路电阻的负值（如本例中的互电阻）。显然，如果两网孔之间没有公共支路或有公共支路但其电阻为零（如公共支路上仅有电压源或电流源），则互电阻为零。

式(3-8)右边各项 $u_{\mathrm{Sm1}} = u_{\mathrm{S1}} - u_{\mathrm{S6}}$，$u_{\mathrm{Sm2}} = u_{\mathrm{S5}}$，$u_{\mathrm{Sm3}} = u_{\mathrm{S6}} - u_{\mathrm{S5}} - u_{\mathrm{S3}}$，分别为各网孔中沿网孔电流方向所含电压源电压升的代数和。

由以上分析可得，对平面网络直接列写网孔方程的规则为

自电阻×本网孔的网孔电流＋$\sum$互电阻×相邻网孔的网孔电流
＝本网孔中沿着网孔电流的方向所含电压源电压升的代数和

对于具有 n 个网孔的平面电路，其网孔方程的一般形式可表示为

$$\left.\begin{array}{l} R_{11}i_{m1} + R_{12}i_{m2} + \cdots + R_{1n}i_{mn} = u_{Sm1} \\ R_{21}i_{m1} + R_{22}i_{m2} + \cdots + R_{2n}i_{mn} = u_{Sm2} \\ \vdots \\ R_{n1}i_{m1} + R_{n2}i_{m2} + \cdots + R_{nn}i_{mn} = u_{Smn} \end{array}\right\} \tag{3-9}$$

3.4.3 网孔分析法的一般步骤

综上所述，用网孔分析法分析电路的一般步骤如下：
1) 设定网孔电流的参考方向(通常网孔电流同时取顺时针方向或同时取逆时针方向)；
2) 按直接列写规则列写网孔方程；
3) 解网孔方程求得网孔电流；
4) 进一步由网孔电流求得待求响应。

3.4.4 网孔分析法在电路分析中的应用举例

下面举例说明网孔分析法在电路分析中的应用。

1. 含独立电压源电路的网孔分析

【例 3-2】 试用网孔分析法求图 3-13 所示电路中的电流 i_1、i_2。

解 1) 该电路有 3 个网孔，设 3 个网孔的网孔电流 i_{m1}、i_{m2}、i_{m3} 的参考方向如图 3-13 所示。

2) 根据网孔方程的直接列写规则，得 3 个网孔的网孔方程分别为

网孔Ⅰ：$(2+1+1)i_{m1} - 2i_{m2} - i_{m3} = 2+4$

网孔Ⅱ：$-2i_{m1} + (2+2+2)i_{m2} - 2i_{m3} = 0$

网孔Ⅲ：$-i_{m1} - 2i_{m2} + (1+1+2)i_{m3} = 8-4$

3) 将以上 3 个方程联立，可解得网孔电流为
$$i_{m1} = 3.2A, \quad i_{m2} = 2A, \quad i_{m3} = 2.8A$$

4) 进一步求解得
$$i_1 = i_{m3} = 2.8A, \quad i_2 = i_{m1} - i_{m2} = 1.2A$$

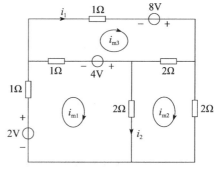

图 3-13 例 3-2 图

2. 含独立电流源电路的网孔分析

由于独立电流源两端的电压不能直接用网孔电流表示，因此，在用网孔分析法分析含有独立电流源电路，建立网孔方程时，应根据独立电流源出现的形式不同分别进行如下处理：

1) 电路中若含有有伴电流源，则可利用诺顿电路与戴维南电路的等效转换，先将诺顿电路等效为戴维南电路，再列网孔方程。

2) 若电路中含有无伴电流源，且该无伴电流源为某一网孔所独有，则与其关联网孔的网孔电流若参考方向与电流源方向一致，即等于该电流源的电流，否则为其负值，同时该网孔的网孔方程可省去。

3) 若电路中含有无伴电流源，且该无伴电流源为两个网孔所共有，则可将该电流源

看作电压源，设其两端电压为未知量，再按列写网孔方程的一般规则写出网孔方程，同时应增加用网孔电流表示该电流源电流的辅助方程。

【例 3-3】 电路如图 3-14a 所示，试用网孔分析法求电压 u。

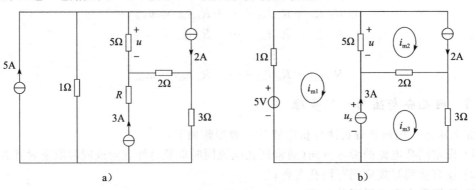

图 3-14　例 3-3 图

解　由于 3A 电流源与 R 串联，故该支路可等效为 3A 电流源；5A 电流源与 1Ω 电阻构成诺顿电路，因此可将其等效为戴维南电路，等效后的电路及各网孔电流的参考方向如图 3-14b 所示。又由于 2A 无伴电流源为网孔Ⅱ所独有，且 i_{m2} 的方向与 2A 的参考方向一致，故 $i_{m2}=2A$，相应网孔Ⅱ的网孔方程可省去。而 3A 无伴电流源为两个网孔所公有，故将其两端电压设为 u_x，如图 3-14b 所示，在列网孔方程时，将其视为电压为 u_x 的电压源来处理。则图 3-14 所示电路的网孔方程为

网孔Ⅰ：　　　　　$(1+5)i_{m1}-5i_{m2}=5-u_x$

网孔Ⅱ：　　　　　$i_{m2}=2A$

网孔Ⅲ：　　　　　$-2i_{m2}+(2+3)i_{m3}=u_x$

辅助方程：　　　　$i_{m3}-i_{m1}=3A$

将以上 4 个方程联立求解，得

$$i_{m1}=\frac{4}{11}A,\quad i_{m2}=2A,\quad i_{m3}=\frac{37}{11}A,\quad u_x=\frac{141}{11}V$$

进一步由元件的 VCR 得

$$u=\left[5\times\left(\frac{4}{11}-2\right)\right]V=-\frac{90}{11}V$$

3. 含受控源电路的网孔分析

用网孔分析法分析含有受控源的电路，在列网孔方程时，可先将受控源作为独立电源处理，列写网孔方程，最后再增加用网孔电流表示控制量的辅助方程。

【例 3-4】 用网孔分析法求如图 3-15 所示电路的电流 i。

解　设电路中各网孔电流如图 3-15 所示。电路中含有受控源，列方程时将其看作独立源处理，则列出该电路网孔方程为

网孔Ⅰ：　$(2+4)i_{m1}-4i_{m2}=12$

网孔Ⅱ：　$-4i_{m1}+(4+6)i_{m2}=2i_1$

辅助方程：　$i_1=i_{m1}$

将以上方程联立求解，得

$$i_{m1}=\frac{10}{3}A,\quad i_{m2}=2A$$

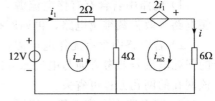

图 3-15　例 3-4 图

所以
$$i = i_{m2} = 2A$$

最后必须指出，由于只有平面网络才有网孔的概念，因此网孔分析法只适用于平面网络。

3.5　回路分析法

上一节介绍的网孔分析法只适用于分析平面电路，本节将介绍另一种与网孔分析法极为相似的电路分析方法称为回路分析法。该分析方法不仅适用于平面电路，而且适用于非平面电路，是一种更具普遍性的电路分析方法。

回路分析法是指以连支电流为电路变量，直接列写基本回路的 KVL 方程，先解得连支电流，进而求电路响应的一种电路分析法。

3.5.1　连支电流

1. 连支电流的定义

对于给定电路，首先确定树，从而得连支，进而得基本回路。称流过连支的电流为连支电流，并假想连支电流在其对应的基本回路中连续流动，形成回路电流，故连支电流又称回路电流。由 3.2 节知，对于具有 n 个节点、b 条支路的连通电路，有 $m = b - (n-1)$ 个连支，对应相同数目的连支电流。

2. 连支电流的完备性与独立性

（1）完备性

由 3.1 节介绍知，对于 n 个节点、b 条支路的连通电路，选定树后，其每一个基本割集只包含一条树支，其余都是连支。因此，若对基本割集列 KCL 方程，则方程中只有一个树支电流变量，其余均为连支电流变量，可见树支电流可用连支电流表示。如图 3-16 所示电路，若选树如图 3-16b 中粗实线所示，即支路 3、4、5 为树支，支路 1、2、6 为连支，则各树支电流用连支电流表示为

$$i_3 = -i_1 - i_2, \quad i_4 = i_6 - i_2, \quad i_5 = -i_1 - i_6 \tag{3-10}$$

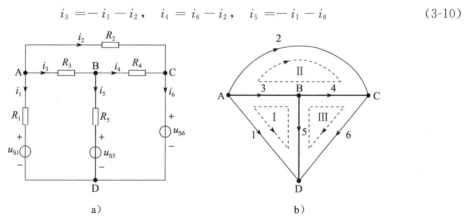

图 3-16　回路分析法示例

可见电路中所有的支路电流可用连支电流表示，连支电流一旦求出，所求支路电流也可求得，进一步求解可求得电路的其他响应。所以，连支电流是一组完备的电流变量。

（2）独立性

由于每一连支电流在其相应的基本回路中连续流动，故连支电流流经某一节点时，从

该节点流入又流出，在 KCL 方程中彼此相消，例如，图 3-16a 中节点 A 的 KCL 方程为

$$i_1 + i_2 + i_3 = 0 \tag{3-11}$$

将式(3-11)中的树支电流用连支电流表示，得到用连支电流表示的 KCL 方程为

$$i_1 + i_2 + (-i_1 - i_2) = 0$$

上式恒为零，对于其他节点，有类似的结果。故连支电流不受 KCL 约束，具有独立性。综上所述连支电流是一组独立而完备的电流变量。

3.5.2　回路方程

下面以图 3-16a 所示电路为例推导以连支电流为变量的基本回路方程的建立，并得一般形式。该电路对应有向线图如图 3-16b 所示。

假设选树如图 3-16b 中粗实线所示，即支路 3、4、5 为树支，支路 1、2、6 为连支，则得各连支所对应基本回路如图 3-16b 所示。对基本回路可列写以下 KVL 方程：

$$\left.\begin{array}{l} 回路\ \text{I}: \qquad\quad i_1R_1 + u_{S1} - u_{S5} - i_5R_5 - i_3R_3 = 0 \\ 回路\ \text{II}: \qquad\quad i_2R_2 - i_4R_4 - i_3R_3 = 0 \\ 回路\ \text{III}: \qquad\quad u_{S6} - u_{S5} - i_5R_5 + i_4R_4 = 0 \end{array}\right\} \tag{3-12}$$

将式(3-12)中的树支电流用式(3-10)的连支电流表示，并整理得

$$\left.\begin{array}{l} (R_1 + R_3 + R_5)i_1 + R_3i_2 + R_5i_6 = u_{S5} - u_{S1} \\ -R_3i_1 + (R_2 + R_3 + R_4)i_2 - R_4i_6 = 0 \\ R_5i_1 - R_4i_2 + (R_4 + R_5)i_6 = u_{S5} - u_{S6} \end{array}\right\} \tag{3-13}$$

式(3-13)即为对图 3-16a 的每个基本回路所列写的以连支电流为变量的 KVL 方程，称为图 3-16 的回路方程。联立求解回路方程，可得连支电流 i_1、i_2、i_6，进一步求解可得其他响应。

为了找出列写回路方程的一般规律，将式(3-13)改写为如下一般形式：

$$\left.\begin{array}{l} R_{11}i_1 + R_{12}i_2 + R_{13}i_3 = u_{Sl1} \\ R_{21}i_1 + R_{22}i_2 + R_{23}i_3 = u_{Sl2} \\ R_{31}i_1 + R_{32}i_2 + R_{33}i_3 = u_{Sl3} \end{array}\right\} \tag{3-14}$$

与网孔分析法类似，用 R_{ii} 表示第 i 个基本回路所包含的所有电阻之和，称为自电阻，自电阻恒为正，如 $R_{11} = (R_1 + R_3 + R_5)$ 表示基本回路 I 的自电阻。用 $R_{ij}(i \neq j)$ 表示第 i 个基本回路与第 j 个基本回路公共支路上的电阻和，称为互电阻。互电阻可正可负，当公共支路上相关的两个基本回路的回路方向一致时，互电阻即为公共支路上所含电阻和，如 $R_{13} = R_5$ 表示回路 I 和 III 的互电阻；当公共支路上相关的两个基本回路的回路方向相反时，互电阻即为公共支路所含电阻和的负值，如 $R_{23} = -R_4$，表示回路 II 和 III 的互电阻；显然，当两个基本回路间无公有电阻，则相应的互电阻为零。用 u_{Sli} 表示第 i 个基本回路沿着回路方向所含电压源电压升的代数和。

由以上分析可得直接列写回路方程的规则为

自电阻×本回路回路电流＋∑互电阻×相邻回路回路电流
＝本回路沿着回路电流方向所含电压源电压升的代数和

综上所述可以看出回路方程与网孔方程的列写方法类似，回路分析法适用于平面和非平面电路，而网孔法只适合平面电路。

3.5.3　回路分析法的一般步骤

综上所述，用回路分析法分析电路的一般步骤可归纳如下：

1）画出给定电路的线图；

2）选树，确定连支电流及基本回路；

3）对各基本回路用直接列写规则列写回路方程；

4）联立求解回路方程得连支电流；

5）由连支电流进一步求待求响应。

3.5.4 回路分析法在电路分析中的应用举例

下面举例说明回路分析法在电路分析中的应用。

1. 含独立电压源电路的回路分析

在用回路分析法分析电路时，为减少转换计算量，在选树时尽量将待求响应所在支路选为连支。

【例 3-5】 试用回路分析法求如图 3-17a 所示电路中的电流 i_1、i_2。

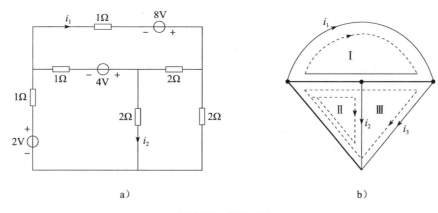

图 3-17 例 3-5 图

解 1）画出图 3-17a 所示电路的线图如图 3-17b 所示。选树如图 3-17b 中粗实线所示，进而得连支电流及基本回路如图 3-17b 所示。

2）根据回路方程的直接列写规则，得 3 个基本回路的回路方程为

回路Ⅰ： $(2+1+1)i_1-i_2-(1+2)i_3=8-4$

回路Ⅱ： $-i_1+(1+1+2)i_2+(1+1)i_3=2+4$

回路Ⅲ： $-(1+2)i_1+(1+1)i_2+(1+1+2+2)i_3=2+4$

3）将以上 3 个方程联立，可解得连支电流为

$$i_1=2.8\text{A}, \quad i_2=1.2\text{A}, \quad i_3=2\text{A}$$

2. 含独立电流源电路的回路分析

用回路分析法分析含独立电流源电路，建立回路方程时，对电流源处理的方法与网孔法类似。只是由于基本回路的选取比网孔的选取灵活，因此，当电路中含有无伴电流源，选树时尽量将无伴电流源所在支路选为连支，以减少未知连支电流变量数。

【例 3-6】 试用回路分析法求如图 3-18a 所示电路中的各支路电流。

解 图 3-18a 所示电路的线图如图 3-18b 所示。由于支路 6 为无伴电流源所在支路，因此，选树时将该支路选为连支。选树如图 3-18b 中粗实线所示，进而得连支电流及基本回路如图 3-18b 所示。

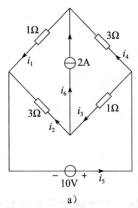
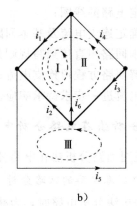

图 3-18　例 3-6 图

根据回路方程的直接列些规则，可列出 3 个基本回路的回路方程分别为

基本回路 I：$\qquad\qquad i_6 = 2\text{A}$

基本回路 II：$\qquad (1+3)i_6 + (1+3+1+3)i_4 - (3+1)i_5 = 0$

基本回路 III：$\qquad -3i_6 - (3+1)i_4 + (3+1)i_5 = 10$

将以上 3 个方程联立，可解得连支电流为

$$i_4 = 2\text{A}, \quad i_5 = 6\text{A}, \quad i_6 = 2\text{A}$$

从而支路电流为

$$i_1 = i_4 + i_6 = 4\text{A}, \quad i_2 = i_5 - i_4 - i_6 = 2\text{A}, \quad i_3 = i_5 - i_4 = 4\text{A}, \quad i_4 = 2\text{A}, \quad i_5 = 6\text{A}, \quad i_6 = 2\text{A}$$

3. 含受控源电路的回路分析

运用回路分析法分析含受控源电路时，可先将受控源看成独立源进行处理，列写回路方程，最后再增加辅助方程。列写辅助方程原则是将受控源的控制量用连支电流表示出来。为减少转换计算量，在选树时尽量将受控源控制量所在支路选为连支。

【**例 3-7**】　试用回路分析法求如图 3-19a 所示电路中的支路电流 i_5。

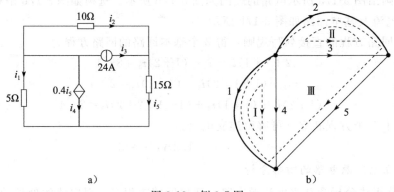

图 3-19　例 3-7 图

解　该电路对应的线图如图 3-19b 所示。由于支路 3、4、5 分别为电流源和受控源控制量所在支路，如图中细实线所示，选这 3 条支路为连支，又由于基本回路 I 的连支电流为 $0.4i_5$，基本回路 II 的连支电流为 24A，故只有一个未知的连支电流变量 i_5，所以只需对连支 5 所在基本回路 III 列回路方程

$$(10+15+5) \times i_5 - 10 \times 24 + 5 \times 0.4i_5 = 0$$

解方程得 $\qquad\qquad\qquad i_5 = 7.5\text{A}$

3.6 节点分析法

节点分析法就是以节点电压为电路变量，直接列写独立节点的 KCL 方程，先解得节点电压，再求得其他响应的一种电路分析方法。

3.6.1 节点电压

1. 节点电压的定义

所谓节点电压(node voltage)指在电路中任选一节点作为参考节点，其余节点与参考节点之间的电位差。习惯上节点电压的参考极性均以参考节点为负极，其余节点为正，且参考节点用符号"⊥"表示。参考节点的电位一般设为零电位。显然，对于具有 n 个节点的电路，去掉一个参考节点，应有 $(n-1)$ 个节点电压。以图 3-20 所示电路为例，它有 4 个节点，若选节点 4 为参考节点，则其余 3 个节点的节点电压分别为 u_{n1}、u_{n2} 和 u_{n3}。

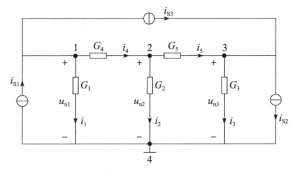

图 3-20　节点分析法示例

2. 节点电压的完备性与独立性

(1) 完备性

由于电路中任一支路均与两个节点相关联，因此根据 KVL，不难断定支路电压就是两个节点电压之差。如图 3-20 所示电路，若选节点 4 为参考节点，则节点 1、2 和节点 3 的节点电压分别为 u_{n1}、u_{n2} 及 u_{n3}，设各支路电流的参考方向如图所示，且各支路电压、电流选择关联参考，则各支路电压与节点电压具有如下关系：

$$u_1 = u_{n1}, \quad u_2 = u_{n2}, \quad u_3 = u_{n3}, \quad u_4 = u_{n1} - u_{n2}$$

$$u_5 = u_{n2} - u_{n3}, \quad u_{iS1} = -u_{n1}, \quad u_{iS2} = u_{n3}, \quad u_{iS3} = u_{n1} - u_{n3}$$

可见所有支路电压都能用节点电压表示，节点电压一旦求得，所有支路电压随之求得，进一步求解可求得电路中其他响应，所以节点电压是一组完备的电压变量。

(2) 独立性

由于节点电压是节点与参考节点之间的电位差，仅仅由节点电压不能构成闭合回路(见图 3-20)，因此各节点电压相互间不受 KVL 约束，具有独立性，所以节点电压是一组独立的电压变量。

综上所述，节点电压是一组独立且完备的电压变量。

3.6.2 节点方程

为了求出 $n-1$ 个节点电压，必须建立 $n-1$ 个以节点电压为变量的独立方程。由于节点电压不受 KVL 约束，因此只能根据 KCL 和元件 VCR 列方程。由 3.1 节介绍已知，对于 n 个节点的电路，去掉一个参考节点，剩下的 $n-1$ 个节点即为独立节点，对各独立节点所列的 $n-1$ 个 KCL 方程为一组独立的 KCL 方程。若将 KCL 方程中的各支路电流用节点电压表示，可得到 $n-1$ 个以节点电压为变量的 KCL 方程，该组方程即称为节点方程，联立解节点方程，即可求得节点电压。下面以图 3-20 所示电路为例来说明节点方程的建立。

设节点 4 为参考节点，则可得独立节点 1、节点 2 和节点 3 的 KCL 方程为

节点 1：　　　　　　　　　　$-i_{S1}+i_1+i_4+i_{S3}=0$ ⎫

节点 2：　　　　　　　　　　　　　$i_2-i_4+i_5=0$ ⎬　　　　　　(3-15)

节点 3：　　　　　　　　　　$i_3+i_{S2}-i_{S3}-i_5=0$ ⎭

将上式各支路电流用节点电压表示，得到

$$
\begin{aligned}
i_1 &= G_1 u_{n1}\\
i_2 &= G_2 u_{n2}\\
i_3 &= G_3 u_{n3}\\
i_4 &= G_4(u_{n1}-u_{n2})\\
i_5 &= G_5(u_{n2}-u_{n3})
\end{aligned}
\qquad(3\text{-}16)
$$

将式(3-16)代入式(3-15)并整理，得

节点 1：　　　　$(G_1+G_4)u_{n1}-G_4 u_{n2}=i_{S1}-i_{S3}$ ⎫

节点 2：　　$-G_4 u_{n1}+(G_2+G_4+G_5)u_{n2}-G_5 u_{n3}=0$ ⎬　(3-17)

节点 3：　　　　　$-G_5 u_{n2}+(G_3+G_5)u_{n3}=i_{S3}-i_{S2}$ ⎭

上述方程组是对图 3-20 所示电路的每个独立节点所列的以节点电压为变量的 KCL 方程，称为图 3-20 的节点方程。联立求解节点方程，可得节点电压 u_{n1}、u_{n2} 及 u_{n3}。

为了进一步找出列写节点方程的一般规律，现将式(3-17)改为如下一般形式：

$$
\begin{aligned}
G_{11}u_{n1}+G_{12}u_{n2}+G_{13}u_{n3} &= i_{Sn1}\\
G_{21}u_{n1}+G_{22}u_{n2}+G_{23}u_{n3} &= i_{Sn2}\\
G_{31}u_{n1}+G_{32}u_{n2}+G_{33}u_{n3} &= i_{Sn3}
\end{aligned}
\qquad(3\text{-}18)
$$

式(3-18)中 $G_{11}=G_1+G_4$，$G_{22}=G_2+G_4+G_5$，$G_{33}=G_3+G_5$。由图 3-20 所示电路可知 G_{11}、G_{22} 及 G_{33} 分别为与节点 1、2、3 相连的所有支路的电导和，称为节点 1、2、3 的自电导。自电导总是正的。

式(3-18)中 $G_{12}=G_{21}=-G_4$，$G_{13}=G_{31}=0$，$G_{23}=G_{32}=-G_5$。由图 3-20 所示电路可知 $G_{ij}(i\neq j)$ 分别为节点 i 与节点 j 之间公共支路上电导和的负值，称为互电导(注：此处由于节点 1 和节点 3 之间没有相连的电导支路，故 $G_{13}=G_{31}=0$)。

式(3-18)右边各项 $i_{Sn1}=i_{S1}-i_{S3}$，$i_{Sn2}=0$，$i_{Sn3}=i_{S3}-i_{S2}$。由图 3-20 所示电路可知 i_{Sn1}、i_{Sn2}、i_{Sn3} 分别代表流入节点 1、2、3 的所有电流源电流的代数和。

由以上分析可得由电路直接列写节点方程的规则为

　　自电导×本节点节点电压＋∑互电导×相邻节点的节点电压

　　　　＝流入本节点的电流源电流的代数和

将式(3-18)节点方程的一般形式进一步推广，得对于具有 n 个节点的电路，其节点方程的一般形式可表示为

$$
\begin{aligned}
G_{11}u_{n1}+G_{12}u_{n2}+\cdots+G_{1n}u_{nn} &= i_{Sn1}\\
G_{21}u_{n1}+G_{22}u_{n2}+\cdots+G_{2n}u_{nn} &= i_{Sn2}\\
&\;\;\vdots\\
G_{n1}u_{n1}+G_{n2}u_{n2}+\cdots+G_{nn}u_{nn} &= i_{Snn}
\end{aligned}
\qquad(3\text{-}19)
$$

3.6.3　节点分析法的一般步骤

综上所述，用节点分析法分析电路的一般步骤如下：

1）选定参考节点，标注节点电压；

2）对各独立节点按节点方程的直接列写规则列写节点方程；

3）解方程求得节点电压；

4）由节点电压求待求响应。

3.6.4 节点分析法在电路分析中的应用举例

下面举例说明节点分析法在电路分析中的应用。

1. 含独立电流源电路的节点分析

【例 3-8】 用节点分析法求如图 3-21 所示电路电压 u。

解 1）选节点 3 为参考节点，标以接地符合"⊥"，设其余两个独立节点的节点电压为 u_{n1}、u_{n2}，如图 3-21 所示。

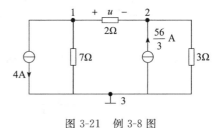

图 3-21 例 3-8 图

2）由节点方程的直接列写规则得如下节点方程。

节点 1：
$$\left(\frac{1}{7}+\frac{1}{2}\right)u_{n1}-\frac{1}{2}u_{n2}=-4$$

节点 2：
$$-\frac{1}{2}u_{n1}+\left(\frac{1}{2}+\frac{1}{3}\right)u_{n2}=\frac{56}{3}$$

3）联立求解，得节点电压：
$$u_{n1}=21\text{V}, \quad u_{n2}=35\text{V}$$

4）由节点电压得所求响应
$$u=u_{n1}-u_{n2}=-14\text{V}$$

2. 含独立电压源电路的节点分析

在用节点分析法分析含独立电压源电路，建立节点方程时，由于流过电压源的电流不能直接用节点电压表示。因此，当电路中出现独立电压源时，可根据独立电压源在电路中出现的形式不同分别对其进行处理，其处理方法如下。

1）若电压源以戴维南电路形式出现，则可利用戴维南电路与诺顿电路的等效转换，先将戴维南电路等效为诺顿电路，再列节点方程；

2）若电压源是无伴的，则在选参考节点时可将该电压源的一端所连节点选为参考节点，其另一端所连节点的节点电压就等于该电压源的电压或为其负值；相应地，该节点的节点方程可省去；

3）若电压源是无伴的，且在选参考节点时该电压源两端所连节点均不能选为参考节点，则在列节点方程时，首先将该电压源看作电流源，设流过该电源电流为 i_x，再按直接列写规则列写节点方程，最后列写用节点电压表示电压源电压的辅助方程。

【例 3-9】 电路如图 3-22a 所示，试用节点分析法求电流 i。

解 由于 1V 电压源与 3S 电导构成戴维南电路，故首先将该戴维南电路等效为诺顿电路。等效以后的电路如图 3-22b 所示。选 4.5V 无伴电压源"＋"极所连节点 4 为参考节点，如图 3-22b 所示，则 4.5V 电压源"－"极所连节点 1 的节点电压为 $u_{n1}=-4.5\text{V}$，同时该节点的节点方程可省去。而无伴电压源 22V 的两端均不与参考节点相连，故在列写节点方程成时，将其看成电流为 i_x 的电流源来处理，且其电流 i_x 参考方向如图 3-22b 所示。则图示电路的节点方程为

节点 1：
$$u_{n1}=-4.5\text{V}$$

节点 2：
$$-3u_{n1}+(1+3)u_{n2}=3-i_x$$

节点 3：
$$-4u_{n1}+(4+5)u_{n3}=25+i_x$$

辅助方程：$\qquad\qquad\qquad u_{n2}-u_{n3}=-22$

联立求解，得节点电压$\qquad u_{n1}=-4.5\text{V}，\ u_{n2}=-15.5\text{V}，\ u_{n3}=6.5\text{V}$

进一步由节点电压得所求响应$\qquad i=3\times(u_{n1}-u_{n2}+1)=36\text{A}$

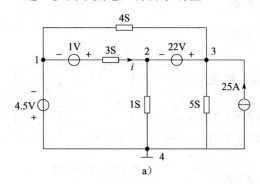
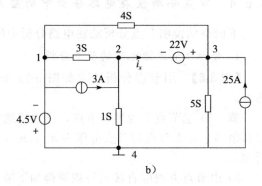

图 3-22　例 3-9 图

3. 含受控源电路的节点分析

在用节点分析法分析含有受控源的电路，建立节点方程时，可先将受控源作为独立源看待，列写节点方程，最后增加用节点电压表示控制量的辅助方程。

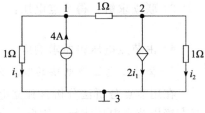

【例 3-10】 电路如图 3-23 所示，试用节点分析法求 i_1、i_2。

解　选节点 3 为参考节点，如图 3-23 所示。电路中含有受控电流源，列方程时将其看作独立源处理，则得该电路的节点方程为

图 3-23　例 3-10 图

节点 1：$\qquad\qquad\qquad (1+1)u_{n1}-u_{n2}=4$

节点 2：$\qquad\qquad\qquad -u_{n1}+(1+1)u_{n2}=-2i_1$

辅助方程：$\qquad\qquad\qquad i_1=\dfrac{u_{n1}}{1}$

联立求解得节点电压：$\qquad u_{n1}=1.6\text{V}，\ u_{n2}=-0.8\text{V}$

故$\qquad\qquad\qquad i_1=\dfrac{u_{n1}}{1}=1.6\text{A}，\ i_2=\dfrac{u_{n2}}{1}=-0.8\text{A}$

4. 含运算放大器电路的节点分析

在用节点分析法分析含运算放大器电路，建立节点方程时，只需充分考虑理想运算放大器的"虚短"和"虚断"特性即可。

【例 3-11】 含有运算放大器的电路如图 3-24 所示，试列出该电路的节点方程。

解　对于图 3-24 所示电路，去掉一个参考节点，有 5 个独立节点，如图 3-24 所示。利用运算放大器"虚短"和"虚断"特性，可列该电路的节点方程为

节点 1：$\qquad\qquad (G_1+G_3)u_{n1}-G_3u_{n3}=G_1u_{S1}$

节点 2：$\qquad\qquad (G_2+G_5)u_{n2}-G_5u_{n4}=G_2u_{S2}$

节点 3：$\qquad -G_3u_{n1}+(G_3+G_4+G_7)u_{n3}-G_7u_{n4}-G_4u_{n5}=0$

节点 4：$\qquad -G_5u_{n2}-G_7u_{n3}+(G_5+G_6+G_7)u_{n4}=0$

节点 5：$\qquad\qquad -G_4u_{n3}+G_4u_{n5}=i_0$

辅助方程：$\qquad\qquad\qquad u_{n1}=u_{n2}$

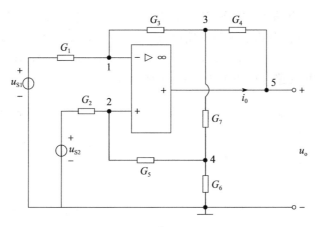

图 3-24　例 3-11 图

由本例可以看出，如果不需求出运算放大器电路的输出电流（本例中的 i_0），则运算放大器输出端的节点方程可以省去不列（如本例中节点 5 的方程）。

本章主要介绍了支路电流法、网孔分析法、回路分析法及节点分析法这四种分析电路的方法。现将几种方法归纳如表 3-1 所示。

表 3-1　四种电路分析方法

分析方法	支路电流法	网孔分析法	回路分析法	节点分析法
基本变量	支路电流	网孔电流	连支电流	节点电压
分析依据	KVL，KCL，VCR	KVL，VCR	KVL，VCR	KCL，VCR
变量数	b	$b-(n-1)$	$b-(n-1)$	$n-1$
方程一般形式		$\sum\limits_{j=1}^{b-(n-1)} R_{ij} i_{mj} = u_{Smi}$	$\sum\limits_{j=1}^{b-(n-1)} R_{ij} i_{lj} = u_{Sli}$	$\sum\limits_{j=1}^{n-1} G_{ij} u_{nj} = i_{Sni}$

习题 3

3-1　线图如题 3-1 图所示，试选出 3 种不同形式的树。

3-2　连通图如题 3-2 图所示。

（1）指出下列各支路集合中哪些是割集？哪些是树？

　　（1，4，8，2），（1，3，5，7），（1，3，5，7，8），（1，6，2），（4，9，5，8，2），
　　（5，7，9）

（2）若选 4、5、7、8、2 支路为树，试列举出其全部基本回路和基本割集。

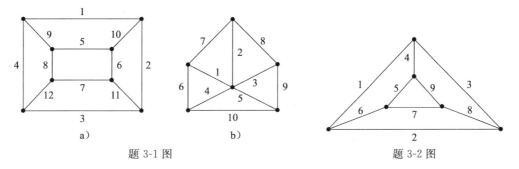

题 3-1 图　　　　　　　　　　　　　　　　　　　题 3-2 图

3-3 在题 3-3 图所示电路中，已知 $R_1 = 10\Omega$，$R_2 = 3\Omega$，$R_3 = 12\Omega$，$R_4 = 2\Omega$，$u_{S1} = 12\text{V}$，$u_{S2} = 5\text{V}$，试用支路分析法求各支路电流 i_1、i_2、i_3，并用功率平衡校验。

3-4 在题 3-4 图所示电路中，已知 $R_1 = 4\Omega$，$R_2 = 1\Omega$，$R_3 = 5\Omega$，$R_4 = 2\Omega$，$u_{S1} = 20\text{V}$，$u_{S2} = 12\text{V}$，试用支路分析法求 I_1、I_2 及 R_3 消耗的功率。

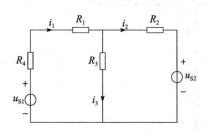
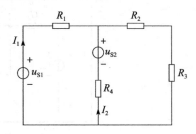

题 3-3 图   题 3-4 图

3-5 试用网孔分析法求如题 3-5 图所示电路中的电流 i 或电压 u。

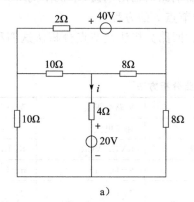
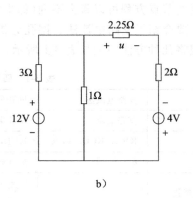

a)   b)

题 3-5 图

3-6 试用网孔分析法求如题 3-6 图所示电路中的电流 I。

3-7 试用网孔分析法求如题 3-7 图所示电路中的电压 U。

（提示：本题在写网孔方程时要注意无伴电流源的处理方式。）

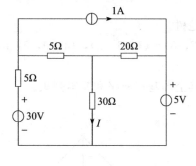
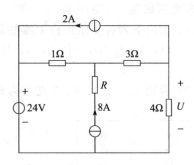

题 3-6 图   题 3-7 图

3-8 试用网孔分析法求如题 3-8 图所示电路中的电压 u_x。

（提示：本题在写网孔方程时将受控源当成独立源处理，最后增加一辅助方程。）

3-9 试列出题 3-9 图所示电路的网孔方程。

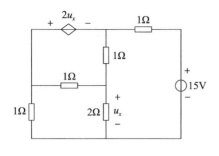

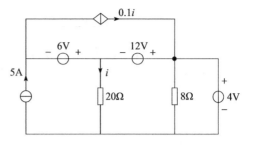

题 3-8 图　　　　　　　　　　　　　　　题 3-9 图

3-10　若某电路的网孔方程为

$$\begin{cases} 3i_{m1} - i_{m2} - i_{m3} = 2 \\ -i_{m1} + 3i_{m2} - i_{m3} = -2 \\ -i_{m1} - i_{m2} + 3i_{m3} = -4 \end{cases}$$

试画出相应的最简电路。

3-11　试列出题 3-11 图所示电路的回路方程(图中粗线表示树)。

3-12　试用回路分析法求题 3-12 图所示电路中的电压 U。

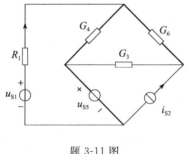

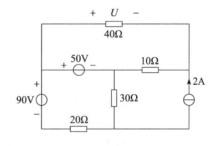

题 3-11 图　　　　　　　　　　　　　　　题 3-12 图

3-13　电路如题 3-13 图所示,试用回路分析法求支路电流 I。
　　　(提示:本题选树时尽量将无伴电流源及响应所在支路选为连支。)

3-14　试用回路分析法求如题 3-14 图所示电路中的电流 I_x。
　　　(提示:本题选树时尽量将无伴电流源、受控源及响应所在支路选为连支。)

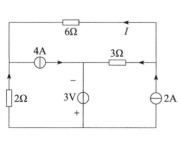

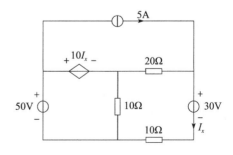

题 3-13 图　　　　　　　　　　　　　　　题 3-14 图

3-15　试用节点分析法求如题 3-15 图所示电路中的电压 U。

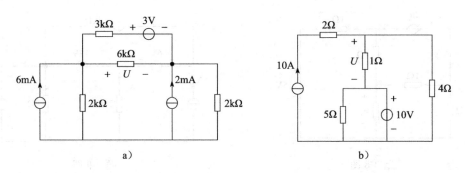

题 3-15 图

3-16 试列出题 3-16 图所示电路的节点方程。

（提示：本题在写节点方程时将受控源当成独立源处理，最后增加一辅助方程。）

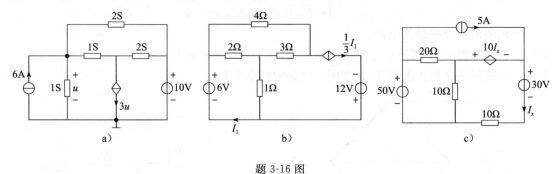

题 3-16 图

3-17 试用节点分析法求如题 3-17 图所示电路中的电流 I。

3-18 如题 3-18 图所示电路，已知电路 N 吸收的功率 $P_N = 2W$，求 u 和 i。

（提示：列方程时将二端网络看成电流为 i 的电流源处理，再将 N 吸收的功率 $P_N = 2W$ 作为辅助方程。）

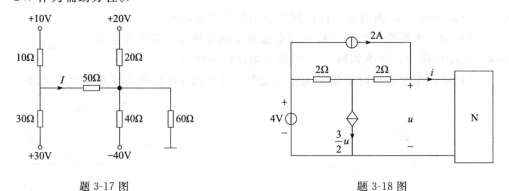

题 3-17 图   题 3-18 图

3-19 若节点方程为

$$\begin{cases} 1.6u_{n1} - 0.5u_{n2} - u_{n3} = 1 \\ -0.5u_{n1} + 1.6u_{n2} - 0.1u_{n3} = 0 \\ -u_{n1} - 0.1u_{n2} + 3.1u_{n3} = 0 \end{cases}$$

试画出相应的最简电路。

3-20 试求如题 3-20 图所示电路的输出电压与输入电压之比 u_o/u_S。

（提示：列方程时应考虑理想运算放大器的"虚短"、"虚断"特性，且理想运算放大器电路输出端对应节点方程不用列写。）

3-21　试求如题 3-21 图所示电路的输出电压 u_o。

（提示：列方程时应考虑理想运算放大器的"虚短"、"虚断"特性，且理想运算放大器电路输出端对应节点方程不用列写。）

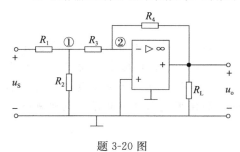

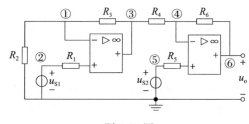

题 3-20 图　　　　　　　　　　　题 3-21 图

第 4 章

电 路 定 理

内容提要：本章首先介绍几个常用的电路定理及其在电路分析中的应用，它们是：叠加定理和齐次性定理、替代定理、戴维南定理、诺顿定理、最大功率传输定理、互易定理、特勒根定理。这些定理在电路理论的研究、分析和计算中起着十分重要的作用。尽管本章是以电阻电路为对象来讨论这几个定理，但它们的使用范围并不局限于电阻电路。最后还简要介绍电路的对偶特性及对偶电路。

4.1 叠加定理和齐次性定理

由独立源和线性元件组成的电路称为线性电路。线性电路满足齐次性和可加性，齐次性定理和叠加定理所表达的就是线性电路的这一基本性质，这种基本性质在线性电阻电路中表现为电路的激励和响应之间具有线性关系。

4.1.1 叠加定理

叠加定理可表述为：对于具有唯一解的线性电路，如果有多个独立源同时作用，则电路中任一响应（电流或电压）等于各个独立源单独作用（其他独立源置零）时在该处所产生的分响应（电流或电压）的代数和。

下面首先以图 4-1 所示电路为例说明叠加定理。

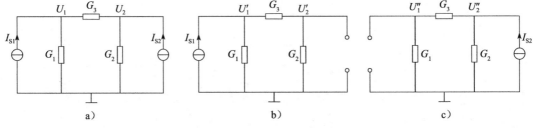

图 4-1 叠加定理示意图

图 4-1a 所示电路含有两个独立电流源，图 4-1b、图 4-1c 分别给出了独立电流源单独作用时的电路。对于图 4-1a 所示电路由节点分析法可得电路的节点方程为

$$\begin{cases} (G_1 + G_3)U_1 - G_3U_2 = I_{S1} \\ -G_3U_1 + (G_2 + G_3)U_2 = I_{S2} \end{cases}$$

联立求解上面方程，得节点电压 U_1：

$$U_1 = \frac{G_2 + G_3}{G_1G_2 + G_1G_3 + G_2G_3}I_{S1} + \frac{G_3}{G_1G_2 + G_2G_3 + G_1G_3}I_{S2} \tag{4-1}$$

由图 4-1b 所示电路可得电流源 I_{S1} 单独作用时的节点电压 U_1'：

$$U_1' = \frac{G_2 + G_3}{G_1G_2 + G_1G_3 + G_2G_3}I_{S1} \tag{4-2}$$

由图 4-1c 所示电路可得电流源 I_{S2} 单独作用时的节点电压 U_1''：

$$U''_1 = \frac{G_3}{G_1 G_2 + G_2 G_3 + G_1 G_3} I_{S2} \tag{4-3}$$

显然，式(4-2)、式(4-3)分别是式(4-1)等式右边的第一项和第二项。可见，由2个电流源共同作用所产生的节点电压等于每个电流源单独作用时在该节点上产生的电压的代数和。

对于叠加定理的证明可以用回路分析法或节点分析法得到，用节点法证明如下：设线性电路有 b 条支路，n 个独立节点，则可列得其节点方程组：

$$\left.\begin{array}{l} G_{11} u_{n1} + G_{12} u_{n2} + \cdots + G_{1n} u_{nn} = i_{Sn1} \\ G_{21} u_{n1} + G_{22} u_{n2} + \cdots + G_{2n} u_{nn} = i_{Sn2} \\ \vdots \\ G_{n1} u_{n1} + G_{n2} u_{n2} + \cdots + G_{nn} u_{nn} = i_{Snn} \end{array}\right\} \tag{4-4}$$

方程组(4-4)中等式右边的各项 i_{Sn1}，i_{Sn2}，$\cdots$，i_{Snn} 分别表示流入各独立节点的独立电流源电流及独立电压源变换为相应的电流源电流的代数和；若电路中含有受控源，则受控源的控制量用节点电压表示后，受控源可计入自电导或互电导中。应用克莱姆法则，可求得第 k 个节点的节点电压为

$$u_{nk} = \frac{D_{1k}}{D} i_{Sn1} + \frac{D_{2k}}{D} i_{Sn2} + \cdots + \frac{D_{nk}}{D} i_{Snn} \tag{4-5}$$

式中，D 为方程组(4-4)的系数行列式，D_{ik} 是 D 的第 i 行第 k 列的余因式。它们都是仅和元件参数有关的常数。若电路中含有 m 个独立电流源和 n 个独立电压源，则 i_{Sn1}，i_{Sn2}，$\cdots$，i_{Snn} 为 i_{S1}，i_{S2}，$\cdots$，i_{Sm} 和 u_{S1}，u_{S2}，$\cdots$，u_{Sn} 的线性组合，将各独立电源的系数合并，式(4-5)可改写成以各电源为独立变量的表示形式，即

$$u_{nk} = k_1 i_{S1} + k_2 i_{S2} + \cdots + k_m i_{Sm} + k_{m+1} u_{S1} + \cdots + k_{m+n} u_{Sn} \tag{4-6}$$

式中 k_1，k_2，$\cdots$，k_{m+n} 为只与网络中元件参数有关的常数。式(4-6)即证明了节点电压 u_k 等于各独立源单独作用在节点 k 上所产生的节点电压的代数和。又由节点电压的完备性和支路的伏安关系，可证得线性电路中任意响应也为各激励单独作用时在该支路所产生的分响应的代数和。

叠加定理说明了线性电路的可加性这一性质，该性质在线性电路的分析中起着重要的作用，它是分析线性电路的基础。在应用叠加定理时应注意以下几点：

1) 叠加定理适用于线性电路，不适用于非线性电路；

2) 应用叠加定理计算某一激励单独作用的分响应时，其他激励置零，即独立电压源用短路替代，独立电流源用开路替代；电路其余结构都不改变；

3) 任一激励单独作用时，该电源的内阻、受控源均应保留；

4) 受控源不能单独作用；

5) 叠加的结果为代数和，因此要考虑总响应与各个分响应的参考方向或参考极性；当分响应的参考方向与总响应的参考方向一致时，叠加时取"＋"号，否则取"－"号；

6) 叠加定理只适用于计算线性电路的电压和电流，不能用于功率和能量的计算，因为它们是电压或电流的二次函数。

4.1.2 齐次性定理

齐次性定理可表述为：在线性电阻电路中，若电路只有一个激励(独立电压源或独立电流源)作用，则电路中的任一响应(电压或电流)和激励成正比；若电路中含有多个激励，则当所有激励(独立电压源或独立电流源)都同时增大或缩小 k 倍时(k 为任意实常数)，电路响应也将相应增大或缩小 k 倍。用齐次性定理可以方便地分析梯形电路。齐次性定理可

以方便地用叠加定理证明，这里不再赘述。

需要指出的是，齐次性定理与叠加定理是线性电路的两个相互独立的性质，不能用叠加定理代替齐次性定理，也不能片面认为齐次性定理是叠加定理的特例。

4.1.3　叠加定理和齐次性定理的应用

下面举例说明叠加定理和齐次性定理的应用。

【例 4-1】　试用叠加定理求图 4-2a 所示电路的响应 u。

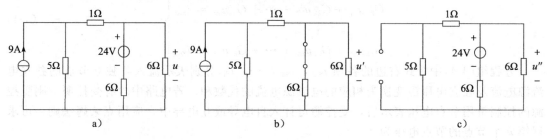

图 4-2　例 4-1 图

解　利用叠加定理求图 4-2a 所示电路中电压时，可先分别求出 9A 电流源单独作用（见图 4-2b）和 24V 电压源单独作用（见图 4-2c）时电路的分响应 u' 和 u''，再叠加得到总响应 u。

当 9A 电流源单独作用时，电压源不作用，将其用短路替代，如图 4-2b 所示。对于图 4-2b，由并联电阻分流公式及元件伏安关系得

$$u' = \left(9 \times \frac{5}{5 + (1 + 6 /\!/ 6)} \times \frac{1}{2} \times 6 \right) \mathrm{V} = 15\mathrm{V}$$

当 24V 电压源单独作用时，电流源不作用，将其用开路替代，如图 4-2c 所示。则对于图 4-2c，由混联电阻电路等效变换的方法得

$$u'' = \left(\frac{24}{6 + (6 /\!/ 6)} \times \frac{1}{2} \times 6 \right) \mathrm{V} = 8\mathrm{V}$$

根据叠加定理得两电源同时作用时

$$u = u' + u'' = (15 + 8)\mathrm{V} = 23\mathrm{V}$$

【例 4-2】　试用叠加定理计算图 4-3a 所示电路中电压 u、电流 i 及 2Ω 电阻所吸收的功率。

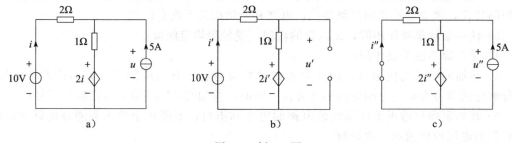

图 4-3　例 4-2 图

解　根据叠加定理先分别求图 4-3a 所示电路中 10V 电压源和 5A 电流源单独作用的分响应，电路分别如图 4-3b 和 c 所示。在用叠加定理分析含受控源电路时应注意：叠加定理中只独立源单独作用，而受控源不能单独作为电路的激励；在求独立源单独作用的分响应时，受控源应和电阻一样，始终保留在电路内，其控制量和受控源之间的控制关系不变，只不过控制量不再是原电路中的变量，而变为分响应电路中的相应变量，如图 4-3b 和 c 所示。

当 10V 电压源单独作用时，电流源不作用，将其用开路替代，而受控源保留且受控源的控制量为 i'，如图 4-3b 所示，则由基尔霍夫电压定律及元件伏安关系得

$$2i' + i' + 2i' = 10$$

故

$$i' = 2A$$

$$u' = 1 \times i' + 2i' = 6V$$

当 5A 电流源单独作用时，电压源不作用，将其用短路替代，而受控源保留且受控源的控制量为 i''，如图 4-3c 所示，则由基尔霍夫定律及元件伏安关系得

$$2i'' + (5 + i'') \times 1 + 2i'' = 0$$

故

$$i'' = -1A$$

$$u'' = (5 + i'') + 2i'' = 2V$$

根据叠加定理，得两电源同时作用时的电压、电流及功率如下：

$$u = u' + u'' = (6 + 2)V = 8V$$

$$i = i' + i'' = (2 - 1)A = 1A$$

$$p_{2\Omega} = i^2 \times 2 = 2W$$

在此应注意，电阻的功率不能由叠加定理直接求得，因为功率与电流（电压）的二次函数有关，不是线性关系，一般不服从叠加原理。

【例 4-3】 图 4-4 所示网络中，N_0 为线性无源网络，已知：当 $i_{S1} = 8A$，$i_{S2} = 12A$ 时，$u_x = 80V$；当 $i_{S1} = -8A$，$i_{S2} = 4A$ 时，$u_x = 0V$。求当 $i_{S1} = i_{S2} = 20A$ 时，u_x 为多少。

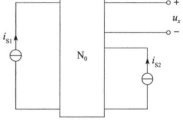

解 由于 N_0 内部不含有独立源，则电路只有两个激励 i_{S1}、i_{S2}，根据线性网络的线性性质可得

$$u_x = k_1 i_{S1} + k_2 i_{S2}$$

将已知条件代入上式，得

图 4-4　例 4-3 图

$$\begin{cases} 80 = 8k_1 + 12k_2 \\ 0 = -8k_1 + 4k_2 \end{cases} \Rightarrow \begin{cases} k_1 = \dfrac{5}{2} \\ k_2 = 5 \end{cases}$$

所以，当 $i_{S1} = i_{S2} = 20A$ 时

$$u_x = \left(\frac{5}{2} \times 20 + 5 \times 20 \right)V = 150V$$

本例分析中体现了线性网络的线性特性。在分析计算此类问题时，必须先建立响应和激励的关系式，再求解。

【例 4-4】 求图 4-5a 所示梯形电路中输出电阻上电压 u。已知 $U_S = 10V$。

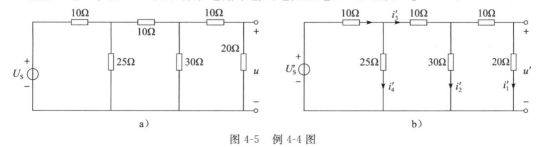

图 4-5　例 4-4 图

解 本例是分析梯形电阻电路的题目，若用电阻串、并联等效及串、并联电阻的分压或分流关系计算电压 u，则计算过程将很繁琐，在此我们不妨换一种思路进行分析，即利

用齐次性定理分析该电路。假设输出支路中电压 $u' = 20\text{V}$，如图 4-5b 所示。由 KCL、KVL 得出

$$i_1' = \frac{20}{20} = 1\text{A}$$

$$i_2' = \frac{30i_1'}{30} = 1\text{A}$$

$$i_3' = i_1' + i_2' = 2\text{A}$$

$$i_4' = \frac{10i_3' + 30i_2'}{25} = 2\text{A}$$

$$U_\text{S}' = 10(i_3' + i_4') + 25i_4' = 90\text{V}$$

根据齐次性定理可得

$$\frac{10}{u} = \frac{U_\text{S}'}{u'}$$

故

$$u = \frac{10}{U_\text{S}'} \times u' = \left(\frac{10}{90} \times 20\right)\text{V} = \frac{20}{9}\text{V}$$

【例 4-5】 图 4-6a 所示电路为一个由运算放大器和电阻构成的电路，称为差动放大器，是一种应用广泛的放大电路。已知输入电压分别为 u_S1、u_S2，试用叠加定理求输出电压 u_o。

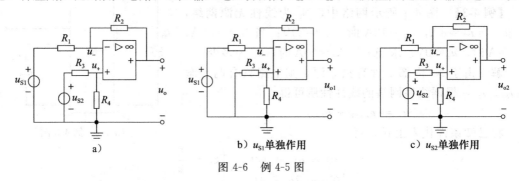

a)　　　　　　　　　b) u_S1 单独作用　　　　　　　　　c) u_S2 单独作用

图 4-6　例 4-5 图

解　对于图 4-6a 所示有运算放大器与电阻构成的差分放大电路，可用叠加定理加以分析。

先求独立电压源 u_S1 单独作用时的输出电压分响应 u_o1，电路如图 4-6b 所示。对于图示电路由运算放大器"虚断"及"虚短"特性，得

$$u_- = u_+ = 0$$

$$\frac{u_\text{o1} - u_-}{R_2} = \frac{u_- - u_\text{S1}}{R_1}$$

联立求解以上方程得分响应为

$$u_\text{o1} = -\frac{R_2}{R_1}u_\text{S1}$$

求独立电压源 u_S2 单独作用时的输出电压分响应 u_o2，电路如图 4-6c 所示。则对于图示电路由运算放大器"虚断"及"虚短"特性，得

$$u_- = u_+ = \frac{R_4}{R_3 + R_4}u_\text{S2}$$

$$\frac{u_\text{o2} - u_-}{R_2} = \frac{u_-}{R_1}$$

对以上两方程联立求解得分响应为

$$u_\text{o2} = \left(1 + \frac{R_2}{R_1}\right)\frac{R_4}{R_3 + R_4}u_\text{S2}$$

因此，由叠加定理得电路的输出电压为

$$u_\text{o} = u_\text{o1} + u_\text{o2} = -\frac{R_2}{R_1}u_\text{S1} + \left(1 + \frac{R_2}{R_1}\right)\frac{R_4}{R_3 + R_4}u_\text{S2}$$

4.2 替代定理

4.2.1 替代定理

替代定理又称置换定理，其内容为：在具有唯一解的任意集总参数电路中，若某一支路 k 的电压 u_k 或电流 i_k 已知，且该支路 k 与电路中其他支路无耦合，则该支路可用一电压为 u_k 的独立电压源或电流为 i_k 的独立电流源替代，替代后电路仍具唯一解，且替代前后电路中各支路电压和电流保持不变。

替代定理可由下面具体例子来说明。

对于图 4-7a 所示电路，可通过计算得 $i_1 = 3\text{A}$，$i_2 = 2\text{A}$，$u = 8\text{V}$。现将 4Ω 电阻所在支路用 $i_S = i_2 = 2\text{A}$，方向与原支路电流方向一致的独立电流源替代，如图 4-7b 所示；或用 $u_S = u = 8\text{V}$，极性与原支路电压的方向一致的独立电压源替代，如图 4-7c 所示，则由替代后所得两电路不难求得：$i_1 = 3\text{A}$，$i_2 = 2\text{A}$，$u = 8\text{V}$。即替代前后电路中各支路电压和电流保持不变。

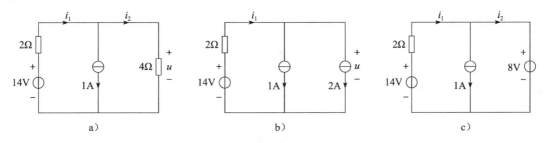

图 4-7 替代定理示意图

替代定理证明如下：对于任一有 n 条支路的集总参数电路，若各支路电流为 i_1，i_2，$\cdots$，i_n，支路电压为 u_1，u_2，$\cdots$，u_n。现考虑将第 k 条支路用 $i_S = i_k$，方向与原支路电流方向一致的独立电流源替代的情况，由于替代后电路几何结构与替代前完全相同，故由 KCL 知，其余支路电流 i_1，i_2，$\cdots$，i_{k-1}，i_{k+1}，$\cdots$，i_n 均不变。此外，由于除 k 条支路以外其他各支路的伏安关系不变，所以 u_1，u_2，$\cdots$，u_{k-1}，u_{k+1}，$\cdots$，u_n 不变，由 KVL 可知 u_k 也不变。同理可证：当第 k 条支路用 $u_S = u_k$，方向与原支路电压方向一致的独立电压源替代，则替代前后电路中各支路电压和电流也保持不变。

应用替代定理分析电路应注意以下几点：

1）替代定理适用于任意集总参数电路，无论电路是线性的还是非线性的，时变的还是时不变的；

2）替代定理要求替代前后的电路必须有唯一解；

3）所替代的支路与其他支路之间无耦合；

4）"替代"与"等效变换"是两个不同的概念，"替代"是用独立电压源或独立电流源替代已知电压或电流的支路，替代前后替代支路以外电路的拓扑结构和元件参数不能改变，因为一旦改变，替代支路的电压和电流将发生变化；而等效变换是两个具有相同端口伏安特性的电路间的相互转换，与变换以外电路的拓扑结构和元件参数无关；

5）不仅可以用电压源或电流源替代已知电压或电流的支路，而且可以替代已知端口电压或端口电流的二端网络；因此，应用替代定理可以将一个较复杂的电路经替代后变成一些较为简单的电路，然后进行分析，如图 4-8 所示。

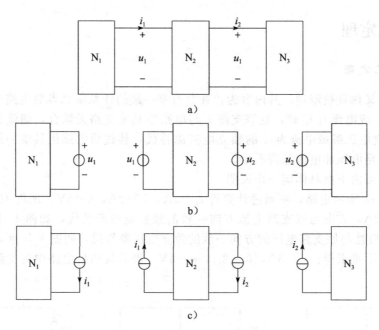

图 4-8　二端网络的替代应用

4.2.2　替代定理的应用

下面举例说明替代定理的应用。

【例 4-6】　在图 4-9a 所示电路中，N 为任意二端网络，已知 $I=2\text{A}$，试用替代定理求电流 I_1。

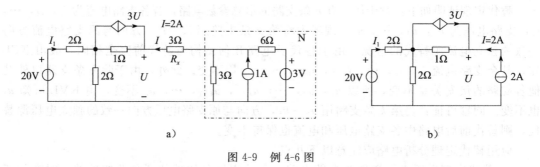

图 4-9　例 4-6 图

解　根据替代定理首先将图 4-9a 中 3Ω 电阻与二端网络 N 串联支路用 2A 的电流源替代，则替代后的电路如图 4-9b 所示。对图 4-9b 可列以下回路方程：

$$2I_1 + 2(I_1 + 2) - 20 = 0$$

解方程得

$$I_1 = 4\text{A}$$

4.3　戴维南定理和诺顿定理

尽管利用等效化简的方法（见第 2 章）求含源二端网络的等效电路时使人感到直接、简便，但只能在某些特殊场合使用较为方便（如电阻串、并联时），当电路较复杂时用此方法求等效电路则很麻烦。因此，本节将介绍另一种求含源二端网络的等效电路及 VCR 的方法——戴维南定理和诺顿定理，这两种方法对求含源二端网络的等效电路及 VCR 能提出普遍适用的形式，故它们可适用于解决复杂网络的分析计算，应用更广泛。

4.3.1 戴维南定理

戴维南定理（Thevenin's Theorem）是由法国电讯工程师戴维南于 1883 年提出的。戴维南定理表述如下：任意一个线性有源二端网络 N（见图 4-10a），就其两个输出端而言总可与一个独立电压源和一个线性电阻串联的电路等效（见图 4-10b）。其中独立电压源的电压等于该二端网络 N 输出端的开路电压 u_{OC}（见图 4-10c）；串联电阻 R_0 等于将该二端网络 N 内所有独立源置零时输出端的等效电阻（见图 4-10d）。

该定理中的独立电压源与电阻串联的电路通常称为二端网络 N 的戴维南等效电路，如图 4-10b 所示。

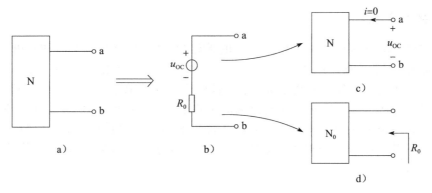

图 4-10　戴维南定理示意图

戴维南定理可用叠加定理和替代定理证明，下面给出该定理的证明：图 4-11a 是线性有源二端网络 N 与外电路相连接的电路。假设二端网络 N 输出端 a、b 上的电压、电流分别为 u 和 i，则根据替代定理，可用 $i_S = i$ 的独立电流源替代外电路，如图 4-11b 所示，替换后网络 N 端口电压、电流不变。由于网络 N 是线性网络，故根据叠加定理，图 4-11b 所示电路中的电压 u 可看成两个电压分量之和，即 $u = u' + u''$。其中 u' 是 $i_S = 0$

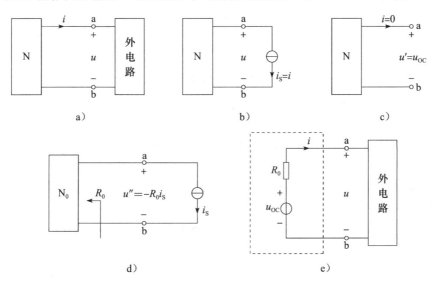

图 4-11　戴维南定理证明用图

时由网络 N 内部所有独立源作用时在端口所产生的电压分量,即网络 N 的开路电压,则有 $u' = u_{OC}$,如图 4-11c 所示;u'' 为网络 N 内部所有独立源置零时仅有独立电流源 i_S 单独作用时在 a、b 端所产生的电压分量,此时网络 N 为无源网络 N_0,可用其输出电阻 R_0 等效替代,它在电流 i_S 的作用下产生的电压为 $u'' = -R_0 i_S = -R_0 i$,如图 4-11d 所示。所以有

$$u = u' + u'' = u_{OC} - R_0 i \tag{4-7}$$

式(4-7)即为线性含源二端网络 N 在端口 a、b 处的伏安关系的一般表示形式,它与戴维南电路对外供电时的伏安关系完全一致,这说明:线性含源二端网络 N,就其端口 a、b 而言可等效为一个实际电压源模型(戴维南电路模型),如图 4-11e 所示。由此证明了戴维南定理。

4.3.2　诺顿定理

诺顿定理(Norton's theorem)由美国贝尔电话实验室工程师诺顿于 1926 年提出。诺顿定理与戴维南定理呈对偶关系,表述如下:任意一个线性有源二端网络 N(见图 4-12a),就其两个输出端而言总可与一个独立电流源和一个线性电阻并联的电路等效(见图 4-12b),其中独立电流源的电流等于该二端网络 N 输出端的短路电流 i_{SC}(见图 4-12c),并联电阻 R_0 等于将该二端网络 N 内所有独立源置零时从输出端看进去的等效电阻(见图 4-12d)。

定理中的独立电流源与电阻并联的电路通常称为二端网络 N 的诺顿等效电路,如图 4-12b 所示。

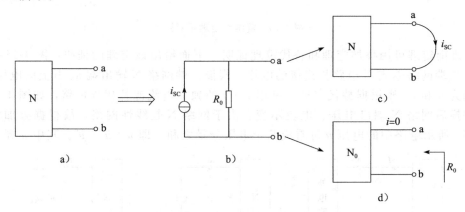

图 4-12　诺顿定理示意图

诺顿定理的证明和戴维南定理的证明相似,不再赘述。

应用戴维南定理和诺顿定理时的几点说明如下。

1)应用戴维南定理和诺顿定理时,要求被等效的含源二端网络 N 是线性的,且与外电路之间无耦合关系。

2)在求戴维南等效电路或诺顿等效电路中的电阻 R_0 时,应将二端网络内的所有独立源置零,但受控源应保留在电路中。

3)当 $R_0 \neq 0$ 和 $R_0 \neq \infty$ 时,有源二端网络既有戴维南等效电路又有诺顿等效电路,且 u_{OC}、i_{SC}、R_0 存在如下关系:

$$R_0 = \frac{u_{OC}}{i_{SC}}, \quad u_{OC} = R_0 i_{SC}, \quad i_{SC} = \frac{u_{OC}}{R_0}$$

4.3.3 戴维南定理和诺顿定理的应用

戴维南定理和诺顿定理在电路分析中应用广泛。在一个复杂的电路中，如果对某些二端网络内部的电压、电流无求解需求，就可用这两个定理对这些二端网络进行化简。特别是仅对电路的某一元件感兴趣时，这两个定理尤为适用。

【例 4-7】 试求图 4-13a 所示有源二端网络的戴维南等效电路。

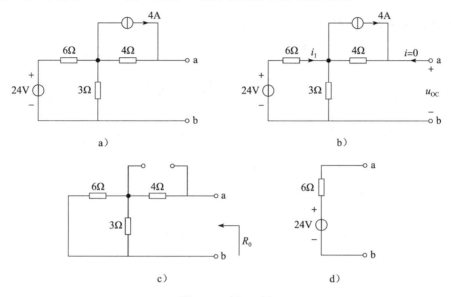

图 4-13 例 4-7 图

解 （1）求开路电压 u_{OC}

求开路电压电路如图 4-13b 所示，因为 $i=0$，所以

$$(6+3)i_1 = 24 \Rightarrow i_1 = \frac{8}{3}\text{A}$$

故

$$u_{OC} = \left(4 \times 4 + \frac{8}{3} \times 3\right)\text{V} = 24\text{V}$$

（2）求等效电阻 R_0

将二端网络中所有独立源置零得图 4-13c 所示求等效电阻 R_0 电路，则其输出电阻为

$$R_0 = (4 + 6 /\!/ 3)\Omega = 6\Omega$$

因此可得所求戴维南等效电路如图 4-13d 所示。

【例 4-8】 试求图 4-14a 所示二端网络的诺顿等效电路。

解 （1）求短路电流 i_{SC}

求短路电流 i_{SC} 电路如图 4-14b 所示，则由 KVL 得

$$6i' + 3i' = 0$$

解得受控源控制量 i' 为

$$i' = 0$$

所以

$$i_{SC} = \frac{9}{6}\text{A} = 1.5\text{A}$$

（2）求等效电阻 R_0

将二端网络中所有独立源置零得图 4-14c 所示求等效电阻 R_0 电路，由于电路中含有

受控源，故本题用加压求流法求等效电阻。设 a、b 端口电压为 u''，电流为 i_1，由 KVL 得

$$u'' = 6i'' + 3i'' = 9i''$$

又由 6Ω 和 3Ω 并联电阻的分流关系得

$$i_1 \times \frac{6}{6+3} = i'' \Rightarrow i'' = \frac{2}{3}i_1$$

所以

$$R_0 = \frac{u''}{i_1} = 6\Omega$$

因此可得所求诺顿等效电路如图 4-14d 所示。

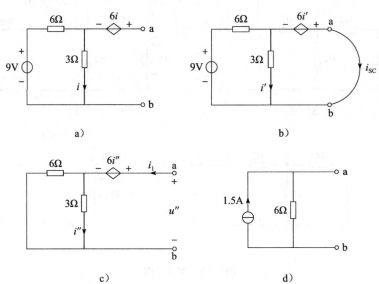

图 4-14 例 4-8 图

【例 4-9】 试用戴维南定理求图 4-15a 所示电路中的电流 i。

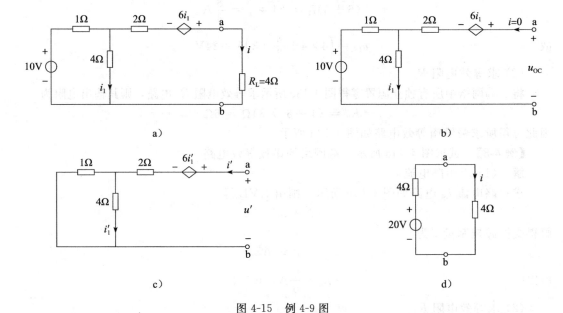

图 4-15 例 4-9 图

解 用戴维南定理求电路中某一支路电流或电压时，可先将移去响应所在支路后余下的电路部分等效为戴维南电路，再求响应。

1) 先将图 4-15a 中 a、b 以左电路化简为戴维南电路。

①求开路电压 u_{OC}。

a、b 开路后电路如图 4-15b 所示，因为 $i=0$，故有

$$i_1 = \left(\frac{10}{1+4}\right)A = 2A$$

$$u_{OC} = 6i_1 + 4i_1 = 10i_1 = 20V$$

②求等效电阻 R_0。

将图 4-15b 所示二端网络中所有独立源置零得图 4-15c 所示求等效电阻 R_0 电路，由于电路中含有受控源，故本题用加压求流法求等效电阻，设 a、b 端口电压为 u'，电流为 i'。则由 KVL 可得

$$u' = 6i_1 + 2i' + 4i_1'$$

又由于

$$i_1' = \frac{i'}{1+4} = \frac{i'}{5}$$

故

$$u' = 4i'$$

$$R_0 = \frac{u'}{i'} = 4\Omega$$

2) 求电流 i。

a、b 以左电路等效为戴维南电路后，图 4-15a 所示电路等效为图 4-15d 所示电路。由图 4-15d 得

$$i = \frac{u_{OC}}{R_0 + R_L} = \left(\frac{20}{4+4}\right)A = 2.5A$$

【例 4-10】 试用诺顿定理求图 4-16a 所示电路中的电压 u。

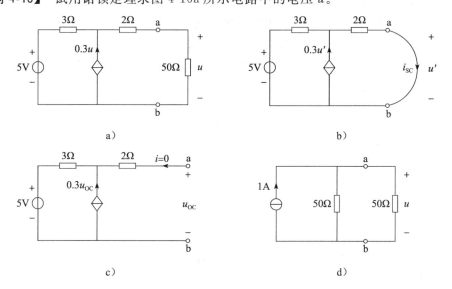

图 4-16 例 4-10 图

解 利用诺顿定理求电路中某一支路电流或电压时，可先将移去响应所在支路后余下的电路部分等效为诺顿电路，再求响应。

1）先将图 4-16a 中 a、b 以左电路等效为电路。

① 求短路电流 i_{SC}。

a、b 短路后的电路如图 4-16b 所示。因为 $u=0$，所以受控电流源电流为零，相当于开路，故有

$$i_{SC} = \left(\frac{5}{2+3}\right)A = 1A$$

② 求等效电阻 R_0。

本题用开路短路法求等效电阻 R_0。先求 a、b 以左电路的开路电压 u_{OC}，此时电路如图 4-16c 所示，由 KVL 得

$$u_{OC} = 5 + 3 \times 0.3u_{OC}$$

故

$$u_{OC} = 50V$$

由开短路法得

$$R_0 = \frac{u_{OC}}{i_{SC}} = 50\Omega$$

2）求电压 u。

a、b 以左电路等效为诺顿电路后，图 4-16a 所示电路等效为图 4-16d 所示电路。由图 4-16d 得

$$u = i_{SC} \times (50 /\!/ 50) = \left(1 \times \frac{50 \times 50}{50 + 50}\right)V = 25V$$

由以上例题可以看出用戴维南定理或诺顿定理分析线性电路的关键在于求有源二端网络输出端的开路电压或短路电流以及相应的无源网络的等效电阻，从而得到其相应的戴维南等效电路或诺顿等效电路，一般而言：

1）开路电压、短路电流的求取可根据定义将原电路输出端开路或短路，然后用节点法、网孔法或其他方法求得。

2）等效电阻的计算，有三种方法：

① 对于简单电阻电路可直接利用电阻的串并联等效求得；

② 外加电源法，即求复杂的无源二端网络（尤其是含受控源的无源二端网络）的等效电阻，可以通过在网络输出端加电压源（或电流源），求出输出端的电流（或电压），再由式 $R_0 = \frac{u}{i}$ 求得等效电阻 R_0；

③ 开路短路法，即首先求出有源二端网络输出端的开路电压 u_{OC} 和短路电流 i_{SC}，再由式 $R_0 = \frac{u_{OC}}{i_{SC}}$ 求出等效电阻 R_0。

4.3.4 最大功率传输定理

在测量和通信系统中，常常遇到负载如何能从信号源获得最大功率的问题。事实上，在信号源给定的情况下，负载不同，它从信号源获得的功率也不同。下面将讨论与线性有源二端网络相接的负载电阻 R_L 为何值时才能获得最大功率。

根据戴维南定理，与负载相连的有源二端网络总可以用戴维南等效电路等效。因此，对负载从有源二端网络获得最大功率的讨论可以简化为对图 4-17 所示电路的分析。由于有源二端网络已给定，故图 4-17 所示电路中的独立电压源 u_{OC} 和电阻

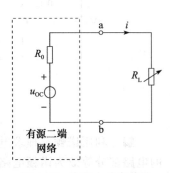

图 4-17　求最大功率传输

R_0 为定值，负载电阻 R_L 所吸收的功率 p 只随 R_L 的变化而变化。

在图 4-17 所示电路中，负载电阻 R_L 为任意值时，它所吸收的功率 p_L 为

$$p_L = i^2 R_L = \left(\frac{u_{OC}}{R_0 + R_L}\right)^2 R_L \tag{4-8}$$

因为当 $R_L = 0$ 或 $R_L = \infty$ 时，$p_L = 0$，所以 R_L 为 $(0, \infty)$ 区间中的某个值时可获得最大功率。由高等数学知识知，p_L 的最大值发生在 $\dfrac{dp_L}{dR_L} = 0$ 的条件下，即

$$\frac{dp_L}{dR_L} = \frac{u_{OC}^2 \left[(R_L + R_0)^2 - 2R_L(R_L + R_0)\right]}{(R_L + R_0)^4} = 0 \tag{4-9}$$

由此求得 p_L 为最大时的 R_L 大小为

$$R_L = R_0 \tag{4-10}$$

此时负载获得的最大功率为

$$p_{Lmax} = \frac{u_{OC}^2}{4R_0} \tag{4-11}$$

由以上分析可知，在负载电阻 $R_L = R_0$ 时，负载电阻能从有源二端网络获最大功率。

最大功率传输定理：给定线性有源二端网络向可变负载电阻 R_L 传输功率，当负载电阻 R_L 等于有源二端网络的等效电阻 R_0 时，负载电阻能从有源二端网络获最大功率。由于此时满足 $R_L = R_0$ 条件，故又称为最大功率匹配。

显然，求解最大功率传输问题的关键在于求有源二端网络的戴维南等效电路。

【例 4-11】 电路如图 4-18a 所示，其中电阻 R_L 可调，试问 R_L 为何值时能获得最大功率，此最大功率为多少？

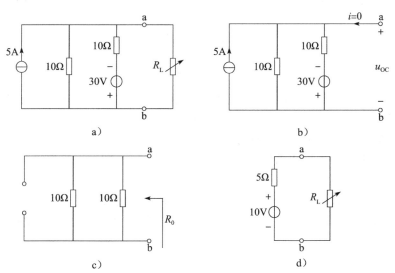

图 4-18　例 4-11 图

解 首先求图 4-18a 中 R_L 以外的有源二端网络的戴维南等效电路。由图 4-17b 求得

$$u_{OC} = \left[5 \times (10 \ /\!/ \ 10) - 30 \times \frac{10}{10 + 10}\right] V = 10 V$$

由图 4-18c 求得

$$R_0 = (10 \ /\!/ \ 10) \Omega = 5 \Omega$$

图 4-18a 所示电路可等效为图 4-18d 所示电路。由最大功率传输定理知，当 $R_L = R_0 = 5\Omega$

时，可获得最大功率，最大功率为

$$P_{\text{Lmax}} = \frac{u_{\text{OC}}^2}{4R_0} = \left(\frac{10^2}{4 \times 5}\right)\text{W} = 5\text{W}$$

4.4　特勒根定理

特勒根定理(Tellegen's Theorem)是电路理论中的重要定理，它适用于任何集总参数电路。特勒根定理仅通过基尔霍夫定律导出，与基尔霍夫定律一样反映了电路的互联性质，与电路元件的性质无关。

4.4.1　特勒根定理

特勒根定理有两个，现分述如下。

特勒根定理 1：对于一个具有 b 条支路、n 个节点的集总参数电路，假设它的各支路电压和电流分别为 u_k 和 i_k($k = 1$，2，3，$\cdots$，b)，且各支路电压和电流取关联参考方向，则对任何时间 t，有

$$\sum_{k=1}^{b} u_k i_k = 0 \tag{4-12}$$

由于上式中每一项是同一条支路电压和电流的乘积，表示支路吸收的功率，因此特勒根定理 1 所表达的是功率守恒，故又称为功率守恒定理。

特勒根定理 2：两个具有相同有向线图的集总参数电路 N 和 N'，假设它们的支路电压分别为 u_k、u_k'，支路电流分别为 i_k、i_k'($k = 1$，2，3，$\cdots$，b)，且各支路电压和支路电流取关联参考方向，则对任何时间 t 有

$$\sum_{k=1}^{b} u_k i_k' = 0 \tag{4-13}$$

和

$$\sum_{k=1}^{b} u_k' i_k = 0 \tag{4-14}$$

式(4-13)和式(4-14)中每一项是一个网络的支路电压和另一个网络相应支路的支路电流的乘积，具有功率的量纲但又不表示任何支路的功率，因此称为似功率，特勒根定理 2 所表达的是似功率守恒，故又称为似功率守恒定理。

显然，特勒根定理 1 是特勒根定理 2 中网络 N 和 N' 为同一网络的特例。

特勒根定理证明如下：若两个具有相同有向线图的网络 N、N' 有 n 个节点，选一个节点为参考节点，设其余($n-1$)个独立节点的节点电压分别为 $u_{\text{n}m}$、$u_{\text{n}m}'$($m = 1$，2，3，$\cdots$，$n-1$)，如果支路 k 连接节点 i 与 j 且该支路方向由节点 i 指向节点 j，则第 k 条支路的支路电压 u_k、u_k' 可表示为

$$u_k = u_{\text{n}i} - u_{\text{n}j}, \quad u_k' = u_{\text{n}i}' - u_{\text{n}j}' \tag{4-15}$$

将网络 N 中的各支路电压用式(4-15)所示节点电压表示，代入式(4-13)并以节点电压合并同类项，则有

$$\sum_{k=1}^{b} u_k i_k' = u_{\text{n}1} \sum_{\text{n}1} i' + u_{\text{n}2} \sum_{\text{n}2} i' + \cdots + u_{\text{n}k} \sum_{\text{n}k} i' + \cdots + u_{\text{n}(n-1)} \sum_{\text{n}(n-1)} i' = 0 \tag{4-16}$$

式(4-16)中 $\sum_{\text{n}k} i'$ 表示网络 N' 中流出节点 k 的所有支路电流的代数和。由于网络 N' 中各支路电流满足 KCL，故等式(4-16)成立，即

$$\sum_{k=1}^{b} u_k i_k' = 0$$

同理可证式(4-14)也成立。

由于以上对特勒根定理的证明只用到基尔霍夫定律，因此特勒根定理和基尔霍夫定律一样，只与电路的拓扑结构有关，而与组成电路的元件性质无关，所以适用于一切集总参数电路，是集总参数电路的普遍定理。特勒根定理在电路理论中还常常被用于证明其他定理。

4.4.2 特勒根定理的应用

下面举例说明特勒根定理在电路分析中的应用。

【例4-12】 在图4-19a所示电路中，N_0 为无源线性网络，仅由电阻组成，已知当 $R_2 = 2\Omega$，$u_1 = 6V$ 时，$i_1 = 2A$，$u_2 = 2V$。试求当 R_2 改为 4Ω，$u_1 = 10V$ 时，测得 $i_1 = 3A$ 情况下的电压 u_2 为多少。

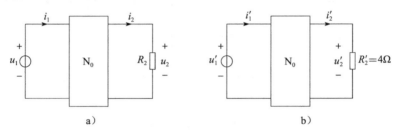

图 4-19 例 4-12 图

解 设图4-19a构成特勒根定理2中的网络N，则 R_2 改为 4Ω 时构成网络 N'，如图4-19b所示，N 与 N' 具有相同的有向图。又假设网络 N_0 含有 $b-2$ 条支路，记为支路3至 b，则根据特勒根定理2，有

$$-u_1 i_1' + u_2 i_2' + \sum_{k=3}^{b} u_k i_k' = -u_1' i_1 + u_2' i_2 + \sum_{k=3}^{b} u_k' i_k = 0$$

又由于 N_0 为无源线性且仅有电阻组成的网络，故对于网络 N_0 中的第 k 条支路有

$$u_k i_k' = R_k i_k i_k' = R_k i_k' i_k = u_k' i_k$$

因此

$$\sum_{k=3}^{b} u_k i_k' = \sum_{k=3}^{b} u_k' i_k$$

$$-u_1 i_1' + u_2 i_2' = -u_1' i_1 + u_2' i_2$$

将 $u_2 = 2i_2$，$u_2' = 4i_2'$，及 $u_1 = 6V$，$i_1 = 2A$，$u_2 = 2V$，$u_1' = 10V$，$i_1' = 3A$，代入上式，得

$$-6 \times 3 + 2 \times \frac{u_2'}{4} = -10 \times 2 + u_2' \times \frac{2}{2}$$

故可解得

$$u_2' = 4V$$

所以，当 R_2 改为 4Ω，$u_1 = 10V$ 时，测得 $i_1 = 3A$ 情况下，$u_2 = 4V$。

4.5 互易定理

互易性(reciprocity)是线性网络所具有的重要性质之一。粗略地说，如果将一个网络的激励和响应的位置互易，网络对相同激励的响应不变，则称该网络具有互易性。具有互易性的网络称为互易网络。由于并非所有网络都是互易网络，因此互易定理的适用范围较狭窄。

4.5.1　互易定理

互易定理分三种形式进行描述。

互易定理形式一的内容如下：如图 4-20 所示电路，设网络 N_R 为不含独立源和受控源仅有线性电阻组成的网络，若在端口 $11'$ 加入电压源 u_S 作为激励，端口 $22'$ 的短路电流 i_2 为输出，如图 4-20a 所示；若将激励与响应的位置互换，即在端口 $22'$ 加入电压源 u_S' 作为激励，端口 $11'$ 的短路电流 i_1' 为输出，如图 4-20b 所示。则在图 4-20 所示电路的各电压、电流参考方向下，有

$$\frac{i_1'}{u_S'} = \frac{i_2}{u_S}$$

特别地，如果 $u_S' = u_S$，则 $i_1' = i_2$。

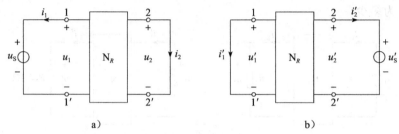

图 4-20　互易定理形式一

互易定理形式二的内容如下：如图 4-21 所示电路，设网络 N_R 为不含独立源和受控源仅有线性电阻组成的网络，若在端口 $11'$ 加入电流源 i_S 作为激励，端口 $22'$ 的开路电压 u_2 为输出，如图 4-21a 所示；若将激励与响应的位置互换，即在端口 $22'$ 加入电流源 i_S' 作为激励，$11'$ 端口的开路电压 u_1' 为输出，如图 4-21b 所示。则在图 4-2 所示电路的各电压、电流参考方向下，有

$$\frac{u_1'}{i_S'} = \frac{u_2}{i_S}$$

特别地，如果 $i_S' = i_S$，则 $u_1' = u_2$。

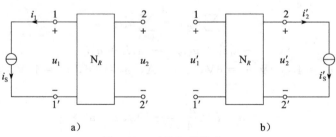

图 4-21　互易定理形式二

互易定理形式三的内容如下：如图 4-22 所示电路，设网络 N_R 为不含独立源和受控源仅有线性电阻组成的网络，若在端口 $11'$ 加入电压源 u_S 作为激励，端口 $22'$ 的开路电压 u_2 为输出，如图 4-22a 所示；若将激励与响应的位置互换，即在端口 $22'$ 加入电流源 i_S 作为激励，端口 $11'$ 的短路电流 i_1' 为输出，如图 4-22b 所示。则在图 4-22 所示电路的各电压、电流参考方向下，有

$$\frac{i_1'}{i_S} = \frac{u_2}{u_S}$$

特别地，如果在数值上 $u_S = i_S$，则在数值上 $i'_1 = u_2$。

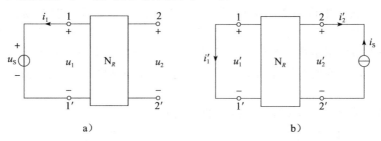

图 4-22 互易定理形式三

互易定理可用特勒根定理证明：设上述三种形式的网络 N_R 中含有 $b-2$ 条支路，记为支路 3 至 b，加上激励支路和响应支路，因此网络共有 b 条支路，由于每种形式的图 a 和图 b 具有相同的有向线图，根据特勒根定理必然有

$$u_1 i'_1 + u_2 i'_2 + \sum_{k=3}^{b} u_k i'_k = 0 \tag{4-17}$$

和

$$u'_1 i_1 + u'_2 i_2 + \sum_{k=3}^{b} u'_k i_k = 0 \tag{4-18}$$

由于网络 N_R 是电阻网络，存在支路约束：

$$u_k = R i_k \quad (k = 1, 2, 3, \cdots, b)$$
$$u'_k = R i'_k \quad (k = 1, 2, 3, \cdots, b)$$

因此

$$u_k i'_k = R_k i_k i'_k = R_k i'_k i_k = u'_k i_k$$

$$\sum_{k=3}^{b} u_k i'_k = \sum_{k=3}^{b} u'_k i_k \tag{4-19}$$

故有

$$u_1 \cdot i'_1 + u_2 \cdot i'_2 = u'_1 \cdot i_1 + u'_2 \cdot i_2 \tag{4-20}$$

对于形式一，将 $u_1 = u_S$，$u_2 = 0$，$u'_1 = 0$，$u'_2 = u'_S$，代入式(4-20)，可得

$$u_S \cdot i'_1 = u'_S \cdot i_2$$

故

$$\frac{i'_1}{u'_S} = \frac{i_2}{u_S}$$

即互易定理形式一得以证明。

对于形式二，将 $i_1 = i_S$，$i_2 = 0$，$i'_1 = 0$，$i'_2 = i'_S$，代入式(4-20)，可得

$$u_2 \cdot i'_S = u'_1 \cdot i_S$$

故

$$\frac{u'_1}{i'_S} = \frac{u_2}{i_S}$$

即互易定理形式二得以证明。

对于形式三，将 $u_1 = u_S$，$i_2 = 0$，$u'_1 = 0$，$i'_2 = -i_S$，代入式(4-20)，可得

$$u_S \cdot i'_1 = u_2 \cdot i_S$$

故

$$\frac{i'_1}{i_S} = \frac{u_2}{u_S}$$

即互易定理形式三得以证明。

4.5.2 互易定理的应用

应用互易定理分析电路时应注意以下几点。

1) 互易定理只适用于分析不含受控源的单个独立源激励的线性网络，对其他的网络

一般不适用。

2）要注意定理中响应和激励的参考方向。对形式一、形式二若互易两支路互易前后激励和响应参考方向关系一致（都关联式都非关联），则有相同的激励产生的响应相同；否则相同激励产生的响应相差一个负号。对形式三，若互易两支路互易前后激励和响应参考方向关系不一致，则数值上相等的激励产生的响应数值上相同；否则数值上相等的激励产生的响应数值上差一个负号。

【例 4-13】　试求图 4-23a 所示电路中的电流 i。

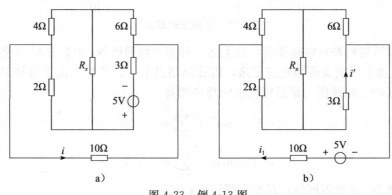

图 4-23　例 4-13 图

解　由于图 4-23a 所示电路中的 R_x 未知，因此直接求电流 i 较为困难。可用互易定理的形式一求解，将图 4-23a 中的激励 5V 电压源与响应 10Ω 电阻支路中的电流 i 的位置互换，互易后的电路如图 4-23b 所示，根据互易定理可知，图 4-23b 中的电流 i' 与图 4-23a 中的电流 i 应相等。

由于图 4-22b 为平衡电桥电路，故 R_x 中无电流，可用开路替代，因而有

$$i_1 = \left(\frac{5}{10 + \frac{10 \times 5}{10 + 5}} \right) \mathrm{A} = \frac{3}{8} \mathrm{A}$$

利用分流公式，得出

$$i' = \frac{10}{10 + 5} i_1 = \frac{1}{4} \mathrm{A}$$

故

$$i = i' = \frac{1}{4} \mathrm{A}$$

【例 4-14】　线性无源二端网络 N_0 仅由电阻组成，如图 4-24a 所示，当 $u_S = 100V$ 时，$u_2 = 20V$，求当电路改为图 4-24b 所示电路时的电流 i。

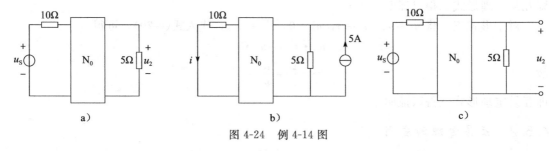

图 4-24　例 4-14 图

解　首先将图 4-24a 改画成图 4-24c 所示电路，显然图 b 和图 c 符合互易定理的形式三，因此根据互易定理的形式三可得

$$\frac{i}{5} = \frac{u_2}{u_\text{S}}$$

$$i = \left(\frac{20}{100} \times 5\right)\text{A} = 1\text{A}$$

4.6 电路的对偶原理与对偶电路

4.6.1 电路的对偶原理

在自然界中许多物理现象是以对应的形式表现的，在电路中，也存在某些相似或对应的关系。电路的对偶特性是指电路中的如变量、元件、定律等成对出现的，存在明显的一一对应的关系。

例如图4-25a、b所示平面网络，对图a的网孔列 KVL 方程有

$$u_\text{S} = u_1 + u_2 = R_1 i + R_2 i \quad (4-21)$$

对图b的节点 A 可列 KCL 方程得

$$i_\text{S} = i_1 + i_2 = G_1 u + G_2 u \quad (4-22)$$

在这里，电路变量电压与电流对偶，电路结构网孔与节点对偶，电路元件电阻

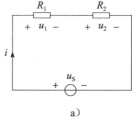
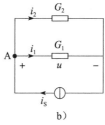

图 4-25 平面网络

与电导及电压源与电流源对偶，电路结构串联与并联对偶，电路定律 KVL 与 KCL 对偶。在电路分析中将上述的这种对偶的变量、元件、结构及定律等统称为对偶元素。若将式(4-21)中的各元素用其对偶的元素替代即得式(4-22)，在电路分析中将这种数学表达式形式相同、若将其中一式的各元素用其对偶元素替换则得另一式，像这样具有对偶性质的关系式称为对偶关系式。在此应注意："对偶"和"等效"是两个不同的概念，不可混淆。

电路的对偶特性是电路的一个普遍特性。如果电路中某一关系(定理、方程等)的表述成立，则将该表述中的元素(变量、元件、结构等)用其对偶元素替代后所得对偶表述也一定成立，这就是对偶原理。认识到电路的对偶原理有助于初学者掌握电路的规律，由此及彼，学一知二。现将一些常见的对偶元素列于表4-1中，以供参考使用。

表 4-1 电路中的常见对偶元素

电路变量	电压 u-电流 i	电路结构	节点-网孔
	电荷 q-磁链 Ψ		参考节点-外网孔
电路元件	电阻 R-电导 G		串联-并联
	电压源 U_S-电流源 i_S		割集-回路
	电容 C-电感 L	电路定律	KVL-KCL
	短路($R=0$)-开路($G=0$)		$u=Ri$, $i=Gu$
	VCCS-CCVS	电路特性	节点电压-网孔电流
	VCVS-CCCS		树支电压-连支电流

4.6.2 对偶电路

考虑图4-26所示两个电路 N 和 N'。对电路 N 可列网孔方程：

$$(R_1 + R_2)i_{\text{m1}} - R_2 i_{\text{m2}} = u_{\text{S1}} \quad (4\text{-}23\text{a})$$

$$-R_2 i_{\text{m2}} + (R_2 + R_3)i_{\text{m2}} = u_{\text{S2}} \quad (4\text{-}23\text{b})$$

对电路 N′ 可列节点方程

$$(G_1 + G_2)u_{n1} - G_2 u_{n2} = i_{S1} \tag{4-24a}$$

$$-G_2 u_{n1} + (G_1 + G_2)u_{n2} = i_{S2} \tag{4-24b}$$

比较这两组方程，可以看出它们形式相同，对应变量是对偶元素，因此是对偶方程组。电路分析中把像这样一个电路的节点方程（网孔方程）与另一电路的网孔方程（节点方程）对偶的两电路称为对偶电路。因此，电路 N 与 N′ 是对偶电路。根据对偶性，若对某一电路进行了分析，那么其对偶电路的对偶响应也即可得，即可做到出一分力，得两分效果。如图 4-26 所示两电路，若我们令这对对偶电路对偶元件参数在数值上相等，即 $R_1 = G_1$，$R_2 = G_2$，$R_3 = G_3$，$i_{S1} = u_{S1}$，$i_{S2} = u_{S2}$，则若求得电路 N 中的网孔电流 i_{m1}，则电路 N′ 中节点电压 u_{n1} 也已知。

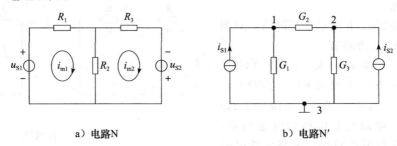

a）电路N　　　　　　　　　　b）电路N′

图 4-26　对偶电路

需指出当且仅当电路为平面网络时，才有对偶电路存在。

那么对于给定电路，如何求其对偶电路呢？下面介绍常用的一种求对偶电路的方法——打点法。其具体步骤如下：

1）在给定电路 N 的每一网孔中安放其对偶电路 N′ 的对偶节点，在外网孔安放 N′ 的参考节点；

2）穿过电路 N 中的每一元件将与该元件相关联的两网孔中的对偶节点相连构成电路 N′ 的一条支路，并在该支路上放上该支路所穿过元件的对偶元件；

3）确定对偶电路 N′ 中各电源的参考方向，在电路 N 中，设各网孔的方向为顺时针方向；若某网孔含有电压源，且电压源电压升的方向与该网孔方向一致，则对偶电路 N′ 中与之对偶的电流源的参考方向为流入该网孔所对偶的节点；若某网孔含有电流源，且电流源的参考方向与该网孔方向一致，则对偶电路 N′ 中与之对偶的电压源的正极与该网孔中所安对偶电路 N′ 的节点相接；

4）最后整理得对偶电路。

注：若电路中含有受控源，作对偶电路时，受控源看成独立源处理，且控制量转换为对偶变量。

【例 4-15】 试用打点法画出如图 4-27a 所示电路的对偶电路。

解　1）在给定电路的每一网孔中安放其对偶电路的节点，在外网孔安放对偶电路的参考节点，如图 4-27b 所示。

2）穿过原电路的每一元件，将与该元件相关联的两网孔中的对偶电路的节点相连，得对偶电路的支路，并在该支路上放上其所穿过元件的对偶元件，得对偶电路的元件，如图 4-27b 所示。

3）确定对偶电路中 u_S'、i_S'、$\beta i_3'$ 及控制量 i_3' 的方向。

4）整理，得对偶电路如图 4-27c 所示。

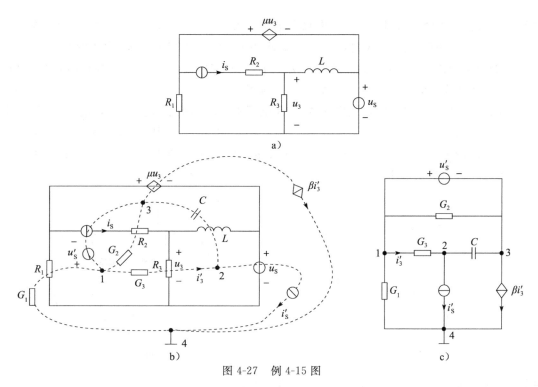

图 4-27 例 4-15 图

习题 4

4-1 用叠加定理求题 4-1 图所示电路中电流 I。

4-2 试用叠加定理求题 4-2 图所示电路中电流 I_S。

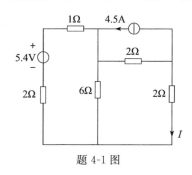

题 4-1 图

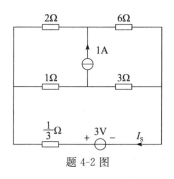

题 4-2 图

4-3 试用叠加定理求题 4-3 图所示电路中电流 I。

4-4 在题 4-4 图所示电路中，N_0 为线性无源网络，已知：当 $i_S=1A$，$u_S=2V$ 时，$i=5A$；当 $i_S=-2A$，$u_S=4V$ 时，$u=24V$。试问当 $i_S=2A$，$u_S=6V$ 时，u 为多少？

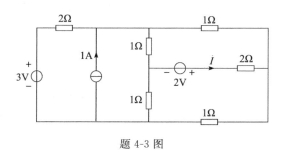

题 4-3 图

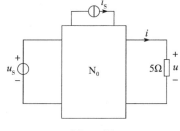

题 4-4 图

4-5　(1) 题 4-5 图所示线性网络 N 中只含电阻。若 $i_{S1}=8A$，$i_{S2}=12A$ 时，$u_x=80V$；若 $i_{S1}=-8A$，$i_{S2}=4A$ 时，$u_x=0V$。求当 $i_{S1}=i_{S2}=20A$ 时，u_x 为多少？

(2) 若所示网络 N 含有独立源，当 $i_{S1}=i_{S2}=0A$ 时，$u_x=-40V$；所有(1)中的数据仍有效。求当 $i_{S1}=i_{S2}=20A$ 时，u_x 为多少？

4-6　在题 4-6 图所示电路中，当电流源 i_{S1} 和电压源 u_{S1} 反向时（u_{S2} 不变），电压 u_{ab} 是原来的 0.5 倍；当电流源 i_{S1} 和电压源 u_{S2} 反向时（u_{S1} 不变），电压 u_{ab} 是原来的 0.3 倍。问仅电流源 i_{S1} 反向（u_{S1}、u_{S2} 不变）时，电压 u_{ab} 是原来的多少倍？（提示：本题利用叠加定理＋齐次性定理求解。）

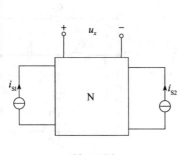

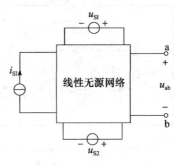

题 4-5 图　　　　　　　　　　　　题 4-6 图

4-7　试用叠加定理求题 4-7 图所示电路中的电压 U_x。

4-8　试用叠加定理求题 4-8 图所示电路中的 U_2 和 I_1。

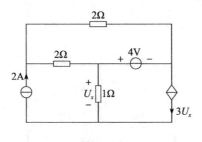

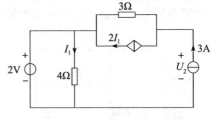

题 4-7 图　　　　　　　　　　　　题 4-8 图

4-9　如题 4-9 图所示电路，试求输出电压 u_o 的值。若要使输出电压 u_o 的值达到 u_S 的值，则激励电压源的电压 u_S 的值又应为多少？

4-10　试用叠加定理求题 4-10 图所示电路中电压 u_o。

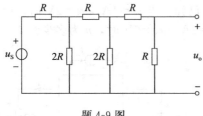

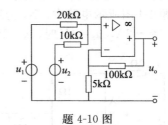

题 4-9 图　　　　　　　　　　　　题 4-10 图

4-11　已知题 4-11 图所示电路中流过电阻 R 的电流 $I=1A$，试用替代定理求电阻 R 的值。

4-12　在题 4-12 图所示电路中，N 为任意二端网络，已知 $u_y=2V$，试用替代定理求电压 u_x。

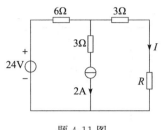

题 4-11 图

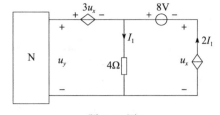

题 4-12 图

4-13 线性无源二端口网络 N_R 仅有电阻组成，如题 4-13 图 a 所示。求当电路改为题 4-13 图 b 所示电路时 2Ω 电阻上的电压 U。

（提示：本题可用替代定理求解。首先将 25V 电压源和 5Ω 电阻串联的支路用 12.5V 电压源替代，然后再求响应。）

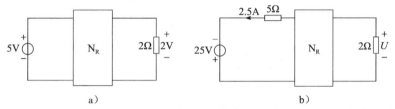

题 4-13 图

4-14 求题 4-14 图所示电路的戴维南等效电路。

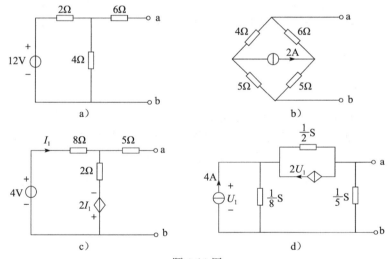

题 4-14 图

4-15 求题 4-15 图所示电路的诺顿等效电路。

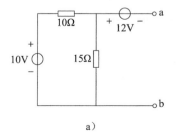

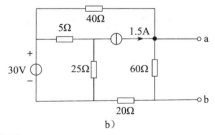

题 4-15 图

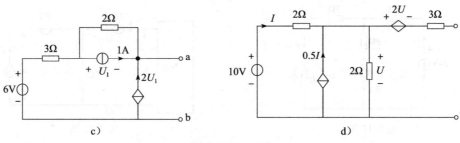

题 4-15 图　（续）

4-16　在题 4-16 图所示电路中，已知 $u_{S1}=40V$，$u_{S2}=40V$，$R_1=4\Omega$，$R_2=2\Omega$，$R_3=5\Omega$，$R_4=10\Omega$，$R_5=8\Omega$，$R_6=2\Omega$，求流过 R_3 的电流 i。

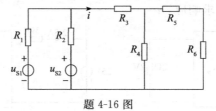

题 4-16 图

4-17　利用诺顿定理求题 4-17 图所示电路的电流 i。

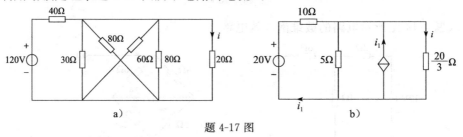

题 4-17 图

4-18　利用戴维南定理求题 4-18 图所示电路的电压 u。

4-19　如题 4-19 图所示电路，N 为有源电阻网络，开关 S 断开时电压 $u_{ab}=13V$，S 闭合时电流 $i_{ab}=3.9A$，试求网络 N 的戴维南等效电路。

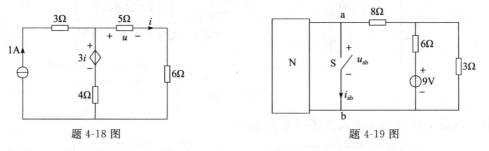

题 4-18 图　　　　　　　　　　题 4-19 图

4-20　如题 4-20 图所示电路，N 的 VCR 为 $5U=4I+5$，求电流 I。

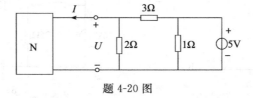

题 4-20 图

4-21 如题 4-21 图所示电路，试求当 R_L 为何值可获最大功率，最大功率为多少？

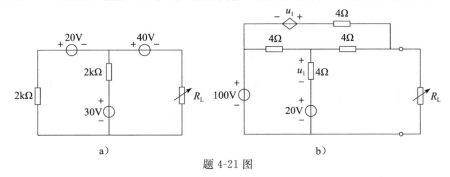

题 4-21 图

4-22 如题 4-22 图所示电路，当 $R_L = 4\Omega$ 时电流 $I_L = 2A$，若 R_L 可变，求 R_L 为何值可获最大功率，最大功率为多少？

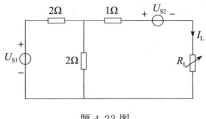

题 4-22 图

4-23 在题 4-23 图 a 所示电路中，已知：$u_1 = 10V$，$u_2 = 5V$，试用特勒根定理求图 b 中的 i_1'。

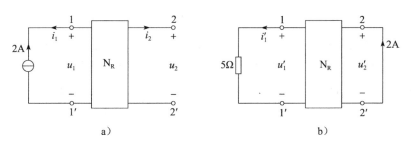

题 4-23 图

4-24 电路如题 4-24 图所示，试用互易定理求电路中电流 I_2。

4-25 如题 4-25 图所示电路，已知：$U_{S1} = 10V$，$U_{S2} = 0V$ 时表 A_1 读数 2A，表 A_2 读数 1A，试求 $U_{S1} = 10V$，$U_{S2} = 6V$ 时两表的读数。（提示：本题利用叠加定理＋互易定理求解。）

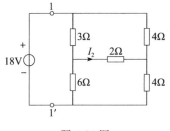

题 4-24 图

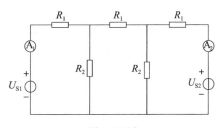

题 4-25 图

4-26　在题 4-26 图所示电路中 N 由电阻组成，图 a 中，$I_2 = 0.5A$，求图 b 中电压 U_1。

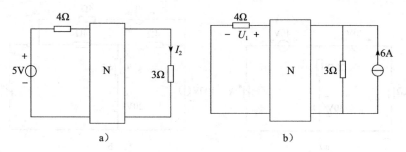

题 4-26 图

4-27　在题 4-27 图 a 所示电路中 N_0 是由电阻组成的无源线性网络，当 10V 电压源与 1、1' 端相接，测得输入端电流 $i_1 = 5A$，输出端电流 $i_2 = 1A$；若把电压源移至 2、2' 端，且在 1、1' 端跨接 3Ω 电阻，如图 b 所示，试求 3Ω 电阻上的电压 u'_1。

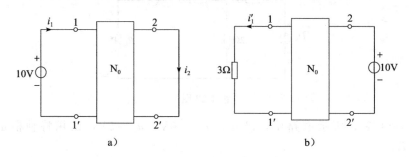

题 4-27 图

4-28　在题 4-28 图所示电路中 N_0 为由电阻组成的无源线性网络。根据图 a 和图 b 的已知情况，求图 c 中电流 I_1 和 I_2。（提示：本题可利用叠加定理及互易定理求解。）

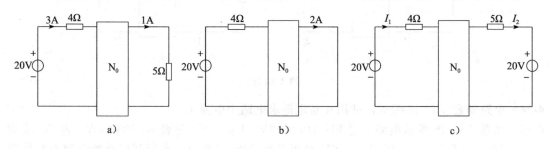

题 4-28 图

4-29　在题 4-29 图所示电路中，当 $U_{S1} = 1V$，$R = 1\Omega$ 时，$U = \dfrac{4}{3}V$，试求 $U_{S1} = 1.2V$，$R = 2\Omega$ 时，$U = ?$（提示：本题利用戴维南定理求解。）

4-30　电路如题 4-30 图所示，其中 N 为有源电阻网络，且已知 a、b 端戴维南等效电阻 $R_0 = 2\Omega$。当 $R = 0$ 时，$i_1 = 2A$，$i_2 = 3A$；当 $R = 2\Omega$ 时，$i_1 = 3A$，$i_2 = 4A$。试求：$R = 3\Omega$ 时，$i_1 = ?$ $i_2 = ?$

（提示：本题利用替代定理及叠加定理求解。）

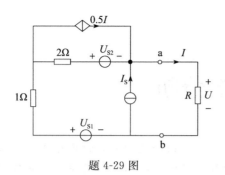

题 4-29 图

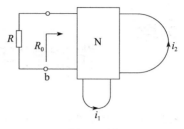

题 4-30 图

4-31 试画出题 4-31 图所示电路的对偶电路。

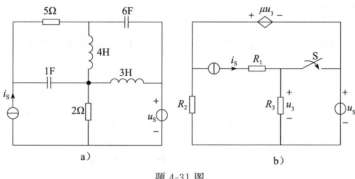

题 4-31 图

第 5 章 非线性电阻电路分析

内容提要： 本章介绍非线性电阻的概念、串联及并联的等效运算，讨论非线性电阻电路的分析方法，包括较常见的解析法、图解法、分段线性法与小信号分析法等。分析非线性电阻电路要比线性电阻电路复杂，求得的解也不一定是唯一的。

5.1 非线性电阻

电阻元件的特征是用 u-i 平面的伏安特性来描述的，线性电阻的伏安特性是 u-i 平面上通过原点的直线，它可表示为

$$u = Ri$$

式中的 R 为常数，即 R 是不随其电流、电压而改变的。不符合上述直线关系的电阻元件称为非线性电阻元件，非线性电阻元件的参数 R 是电流、电压的函数。通常所说的非线性电阻元件，习惯上指的是非线性非时变电阻元件，简称非线性电阻，其电路图符号如图 5-1 所示。

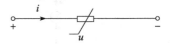

图 5-1　非线性元件

如果通过电阻的电流是其端电压的单值函数，则称之为电压控制型电阻，其典型伏安特性如图 5-2a 所示。由图可见，在特性曲线上，对应于各电压值，有且只有一个电流值与之相对应；但是，对应于同一电流值，电压可能是多值的。隧道二极管就具有这种特性。压控电阻的伏安关系一般可表示为

$$i = f(u) \tag{5-1}$$

如果电阻两端的电压是其电流的单值函数，则称其为电流控制型电阻，其典型伏安特性如图 5-2b 所示。由图可见，在特性曲线上对应于每一电流值，有且只有一个电压值与之相对应；但是，对应于同一电压值，电流可能是多值的。充气二极管就具有这样的特性。流控电阻的伏安关系一般可表示为

$$u = h(i) \tag{5-2}$$

另一类非线性电阻的伏安特性是单调增长或单调下降的，它既是电压控制型又是电流控制型，称为单调型电阻，其典型的伏安特性如图 5-2c 所示。半导体二极管就具有这样的特性。单调型电阻的伏安关系既可用式(5-1)表示，也可用式(5-2)表示。

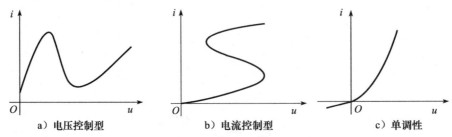

a) 电压控制型　　　　　b) 电流控制型　　　　　c) 单调性

图 5-2　非线性电阻的伏安关系

例如，半导体二极管具有单调型电阻的伏安关系，可用式(5-1)表示为

$$i = I_{\mathrm{S}}(\mathrm{e}^{\lambda u} - 1) \tag{5-3}$$

式中，I_{S} 称为反向饱和电流；λ 是与温度有关的常数，在常温下 $\lambda \approx 40\mathrm{V}^{-1}$。由式(5-3)不难求得

$$u = \frac{1}{\lambda}\ln\left(\frac{i}{I_{\mathrm{S}}} + 1\right) \tag{5-4}$$

上式表明，电压可用电流的单值函数表示，即半导体二极管的单调型电阻的伏安关系也可用式(5-2)表示。

需要注意，线性电阻和有些非线性电阻的伏安特性与其端电压的极性(或其电流的方向)无关，其特性曲线对称于原点，如图 5-3 所示，称为双向性的特性曲线。许多非线性电阻是单向性的，其伏安特性与其端电压或电流方向有关，如图 5-4 所示。

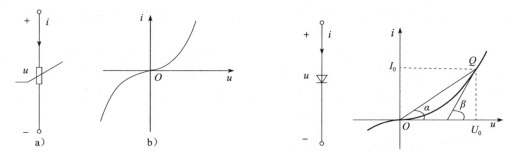

图 5-3　变阻管的符号及特性图　　　　图 5-4　半导体二极管的符号及特性

由于非线性电阻的伏安特性不是直线，因而不能像线性电阻那样用常数表示其电阻值。非线性电阻的电阻值有两种常用的表征方法：静态电阻 R 和动态电阻 R_{d}。非线性电阻元件在某一工作点的静态电阻定义为该工作点电压与电流之比。

$$R = \frac{u}{i} \tag{5-5}$$

例如，图 5-4 中工作点 Q 处的静态电阻 $R = U_0/I_0 = 1/\tan\alpha$。在工作点处的动态电阻(增量电阻)$R_{\mathrm{d}}$ 定义为该点电压增量 Δu 与电流增量 Δi 之比的极限，即电压对电流的导数为

$$R_{\mathrm{d}} = \frac{\mathrm{d}u}{\mathrm{d}i} \tag{5-6}$$

动态电导为

$$G_{\mathrm{d}} = \frac{\mathrm{d}i}{\mathrm{d}u} = \tan\beta \tag{5-7}$$

显然，静态电阻 R 和动态电阻 R_{d} 都与工作点的位置有关，它们一般是电压或电流的函数。对于无源元件，在电压、电流参考方向一致的情况下，静态电阻为正值，而动态电阻则可能为正也可能为负值。对图 5-2a 所示的特性曲线而言，在曲线上升部分，动态电阻为正；而在曲线下降部分，动态电阻 R_{d} 和动态电导 $G_{\mathrm{d}}(G_{\mathrm{d}} = 1/R_{\mathrm{d}})$ 为负值。

【例 5-1】　设某非线性电阻的伏安特性为 $u = 2i + i^2$。

1) 若 $i_1 = 1\mathrm{A}$，试求其端电压 u_1。

2) 若 $i_2 = ki_1 = k\,\mathrm{A}$，试求其电压 u_2，$u_2 = ku_1$ 吗？

3) 若 $i_3 = i_1 + i_2 = 1 + k\,\mathrm{A}$，试求电压 u_3，$u_3 = u_1 + u_2$ 吗？

4) 若 $i = 2\cos\omega t\,\mathrm{A}$，试求电压 u。

解 1）当 $i_1 = 1A$ 时

$$u_1 = 2 \times 1 + (1)^2 \mathrm{V} = 3\mathrm{V}$$

2）当 $i_2 = k$ A 时

$$u_2 = 2k + k^2 \mathrm{V}$$

显然 $u_2 \neq ku_1$，即对于非线电阻而言，齐次性不成立。

3）当 $i_3 = i_1 + i_2 = 1 + k$A 时

$$u_3 = 2(1+k) + (1+k)^2 \mathrm{V} = 3 + 4k + k^2 \mathrm{V}$$

显然 $u_3 \neq u_1 + u_2$，即对于非线电阻而言，叠加性也不成立。

4）当 $i = 2\cos\omega t$ A 时

$$u_4 = 2 \times 2\cos\omega t + (2\cos\omega t)^2 \mathrm{V} = 2 + 4\cos\omega t + 2\cos 2\omega t \mathrm{V}$$

可见，当激励是角频率为 ω 的正弦信号时，其响应电压除角频率为 ω 的分量外，还包含有直流、二倍率（角频率为 2ω）的分量。即非线性电阻可以产生频率不同于输入频率的输出。

一般而言，对于非线性电阻，齐次性与叠加性均不成立，即它不具有线性性质。因此，前述各章中凡依据线性性质推得的定理、方法、结论等都不适用于非线性电阻。当然，直接由 KCL、KVL 而并未应用线性性质得出的结果（如电源转移、替代定理、特勒根定理等）还是适用于分析非线性电阻电路。

5.2 非线性电阻的串联和并联

非线性电阻的串、并联运算可以使用解析法或图解法来实现。解析法即分析计算法，当电路中的非线性元件的 VCR 由一个数学函数式给定时，可使用解析法。图解法即通过作图的方式来得到非线性电阻电路的解的方法，当已知非线性电阻的伏安特性曲线时常使用图解法。

5.2.1 非线性电阻的串联

图 5-5a 是两个非线性电阻的串联电路，根据 KCL 和 KVL，有

$$\left.\begin{array}{r} i = i_1 = i_2 \\ u = u_1 + u_2 \end{array}\right\} \tag{5-8}$$

设两个电阻为流控电阻或单调增长型电阻，其伏安特性可表示为

$$\left.\begin{array}{r} u_1 = f_1(i_1) \\ u_2 = f_2(i_2) \end{array}\right\} \tag{5-9}$$

按式（5-8），两个电阻串联后应满足：

$$\begin{aligned} u = u_1 + u_2 &= f_1(i_1) + f_2(i_2) \\ &= f_1(i) + f_2(i) \end{aligned} \tag{5-10}$$

如果把串联电路等效成一个非线性电阻，如图 5-5b 所示，其端口电压电流关系（伏安特性）可写为

$$u = f(i) \tag{5-11}$$

因而对于所有的 i，有解析式

$$f(i) = f_1(i) + f_2(i) \tag{5-12}$$

就是说，两个流控型电阻或单调增长型电阻相串

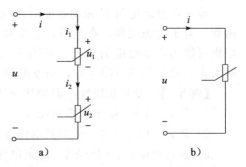

图 5-5　非线性电阻的串联电路

联,等效于一个流控型或单调增长型电阻。

若已知图5-5a的两个非线性电阻的伏安特性如图5-6所示,则可用图解的方法来分析非线性电阻串联电路。把同一电流值下的u_1和u_2相加即得到u。例如,在$i_1=i_2=i_0$处,有$u_1=f_1(i_0)$,$u_2=f_2(i_0)$,则对应于i_0处的电压$u=u_1+u_2$,如图5-6所示。取不同的i_0值,就可逐点求得等效非线性电阻的伏安特性,如图5-6所示。

如果两个非线性电阻中有一个是电压控制的,在电流值的某范围内电压是多值的,这时将写不出如式(5-10)或式(5-11)的解析形式,但用图解法仍可求得等效非线性电阻的伏安特性。

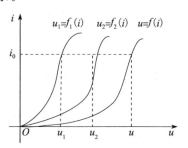

图5-6 非线性电阻的伏安特性

【例5-2】 如图5-7a是理想二极管VD与线性电阻相串联的电路,理想二极管的特性如图5-7b中实线所示。1)试画出电路的u-i特性。2)如二极管反接,其u-i特性如何?

解 1)画出线性电阻R的伏安特性如图5-7b中虚线所示,它为通过原点的直线。

当电压$u>0$时,电流$i>0$,$u_1=0$,理想二极管相当于短路,处于导通状态,故在上半平面($i>0$的半平面)只需将二者的u-i特性上电压相加即可得到二极管VD与线性电阻相串联的电路特性;当$u<0$时,二极管截止,相当于开路,这时两元件串联电路也开路,电流i恒等于零,于是两元件串联时的伏安特性如图5-7c所示。

2)理想二极管反接的电路如图5-8a所示。当电压$u>0$时,理想二极管截止,电流$i=0$。当电压$u<0$时,二极管导通,相当于短路,电流$i<0$,故其u-i特性如图5-8b中实线所示,图中虚线为线性电阻R的u-i特性。于是得图5-8a二极管反接电路的伏安特性,如图5-8c所示。

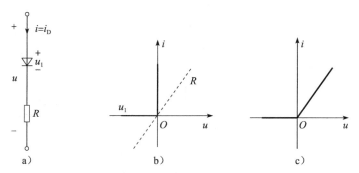

图5-7 理想二极管与线性电阻的串联情况之一

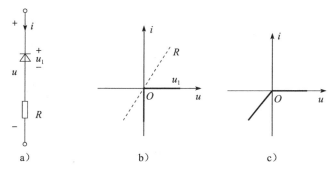

图5-8 理想二极管与线性电阻的串联情况之二

5.2.2　非线性电阻的并联

图 5-9a 是两个非线性电阻的并联电路，根据 KVL 和 KCL，有

$$\left.\begin{array}{l} u = u_1 = u_2 \\ i = i_1 + i_2 \end{array}\right\} \tag{5-13}$$

设两个非线性电阻为压控电阻或单调增长型电阻，其伏安特性可表示为

$$\left.\begin{array}{l} i_1 = f_1(u_1) \\ i_2 = f_2(u_2) \end{array}\right\} \tag{5-14}$$

按式(5-13)，两个电阻并联后应满足：

$$i = i_1 + i_2 = f_1(u_1) + f_2(u_2) = f_1(u) + f_2(u) \tag{5-15}$$

把并联电路等效成一个非线性电阻，如图 5-9b 所示，其端口电压电流关系(伏安特性)可写为

$$i = f(u) \tag{5-16}$$

因而对于所有的 u，有

$$f(u) = f_1(u) + f_2(u) \tag{5-17}$$

即两个压控型或单调增长型电阻相并联，等效于一个压控型或单调增长型电阻。如果并联的非线性电阻之一不是压控型的，就得不到上述解析表达式，但可以用图解法求解。

用图解法分析非线性电阻并联电路时，把在同一电压值下的各并联非线性电阻的电流值相加。例如，在图 5-10 中，在 $u_1 = u_2 = u_0$ 处，有 $i_1 = f_1(u_0)$，$i_2 = f_2(u_0)$，则对应于 u_0 处的电流 $i = i_1 + i_2$，取不同的 u 值，就可逐点求得等效非线性电阻的伏安特性 $i = f(u)$，如图 5-10 中虚线所示。

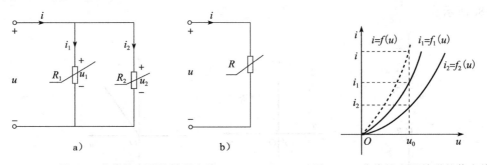

图 5-9　非线性电阻的并联电路　　　　　图 5-10　非线性电阻并联的伏安特性

【例 5-3】　图 5-11a 是理想二极管 VD 与线性电阻相并联的电路，画出其 u-i 特性。

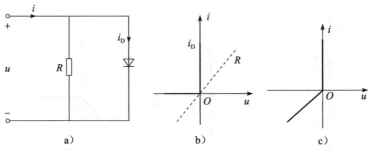

图 5-11　理想二极管与线性电阻并联电路及特性

解　画出理想二极管的伏安特性如图 5-11b 中实线所示，线性电阻 R 的伏安特性为通

过原点的直线，如图 5-11b 中虚线所示。

当电流 $i>0$ 时，这时理想二极管相当于短路，其端电压 u 恒为零；当 $u<0$ 时，理想二极管相当于开路，故在左半平面($u<0$ 的半平面)，只需将特性曲线上相应电流相加，就得到 VD 与 R 相并联时的伏安特性，如图 5-11c 所示。

5.3 解析法

前面一节仅对非线性电阻的串并联运算进行了分析。本节介绍非线性电阻电路的解析法，图解法、分段线性法与小信号分析法等在后面介绍。非线性电阻电路指至少包含一个非线性电阻的电路。

线性电路分析中的叠加定理、互易定理等方法在非线性电路中均不成立，分析非线性电阻电路的基本依据仍然是基尔霍夫定律与元件的伏安关系。基尔霍夫定律确定了电路中支路电流间与支路电压间的约束关系，而与元件本身的特性无关。因此，无论电路是线性还是非线性的，按 KCL 和 KVL 所列的方程是线性代数方法，而元件约束对于线性电路而言是线性方程，对于非线性电路而言是非线性方程。

【例 5-4】 如图 5-12a 所示电路，已知 $U_S=8\text{V}$，$R_1=2\Omega$，$R_2=2\Omega$，$R_3=1\Omega$，非线性电阻 R 的 VCR 为 $i=(u^2-u+1.5)\text{A}$。试列出电路方程并计算 u 和 i。

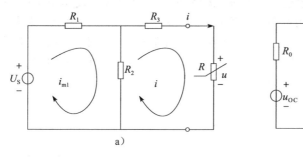

图 5-12　例 5-4 图

解　设网孔电流方向为顺时针，且左边网孔电流为 i_{m1}，显然，右边网孔电流为 i，如图 5-12a 所示。可列写方程为

$$\left.\begin{array}{r} (R_1+R_2)i_{m1}-R_2 i = U_S \\ -R_2 i_{m1}+(R_2+R_3)i = -u \\ i = u^2+u+1.5 \end{array}\right\}$$

代入参数得

$$4i_{m1}-2i=8 \qquad\qquad ①$$

$$-2i_{m1}+3i+u=0 \qquad\qquad ②$$

$$i=u^2-u+1.5 \qquad\qquad ③$$

将式①+2×式②得到 $i=2-0.5u$，代入式③得

$$2u^2-u-1=0$$

解得

$$u_1=1\text{V} \quad 或 \quad u_2=-0.5\text{V}$$

代入非线性元件 VCR，可以求得两组解为

$$\begin{cases} u_1=1\text{V} \\ i_1=1.5\text{A} \end{cases} \quad 或 \quad \begin{cases} u_2=-0.5\text{V} \\ i_2=2.25\text{A} \end{cases}$$

当电路中只含有一个非线性电阻元件时，应用戴维南定理是行之有效的方法。戴维南

等效电路如图 5-12b 所示。然后得到方程

$$u_{OC} = R_0 i + u \\ i = u^2 - u + 1.5 \Bigg\}$$

求解此方程组也可以得到上述相同的两组解。

应该指出，非线性电阻电路的方程为非线性方程。在很多情况下，用普通的解析法求解非线性代数方程是十分困难的，需要应用数值计算方法。关于非线性电阻电路的数值解法，请学习有关计算机辅助分析的课程或书籍。

5.4　图解法

对于只含有一个非线性电阻的电路，可以将非线性电阻以外的线性有源网络用戴维南等效电路来等效，即把电路分解为线性和非线性两部分，如图 5-13a 所示。这是分析非线性电阻电路的一个基本思路。

设非线性电阻的伏安关系为

$$i = f(u) \tag{5-18}$$

其伏安特性曲线如图 5-13b 所示。而线性部分的伏安关系为

$$u = u_{OC} - R_0 i \tag{5-19}$$

如果式(5-18)非线性函数已知，且又比较简单，则可以联立式(5-19)用解析法求解。如果求解极为困难，或者仅知道其曲线的形状，而无法用数学解析式表示，大多采用图解法。

式(5-19)所示的是一条直线，称为负载线，画在图 5-13b 中，与非线性电阻的特性曲线的交点 Q 常称为(静态)工作点，其坐标为(U_0, I_0)，U_0 和 I_0 的值同时满足式(5-18)和式(5-19)，这就是两联立方程的解。

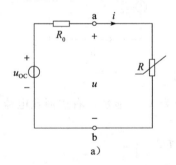
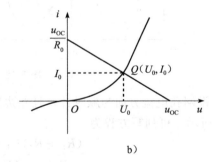

图 5-13　非线性电阻电路的图解法

如果在作上述等效中，a、b 的左侧部分也是非线性的，这时等效电路如图 5-14a 所示。设 a、b 的左侧部分和 R_2 的非线性伏安特性为

$$i_1 = f_1(u_1) \tag{5-20}$$

$$i_2 = f_2(u_2) \tag{5-21}$$

其特性曲线如图 5-14b 所示。

由图 5-14a 可见，两个非线性电阻的电压、电流的关系为

$$u_1 = u_2 \quad 和 \quad i_2 = -i_1$$

于是，式(5-20)可写为

$$i_2 = -i_1 = -f_1(u_2) \tag{5-22}$$

这样，两个非线性电阻的特性曲线就变为具有相同未知量 u_2、i_2 的曲线。将式(5-21)和式(5-22)的曲线画在同一 u-i 平面上，如图 5-14c 所示，两者的交点(U_0, I_0)就是式(5-21)和

式(5-22)的解，也就是式(5-20)和式(5-21)的解，即

$$u_1 = u_2 = U_0$$
$$-i_1 = i_2 = I_0$$

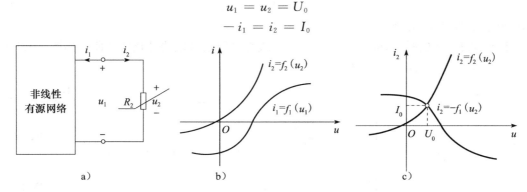

图 5-14 复杂非线性电阻电路的图解

5.5 分段线性化法

要对非线性电路进行全面分析计算，常需将各非线性元件的特性曲线用函数表示出来，这常常是很困难的。即使能表示出来，也由于引用的函数较复杂，使电路方程的求解遇到困难。

分段线性化法又称折线法，就是为了简化非线性电路的求解，将非线性元件的伏安特性曲线用若干段折线来近似，从而使电路等效成若干个线性电路模型，然后按照线性电路的方法来逐段分析。而分段越多，误差越小，因此可以用足够的分段达到任意的精度要求。

例如，某非线性电阻的伏安特性如图 5-15a 中虚线所示，它可以被分为三段，用①、②、③三条直线段组成的折线来近似表示。这样，每一段直线都可以用一个线性电路来等效。

在区间 $0 \leqslant i \leqslant i_1$，如果线段①的斜率为 R_1，则其方程可写为

$$u = R_1 i \quad (0 \leqslant i \leqslant i_1) \tag{5-23}$$

也就是说，在 $0 \leqslant i \leqslant i_1$ 区间，该非线性电阻可等效为线性电阻 R_1，如图 5-15b 所示。

类似地，若线段②的斜率为 R_2（显然 $R_2 < 0$），它在电压轴的截距为 U_{S2}，则其方程可写为

$$u = R_2 i + U_{S2} \quad (i_1 \leqslant i \leqslant i_2) \tag{5-24}$$

其等效电路如图 5-15c 所示。

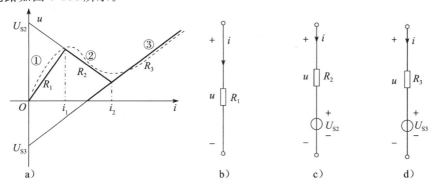

图 5-15 表示非线性电阻特性曲线的折线法

若线段③的斜率为 R_3，它在电压轴的截距为 U_{S3}，则其方程可写为

$$u = R_3 i + U_{S3} \quad (i > i_2) \tag{5-25}$$

其等效电路如图 5-15d 所示。

【例 5-5】 在如图 5-16a 所示电路中，非线性电阻的分段线性化特性曲线如图 5-16b 所示。试求非线性电阻的电压 u 和电流 i。

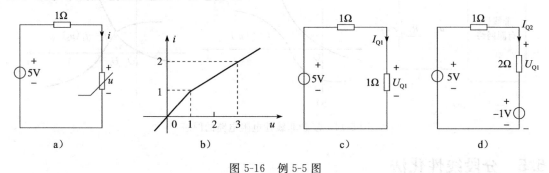

图 5-16　例 5-5 图

解　从图 5-16b 可以看出，特性按 i 轴可以分成两段：第一段，$i \leqslant 1\text{A}$；第二段，$i > 1\text{A}$。非线性电阻在这两段的特性方程为

$$u = \begin{cases} i & i \leqslant 1\text{A} \\ 2i - 1 & i > 1\text{A} \end{cases}$$

于是，非线性电阻的分段线性等效电路如图 5-16c 和 d 所示。

求解这两个电路，分别得到

$$I_{Q1} = 2.5\text{A}, \quad U_{Q1} = 2.5\text{V}$$
$$I_{Q2} = 2\text{A}, \quad U_{Q2} = 3\text{V}$$

在上述求解过程中，并没有考虑区域对非线性电阻的电压和电流取值的限制，因此所得的结果并不一定落在相应区域，必须加以检验。对于 $I_{Q1} = 2.5\text{A}$，$U_{Q1} = 2.5\text{V}$ 不落在第一段区域内，因此它不是电路的解。$I_{Q2} = 2\text{A}$，$U_{Q2} = 3\text{V}$ 落在非线性电阻的第二段区域内，它是电路的唯一解。所以，$u = 3\text{V}$，$i = 2\text{A}$。

5.6　小信号分析法

小信号分析法又称局部线性化近似法。即对小信号而言，把非线性电阻电路转化为线性电阻电路来分析计算，这是电子电路中分析非线性电路的重要方法。

在图 5-17a 所示的电路中，U_S 为直流电压源（常称为偏置），$u_S(t)$ 为时变的电压源（信号源或干扰源）。且对于所有的时间 t 内，$|u_S(t)| \ll U_S$，R_S 为线性电阻，R 为非线性电阻，其伏安关系 $i = f(u)$ 如图 5-17b 中曲线所示。

由 KVL，可列写方程

$$U_S + u_S(t) - R_S i(t) = u(t) \tag{5-26}$$

首先确定电路的工作点，由于 $|u_S(t)| \ll U_S$，可以由直流电源确定工作点，即当 $u_S(t) = 0$ 时，由 U_S 和 R_S 的值画出直流负载线如图 5-17b 所示，负载线方程为

$$U_S - R_S i = u \tag{5-27}$$

负载线与曲线的交点为工作点 $Q(U_0, I_0)$。如前所述 U_0、I_0 满足：

$$\left. \begin{array}{l} I_0 = f(U_0) \\ U_S - R_S I_0 = U_0 \end{array} \right\} \tag{5-28}$$

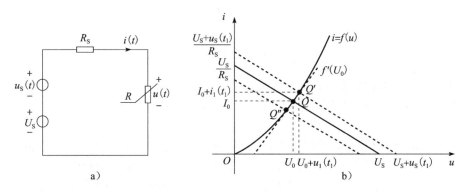

图 5-17 小信号分析示例

当直流电源和小信号同时起作用，即 $u_S(t) \neq 0$ 时，由于 R_S 不变，故负载曲线将随着 $u_S(t)$ 的数值变化作平行移动，即 $u_S(t_1) > 0$ 右移，$u_S(t_2) < 0$ 左移，它和曲线 $i = f(u)$ 的交点将在静态工作点 $Q(U_0，I_0)$ 附近移动，如图 5-17b 所示。电路中 $u(t)$ 和 $i(t)$ 相当于在恒定电压 U_0 和恒定电流 I_0 的基础上分别附加一个小信号电压 $u_1(t)$ 和小信号电流 $i_1(t)$，即

$$\left. \begin{aligned} u(t) &= U_0 + u_1(t) \\ i(t) &= I_0 + i_1(t) = f[U_0 + u_1(t)] \end{aligned} \right\} \tag{5-29}$$

在扰动的小范围内，可以把 $i = f(u)$ 曲线近似地视为直线。Q 点处斜率为 $f'(U_0) = \dfrac{\mathrm{d}i}{\mathrm{d}u}\Big|_{u=U_0}$，见图 5-17b。即在工作点 Q 附近可以把非线性电阻近似等效为一个线性电阻，即

$$f'(U_0) = G_d = \frac{1}{R_d} \tag{5-30}$$

式中，R_d 称为非线性电阻 R 在工作点 $Q(U_0，I_0)$ 处的小信号电阻或动态电阻，是一个常数；G_d 则称为小信号电导或动态电导，也是个常数。有

$$\left. \begin{aligned} u_1(t) &= R_d i_1(t) \\ i_1(t) &= G_d u_1(t) \end{aligned} \right\} \tag{5-31}$$

由式(5-31)可知，由小信号输入 $u_S(t)$ 引起的电压 $u_1(t)$ 和电流 $i_1(t)$ 呈线性关系。即对小信号输入引起的响应来说，非线性电阻 R 相当于一个线性电阻 R_d。将式(5-29)代入式(5-26)，可得

$$U_S + u_S(t) - R_S[I_0 + i_1(t)] = U_0 + u_1(t)$$

又由式(5-28)，得

$$u_S(t) - R_S i_1(t) = u_1(t) \tag{5-32}$$

由式(5-31)和式(5-32)，可以容易得到

$$\left. \begin{aligned} i_1(t) &= \frac{u_S(t)}{R_S + R_d} \\ u_1(t) &= \frac{R_d}{R_S + R_d} u_S(t) \end{aligned} \right\} \tag{5-33}$$

由式(5-33)可以画出图 5-17a 电路在工作点 $Q(U_0，I_0)$ 处的小信号等效电路如图 5-18 所示。不难看出，这是一个线性电路，可见在小信号条件下，可将非线性电路分析近似转换成线性电路分析。

这个线性电路只保留了小信号分量 $u_1(t)$ 和 $i_1(t)$。如果需求 $u(t)$ 和 $i(t)$，只需将式(5-33)代入式(5-29)可得

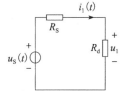

图 5-18 小信号等效电路

$$u(t) = U_0 + \frac{R_d}{R_S + R_d} u_S(t) \left.\right\}$$

$$i_1(t) = I_0 + \frac{u_S(t)}{R_S + R_d} \left.\right\}$$

$\qquad\qquad\qquad\qquad\qquad\qquad$ (5-34)

下面将非线性电阻电路小信号分析法总结如下：

1) 只考虑直流电源的作用，求出非线性电阻电路的(静态)工作点 $Q(U_0, I_0)$；

2) 求出工作点处的动态电阻 R_d；

3) 画出小信号等效电路，并根据这个电路，求出小信号源作用时的电压 $u_1(t)$ 和电流 $i_1(t)$；

4) 将第 1)、3) 步得到的结果叠加，就可以得到最后的电压 $u(t)$ 和电流 $i(t)$。

必须指出，这里也用到了叠加的概念，非线性电阻电路分析中采用叠加原理是有条件的，就是必须工作在非线性电阻伏安特性曲线的线性区域内。利用图 5-18 所示小信号等效电路将给非线性电阻电路带来极大的方便。这种分析方法的工程应用非常广泛。

【**例 5-6**】 在图 5-19a 所示的电路中，已知 $I_S = 120\text{mA}$，$i_S(t) = 11.5\cos 2t \text{ mA}$，$R_S = 100\Omega$，非线性电阻 R 的伏安特性为 $i = \begin{cases} 0 & u < 0 \\ 0.004(u + u^2) & u > 0 \end{cases}$。试求非线性电阻两端的电压 $u(t)$。

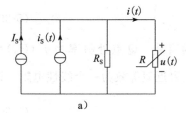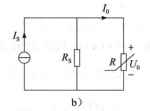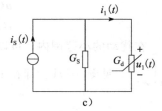

图 5-19　例 5-6 图

解　由于交流电流源的输出电流幅值为 11.5mA，它远小于直流电流源的值 120mA，所以可以采用小信号分析法来求解。

1) 先求(静态)工作点。令 $i_S(t) = 0$，按图 5-19b 所示的直流电流源单独作用时的电路图，可以根据 KCL 及 R_S 的 VCR，得到

$$I_S = U_0/R_S + I_0$$

代入参数，得

$$0.12 = U_0/100 + I_0$$

由非线性元件的 VCR，得

$$I_0 = 0.004(U_0 + U_0^2)$$

联立求解上述两个方程，得 $U_0 = 4\text{V}$，$I_0 = 0.08\text{A}$；另一个解 $U_0 = -7.5\text{V}$ 不符合 $u > 0$ 的条件，故舍去。

2) 非线性电阻电路在工作点 U_0 处的动态电导为

$$G_d = \left.\frac{di}{du}\right|_{u=4\text{V}} = \left.\frac{d}{du}[0.004(u + u^2)]\right|_{u=4\text{V}} = 0.036\text{S}$$

3) 画出小信号等效电路，如图 5-19c 所示，图中 $G_S = 1/R_S = 0.01\text{S}$。根据此电路有

$$u_1(t) = \frac{i_S}{G_S + G_d} = \frac{i_S}{0.046} = 0.25\cos 2t \text{ V}$$

4) 求电路的解为

$$u(t) = U_0 + u_1(t) = 4 + 0.25\cos 2t \text{ V}$$

习题 5

5-1 某一非线性电阻的伏安特性为 $u = f(i) = 10i + 0.1i^3$（单位 V，A）。

(1) 试分别求出流过电阻的电流为 $i_1 = 2A$，$i_2 = 2\sin t$ A 时，相应的电压 u_1 和 u_2；并求出组成 u_2 的各频率分量。

(2) 当流过的电流为 $i = i_1 + i_2$ 时，相应的电压 $u = u_1 + u_2$ 吗？当 $i = ki_1$（k 为常数）时，相应的 $u = ku_1$ 吗？

5-2 某非线性电阻的伏安特性为 $u = 2i + 5i^2$，试求该电阻在工作点 $I_0 = 0.2A$ 处的静态电阻和动态电阻。

5-3 如题 5-3 图所示电路，已知非线性电阻的伏安关系为 $i = \begin{cases} 0 & u < 0 \\ u^2 & u > 0 \end{cases}$。

试求：

(1) 电路的静态工作点；

(2) 工作点处的静态电阻 R；

(3) 工作点处的动态电阻 R_d。

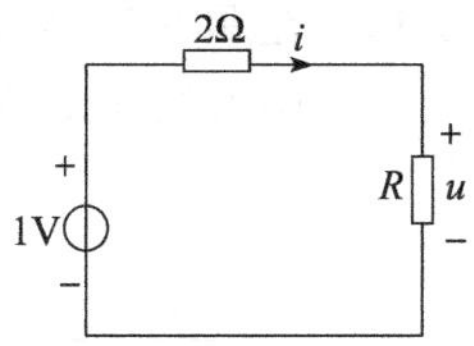

题 5-3 图

5-4 如题 5-4 图 a 所示的串联电路，其中非线性电阻 R_1 和 R_2 的伏安特性分别如题 5-4 图 b 和 c 所示。试求端口的伏安关系。

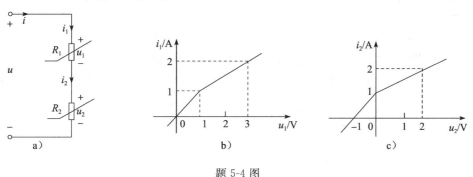

题 5-4 图

5-5 如题 5-5 图所示的并联电路，其中非线性电阻 R_1 和 R_2 的伏安特性分别如题 5-4 图 b 和 c 所示。试求端口的伏安关系。

5-6 电路如题 5-6 图 a 所示，其中非线性电阻 R_1 和 R_2 的伏安特性如题 5-6 图 b 所示，$U = 20V$。试求：(1) R_2 上的电压 u_2；(2) 电流 i；(3) R_1 的功耗。

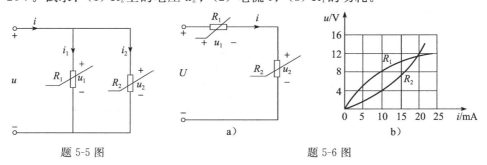

题 5-5 图   题 5-6 图

5-7 在题 5-7 图所示的电路中，若非线性电阻的伏安关系为 $i = u + 0.13u^2$，试求电流 i。

5-8 如题 5-8 图所示电路，已知非线性电阻的伏安关系为 $u = i^2(i > 0)$，试求电压 u。

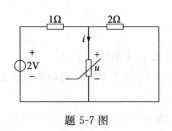 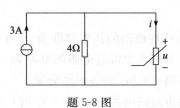

题 5-7 图　　　　　　　　　　　题 5-8 图

5-9 电路如题 5-9 图所示，非线性网络 N 的伏安特性为 $i=\begin{cases}10^{-3}u^2, & u>0 \\ 0, & u<0\end{cases}$（单位 A，V），

试绘出其伏安特性曲线并用图解法求 u 和 i。

5-10 在题 5-10 图 a 所示电路中，非线性电阻的伏安特性曲线如题 5-10 图 b 所示，试用图解法求 u 和 i。

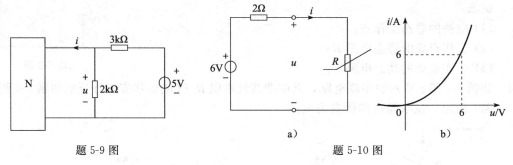

题 5-9 图　　　　　　　　　　　题 5-10 图

5-11 题 5-11 图 a 中所示 N 为非线性网络，其特性曲线如题 5-11 图 b 所示。（1）若 $u_S=10V$，$R=1k\Omega$ 时，试求电流 i；（2）若 $u>5V$，试求 N 的等效电路。

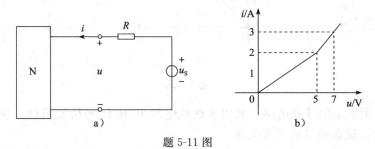

题 5-11 图

5-12 在题 5-12 图 a 所示电路中，非线性电阻 R 的特性近似于如题 5-12 图 b 所示的折线。试求电流 i。

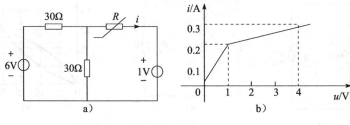

题 5-12 图

5-13 如题 5-13 图 a 所示电路，已知其中二极管 VD_1、VD_2 的特性曲线如题 5-13 图 b 所示。

（1）试画出分段线性化电路模型；（2）求流过 VD_1 和 VD_2 的电流。

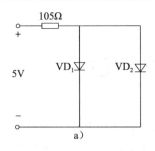 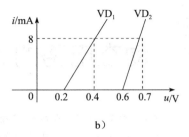

题 5-13 图

5-14　如题 5-14 图 a 所示电路中，非线性电阻 R 的 $u\text{-}i$ 特性如题 5-14 图 b 所示，试求 $u_\text{S} = 0\text{V}$，2V，4V 时的 u 和 i。

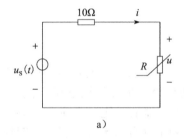 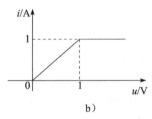

题 5-14 图

5-15　电路如题 5-15 图所示，非线性电阻的伏安特性为 $u = i^3 - 3i$。（1）设 $u_\text{S}(t) = 0$，试求工作点电压和电流；（2）$u_\text{S}(t) = 0.4\cos t$ V，试用小信号分析法求电压 u。

5-16　在题 5-16 图所示的电路中，已知 $I_\text{S} = 10\text{A}$，$i_\text{S}(t) = \sin t$ A，$R_\text{S} = \dfrac{1}{3}\,\Omega$，非线性电阻 R 的伏安特性为 $i = \begin{cases} u^2, & u > 0 \\ 0, & u < 0 \end{cases}$。试求非线性电阻两端的电压 $u(t)$。

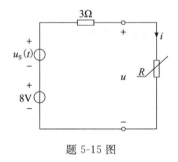 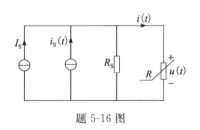

题 5-15 图　　　　　　　　题 5-16 图

第6章

动态电路的时域分析

内容提要： 本章讨论动态元件电容和电感的性质，详细介绍一阶电路的零输入响应、直流激励下的零状态响应和全响应，以及一阶电路的三要素公式。介绍阶跃信号与阶跃响应，二阶电路的零输入响应、零状态响应和全响应。最后介绍冲激信号和动态电路的冲激响应。

6.1 电容元件和电感元件

6.1.1 电容元件

把两块金属极板用电介质隔开就可以构成一个简单的电容器。由于理想介质是不导电的，在外电源的作用下，两块极板上能分别积聚等量的异性电荷，在极板之间形成电场，可见电容器是一种能积聚电荷、储存电场能量的器件。电容器种类很多，按介质分有纸质电容器、云母电容器、电解电容器等；按极板形状分有平板电容器、圆柱形电容器等。

电容元件是实际电容器的理想化模型，它的定义为：一个二端元件，在任一时刻 t，它所积累的电荷 $q(t)$ 与端电压 $u(t)$ 之间的关系可以用 q-u 平面上的一条曲线来确定，则称该二端元件为电容元件，简称电容。电容是一种电荷与电压相约束的元件，其电荷瞬时值与电压瞬时值之间具有代数关系。

若约束电容元件的 q-u 平面上的曲线为通过原点的直线，则称它为线性电容；否则为非线性电容。若曲线不随时间而变化，则称为时不变电容；否则称为时变电容。因此，电容元件可以分为四类，即线性时不变电容、线性时变电容、非线性时不变电容和非线性时变电容。本书着重讨论线性时不变电容。

线性时不变电容元件的符号如图 6-1 所示。在 q-u 取关联参考方向，即电压的正极板上的电荷也假设为 $+q$ 的情况下，线性时不变电容元件的 q-u 特性曲线是一条通过原点的直线，且不随时间而变化，斜率为 C，如图 6-2 所示，其 q 和 u 的关系可以写成

$$q(t) = Cu(t) \tag{6-1}$$

式中 C 是一个与 q、u 及 t 无关的正值常量，是表征电容元件积聚电荷能力的物理量，称为电容量，也简称为电容。

图 6-1　电容元件的符号

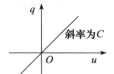

图 6-2　线性非时变电容的 q-u 曲线

在国际单位制(SI)中，电容的单位为法[拉](简称法，符号为 F)。1F＝1C/V。也可以用微法(μF)或皮法(pF)作单位，它们的关系为

$$1pF = 10^{-6}\mu F = 10^{-12}F$$

虽然电容是根据 q-u 关系定义的，但在电路分析中感兴趣的是电容元件的伏-安关系（VCR）。在图 6-1 所示的电容中，电容端电压 u 和电流 i 在关联参考方向下，由电流的定义 $i = \dfrac{\mathrm{d}q}{\mathrm{d}t}$ 和电容的定义 $q(t) = Cu(t)$，可得

$$i = C\frac{\mathrm{d}u}{\mathrm{d}t} \tag{6-2}$$

这就是电容元件微分形式的 VCR。若电容端电压 u 与电流 i 参考方向不关联，则上式右边应加负号，即

$$i = -C\frac{\mathrm{d}u}{\mathrm{d}t} \tag{6-3}$$

式 (6-2) 表明，任一时刻通过电容的电流 i 与该时刻电容两端的电压的变化率成正比，而与该时刻电容电压的大小以及电压建立的历史过程无关。若电压恒定不变，则虽有电压值，但其变化率为零，使其电流为零。这时电容相当于开路，因此电容有隔直流的作用；若某一时刻电容电压为零，但电容电压的变化率不为零，此时电容电流也不为零。这和电阻元件不同，电阻两端只要有电压，不论变化与否都一定有电流。由于电容电流不取决于该时刻所加的电压的大小，而取决于该时刻电容电压的变化率，所以电容元件称为动态元件。

式 (6-2) 还表明，若某一时刻电容电流 i 为有限值，则其电压变化率 $\dfrac{\mathrm{d}u}{\mathrm{d}t}$ 也必然为有限值。这说明该时刻电容电压只能连续变化而不能发生跳变；反之，如果某时刻电容电压发生跳变，则意味着该时刻电容电流为无限大。一般电路中的电流总是有限值，这说明电容电压只能是时间 t 的连续函数，这种性质称为电容的惯性，电容元件也称为惯性元件。电容电压不发生跳变对于分析含电容元件的动态电路是十分重要的。

对式 (6-2) 两边积分，可得电容元件积分形式的 VCR，为

$$u(t) = \frac{1}{C}\int_{-\infty}^{t} i(\xi)\,\mathrm{d}\xi \tag{6-4}$$

上式中将积分号内的时间变量 t 改用 ξ 表示，以区别积分上限 t；积分下限 $-\infty$ 表示电容尚未积聚电荷的时刻。显然 $\displaystyle\int_{-\infty}^{t} i(\xi)\,\mathrm{d}\xi = q(t)$ 是电容在 t 时刻所积聚的总电荷量。由式 (6-4) 可知，任一时刻 t 电容电压并不取决于该时刻的电流值，而是取决于从 $-\infty$ 到 t 所有时刻的电流值，即与 t 以前电容电流的全部历史有关。电容电压能反映过去电流作用的全部历史，因此可以说电容电压有"记忆"电流的作用。电容是一种"记忆元件"。

实际上要搞清楚电容电流的全部作用史是不容易也没有必要的。电路分析中常常只对某一时刻 t_0 以后的情况感兴趣，因此可以把式 (6-4) 改写为

$$\begin{aligned}
u(t) &= \frac{1}{C}\int_{-\infty}^{t} i(\xi)\,\mathrm{d}\xi \\
&= \frac{1}{C}\int_{-\infty}^{t_0} i(\xi)\,\mathrm{d}\xi + \frac{1}{C}\int_{t_0}^{t} i(\xi)\,\mathrm{d}\xi \\
&= \frac{1}{C}q(t_0) + \frac{1}{C}\int_{t_0}^{t} i(\xi)\,\mathrm{d}\xi \\
&= u(t_0) + \frac{1}{C}\int_{t_0}^{t} i(\xi)\,\mathrm{d}\xi
\end{aligned} \tag{6-5}$$

式中 $u(t_0)$ 称为电容的初始电压，它反映了 t_0 前电流的全部作用对 t_0 时刻电压的影

响。式(6-5)表明，一个电容元件只有在 C 和初始电压 $u(t_0)$ 都给定时，才是一个完全确定的元件。如果知道了 $t \geqslant t_0$ 时的电流 $i(t)$ 以及电容的初始电压 $u(t_0)$，就能确定 $t \geqslant t_0$ 后的电容电压。

在电容电压 $u(t)$ 和电流 $i(t)$ 关联参考方向下，其瞬时吸收功率为

$$p(t) = u(t) \cdot i(t) \tag{6-6}$$

当电容充电时，$u(t)$、$i(t)$ 符号相同，p 为正值，表示电容吸收能量；当电容放电时，$u(t)$、$i(t)$ 符号相反，p 为负值，表示电容释放能量。这与电阻元件吸收功率恒为正值的性质完全不同。任意时刻 t 电容吸收的总能量即电容的储能为

$$w_C(t) = \int_{-\infty}^{t} p(\xi) \mathrm{d}\xi = \int_{-\infty}^{t} u(\xi) i(\xi) \mathrm{d}\xi$$
$$= C \int_{-\infty}^{t} u(\xi) \frac{\mathrm{d}u(\xi)}{\mathrm{d}\xi} \mathrm{d}\xi = C \int_{u(-\infty)}^{u(t)} u(\xi) \mathrm{d}u(\xi)$$

由于 $u(-\infty) = 0$，故

$$w_C(t) = \frac{1}{2} C u^2(t) \tag{6-7}$$

上式表明，电容在任一时刻的储能只取决于该时刻的电容电压值，而与该时刻电容电流值无关。任一时刻电容储能与该时刻电容电压的平方成正比。电容储能不能为负，这表明电容是一个无源元件。电容充电时，储能增加；电容放电时，储能减少。所以，电容元件是一个储能元件而不是耗能元件。

电容电压具有记忆性质是电容的储能本质使然；电容电压在一般情况下不能跳变是能量不能突变的缘故。如果储能突变，能量的变化率(功率) $p(t) = \dfrac{\mathrm{d}w_C}{\mathrm{d}t}$ 将为无限大，这在电容电流为有限的条件下是不可能的。

【例 6-1】 在如图 6-3a 所示电路中，$u_S(t)$ 波形如图 6-3b 所示，已知电容 $C = 4\text{F}$，求 $i_C(t)$、$p_C(t)$ 和 $w_C(t)$，并画出它们的波形。

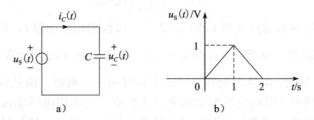

图 6-3 例 6-1 图

解 写出 $u_S(t)$ 的函数表达式：

$$u_S(t) = u_C(t) = \begin{cases} 0 & t < 0 \\ t & 0 \leqslant t \leqslant 1 \\ -t+2 & 1 < t \leqslant 2 \\ 0 & t > 2 \quad (\text{单位：V}) \end{cases}$$

由式(6-2)，得

$$i_C(t) = \begin{cases} 0 & t < 0 \\ 4 & 0 < t < 1 \\ -4 & 1 < t < 2 \\ 0 & t > 2 \quad (\text{单位：A}) \end{cases}$$

由式(6-6)，得

$$p_C(t) = \begin{cases} 0 & t < 0 \\ 4t & 0 < t < 1 \\ 4(t-2) & 1 < t < 2 \\ 0 & t > 2 \end{cases} \quad （单位：W）$$

由式(6-7)，得

$$w_C(t) = \begin{cases} 0 & t < 0 \\ 2t^2 & 0 \leqslant t \leqslant 1 \\ 2(2-t)^2 & 1 < t \leqslant 2 \\ 0 & t > 2 \end{cases} \quad （单位：J）$$

由 $i_C(t)$、$p_C(t)$、$w_C(t)$ 的数学表达式画出它们的波形如图6-4a、b、c所示。

从本例可以看出：①电容电流是可以跳变的。②电容的功率也是可以跳变的，这是由于电容电流跳变的原因。功率值可正可负。功率为正值，表示电容从电源 $u_S(t)$ 吸收功率；功率为负值，表示电容释放功率且交还电源。③$w_C(t)$ 总是大于或等于零，储能值可升可降，但为连续函数。

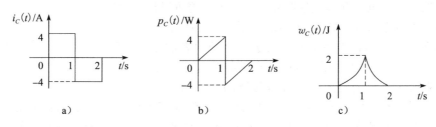

图6-4 例6-1波形图

【例6-2】 在图6-5a所示电路中，$i_S(t)$ 波形如图6-5b所示，已知电容 $C=2F$，初始电压 $u_C(0)=0.5V$，试求 $t \geqslant 0$ 时电容电压，并画出其波形。

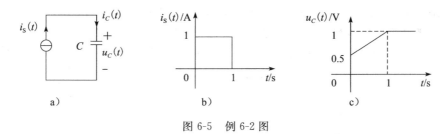

图6-5 例6-2图

解 写出 $i_S(t)$ 的数学表达式，为

$$i_C(t) = i_S(t) = \begin{cases} 1 & 0 < t \leqslant 1 \\ 0 & t > 1 \end{cases} \quad （单位：A）$$

根据电容 VCR 的积分形式，得

当 $0 \leqslant t \leqslant 1$ 时
$$u_C(t) = u_C(0) + \frac{1}{C}\int_0^t i_C(\xi)\mathrm{d}\xi$$
$$= (0.5 + 0.5t)\ \mathrm{V}$$

当 $t > 1$ 时
$$u_C(t) = u_C(1) + \frac{1}{C}\int_1^t i_C(\xi)\mathrm{d}\xi = 1\ \mathrm{V}$$

其波形如图6-5c所示。

6.1.2　电感元件

通常把导线绕成的线圈称为电感器或电感线圈。当线圈通过电流时即在其线圈内外建立磁场并产生磁通 Φ，如图 6-6 所示。各线匝磁通的总和称为磁链 φ（若线圈匝数为 N，$\varphi = N\Phi$）。可见电感器是一种能建立磁场、储存磁场能量的器件。

电感元件是实际电感器的理想化模型，它的定义为：一个二端元件，如果在任一时刻 t，它所交链的磁链 $\varphi(t)$ 与其电流 $i(t)$ 之间的关系可以用 $\varphi\text{-}i$ 平面上的一条曲线来确定，则此二端元件称为电感元件，简称电感。电感元件是一种磁链与电流相约束的元件，其磁链瞬时值与电流瞬时值之间具有代数关系。

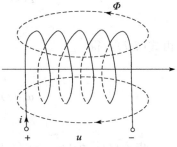

图 6-6　电感线圈及其磁通

若约束电感元件的 $\varphi\text{-}i$ 平面上的曲线为通过原点的直线，则称它为线性电感；否则为非线性电感。若曲线不随时间而变化，则称为时不变电感，否则称为时变电感。因此，与电阻元件和电容元件相类似，电感元件可以分为四类，即线性时不变电感、线性时变电感、非线性时不变电感和非线性时变电感。本书着重讨论线性时不变电感。

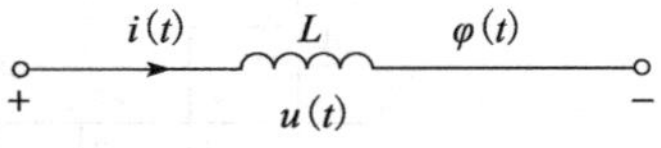

线性时不变电感的电路符号如图 6-7 所示。在讨论 $i(t)$ 与 $\varphi(t)$ 的关系时，通常采用关联参考方向，即两者的参考方向符合右手螺旋定则。由于电感元件的符号并不显示绕线方向，在假定电流的流入端标以磁链的"+"号，这就

图 6-7　电感元件的符号

表示，与该元件相对应的电感线圈中电流与磁链的参考方向符合右手螺旋法则。在图 6-7 中，"+"、"−"号既表示磁链也表示电压的参考方向。线性时不变电感元件的 $\varphi - i$ 特性曲线是一条通过原点的直线，且不随时间而变化，如图 6-8 所示，其 φ 和 i 的关系可以写成

$$\varphi(t) = Li(t) \tag{6-8}$$

式中，L 是一个与 φ、i 及 t 无关的正值常量，是表征电感元件产生磁链能力的物理量，称为电感量，简称为电感。

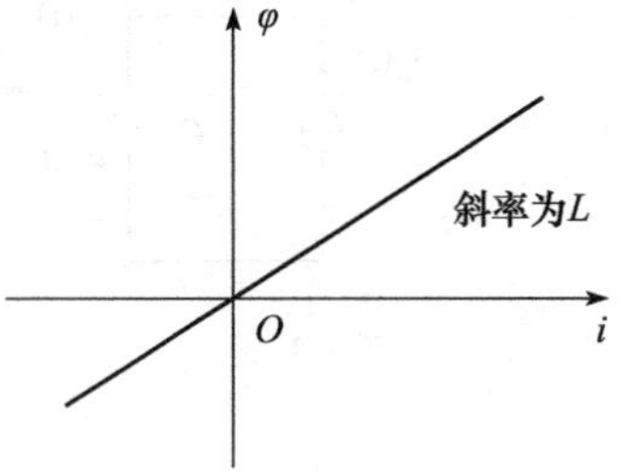

在国际单位制（SI）中，电感的单位为亨［利］（简称亨，符号为 H）。$1\text{H} = 1\text{Wb/A}$。也可以用毫安（mH）或微亨（μH）作单位，它们的关系为

$$1\mu\text{H} = 10^{-3}\text{mH} = 10^{-6}\text{H}$$

图 6-8　线性非时变电感的 $\varphi\text{-}i$ 曲线

虽然电感是根据 $\varphi\text{-}i$ 关系定义的，但在电路分析中感兴趣的是电感元件的伏-安关系（VCR）。在图 6-7 所示的电感中，电感端电压 u 和电流 i 在关联参考方向下，由电磁感应定律，可得

$$u = \frac{\mathrm{d}\varphi}{\mathrm{d}t}$$

将式（6-8）代入上式，得

$$u = L\frac{\mathrm{d}i}{\mathrm{d}t} \tag{6-9}$$

这就是电感元件的微分形式的 VCR。若电感元件端电压 u 与电流 i 参考方向不关联，则上式右边应加负号，即

$$u = -L \frac{\mathrm{d}i}{\mathrm{d}t} \tag{6-10}$$

式(6-9)表明,任一时刻电感端电压 u 取决于该时刻电感电流的变化率 $\frac{\mathrm{d}i}{\mathrm{d}t}$。若电流恒定不变,则虽有电流,但其变化率为零,使其电压为零。这时电感相当于短路,因此电感对直流起着短路的作用;若某一时刻电感电流为零,但电感电流的变化率不为零,此时电感电压也不为零。由于电感电压不取决于该时刻电流的大小,而取决于该时刻电感电流的变化率,所以电感元件也称为动态元件。

式(6-9)还表明,若某一时刻电感电压 u 为有限值,则其电流变化率 $\frac{\mathrm{d}i}{\mathrm{d}t}$ 也必然为有限值,这说明该时刻电感电流只能连续变化而不能发生跳变;反之,如果某时刻电感电流发生跳变,则意味着该时刻电感电压为无限大。如电感与理想电流源接通的瞬间,由 KCL 的约束,电感电流一跃为电流源的电流值,此时刻电路中电感电压为无限大。当然,这是一种理想情况。一般电路中的端电压总是有限值,这说明电感电流只能是时间的连续函数,这种性质称为电感的惯性,电感元件也称为惯性元件。电感电流不发生跳变对于分析含电感元件的动态电路是十分重要的。

对式(6-9)两边积分,可得电感元件积分形式的 VCR 为

$$i(t) = \frac{1}{L} \int_{-\infty}^{t} u(\xi)\mathrm{d}\xi \tag{6-11}$$

把上式积分号内的时间变量 t 改用 ξ 表示,以区别积分上限 t;积分下限 $-\infty$ 表示电感尚未建立磁场的时刻。显然 $\int_{-\infty}^{t} u(\xi)\mathrm{d}\xi = \varphi(t)$ 是电感在 t 时刻所交链的总磁链数。由式(6-11)可知,某一时刻电感电流并不取决于该时刻的电压值,而是取决于从 $-\infty$ 到 t 所有时刻的电压值,即与 t 以前电感电压的全部历史有关。电感电流能反映过去电压作用的全部历史。因此,可以说电感电流有"记忆"电压的作用,电感也是一种"记忆元件"。

类似前面分析电容的情况,在选择起始时刻后式(6-11)可以改写为

$$i(t) = \frac{1}{L} \int_{-\infty}^{t} u(\xi)\mathrm{d}\xi = \frac{1}{L} \int_{-\infty}^{t_0} u(\xi)\mathrm{d}\xi + \frac{1}{L} \int_{t_0}^{t} u(\xi)\mathrm{d}\xi$$

$$= \frac{1}{L}\varphi(t_0) + \frac{1}{L} \int_{t_0}^{t} u(\xi)\mathrm{d}\xi = i(t_0) + \frac{1}{L} \int_{t_0}^{t} u(\xi)\mathrm{d}\xi \tag{6-12}$$

式中 $i(t_0)$ 称为电感的初始电流,它反映了 t_0 前电压的全部作用对 t_0 时刻电流的影响。式(6-12)表明,一个电感元件只有在 L 和初始电流 $i(t_0)$ 都给定时,才是一个完全确定的元件。如果知道了 $t \geqslant t_0$ 时的电压 $u(t)$ 以及电感的初始电流 $i(t_0)$,就可以确定 $t \geqslant t_0$ 后的电感电流。

在电感电压 $u(t)$ 和电流 $i(t)$ 关联参考方向下,其瞬时吸收功率为

$$p(t) = u(t) \cdot i(t) \tag{6-13}$$

电感元件的功率与电容元件一样有时为正,有时为负。功率为正值时,表示电感吸收能量,储存在磁场中;功率为负值时,表示电感释放储存在磁场中的能量。所以,电感也是一个储能元件,而不是耗能元件。

任意时刻 t 电感吸收的总能量即电感的储能为

$$w_L(t) = \int_{-\infty}^{t} p(\xi)\mathrm{d}\xi = \int_{-\infty}^{t} u(\xi)i(\xi)\mathrm{d}\xi$$

$$= L \int_{-\infty}^{t} i(\xi)\frac{\mathrm{d}i(\xi)}{\mathrm{d}\xi}\mathrm{d}\xi$$

$$=L\int_{i(-\infty)}^{i(t)} i(\xi)\mathrm{d}i(\xi)$$

由于 $i(-\infty)=0$，故

$$w_L(t) = \frac{1}{2}Li^2(t) \tag{6-14}$$

上式表明，任一时刻电感的储能只取决于该时刻的电感电流值，而与该时刻电感电压值无关。显然，电感储能不能为负。这表明电感是一个无源元件。

电感电流一般情况下不能跳变也正是能量不能突变的缘故。

【例 6-3】　图 6-9a 电路中，$u_S(t)$ 波形如图 6-9b 所示，试求：(1) $t \geqslant 0$ 时的电感电流 $i_L(t)$，并绘出波形图；(2) $t=2.5\mathrm{s}$ 时，电感储存的能量。

解　1) 由 $u_S(t)$ 的波形可以写出函数的表达式为

$$u_S(t) = \begin{cases} 1 & 0 < t < 1 \\ -1 & 1 < t < 3 \\ 0 & t > 3 \end{cases} \quad (\text{单位：V})$$

分段计算电流，得

当 $0 \leqslant t < 1$ 时，因电感无初始储能，$i_L(0)=0\mathrm{A}$，所以

$$i_L(t) = \frac{1}{L}\int_0^t u(\xi)\mathrm{d}\xi = \int_0^t 1 \cdot \mathrm{d}\xi = t\,\mathrm{A}$$

当 $t=1$ 时，$i_L(1)=1\mathrm{A}$。

当 $1 \leqslant t \leqslant 3$ 时，

$$i_L(t) = i_L(1) + \frac{1}{L}\int_1^t u(\xi)\mathrm{d}\xi = 1 + \int_1^t -1\mathrm{d}\xi = 2-t\,\mathrm{A}$$

当 $t=3$ 时，$i_L(3)=-1\mathrm{A}$。

当 $t>3$ 时，

$$i_L(t) = i_L(3) + \frac{1}{L}\int_3^t u(\xi)\mathrm{d}\xi = -1 + \int_3^t 0\mathrm{d}\xi = -1\mathrm{A}$$

$i_L(t)$ 的波形分别如图 6-9c 所示，可以看到尽管电感两端的电压有跳变，但 $i_L(t)$ 的波形并未发生跳变。

2) $t=2.5\mathrm{s}$ 时，$i_L(2.5)=2-2.5=-0.5\mathrm{A}$，电感储存的能量为

$$w_L(t) = \frac{1}{2}Li_L^2(t) = \frac{1}{2} \times 1 \times (-0.5)^2 = 0.125\mathrm{J}$$

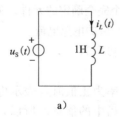
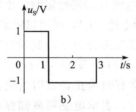
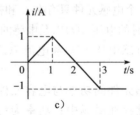

图 6-9　例 6-3 图

如果将电容和电感的 VCR 加以比较，就会发现，把电容 VCR 式(6-2)中的 i 换成 u，u 换成 i，C 换成 L，就可得到电感的 VCR 式(6-9)；反之，通过类似的变换，也可由后者得到前者。因此，电容元件和电感元件是互为对偶元件，它们的含义、特性都具有相应的对偶关系，这在表 6-1 中已经列出。

6.1.3 电容、电感的串并联

图 6-10a 是 n 个电容相串联的电路，流过各电容的电流为同一电流 i。根据电容的伏安关系，有

$$u_1 = \frac{1}{C_1}\int_{-\infty}^{t} i\mathrm{d}\xi, u_2 = \frac{1}{C_2}\int_{-\infty}^{t} i\mathrm{d}\xi, \cdots, u_n = \frac{1}{C_n}\int_{-\infty}^{t} i\mathrm{d}\xi$$

由 KVL 得端口电压为

$$u = u_1 + u_2 + \cdots + u_n$$
$$= \left(\frac{1}{C_1} + \frac{1}{C_2} + \cdots + \frac{1}{C_n}\right)\int_{-\infty}^{t} i\mathrm{d}\xi = \frac{1}{C_{eq}}\int_{-\infty}^{t} i\mathrm{d}\xi$$

上式可理解为图 6-10a 所示串联电路的 VCR，由此可得到等效电路如图 6-10b 所示，其中

$$\frac{1}{C_{eq}} = \frac{1}{C_1} + \frac{1}{C_2} + \cdots + \frac{1}{C_n} \tag{6-15}$$

式(6-15)表明，n 个电容相串联可等效成一个电容，其等效电容的倒数为各串联电容倒数的总和。

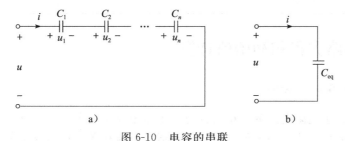

图 6-10 电容的串联

图 6-11a 是 n 个电容相并联的电路，各电容的端电压为同一电压 u。根据电容的伏安关系，有

$$i_1 = C_1\frac{\mathrm{d}u}{\mathrm{d}t}, \quad i_2 = C_2\frac{\mathrm{d}u}{\mathrm{d}t}, \cdots, \quad i_n = C_n\frac{\mathrm{d}u}{\mathrm{d}t}$$

由 KCL 得端口电流为

$$i = i_1 + i_2 + \cdots + i_n = (C_1 + C_2 + \cdots + C_n)\frac{\mathrm{d}u}{\mathrm{d}t} = C_{eq}\frac{\mathrm{d}u}{\mathrm{d}t}$$

上式可理解为图 6-11a 所示并联电路的 VCR，由此可得到等效电路如图 6-11b 所示，其中

$$C_{eq} = C_1 + C_2 + \cdots + C_n \tag{6-16}$$

式(6-16)表明，n 个电容相并联的等效电容等于各并联电容的总和。

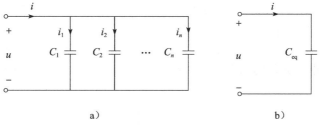

图 6-11 电容的并联

由电容元件和电感元件的对偶特性，可得到：对于 n 个电感相串联的电路，若串联电感为 L_1，L_2，$\cdots$，L_n，则其等效电感为各串联电感的总和，即

$$L_{eq} = L_1 + L_2 + \cdots + L_n \tag{6-17}$$

对于 n 个电感相并联的电路，若并联电感为 L_1，L_2，$\cdots$，L_n，则其等效电感的倒数为各并联电感倒数的总和，即

$$\frac{1}{L_{eq}} = \frac{1}{L_1} + \frac{1}{L_2} + \cdots + \frac{1}{L_n} \tag{6-18}$$

表 6-1 列出了电容元件和电感元件在串联和并联情况下的等效计算公式，以及分压和分流公式。为便于对照，将电阻元件也列入表中。

表 6-1　元件串联和并联的关系式

元件	电阻 R	电感 L	电容 C
串联	$R_{eq} = \sum R_k$	$L_{eq} = \sum L_k$	$\dfrac{1}{C_{eq}} = \sum \dfrac{1}{C_k}$
	$u_1 = \dfrac{R_1}{R_{eq}} u$	$u_1 = \dfrac{L_1}{L_{eq}} u$	$u_1 = \dfrac{1/C_1}{1/C_{eq}} u$
并联	$\dfrac{1}{R_{eq}} = \sum \dfrac{1}{R_k}$	$\dfrac{1}{L_{eq}} = \sum \dfrac{1}{L_k}$	$C_{eq} = \sum C_k$
	$i_1 = \dfrac{1/R_1}{1/R_{eq}} i$	$i_1 = \dfrac{1/L_1}{1/L_{eq}} i$	$i_1 = \dfrac{C_1}{C_{eq}} i$

6.2　动态电路方程和初始值计算

6.2.1　动态电路及其方程

前面几章介绍了电阻电路的分析与计算。电阻电路中的各元件的伏安关系均为代数关系，通常把这类元件称为静态元件。描述电路激励—响应关系的数学方程为代数方程，通常把这类电路称为静态电路。静态电路在任一时刻 t 的响应只与时刻 t 的激励有关，与过去的激励无关，因此是"无记忆的"，或者说是"即时的"。

当电路中含有动态元件电容和电感时，由于这两类元件的伏安关系是对电压或电流的微分或积分，所以描述电路的数学方程是以电压或电流为变量的微分方程。用微分方程描述的电路称为动态电路。动态电路在任一时刻的响应与激励的全部历史有关，也就是说，动态电路是有记忆的，这是与电阻电路完全不同的。当动态电路的连接方式或元件参数发生突然变化时，电路原有的工作状态需要经过一个过程逐步到达另一个新的稳定工作状态，这个过程称为电路的瞬态过程或过渡过程。

与列写电阻电路方程一样，列写动态电路方程的依据仍然是两种约束，即拓扑约束（KCL、KVL）和元件约束。

【例 6-4】　电路如图 6-12 所示，试列写电路方程。

解　这是一个 RC 串联电路。由 KVL 得

$$u_S = u_R + u_C \qquad ①$$

又根据电阻元件和电容元件的约束关系，有

$$u_R = Ri_C \qquad ②$$

$$i_C = C\frac{\mathrm{d}u_C}{\mathrm{d}t} \qquad ③$$

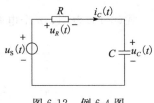

图 6-12　例 6-4 图

将式②和式③代入式①，得

$$RC\frac{\mathrm{d}u_C}{\mathrm{d}t} + u_C = u_S$$

这就是所要列写的电路方程。这是一个关于 u_C 的一阶常系数微分方程。

用一阶微分方程描述的电路称为一阶电路，用二阶或高阶微分方程描述的电路称为二阶电路或高阶电路。电路的实际阶数由组成电路的独立动态元件数决定。

动态电路的分析有两种方法：时域分析法（简称时域法，也称经典分析法）和复频域分析法（拉普拉斯变换法）。本章讨论时域分析法，复频域分析法将在第 7 章中讨论。

时域分析法包括以下两个主要步骤。

1) 依据电路的两类约束，即拓扑约束（KCL、KVL）和元件约束建立换路后所求响应为变量的微分方程。

2) 找出所需的初始条件求解微分方程。

求解微分方程需要初始条件，这就涉及初始值的计算。为此，先讨论换路定则。

6.2.2 换路定则

在电路分析中，把电路元件的连接方式或参数的突然改变称为换路。换路常用开关来完成。换路意味着电路工作状态的改变。电路在某时刻的状态是指在该时刻的电容电压和电感电流。

换路被认为是即时完成的，设 $t=0$ 是换路时刻，为了区分换路前后瞬间的时刻，将换路前的一瞬间记为 $t=0^-$，而刚换路后的一瞬间记为 $t=0^+$。

初始储能是指换路前 $t=0^-$ 瞬间电路的储能状态即 $u_C(0^-)$ 或 $i_L(0^-)$，通常也称为电路的初始状态。初始条件是所求变量（电压或电流）及其导数在 $t=0^+$ 时的值，也称为初始值。

在关联参考方向下，电容 VCR 的积分形式为

$$u_C(t) = u_C(t_0) + \frac{1}{C}\int_{t_0}^{t} i_C(\xi)\mathrm{d}\xi$$

令 $t_0 = 0^-$，得

$$u_C(t) = u_C(0^-) + \frac{1}{C}\int_{0^-}^{t} i_C(\xi)\mathrm{d}\xi$$

式中，$u_C(0^-)$ 为换路前最后瞬间的电压值，即初始状态。为求取换路后电容电压的初始值，取 $t=0^+$ 代入上式，得

$$u_C(0^+) = u_C(0^-) + \frac{1}{C}\int_{0^-}^{0^+} i_C(\xi)\mathrm{d}\xi \qquad (6\text{-}19)$$

如果换路（开关动作）是理想的，即不需要时间，则有 $0^- = 0 = 0^+$，且换路瞬间电容电流 i_C 为有限值，则式(6-19)中积分项将为零，即

$$\int_{0^-}^{0^+} i_C(\xi)\mathrm{d}\xi = q_C(0^+) - q_C(0^-) = 0$$

或

$$q_C(0^+) = q_C(0^-) \qquad (6\text{-}20)$$

式(6-20)的结论正是物理学中给出的封闭系统（与外界无能量交换的系统）中电荷守恒定律在瞬态分析中的体现。在满足式(6-20)时，式(6-19)变为

$$u_C(0^+) = u_C(0^-) \qquad (6\text{-}21)$$

式(6-21)表明，换路虽然使电路的工作状态发生了改变，但只要换路瞬间电容电流为有限值，则电容电压在换路前后瞬间将保持同一数值，这正是电容惯性特性的体现。

由于电感与电容是对偶元件，根据对偶特性，可知电感具有如下特性：

$$\int_{0^-}^{0^+} u_L(\xi)\mathrm{d}\xi = \varphi_L(0^+) - \varphi_L(0^-) = 0$$

或

$$\varphi_L(0^+) = \varphi_L(0^-) \qquad (6\text{-}22)$$

$$i_L(0^+) = i_L(0^-) \tag{6-23}$$

式(6-22)表示封闭系统换路瞬间服从磁链守恒定律。式(6-23)表明，只要换路瞬间电感电压为有限值，则电感电流在换路前后瞬间将保持同一数值，这正是电感惯性特性的体现。

式(6-21)、式(6-23)通称为换路定则。当取 $t=t_0$ 时，换路定则表示为

$$u_C(t_0^+) = u_C(t_0^-) \tag{6-24a}$$

$$i_L(t_0^+) = i_L(t_0^-) \tag{6-24b}$$

必须指出，应用换路定则是有条件的，即必须保证电路在换路瞬间电容电流、电感电压为有限值。一般电路均能满足这个条件，从而换路定则成立。有两种特殊情况会出现电容电流、电感电压为无限大，使换路定则失效。一种情况是外加的激励本身就是无限大的，称为冲激电源，这种电路的分析将在 6.11 节中介绍。另一种情况是外加的激励虽为有限的，但从结构上看，换路后的电路中存在纯电容和(或无)电压源构成的回路(简称全电容回路)，或存在纯电感和(或无)电流源构成割集(简称全电感割集)，这种电路的分析可参见例 7-16。

6.2.3 初始值计算

电容电压和电感电流反映了电路的储能状态，它们具有连续的特性。当电路的初始状态 $u_C(0^-)$ 和 $i_L(0^-)$ 确定后，可根据换路定则得到电容电压和电感电流的初始值 $u_C(0^+)$ 和 $i_L(0^+)$。而除了电容电压、电感电流以外的其他变量(如 i_C、u_L、i_R、u_R 等)都不受换路定则的约束，在换路瞬间可能发生跳变。在计算这些变量的初始值时，需要由激励以及 $u_C(0^+)$ 和 $i_L(0^+)$ 的值作出 $t=0^+$ 时的等效电路，再根据 KCL、KVL 和各元件的 VCR 来确定。

【例 6-5】 电路如图 6-13a 所示，开关 S 原来合上已久，电路已稳定。$t=0$ 开关断开。试求开关断开时初始值 $u_C(0^+)$、$i(0^+)$ 和 $u(0^+)$。

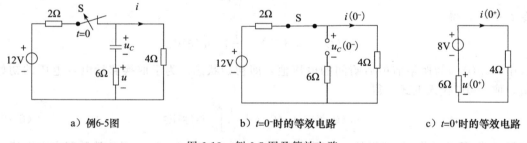

a) 例6-5图　　　　　　b) $t=0^-$时的等效电路　　　　　　c) $t=0^+$时的等效电路

图 6-13 例 6-5 图及等效电路

解 1) 首先必须求得电路的初始状态，即 $u_C(0^-)$。

由于 $t<0$ 时，电路处于稳态，电路各处电压、电流为常量，$\mathrm{d}u_C/\mathrm{d}t=0$，故 $i_C=0$，电容可看作开路。因此根据替代定理可作出 $t=0^-$ 时刻电路的等效图如图 6-13b 所示，该图简称为 0^- 图。运用电阻电路的分压求得

$$u_C(0^-) = \frac{4}{2+4} \times 12\mathrm{V} = 8\mathrm{V}$$

2) 应用换路定则，求出 $u_C(0^+)$。

$$u_C(0^+) = u_C(0^-) = 8\mathrm{V}$$

3) 由初始值等效电路，求出所需求的其他变量的初始值。

在 $t=0^+$ 时刻，电容电压是常数，即 $u_C(0^+)=8\mathrm{V}$。根据替代定理，电容可以用 8V 电压源替代，于是作出 $t=0^+$ 时刻的等效电路如图 6-13c 所示。0^+ 时刻的等效电路通常称为初始值等效电路，简称 0^+ 图。

显然，初始值等效电路是线性电阻电路，可以运用电阻电路的各种分析方法求解：

$$i(0^+) = \frac{8}{6+4}\text{A} = 0.8\text{A}$$

$$u(0^+) = -6i(0^+) = -4.8\text{V}$$

【例 6-6】 电路如图 6-14 所示，开关 S 打开前电路已处于稳态，当 $t=0$ 时，开关打开。求初始值 $i_C(0^+)$、$u_L(0^+)$、$i_1(0^+)$、$\dfrac{\mathrm{d}i_L(0^+)}{\mathrm{d}t}$ 和 $\dfrac{\mathrm{d}u_C(0^+)}{\mathrm{d}t}$。

解 1）画出 0^- 图，求电路的初始状态，即 $u_C(0^-)$ 和 $i_L(0^-)$。

由于 $t<0$ 时，电路处于稳态，电路各处电压、电流为常量，则 $\mathrm{d}u_C/\mathrm{d}t=0$，故 $i_C=0$，电容可看作开路；而 $\mathrm{d}i_L/\mathrm{d}t=0$，故 $u_L=0$，电感看作短路。因此，将电容开路，电感短路，可作出 $t=0^-$ 时刻的等效电路如图 6-15a 所示，得

$$i_L(0^-) = \frac{10}{4 /\!/ 4}\text{A} = 5\text{A}$$

$$u_C(0^-) = 10\text{V}$$

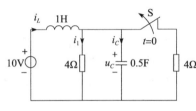

图 6-14 例 6-6 图

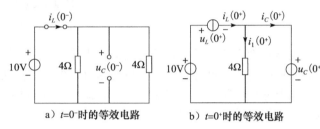

a) $t=0^-$时的等效电路 b) $t=0^+$时的等效电路

图 6-15 例 6-6 的等效电路

2）由换路定则，求出电路状态的初始值。

根据换路定则，得

$$i_L(0^+) = i_L(0^-) = 5\text{A}$$

$$u_C(0^+) = u_C(0^-) = 10\text{V}$$

3）由初始值等效电路，可求得其他变量的初始值。

电容用 10V 电压源替代，电感用 5A 电流源替代，作出 $t=0^+$ 时刻的初始值等效电路如图 6-15b 所示。

$$u_L(0^+) = 10 - u_C(0^+) = 0\text{V}$$

$$i_1(0^+) = u_C(0^+)/4 = 2.5\text{A}$$

$$i_C(0^+) = i_L(0^+) - i_1(0^+) = 5\text{A} - 2.5\text{A} = 2.5\text{A}$$

$$\frac{\mathrm{d}i_L(0^+)}{\mathrm{d}t} = \frac{u_L(0^+)}{L} = 0\text{A/s}$$

$$\frac{\mathrm{d}u_C(0^+)}{\mathrm{d}t} = \frac{i_C(0^+)}{C} = 5\text{V/s}$$

从以上两个例题可以看出，在求解初始值时，首先应用替代定理得到 $t=0^-$ 的等效电路求解初始状态；然后应用换路定则得到 $u_C(0^+)$ 和 $i_L(0^+)$；最后应用替代定理得到 $t=0^+$ 时的初始值等效电路，再利用求解电阻电路的各种方法求解。

6.3 一阶电路的零输入响应

由一阶微分方程描述的电路称为一阶电路。从电路结构来看，一阶电路只包含一个动

态元件。凡是可以用等效概念化归为一个等效动态元件的电路都是一阶电路。

对于任意一阶电路，换路后总可以用图 6-16a 来描述。即一阶电路总可以看成一个有源二端电阻网络 N 外接一个电容或电感所组成。根据戴维南定理和诺顿定理图 6-16a 电路总可以简化为图 6-16b 或 c 电路。

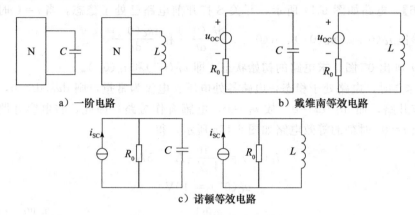

a）一阶电路　　　　　　　　　　　　b）戴维南等效电路

c）诺顿等效电路

图 6-16　一阶电路的基本形式

电路在没有外加激励时的响应称为零输入响应。因此，零输入响应仅仅是由于非零初始状态所引起的，也可以说，是由初始时刻电容的电场储能或电感的磁场储能所引起的。

本节分析一阶电路的零输入响应，即分析图 6-16 中 $u_{OC}=0$ 或 $i_{SC}=0$ 而动态元件初始状态不为零时的响应问题。

6.3.1　RC 电路的零输入响应

电路如图 6-17 所示，在 $t<0$ 时，开关 S 在位置 1，电路已经处于稳态，即电容的初始状态 $u_C(0^-)=U_0$。当 $t=0$ 时，开关由位置 1 倒向位置 2。根据换路定则 $u_C(0^+)=u_C(0^-)=U_0$，换路后，R、C 形成回路，电容 C 将通过 R 放电，从而在电路中引起电压、电流的变化。由于 R 是耗能元件，且电路在零输入条件下得不到能量的补充，电容电压将逐渐下降，放电电流也将逐渐减小，最后，电容储能全部被电阻耗尽，电路中的电压、电流也趋向于零。

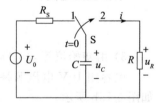

图 6-17　RC 零输入电路

下面进行定量的数学分析。

对于图 6-17 换路后的电路，可得

$$u_C - u_R = 0 \quad t>0 \qquad \text{(KVL)}$$

$$u_R = Ri \qquad \text{(VCR)}$$

$$i = -C\frac{\mathrm{d}u_C}{\mathrm{d}t} \ \text{及} \ u_C(0^+)=U_0 \qquad \text{(VCR)}$$

如果需求解电容电压 $u_C(t)$，则从以上三式，可得一阶常系数线性齐次微分方程为

$$RC\frac{\mathrm{d}u_C}{\mathrm{d}t} + u_C = 0 \quad t>0 \tag{6-25}$$

$$u_C(0^+) = U_0 \tag{6-26}$$

由高等数学可知，一阶齐次微分方程通解形式为

$$u_C(t) = Ae^{St} \quad t>0 \tag{6-27}$$

其中 S 为特征方程

$$RCS + 1 = 0$$

的根，因此得

$$S = S_1 = -\frac{1}{RC}$$

故得

$$u_C(t) = Ae^{-\frac{1}{RC}t} \tag{6-28}$$

待定常数 A 则由初始条件确定。用 $t = 0^+$ 代入式(6-28)，得

$$u_C(0^+) = Ae^{-\frac{1}{RC}t}\ |_{t=0^+} = U_0$$

得

$$A = U_0$$

电容电压的零输入响应为

$$u_C(t) = U_0 e^{-\frac{1}{RC}t} \quad t > 0$$

它是一个随时间衰减的指数函数。注意到在 $t = 0$ 时，即开关 S 动作进行换路时 u_C 是连续的，没有跳变，表达式 u_C 的时间定义域可以延伸至原点，即

$$u_C(t) = U_0 e^{-\frac{1}{RC}t} \quad t \geqslant 0 \tag{6-29}$$

其波形如图 6-18a 所示。

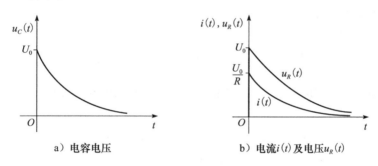

a) 电容电压　　　　　　　　b) 电流 $i(t)$ 及电压 $u_R(t)$

图 6-18　RC 零输入电路的电压、电流波形

求得 $u_C(t)$ 后，根据电容元件的 VCR，可得电流为

$$i(t) = -C\frac{\mathrm{d}u_C}{\mathrm{d}t} = -C\frac{\mathrm{d}}{\mathrm{d}t}(U_0 e^{-\frac{1}{RC}t}) = \frac{U_0}{R}e^{-\frac{1}{RC}t} \quad t > 0$$

电阻电压为

$$u_R(t) = Ri(t) = U_0 e^{-\frac{1}{RC}t} \quad t > 0$$

与电容电压不同的是 $i(t)$、$u_R(t)$ 在 $t = 0$ 处发生了跳变，其波形如图 6-18b 所示。

比较电压、电流表达式可知，RC 电路的零输入响应，各变量具有相同的变化规律，即都是以各自的初始值为起点，按同样的指数规律 $e^{-\frac{1}{RC}t}$ 衰减到零。衰减的快慢决定于特征根 $S_1 = -\frac{1}{RC}$ 的大小。令

$$\tau = RC \tag{6-30}$$

τ 具有时间的量纲，称为 RC 电路的时间常数。因为 $[\tau] = [RC] = [\Omega][F] = \frac{[V]}{[A]} \cdot \frac{[A][s]}{[V]} = [s]$，即 τ 的单位为 s。时间常数仅仅取决于电路元件的参数 R 和 C，与电路的初始状态和激励无关。特征根 S_1 是 τ 的负倒数，单位是 "s^{-1}"，为频率的量纲，故 S_1 称为电路的固有频率。

显然，零输入响应的衰减的快慢也可用 τ 来衡量。下面以 u_C 为例说明时间常数 τ 的意义。表 6-2 所示为不同时刻 t 对应的 $u_C(t)$ 的数值。

表 6-2　不同时刻 t 对应的 $u_c(t)$

t	0	τ	2τ	3τ	4τ	5τ
u_C	U_0	$0.368U_0$	$0.135U_0$	$0.050U_0$	$0.018U_0$	$0.0067U_0$

由上述计算可知，当 $t=\tau$ 时，u_C 衰减到初始值的 36.8%。因此，时间常数 τ 也可以认为是电路零输入响应衰减到初始值 36.8% 所需要的时间。从理论上讲，$t\to\infty$ 时，u_C 才能衰减到零。但实际上，当 $t=4\tau$ 时，u_C 已衰减为初始值的 1.8%，一般可以认为零输入响应已基本结束。工程技术中时间常数一般不会大于毫秒(ms)数量级，故过渡过程常称为瞬态过程。通常认为经过$(4\sim5)\tau$ 时间，动态电路的过渡过程结束，从而进入稳定的工作状态。

时间常数 τ 在曲线上也有明确的意义，由图 6-19 来说明。在图 6-19 中，在 $t=0^+$ 作一切线，切线与横轴相交所对应的时间就是时间常数 τ。因为

$$u_C(t) = U_0 e^{-\frac{1}{RC}t} = U_0 e^{-\frac{1}{\tau}t}　t\geqslant0$$

$t=0^+$ 时刻切线的斜率为

$$\frac{\mathrm{d}u_C(t)}{\mathrm{d}t}\bigg|_{t=0^+} = -\frac{U_0}{\tau}e^{-\frac{t}{\tau}}\bigg|_{t=0^+} = -\frac{U_0}{\tau}$$

该切线与横轴相交于 τ 处。

若取任意一个时间 $t=t_0$，得

$$\frac{\mathrm{d}u_C(t)}{\mathrm{d}t}\bigg|_{t=t_0} = -\frac{1}{\tau}U_0 e^{-\frac{1}{\tau}t_0} = -\frac{u_C(t_0)}{\tau}$$

以此斜率在图 6-19 作切线，与横轴相较于 b 点，则长度 $\overline{ab}$ 也等于 τ。

若取 $t=t_0+\tau$，得

$$U_C(t_0+\tau) = U_0 e^{-\frac{1}{\tau}(t_0+\tau)} = e^{-1}U_0 e^{-\frac{1}{\tau}t_0}$$
$$= e^{-1}u_C(t_0) = 0.368u_C(t_0)$$

可见时间常数 τ 表示任意时刻衰减到原来值 36.8% 所需要的时间。

上述分析可知，τ 是反映一阶电路本身特性的重要物理量。τ 的大小由 R 与 C 的大小决定，R 与 C 越大，其响应衰减得越慢。这是因为在一定的初始值情况下，C 越大，意味着电容储存的电场能量越多；而 R 越大，意味着放电电流越小，衰减越慢；反之，则衰减得越快。不同 τ 值的响应曲线如图 6-20 所示。

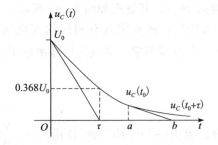

图 6-19　时间常数在曲线上的位置

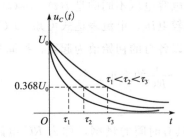

图 6-20　不同 τ 值的响应曲线

在整个放电过程中，电阻 R 消耗的总能量为

$$w_R = \int_{0^+}^{\infty}\frac{u_R^2}{R}\mathrm{d}t = \frac{U_0^2}{R}\int_{0^+}^{\infty}e^{-\frac{2}{RC}t}\mathrm{d}t = \frac{1}{2}CU_0^2$$

其值恰好等于电容的初始储能。可见，电容的全部储能在放电过程中被电阻耗尽。这符合能量守恒定律。

6.3.2 *RL* 电路的零输入响应

电路如图 6-21 所示，在 $t<0$ 时，开关 S 在位置 1，电路已经处于稳态，即电感的初始状态 $i_L(0^-)=I_0$。当 $t=0$ 时，开关由位置 1 倒向位置 2。根据换路定则 $i_L(0^+)=i_L(0^-)=I_0$，电感电流继续在换路后的 R、L 回路中流动，由于电阻 R 的耗能，电感电流将逐渐减小。最后，电感储存的全部能量被电阻耗尽，电路中的电流、电压也趋向于零。

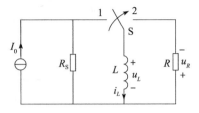

对于图 6-21 换路后的电路，由两类约束关系，得

$$u_L + u_R = 0 \quad t>0 \qquad \text{(KVL)}$$
$$u_R = Ri_L \qquad \text{(VCR)}$$
$$u_L = L\frac{\mathrm{d}i_L}{\mathrm{d}t} \text{ 及 } i_L(0^+)=I_0 \qquad \text{(VCR)}$$

图 6-21　*RL* 零输入电路

可得一阶常系数线性微分方程为

$$\begin{cases} \dfrac{L}{R}\dfrac{\mathrm{d}i_L}{\mathrm{d}t} + i_L = 0 & t>0 \\[2mm] i_L(0^+) = I_0 \end{cases}$$

(6-31)

(6-32)

方程解的形式为

$$i_L(t) = Be^{St} \quad t>0 \tag{6-33}$$

其中 S 为特征方程 $\dfrac{L}{R}S+1=0$ 的根，因此得

$$S = S_1 = -\frac{R}{L}$$

待定常数 B 由初始条件确定，用 $t=0^+$ 代入式(6-33)，得

$$i_L(0^+) = Be^{St}\mid_{t=0^+} = I_0$$

得

$$B = I_0$$

于是，可解得电感电流的零输入响应为

$$i_L(t) = I_0 e^{-\frac{R}{L}t} \quad t>0$$

由于电感电流在换路瞬间连续，表达式的时间定义可延伸至原点，即

$$i_L(t) = I_0 e^{-\frac{R}{L}t} \quad t \geqslant 0 \tag{6-34}$$

电感电压为

$$u_L(t) = L\frac{\mathrm{d}i_L}{\mathrm{d}t} = -RI_0 e^{-\frac{R}{L}t} \quad t>0 \tag{6-35}$$

电阻电压为

$$u_R(t) = Ri_L = RI_0 e^{-\frac{R}{L}t} \quad t>0 \tag{6-36}$$

与电感电流不同的是 $u_L(t)$、$u_R(t)$ 在 $t=0$ 处发生了跳变。其波形分别如图 6-22a、b 所示。

与 *RC* 零输入电路类似，*RL* 零输入电路各变量也具有相同的变化规律，即都是以自己的初始值为起点，按同样的指数规律 $e^{-\frac{R}{L}t}$ 衰减到零。衰减的快慢决定于固有频率 $S_1 = -\dfrac{R}{L}$。令

$$\tau = \frac{L}{R} = GL \tag{6-37}$$

称为 *RL* 电路的时间常数，当 L 单位为 H，R 单位为 Ω 时，τ 的单位为 s。显然，零输入响应

的衰减快慢也可用 τ 来衡量。τ 越大，衰减得越慢。这是因为在一定的初始值情况下，L 越大，电感储存的磁场能量越多，而 R 越小，电流下降越慢，消耗能量越少。反之，则衰减得越快。

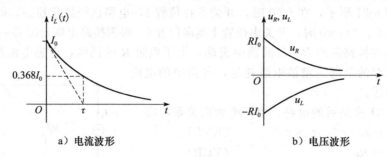

a）电流波形　　　　　　　　　　　b）电压波形

图 6-22　RL 零输入电路的电压、电流波形

在整个放电过程中，电阻 R 消耗的总能量为

$$w_R = \int_{0^+}^{\infty} R i_L^2 \, \mathrm{d}t = R I_0^2 \int_{0^+}^{\infty} \mathrm{e}^{-2\frac{R}{L}t} \, \mathrm{d}t = \frac{1}{2} L I_0^2$$

其值恰好等于电感的初始储能。可见，电感的储能在放电过程中全部被电阻耗尽。这是符合能量守恒定律的。

RL 电路时间常数 τ 的其他描述完全类似于 RC 电路的情况。

6.3.3　一阶电路零输入响应的一般公式

电路的零输入响应是输入为零，仅由电路非零初始状态所引起的响应，它的变化规律取决于电路本身的特性（电路结构、元件参数），与外界的激励无关。所以，零输入响应又称为电路的自然响应或固有响应。尽管一阶电路的结构和元件参数可以千差万别，从前面 RC、RL 零输入电路分析中可以看出，零输入响应均是以其初始值为起点按指数 $\mathrm{e}^{-\frac{1}{\tau}t}$ 的规律衰减至零。故零输入响应的形式均可以表示为

$$r_{zi}(t) = r_{zi}(0^+) \mathrm{e}^{-\frac{t}{\tau}} \quad t > 0 \tag{6-38}$$

式中 $r_{zi}(t)$ 为一阶电路任意需求的零输入响应；初始值 $r_{zi}(0^+)$ 反映了电路初始状态的影响；时间常数 τ 则体现了电路的固有特征。

由式（6-38）可知，只要确定 $r_{zi}(0^+)$ 和 τ，无须列写和求解电路的微分方程，就可写出需求的零输入响应表达式。

在零输入电路中，初始状态可认为是电路的内激励。从式（6-29）、式（6-34）、式（6-35）和式（6-36）等可见，电路初始状态（U_0 或 I_0）增大 K 倍，则由此引起的零输入响应也相应地增大 K 倍。这种初始状态和零输入响应间的线性关系称为零输入线性，它是线性电路激励与响应线性关系的必然反映。

【例 6-7】　电路如图 6-23a 所示，已知 $R_1 = 4\Omega$，$R_2 = 8\Omega$，$R_3 = 3\Omega$，$R_4 = 1\Omega$，$u_C(0^-) = 6\mathrm{V}$，$t = 0$ 时开关闭合。试求开 S 闭合后的 $u_C(t)$ 和 $u_{ab}(t)$。

解　1）$t = 0^+$ 时由换路定则得

$$u_C(0^+) = u_C(0^-) = 6\mathrm{V}$$

作出 $t = 0^+$ 时刻的初始值等效电路如图 6-23b 所示。

$$u_{ab}(0^+) = \frac{R_2}{R_1 + R_2} u_C(0^+) - \frac{R_4}{R_3 + R_4} u_C(0^+) = 2.5\mathrm{V}$$

2）先求出 cd 端右边网络的等效电阻，再求时间常数。

$$R_{\mathrm{cd}} = \frac{(4+8)(3+1)}{(4+8)+(3+1)}\Omega = 3\Omega$$

故

$$\tau = R_{\mathrm{cd}}C = 3\Omega \times 1\mathrm{F} = 3\mathrm{s}$$

3)代入式(6-38)，得

$$u_C(t) = u_C(0^+)\mathrm{e}^{-\frac{t}{\tau}} = 6\mathrm{e}^{-\frac{t}{3}}\mathrm{V} \quad t \geqslant 0$$

$$u_{\mathrm{ab}}(t) = 2.5\mathrm{e}^{-\frac{t}{3}}\mathrm{V} \quad t > 0$$

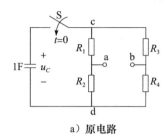 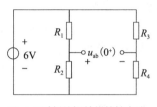

a)原电路   b)$t=0^+$时刻的初始值等效电路

图 6-23 例 6-7 图

6.4 一阶电路的零状态响应

零状态响应即零初始状态响应，是电路仅有外激励引起的响应。本节只讨论一阶电路在恒定激励(直流)作用下的零状态响应，且主要研究动态元件的电压和电流的变化规律。

6.4.1 RC 电路的零状态响应

电路如图 6-24 所示。$t<0$ 时，开关 S 在位置 1，电路已经处于稳态，即电容的初始状态 $u_C(0^-)=0$；当 $t=0$ 时，开关由位置 1 倒向位置 2。根据换路定则，$u_C(0^+)=u_C(0^-)=0$，即 $t=0^+$ 时刻电容相当于短路，根据 KVL 可知，电源电压 U_{S} 全部施加于电阻 R 两端，此时刻电流达到最大值，$i(0^+)=\dfrac{U_{\mathrm{S}}}{R}$。随着充电的进行，电容电压逐渐升高，充电电流逐渐减小，直到 $u_C=U_{\mathrm{S}}$，$i=0$，充电过程结束。电容相当于开路，电路进入稳态。

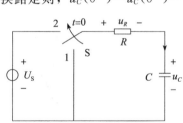

图 6-24 RC 零状态电路

下面进行定量的数学分析。

对于图 6-24 换路后的电路，由 KVL 可得

$$u_R + u_C = U_{\mathrm{S}} \quad t > 0$$

把元件伏安关系 $u_R=Ri$，$i=C\dfrac{\mathrm{d}u_C}{\mathrm{d}t}$ 代入上式，得一阶常系数线性非齐次微分方程为

$$RC\frac{\mathrm{d}u_C}{\mathrm{d}t} + u_C = U_{\mathrm{S}} \quad t > 0 \tag{6-39}$$

$$u_C(0^+) = 0 \tag{6-40}$$

由高等数学可知，该微分方程的完全解由相应的齐次方程的通解 $u_{C\mathrm{h}}$ 和非齐次方程的特解 $u_{C\mathrm{p}}$ 两部分组成，即

$$u_C(t) = u_{C\mathrm{h}}(t) + u_{C\mathrm{p}}(t)$$

式(6-39)微分方程的齐次方程与式(6-25)相同，通解为

$$u_{C\mathrm{h}}(t) = A\mathrm{e}^{-\frac{1}{RC}t} \quad t > 0 \tag{6-41}$$

非齐次方程的特解由外激励强制建立，通常与外激励有相同的函数形式。当激励为直流时，其特解为常量，设

$$u_{\text{Ch}}(t) = K$$

代入式(6-39)得

$$RC\frac{\mathrm{d}K}{\mathrm{d}t} + K = U_{\text{s}}$$

解得

$$K = U_{\text{s}}$$

故特解为

$$u_{\text{Ch}}(t) = U_{\text{s}}$$

于是式(6-39)方程的完全解为

$$u_C(t) = A\mathrm{e}^{-\frac{1}{RC}t} + U_{\text{s}} \quad t > 0 \tag{6-42}$$

式中待定常数 A 由初始条件确定。用 $t = 0^+$ 代入式(6-42)，得

$$u_C(0^+) = (A\mathrm{e}^{-\frac{1}{RC}t} + U_{\text{s}})\big|_{t=0^+} = 0$$

得

$$A = -U_{\text{s}}$$

于是得电容电压的零状态响应为

$$\begin{aligned}
u_C(t) &= -U_{\text{s}}\mathrm{e}^{-\frac{1}{RC}t} + U_{\text{s}} \\
&= U_{\text{s}}(1 - \mathrm{e}^{-\frac{1}{RC}t}) \quad t \geqslant 0 \\
&= U_{\text{s}}(1 - \mathrm{e}^{-\frac{1}{\tau}t}) \quad t \geqslant 0
\end{aligned} \tag{6-43}$$

式中 $\tau = RC$ 为电路的时间常数。当 $t = \tau$ 时，得

$$u_C(\tau) = U_{\text{s}}(1 - \mathrm{e}^{-1}) = 0.632U_{\text{s}}$$

可见，在充电过程中，电容电压由零随时间按指数规律增长，经过时间 τ 电容电压达 $0.632U_{\text{s}}$，最后趋于稳定值 U_{s}。其波形如图 6-25a 所示。从理论上讲，$t \to \infty$ 时，u_C 才能充电到 U_{s}。但在工程上，通常认为经过 $(4 \sim 6)\tau$ 时间，电路充电过程结束，从而进入稳定的工作状态。显然，τ 的大小决定过渡过程的长短，τ 越大，过渡过程越长；反之则越短。

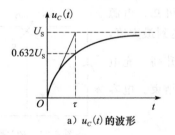
a) $u_C(t)$ 的波形

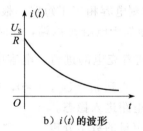
b) $i(t)$ 的波形

图 6-25　RC 零状态电路 $u_C(t)$ 和 $i(t)$ 的波形

充电电流可根据电容的 VCR 求得

$$i(t) = C\frac{\mathrm{d}u_C}{\mathrm{d}t} = \frac{U_{\text{s}}}{R}\mathrm{e}^{-\frac{1}{RC}t} \quad t > 0 \tag{6-44}$$

其波形如图 6-25b 所示。

在整个充电过程中，电阻 R 消耗的总能量为

$$\begin{aligned}
w_R &= \int_{0^+}^{\infty} i^2 R\mathrm{d}t = \int_{0^+}^{\infty} R\left(\frac{U_{\text{s}}}{R}\right)^2 \mathrm{e}^{-\frac{2}{RC}t}\mathrm{d}t \\
&= \left(-\frac{RC}{2} \cdot \frac{U_{\text{s}}^2}{R}\mathrm{e}^{-\frac{2}{RC}t}\right)\Big|_{0^+}^{\infty} = \frac{1}{2}CU_{\text{s}}^2
\end{aligned}$$

与充电结束时电容所储存的电场能量相同。可见不论电阻 R 和电容 C 为何值，充电效率仅为 50%。

6.4.2 RL 电路的零状态响应

RL 零状态电路如图 6-26 所示，$t<0$，开关 S 闭合，电路已经稳定，即电感的初始状态 $i_L(0^-)=0$。当 $t=0$ 时，开关 S 打开，根据换路定则，$i_L(0^+)=i_L(0^-)=0$，对于图 6-26 换路后的电路，由 KCL 可得

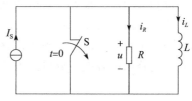

图 6-26　RL 零状态电路

$$i_R + i_L = I_S \quad t>0$$

把元件伏安关系 $i_R=u/R$，$u=L\dfrac{\mathrm{d}i_L}{\mathrm{d}t}$ 代入上式，得一阶常系数线性非齐次微分方程为

$$\frac{L}{R}\frac{\mathrm{d}i_L}{\mathrm{d}t}+i_L=I_S \quad t>0 \tag{6-45}$$

$$i_L(0^+)=0 \tag{6-46}$$

类似 RC 电路零状态响应的求解过程，可知

$$i_L(t)=i_{Lh}(t)+i_{Lp}(t)$$

其中

$$i_{Lh}(t)=Be^{-\frac{R}{L}t} \quad t>0$$

设

$$i_{Lp}(t)=K$$

代入式(6-45)得

$$K=I_S$$

于是式(6-45)方程的完全解为

$$i_L(t)=Be^{-\frac{R}{L}t}+I_S \quad t>0 \tag{6-47}$$

式中待定常数 B 由初始条件确定，用 $t=0^+$ 代入式(6-47)，得

$$i_L(0^+)=\left.(Be^{-\frac{1}{RC}t}+I_S)\right|_{t=0^+}=0$$

得

$$B=-I_S$$

于是电感电流的零状态响应为

$$i_L(t)=I_S(1-e^{-\frac{R}{L}t}) \quad t\geqslant 0$$

$$=I_S(1-e^{-\frac{1}{\tau}t}) \quad t\geqslant 0 \tag{6-48}$$

式中 $\tau=L/R$ 为电路的时间常数。

$$u(t)=L\frac{\mathrm{d}i_L}{\mathrm{d}t}=RI_Se^{-\frac{R}{L}t} \quad t>0 \tag{6-49}$$

其波形如图 6-27 所示。

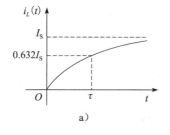

a)

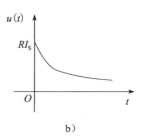

b)

图 6-27　RL 零状态电路的 $i_L(t)$ 和 $u(t)$ 的波形

有关其他的分析与 RC 零状态电路完全类似，这里不再赘述。

6.4.3　一阶电路电容电压、电感电流零状态响应的一般公式

恒定激励下零状态电路的过渡过程实质上是动态元件的储能由零逐渐增长到某一定值的过程。因此，尽管一阶电路的结构和元件参数可以千差万别，但电路中表征电容或电感储能状态的变量 u_C 或 i_L 却都是从零值按指数规律逐渐增长至稳态值。此稳态值可以从电容相当于开路、电感相当于短路的等效电路来求取，此电路称为终值电路。可见，一阶零状态电路的电容电压或电感电流可分别表示为

$$u_{Czs}(t) = u_C(\infty)(1 - e^{-\frac{1}{\tau}t}) \quad t \geqslant 0 \tag{6-50}$$

$$i_{Lzs}(t) = i_L(\infty)(1 - e^{-\frac{1}{\tau}t}) \quad t \geqslant 0 \tag{6-51}$$

式中稳态值 $u_C(\infty)$、$i_L(\infty)$ 简称为终值，可以从终值电路中求取；电路的时间常数 $\tau = RC$ 或 $\tau = L/R$。其中 R 为动态元件所接电阻网络戴维南等效电路的等效电阻。

由式(6-50)和式(6-51)可知，只要确定了 $u_C(\infty)$ 或 $i_L(\infty)$ 和 τ，无须列写和求解电路的微分方程，就可写出电容电压或电感电流的零状态响应表达式。

求得 $u_{Czs}(t)$ 或 $i_{Lzs}(t)$ 后，在求解其他支路的电压和电流时，可以根据替代定理用电压源 $u_{Czs}(t)$ 去替代电容，用电流源 $i_{Lzs}(t)$ 去替代电感，使原电路变成一个电阻电路，运用电阻电路的分析方法求解，也可使用元件的 VCR 去求解。

由式(6-43)、式(6-44)、式(6-48)和式(6-49)可见，当激励(U_s 或 I_s)增大 K 倍，零状态响应也相应增大 K 倍。若电路有多个激励，则响应是每个激励分别作用时产生响应的代数和。这种关系称为零状态线性。它是线性电路中齐次性和可加性在零状态电路中的反映。

【例 6-8】　电路如图 6-28a 所示，电路原已处于稳态，$t=0$ 时开关 S 闭合，试求 $t>0$ 时的 $i_L(t)$ 和 $u(t)$。

解　1) $t<0$ 时，电感无电流，$i_L(0^-)=0$，为零状态电路。由换路定则，$i_L(0^+)=i_L(0^-)=0$。

2) $t \to \infty$ 时，电感相当于短路，画出终值电路如图 6-28b 所示，解得

$$i_L(\infty) = \frac{6}{6 + 3 /\!/ 6} \times \frac{6}{3+6} \text{A} = \frac{6}{8} \times \frac{2}{3} \text{A} = 0.5 \text{A}$$

3) 计算时间常数 τ。由图 6-28a，电感所接电阻网络的等效电阻为

$$R = (3 + 6 /\!/ 6)\Omega = 6\Omega$$

$$\tau = \frac{L}{R} = \frac{1}{3}\text{s}$$

4) 代入式(6-51)，得

$$i_L(t) = 0.5(1 - e^{-3t}) \text{A} \quad t \geqslant 0$$

5) 用电流源 $i_L(t)$ 去替代电感，得图 6-28c。由此，根据叠加定理，可得

$$u(t) = \frac{6}{6+6} \times 6 - \frac{6}{6+6} \times i_L(t) \times 6 = 3 - 1.5(1 - e^{-3t}) \text{V} = 1.5 + 1.5 e^{-3t} \text{V}$$

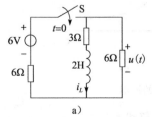 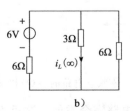 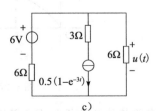

图 6-28　例 6-8 图

6.5 一阶电路的全响应

上两节分别讨论了只有非零初始状态和只有外激励作用时一阶电路的响应，即零输入响应和零状态响应。本节将讨论非零初始状态和外激励(仍限于直流激励)共同作用时的一阶电路的响应，这种响应称为全响应。从电路换路后的能量来源可以推论：电路的全响应必然是其零输入响应与零状态响应的叠加。下面以 RC 电路为例进行分析。

RC 全响应电路如图 6-29 所示，开关 S 未闭合前，电容初始状态为 $u_C(0^-)=U_0$；$t=0$ 时，开关 S 闭合，电路与直流电压 U_s 接通。以电容电压为响应变量，在图示参考方向下，可得电路全响应的微分方程为

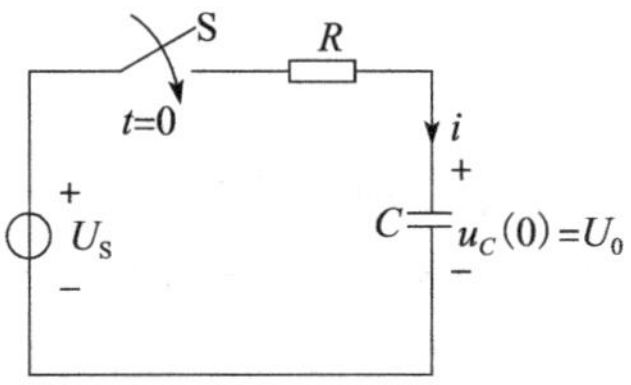

$$RC\frac{\mathrm{d}u_C}{\mathrm{d}t}+u_C=U_s \quad t>0 \qquad (6\text{-}52)$$

$$u_C(0^+)=U_0 \qquad (6\text{-}53)$$

图 6-29 RC 全响应电路

与式(6-39)、式(6-40)的零状态电路方程相比较，差别仅初始条件不同。

故有
$$u_C(t)=u_{Ch}(t)+u_{Cp}(t)$$

式中，$u_{Ch}(t)=Ae^{-\frac{1}{RC}t}$，$u_{Ch}(t)=U_s$，于是

$$u_C(t)=Ae^{-\frac{1}{RC}t}+U_s \qquad (6\text{-}54)$$

式中待定常数 A 由初始条件确定。用 $t=0^+$ 代入式(6-54)，得

$$u_C(0^+)=A+U_s=U_0$$

得
$$A=U_0-U_s$$

于是，电容电压的全响应为

$$u_C(t)=(U_0-U_s)e^{-\frac{1}{RC}t}+U_s \quad t\geqslant 0 \qquad (6\text{-}55)$$

在全响应式(6-55)中，第一项(齐次解)的函数形式由特征根确定，而与激励的函数形式无关(它的系数与激励有关)，称为固有响应或自然响应。第二项(特解)与激励具有相同的函数形式，称为强制响应。

可见，按电路的响应形式来分，全响应可分解为

$$\text{全响应}=\text{固有响应(自然响应)}+\text{强制响应}$$

图 6-30 分别给出了 $U_0<U_s$ 和 $U_0>U_s$ 两种情况下 $u_C(t)$ 及各个分量的波形。

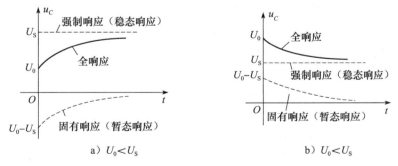

a) $U_0<U_s$ b) $U_0<U_s$

图 6-30 RC 全响应电压 $u_C(t)$ 及各个分量波形

由图可知，$U_0<U_s$ 时电容充电；$U_0>U_s$ 时，电容放电；$U_0=U_s$ 时，电路换路后立即进入稳态。可见只有电路初始值和终值不同时，才会有过渡过程。

在全响应式(6-55)中，第一项按指数规律衰减，当 $t\to\infty$ 时，该分量将衰减至零，故

又称为电路的暂态响应。第二项在任何时刻都保持稳定，故又称为稳态响应，它是 t 趋近于无穷大、暂态响应衰减为零时的电容电压的稳态响应分量 $u_C(\infty)$。

因此，按电路的响应特性来分，全响应可分解为

$$全响应 = 暂态响应 + 稳态响应$$

将式(6-55)重新整理，可表示为

$$u_C(t) = U_0 e^{-\frac{1}{RC}t} + U_s(1 - e^{-\frac{1}{RC}t}) \quad t \geqslant 0 \tag{6-56}$$

$$\underset{(零输入响应)}{} \quad \underset{(零状态响应)}{}$$

$$= u_{Czi}(t) + u_{Czs}(t)$$

式中第一项是外激励 $U_s = 0$ 时，由初始状态 $u_C(0^-) = U_0$ 产生的零输入响应；第二项是初始状态 $u_C(0^-) = 0$ 时，由外激励 U_s 产生的零状态响应。式(6-56)说明动态电路的全响应符合线性的叠加定理，即

$$全响应 = 零输入响应 + 零状态响应$$

在换路后恒定激励且 $R > 0$ 的情况下，一阶电路的固有响应就是暂态响应，强制响应就是稳态响应。

6.6　一阶电路的三要素法

前面几节分析了零输入响应和零状态响应，并指出全响应是零输入响应和零状态响应的叠加。本节介绍的三要素法是一种能直接计算一阶电路的简便方法，它可用于求解任一变量的零输入响应、零状态响应和全响应。

6.6.1　三要素公式

在线性时不变一阶电路中，设 $t = 0$ 时换路。换路后电路任一响应与激励之间的关系均可用一个一阶常系数线性微分方程来描述，其一般形式为

$$\frac{\mathrm{d}r(t)}{\mathrm{d}t} + ar(t) = bw(t) \quad t > 0 \tag{6-57}$$

其中 $r(t)$ 为电路的任一响应，$w(t)$ 是与外激励有关的时间 t 的函数，a、b 为实常数。响应 $r(t)$ 的完全解为该微分方程相应的齐次方程的通解与非齐次方程特解之和。即响应 $r(t)$ 为

$$r(t) = r_h(t) + r_p(t) \quad t > 0 \tag{6-58}$$

其中 $r_h(t) = Ae^{-\frac{1}{\tau}t}$，$r_p(t)$ 的形式由外激励决定，得

$$r(t) = r_p(t) + Ae^{-\frac{1}{\tau}t} \tag{6-59}$$

设响应的初始值为 $r(0^+)$，将 $t = 0^+$ 代入上式，得

$$r(0^+) = A + r_p(0^+)$$

得

$$A = r(0^+) - r_p(0^+) \tag{6-60}$$

将式(6-60)代入式(6-59)，得

$$r(t) = r_p(t) + [r(0^+) - r_p(0^+)]e^{-\frac{1}{\tau}t} \quad t > 0 \tag{6-61}$$

上式为求取一阶电路任意激励下任一响应的公式，式中 $r_p(0^+)$ 为非齐次方程特解或强制响应在 $t = 0^+$ 时的值。

当换路后在恒定激励作用下，式(6-61)中非齐次方程特解 $r_p(t)$ 为常数，即为响应的稳态值 $r(\infty)$。显然有 $r_p(t) = r(\infty) = r_p(0^+)$，故式(6-61)可表示为

$$r(t) = r(\infty) + [r(0^+) - r(\infty)]e^{-\frac{1}{\tau}t} \quad t > 0 \tag{6-62}$$

式中 $r(0^+)$、$r(\infty)$ 和 τ 分别代表响应的初始值、稳态值(也称终值)和时间常数，称为恒定激励下一阶电路响应的三要素。上式表明，恒定激励下一阶电路任一响应由三要素确定。只要求出这三个要素，就能确定响应的表达式，而不用求解微分方程。这种直接根据式(6-62)求解恒定激励下一阶电路响应的方法称为三要素法。相应地式(6-62)则称为三要素公式。

三要素公式适用于恒定激励下一阶电路任意支路的电流或任意两端的电压。而且不仅适用于计算全响应，同样也适用于求解零输入响应和零状态响应。

如果换路时刻为 $t=t_0$，则式(6-62)为

$$r(t) = r(\infty) + [r(t_0^+) - r(\infty)]e^{-\frac{1}{\tau}(t-t_0)} \quad t > t_0$$

6.6.2　三要素法的计算步骤

三要素法可按下列步骤进行，其中三要素的求法在前面已作了讨论，下面归纳说明。

(1) 初始值 $r(0^+)$

设换路时刻 $t=0$，且换路前电路已稳定。此时，$\dfrac{\mathrm{d}u_C}{\mathrm{d}t}=0$，即 $i_C=0$，或 $\dfrac{\mathrm{d}i_L}{\mathrm{d}t}=0$，即 $u_L=0$。因此，将电容元件视作开路，将电感元件视作短路，画出 $t=0^-$ 时刻的等效电路，用电阻电路方法求出初始状态 $u_C(0^-)$ 或 $i_L(0^-)$。然后根据换路定则，求得 $u_C(0^+)=u_C(0^-)$ 或 $i_L(0^+)=i_L(0^-)$。接着，将电容元件用电压为 $u_C(0^+)$ 的直流电压源替代，电感元件用电流为 $i_L(0^+)$ 的直流电流源替代，得出 $t=0^+$ 时刻的初始值等效电路，用电阻电路分析方法求出任一所需求的初始值 $r(0^+)$。

(2) 稳态值 $r(\infty)$

电路在 $t\to\infty$ 时达到新的稳态，将电容元件视作开路，将电感元件视作短路，这样可作出稳态电路，求得任一变量的稳态值 $r(\infty)$。

(3) 时间常数 τ

将换路后电路中的动态元件(电容或电感)从电路中取出，求出剩余电路的戴维南(或诺顿)等效电路的电阻 R_0，也就是说 R_0 等于电路中独立源置零时，从动态元件两端看进去的等效电阻。对于 RC 电路，则 $\tau=R_0C$，对于 RL 电路，则 $\tau=L/R_0$。

将初始值 $r(0^+)$、稳态值 $r(\infty)$ 和时间常数 τ 代入三要素公式(6-62)，写出响应 $r(t)$ 的表达式，这里 $r(t)$ 泛指任一电压或电流。

【例6-9】 电路如图6-31a所示，$t=0$ 时开关 S 由1倒向2，开关换路前电路已经稳定。试求 $t>0$ 时的响应 $i(t)$，并画出其波形。

解　(1) 求取 $i(0^+)$

首先求取 $i_L(0^-)$，已知开关 S 换路前电路已经稳定，则电感相当于短路，得 $t=0^-$ 等效电路，如图6-31b所示，得

$$i_L(0^-) = 2\mathrm{A}$$

然后应用换路定则，$i_L(0^+)=i_L(0^-)=2\mathrm{A}$，画出换路后 $t=0^+$ 等效电路，如图6-31c所示，由叠加定理得

$$i(0^+) = \frac{1}{4} + 2\times\frac{12}{16}\mathrm{A} = 1.75\mathrm{A}$$

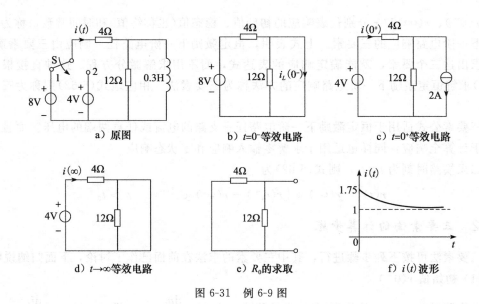

图 6-31　例 6-9 图

（2）求取 $i(\infty)$

$t\to\infty$ 时，电路达到新的稳定，电感相当于短路，得 $t\to\infty$ 等效电路如图 6-31d 所示，得

$$i(\infty)=1\mathrm{A}$$

（3）求取 τ

动态元件所接电阻电路如图 6-31e 所示，得

$$R_0=4\mathbin{/\mkern-5mu/}12\Omega=3\Omega$$

$$\tau=\frac{L}{R_0}=\frac{0.3}{3}\mathrm{s}=0.1\mathrm{s}$$

（4）将三要素代入公式（6-62），得

$$i(t)=1+[1.75-1]\mathrm{e}^{-10t}=1+0.75\mathrm{e}^{-10t}\mathrm{A}\quad t>0$$

$i(t)$ 波形图如图 6-31f 所示。

【例 6-10】　电路如图 6-32a 所示，$t=0$ 时开关 S 断开，开关 S 断开前电路已经稳定。试求 $t>0$ 的 $u(t)$ 和 $i(t)$。

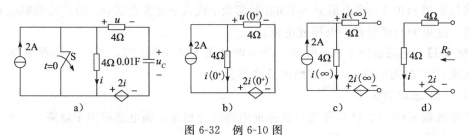

图 6-32　例 6-10 图

解　（1）求取 $u(0^+)$，$i(0^+)$

此电路为零状态电路，即 $u_C(0^-)=0$，由换路定则得 $u_C(0^+)=u_C(0^-)=0$，作 $t=0^+$ 等效电路如图 6-32b 所示，对右边的回路及上边 4Ω 电阻列方程，得

$$u(0^+)-2i(0^+)-4i(0^+)=0$$

$$u(0^+)=4[2-i(0^+)]$$

解得
$$i(0^+) = 0.8\text{A}$$
$$u(0^+) = 4.8\text{V}$$

（2）求取 $u(\infty)$、$i(\infty)$

$t \to \infty$ 时，电路已经稳定，电容相当于开路，得 $t \to \infty$ 时等效电路如图 6-32c 所示，得
$$u(\infty) = 0 \qquad i(\infty) = 2\text{A}$$

（3）求取 τ

动态元件所接电阻网络如图 6-32d 所示，采用加压求流法，得
$$R_0 = 10\Omega \qquad \tau = R_0 C = 0.1\text{s}$$

（4）最后，代入三要素公式，得
$$u(t) = 4.8\text{e}^{-10t}\text{V} \quad t > 0$$
$$i(t) = 2 + [0.8 - 2]\text{e}^{-10t} = 2 - 1.2\text{e}^{-10t}\text{A} \quad t > 0$$

【**例 6-11**】 电路如图 6-33a 所示，已知 $u_C(0^-) = 1\text{V}$，$i_L(0^-) = 2\text{A}$，$t = 0$ 时开关 S 由位置 1 倒向位置 2，求 $t > 0$ 时的响应 $u(t)$。

解 此电路并非一阶电路，但电源是理想电流源，原图可改画成 6-33b。换路后，RC、RL 两部分电路可分别计算。显然有 $u(t) = u_C(t) + u_L(t)$。

RC 电路部分：
$$u_C(0^+) = u_C(0^-) = 1\text{V}$$
$$u_C(\infty) = 2\text{V}$$
$$\tau_1 = RC = 1\text{s}$$
$$u_C(t) = 2 - \text{e}^{-t}\text{V} \quad t > 0$$

RL 电路部分
$$i_L(0^+) = i_L(0^-) = 2\text{A}$$
$$u_L(0^+) = -2\text{V}$$
$$u_L(\infty) = 0$$
$$\tau_2 = \frac{L}{R_0} = \frac{1}{2}\text{s}$$
$$u_L(t) = -2\text{e}^{-2t}\text{V} \quad t > 0$$

所以，
$$u(t) = 2 - \text{e}^{-t} - 2\text{e}^{-2t}\text{V} \quad t > 0$$

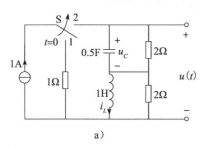 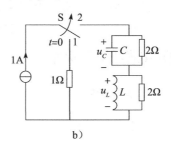

图 6-33 例 6-11 图

【**例 6-12**】 电路如图 6-34a 所示，已知 $R_1 = 10\Omega$，$R_2 = 15\Omega$，$C = 0.1\text{F}$，$U_S = 20\text{V}$。开关 S 在位置 a 时电路已稳定，$t = 0$ 时开关 S 由位置 a 倒向位置 b，当 $t = 2\text{s}$ 时，开关 S 由位置 b 倒回位置 a，求 $i_C(t)$ 并画出 $i_C(t)$ 的波形。

解 $t < 0$ 时，$\qquad\qquad u_C(0^-) = 0$

$t = 0^+$ 时，$\qquad\qquad u_C(0^+) = u_C(0^-) = 0$

$$i_C(0^+) = \frac{U_s}{R_1} = 2\text{A}$$

$t=\infty$ 时，　　　　　　$u_C(\infty)=U_s=20\text{V},\ i_C(\infty)=0$

$$\tau_1 = R_1C = 1\text{s}$$

由三要素公式得

$$i_C(t) = 2\text{e}^{-t}\text{A} \qquad\qquad 0 < t < 2\text{s}$$
$$u_C(t) = 20(1-\text{e}^{-t})\text{V} \quad 0 < t < 2\text{s}$$

$t=2^-$ 时，　　　　　　$u_C(2^-)=20(1-\text{e}^{-2})=17.3\text{V}$

$t=2^+$ 时，由换路定则，$u_C(2^+)=u_C(2^-)=17.3\text{V}$，画出 $t=2^+$ 等效电路如图 6-34b 所示，得

$$i_C(2^+) = -\frac{u_C(2^+)}{R_1+R_2} = -0.692\text{A}$$

$$i_C(\infty) = 0$$

$$\tau_2 = (R_1+R_2)C = 2.5\text{s}$$

由三要素公式得

$$i_C(t) = i_C(2^+)\text{e}^{-\frac{t-2}{\tau_2}}$$
$$= -0.692\text{e}^{-0.4(t-2)}\text{A} \quad t > 2\text{s}$$

$i_C(t)$ 波形如图 6-34c 所示。

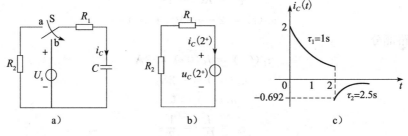

图 6-34　例 6-12 图

第一次换路时电路处于零状态情况，第二次换路时电路处于零输入情况。这两种情况下的响应在本例中都应用三要素公式来计算，因为三要素公式不仅适用于计算全响应，同样也适用于求解零输入响应和零状态响应。

6.7　一阶电路的阶跃响应

6.7.1　单位阶跃信号

在动态电路中，广泛引用阶跃信号来描述电路的激励和响应。单位阶跃信号的定义为

$$\varepsilon(t) = \begin{cases} 0 & t < 0 \\ 1 & t > 0 \end{cases} \tag{6-63}$$

其波形如图 6-35a 所示，在跃变点 $t=0$ 处，函数值未定义。

若单位阶跃信号跃变点在 $t=t_0$ 处，则称其为延迟单位阶跃信号，它可表示为

$$\varepsilon(t-t_0) = \begin{cases} 0 & t < t_0 \\ 1 & t > t_0 \end{cases} \tag{6-64}$$

其波形如图 6-35b 所示。

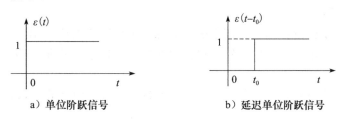

a）单位阶跃信号　　　　　　　b）延迟单位阶跃信号

图 6-35　阶跃信号

在动态电路中，单位阶跃信号可以用来描述开关 S 的动作。A 伏的直流电压在 $t = 0$ 时施加于电路，用开关表示如图 6-36a 所示，引入阶跃信号后，同一问题可用图 6-36b 来表示，两者是等效的。类似地，图 6-36c、d 也是等效的。

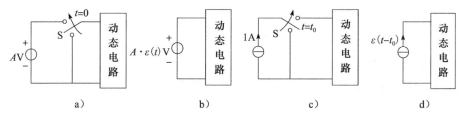

图 6-36　用阶跃信号表示开关换路

利用单位阶跃信号可以方便地表示各种信号。例如，图 6-37a 所示的矩形脉冲信号，可以看成是图 6-37b、c 所示的两个阶跃信号的叠加。即

$$f(t) = A\varepsilon(t) - A\varepsilon(t - t_0)$$

图 6-38a、b 和 c 所示的信号分别表示为

$$f_1(t) = \varepsilon(t) + \varepsilon(t - 1) - 2\varepsilon(t - 2)$$
$$f_2(t) = t[\varepsilon(t) - \varepsilon(t - 1)]$$
$$f_3(t) = \sin t[\varepsilon(t) - \varepsilon(t - \pi)]$$

可见，用阶跃信号来表示分段信号很简捷。

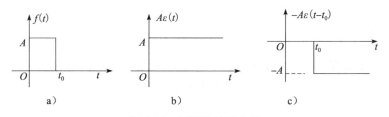

a）　　　　　　　b）　　　　　　　c）

图 6-37　矩形脉冲的分解

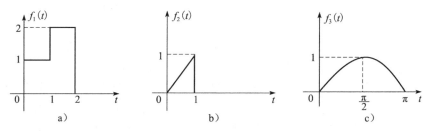

图 6-38　利用阶跃信号表示各种分段信号

6.7.2　阶跃响应

零状态电路在单位阶跃信号作用下的响应称为单位阶跃响应，用 $s(t)$ 来表示。响应可以是电压，也可以是电流。一阶电路的单位阶跃响应可按直流一阶电路来分析，即可运用三要素法进行分析。

【例6-13】 求图 6-39a 所示电路在图 b 所示脉冲电流作用下的零状态响应 $i_L(t)$。

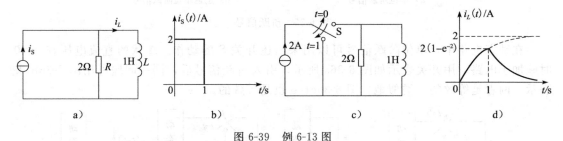

图 6-39　例 6-13 图

解 本例可用两种方法求解。

方法一 将激励视作图 6-39c 电路开关 S 动作两次。

在 $0 < t < 1$ 期间，$i_S = 2\text{A}$，$i_L(0^+) = i_L(0^-) = 0$，求得

$$i_L(\infty) = 2\text{A}, \quad \tau = 0.5\text{s}$$

由三要素公式得

$$i_L(t) = 2(1 - e^{-2t})\text{A} \qquad 0 \leqslant t \leqslant 1$$

在 $t > 1$ 期间，电路成为零输入，由换路定则得

$$i_L(1^+) = i_L(1^-) = 2(1 - e^{-2})\text{A}$$

又

$$i_L(\infty) = 0, \quad \tau = 0.5\text{s}$$

得

$$i_L(t) = 2(1 - e^{-2})e^{-2(t-1)}\text{A} \quad t > 1$$

$i_L(t)$ 的波形如图 6-39d 所示。

方法二 将脉冲电流 $i_S(t)$ 看作是两个阶跃电流之和，即

$$i_S(t) = 2\varepsilon(t) - 2\varepsilon(t-1)\text{A}$$

求电路的阶跃响应 $s(t)$，得

$$s(t) = (1 - e^{-2t})\varepsilon(t)$$

上式所求得的阶跃响应中包含有 $\varepsilon(t)$ 因子，故无需在表达式后再注明 $(t > 0)$。

由电路的零状态线性，可得 $2\varepsilon(t)$ 作用的零状态响应为 $2s(t)$；$-2\varepsilon(t)$ 作用下的零状态响应为 $-2s(t)$。

再由电路的时不变性，可得 $-2\varepsilon(t-1)$ 作用下的零状态响应为 $-2s(t-1)$。

根据叠加原理，可得 $i_S(t) = 2\varepsilon(t) - 2\varepsilon(t-1)$ 作用下的零状态响应为 $2s(t) - 2s(t-1)$，即

$$i_L(t) = 2(1 - e^{-2t})\varepsilon(t) - 2(1 - e^{-2(t-1)})\varepsilon(t-1)\text{A}$$

这两种方法计算结果是一致的。显然方法二的表达要简单。

上例中，首先将图 6-39b 所示的分段常量信号分解为阶跃信号，然后根据叠加原理，将各阶跃信号分量单独作用于电路的零状态响应相加得到该分段常量信号作用下电路的零状态响应。如果电路的初始状态不为零，则需再叠加上电路的零输入响应，就可得到该电路在分段常量信号作用下的全响应。

【例 6-14】　电路如图 6-40a 所示，$u_S(t)$ 波形如图 6-40b 所示，已知 $u_C(0^-)=2\text{V}$，求 $t>0$ 时的 $i(t)$。

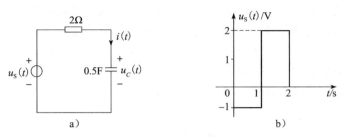

图 6-40　例 6-14 图

解　由于外激励是分段常量信号，故可以通过阶跃响应求零状态响应，零输入响应单独求取，叠加后得到全响应。

（1）求取零输入响应 $i_{zi}(t)$

令 $u_S(t)=0$。由 $u_C(0^+)=u_C(0^-)=2\text{V}$，可求得

$$i(0^+)=-1\text{A},\quad i(\infty)=0,\quad \tau=1\text{s}$$

由三要素公式得

$$i_{zi}(t)=-\mathrm{e}^{-t}\quad t>0$$

（2）求取零状态响应 $i_{zs}(t)$

令 $u_S(t)=\varepsilon(t)$，$u_C(0^-)=0$，由三要素法可求得

$$s(t)=0.5\mathrm{e}^{-t}\varepsilon(t)$$

由

$$u_S(t)=-\varepsilon(t)+3\varepsilon(t-1)-2\varepsilon(t-2)$$

得

$$i_{zs}(t)=-s(t)+3s(t-1)-2s(t-2)$$

$$=-0.5\mathrm{e}^{-t}\varepsilon(t)+1.5\mathrm{e}^{-(t-1)}\varepsilon(t-1)-\mathrm{e}^{-(t-2)}\varepsilon(t-2)\text{A}$$

（3）叠加求全响应

$$i(t)=i_{zi}(t)+i_{zs}(t)$$

$$=-\mathrm{e}^{-t}-0.5\mathrm{e}^{-t}\varepsilon(t)+1.5\mathrm{e}^{-(t-1)}\varepsilon(t-1)-\mathrm{e}^{-(t-2)}\varepsilon(t-2)\text{A}\quad t>0$$

由于 $t<0$ 时不能确定 $i_{zi}(t)$，故零输入响应或非零初始储能的全响应表达式后仍要注明 $(t>0)$。

6.8　二阶电路的零输入响应

二阶微分方程描述的电路称为二阶电路。从电路结构来看，二阶电路包含两个独立的动态元件。这两个动态元件可以性质相同（如两个 L 或两个 C），也可以性质不同（如一个 L 和一个 C）。

二阶电路的全响应等于零输入响应和零状态响应的叠加。零输入响应是由非零初始状态引起的；零状态响应是由外激励引起的。

本节通过图 6-41 所示 RLC 串联电路的放电过程来讨论二阶电路的零输入响应。开关 S 闭合前电容已经充电，设电容初始电压 $u_C(0^-)=U_0$，电感的初始电流 $i_L(0^-)=0$，$t=0$ 时开关 S 闭合。在初始时刻，能量全部储存于电容中，电容将通过 R、L 放电，由于电路中有耗能元件 R，且无外激励补充能量，可以想象，电容的初始储能将被电阻耗尽，最后

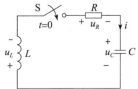

图 6-41　零输入 RLC 串联电路

电路各电压、电流趋于零。但这与零输入 RC 放电过程有所不同，原因是电路中有储能元件 L，电容在放电过程中释放的能量除供电阻消耗外，部分电场能量将随放电电流流经电感而被转换成磁场能量而储存于电感之中。同样，电感的磁场能量除供电阻消耗外，也可能再次转换为电容的电场能量，从而形成电场和磁场能量的交换。这种能量交换视 R、L、C 参数相对大小不同可能是反复多次，也可能构不成能量反复交换。

下面进行定量的数学分析。设 $u_C(0^-) = U_0$，$i_L(0^-) = I_0$。

在图示电压、电流参考方向下，由 KVL，得

$$u_L + u_R + u_C = 0 \quad t > 0$$

将元件的 VCR，$i = C\dfrac{\mathrm{d}u_C}{\mathrm{d}t}$，$u_R = Ri = RC\dfrac{\mathrm{d}u_C}{\mathrm{d}t}$，$u_L = L\dfrac{\mathrm{d}i}{\mathrm{d}t} = LC\dfrac{\mathrm{d}^2 u_C}{\mathrm{d}t^2}$ 代入上式，可以得到以 u_C 为变量的二阶线性常系数齐次微分方程，为

$$LC\frac{\mathrm{d}^2 u_C}{\mathrm{d}t^2} + RC\frac{\mathrm{d}u_C}{\mathrm{d}t} + u_C = 0 \quad t > 0 \tag{6-65}$$

为求解该微分方程的解，必须知道两个初始条件 $u_C(0^+)$ 和 $u_C'(0^+)$。第一个条件可直接由换路定则确定，即 $u_C(0^+) = u_C(0^-) = U_0$。第二个条件由换路定则 $i(0^+) = i_L(0^+) = i_L(0^-) = I_0$，以及电容元件的 VCR 确定，即

$$u_C'(0^+) = \frac{\mathrm{d}u_C}{\mathrm{d}t}\bigg|_{t=0^+} = \frac{i(0^+)}{C} = \frac{I_0}{C}$$

因此，只要知道电路的初始状态 $u_C(0^-)$ 及 $i_L(0^-)$，即可定出电路的两个初始条件，进而确定响应 $u_C(t)$。

由微分方程理论可知，式(6-65)的解答形式将视特征根的性质而定。

特征方程为

$$LCS^2 + RCS + 1 = 0$$

其特征根为

$$S_{1,2} = -\frac{R}{2L} \pm \sqrt{\left(\frac{R}{2L}\right)^2 - \frac{1}{LC}} \tag{6-66}$$

式(6-66)表明，特征根由电路本身的参数 R、L、C 的数值决定，反映了电路的固有特性，且具有频率的量纲，与一阶电路类似，称为电路的固有频率。电路的固有频率将决定电路响应的模式。由于 R、L、C 相对数值不同，电路的固有频率可能出现以下三种情况：

1) 当 $\left(\dfrac{R}{2L}\right)^2 > \dfrac{1}{LC}$ 即 $R > 2\sqrt{\dfrac{L}{C}}$ 时，S_1、S_2 为不相等的负实数；

2) 当 $\left(\dfrac{R}{2L}\right)^2 = \dfrac{1}{LC}$ 即 $R = 2\sqrt{\dfrac{L}{C}}$ 时，S_1、S_2 为相等的负实数；

3) 当 $\left(\dfrac{R}{2L}\right)^2 < \dfrac{1}{LC}$ 即 $R < 2\sqrt{\dfrac{L}{C}}$ 时，S_1、S_2 为共轭复数。

$2\sqrt{\dfrac{L}{C}}$ 具有电阻的量纲，称为 RLC 串联电路的阻尼电阻，记为 R_d，即

$$R_d = 2\sqrt{\frac{L}{C}} \tag{6-67}$$

当串联电阻 R 大于、等于或小于阻尼电阻时分别称为过阻尼、临界阻尼和欠阻尼情况。下面主要在 $u_C(0^-) = U_0$ 和 $i_L(0^-) = 0$ 的假设条件下分别讨论这三种情况。从该分析

方法中不难推广得出对于 $u_C(0^-)$ 和 $i_L(0^-)$ 为任意值的零输入响应的变化规律，区别仅在于因初始条件不同其常数不同而已。

6.8.1 过阻尼情况

当 $R>R_d=2\sqrt{\dfrac{L}{C}}$ 时，为过阻尼。电路的两个固有频率 S_1、S_2 为不相等的负实数，即

$$S_1 = -\frac{R}{2L} + \sqrt{\left(\frac{R}{2L}\right)^2 - \frac{1}{LC}} = -\alpha_1 \quad S_2 = -\frac{R}{2L} - \sqrt{\left(\frac{R}{2L}\right)^2 - \frac{1}{LC}} = -\alpha_2$$

齐次方程的解为

$$u_C(t) = A_1 e^{S_1 t} + A_2 e^{S_2 t} = A_1 e^{-\alpha_1 t} + A_2 e^{-\alpha_2 t} \quad t>0 \tag{6-68}$$

式中，常数 A_1 和 A_2 由初始条件确定。用 $t=0^+$ 代入式(6-68)，得

$$u_C(0^+) = A_1 + A_2 = U_0$$

$$u_C'(0^+) = -\alpha_1 A_1 - \alpha_2 A_2 = \frac{i(0^+)}{C} = 0$$

联立求解上述两式，得

$$A_1 = \frac{\alpha_2}{\alpha_2 - \alpha_1} U_0$$

$$A_2 = \frac{-\alpha_1}{\alpha_2 - \alpha_1} U_0$$

将 A_1、A_2 代入式(6-68)，得零输入响应 $u_C(t)$ 的表达式为

$$\begin{aligned} u_C(t) &= \frac{\alpha_2}{\alpha_2 - \alpha_1} U_0 e^{-\alpha_1 t} - \frac{\alpha_1}{\alpha_2 - \alpha_1} U_0 e^{-\alpha_2 t} \\ &= \frac{U_0}{\alpha_2 - \alpha_1} (\alpha_2 e^{-\alpha_1 t} - \alpha_1 e^{-\alpha_2 t}) \quad t>0 \end{aligned} \tag{6-69}$$

电路的其他响应为

$$\begin{aligned} i(t) &= C\frac{du_C}{dt} = \frac{CU_0 \alpha_1 \alpha_2}{\alpha_2 - \alpha_1} (e^{-\alpha_2 t} - e^{-\alpha_1 t}) \\ &= \frac{U_0}{L(\alpha_2 - \alpha_1)} (e^{-\alpha_2 t} - e^{-\alpha_1 t}) \quad t>0 \end{aligned} \tag{6-70}$$

$$u_L(t) = L\frac{di}{dt} = \frac{U_0}{\alpha_2 - \alpha_1} (\alpha_1 e^{-\alpha_1 t} - \alpha_2 e^{-\alpha_2 t}) \quad t>0 \tag{6-71}$$

由前述 α_1、α_2 的表达式可知，$\alpha_2 > \alpha_1$，故 $t>0$ 时，$e^{-\alpha_1 t} > e^{-\alpha_2 t}$，且 $\dfrac{\alpha_2}{\alpha_2 - \alpha_1} > \dfrac{\alpha_1}{\alpha_2 - \alpha_1} > 0$。所以，$u_C(t)$ 在 $t>0$ 的所有时间内均为正值；而 $i(t)$ 在 $t>0$ 的所有时间内均为负值，这同时说明 $u_C(t)$ 的斜率始终为负值，即 $u_C(t)$ 始终单调下降直至趋于零。

式(6-70)又表明，$t=0$ 时，$i(0)=0$；$t\to\infty$ 时，$i(\infty)=0$，这表明 $i(t)$ 将出现极值，可通过导数为零，即式(6-71)$u_L(t)=0$ 得到

$$\alpha_1 e^{-\alpha_1 t} - \alpha_2 e^{-\alpha_2 t} = 0$$

故得

$$t = t_m = \frac{1}{\alpha_2 - \alpha_1} \ln\frac{\alpha_2}{\alpha_1} \tag{6-72}$$

$u_C(t)$、$i(t)$ 和 $u_L(t)$ 的波形如图 6-42 所示。

分析图 6-42 所示各电压、电流波形可知，在整个过程中，u_C 单调下降说明电容始终

处于放电状态，且 u_C 和 i 的方向相反，其瞬时功率 $p_C=u_Ci<0$，表明电容始终在释放电场能量。但在 $0<t<t_m$ 期间，i 和 u_L 方向相同，其瞬时功率 $p_L=u_Li>0$，表明电感吸收能量。在 $t=t_m$ 时电感储能达最大值。故在此期间，电容释放的能量除一部分供电阻消耗外，另一部分转换成磁场能量。在 $t_m<t<\infty$ 期间，u_L 改变了方向，u_L 和 i 方向相反，其瞬时功率 $p_L=u_Li<0$，表明电感释放原先储存的能量，在此期间电容和电感共同提供电阻的耗能，最终被电阻耗尽，各电压、电流均趋于零。电容这种单向性放电称为非振荡放电。

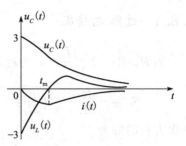

图 6-42　RLC 串联零输入电路过阻尼情况电压、电流波形

因此，当电路中电阻较大，符合 $R>R_d=2\sqrt{\dfrac{L}{C}}$ 条件的过阻尼时，响应是非振荡性的。

【例 6-15】 如图 6-41 所示 RLC 串联电路，已知 $R=20\Omega$，$C=\dfrac{1}{32}$F，$L=2$H，$u_C(0^-)=3$V，$i_L(0^-)=0$。试求 $t=0$ 时开关 S 闭合后的 $u_C(t)$、$i(t)$ 和 $u_L(t)$。

解　$R=20\Omega>R_d=2\sqrt{\dfrac{L}{C}}=16\Omega$，因而电路为过阻尼情况。其固有频率为

$$S_{1,2}=-\frac{R}{2L}\pm\sqrt{\left(\frac{R}{2L}\right)^2-\frac{1}{LC}}=-5\pm3$$

即
$$-\alpha_1=-2,\quad-\alpha_2=-8$$

故
$$u_C(t)=A_1e^{-2t}+A_2e^{-8t}\quad t>0$$
$$u_C{}'(t)=-2A_1e^{-2t}-8A_2e^{-8t}\quad t>0$$

代入初始条件

$$u_C(0^+)=u_C(0^-)=3\text{V}=A_1+A_2$$

$$u_C'(0^+)=\frac{i_L(0^+)}{C}=\frac{i_L(0^-)}{C}=0=-2A_1-8A_2$$

得
$$A_1=4,\quad A_2=-1$$

于是，得

$$u_C(t)=(4e^{-2t}-e^{-8t})\text{V}\quad t>0$$

则
$$i(t)=C\frac{du_C(t)}{dt}=\frac{1}{32}(-8e^{-2t}+8e^{-8t})=(-0.25e^{-2t}+0.25e^{-8t})\text{A}\quad t>0$$

$$u_L(t)=L\frac{di(t)}{dt}=2\times(0.5e^{-2t}-2e^{-8t})=(e^{-2t}-4e^{-8t})\text{V}\quad t>0$$

6.8.2　临界阻尼情况

当 $R=R_d=2\sqrt{\dfrac{L}{C}}$ 时，为临界阻尼。此时固有频率 S_1、S_2 为相等的负实数，即

$$S_1=S_2=-\frac{R}{2L}=-\alpha$$

齐次方程的解为

$$u_C(t)=A_1e^{-\alpha t}+A_2te^{-\alpha t}\quad t>0 \tag{6-73}$$

式中常数由初始条件确定，用 $t=0^+$ 代入式(6-73)，得

$$u_C(0^+) = A_1 = U_0$$

$$u_C'(0^+) = \frac{\mathrm{d}u_C}{\mathrm{d}t}\bigg|_{t=0^+} = -A_1\alpha + A_2 = \frac{i(0^+)}{C} = 0$$

得

$$A_2 = U_0\alpha$$

将 A_1、A_2 代入式(6-73)，零输入响应 $u_C(t)$ 的表达式为

$$u_C(t) = U_0(1+\alpha t)\mathrm{e}^{-\alpha t} \quad t > 0 \tag{6-74}$$

电路其他响应为

$$i(t) = C\frac{\mathrm{d}u_C}{\mathrm{d}t} = -\alpha^2 C U_0 t\mathrm{e}^{-\alpha t} = -\frac{U_0}{L}t\mathrm{e}^{-\alpha t} \quad t > 0 \tag{6-75}$$

$$u_L(t) = L\frac{\mathrm{d}i}{\mathrm{d}t} = U_0(\alpha t - 1)\mathrm{e}^{-\alpha t} \quad t > 0 \tag{6-76}$$

上述各式表明，此时电路仍处于非振荡单向放电状态。各响应曲线与图 6-42 所示过阻尼情况相似，其能量转换过程亦与之相同。由于 $R = 2\sqrt{\dfrac{L}{C}}$ 恰是电路响应呈非振荡与振荡的分界线，故称之为临界振荡情况，此时电阻 R 称为临界电阻，它等于阻尼电阻 R_d。令 $\dfrac{\mathrm{d}i}{\mathrm{d}t} = 0$，可以得到电流 $i(t)$ 出现极值的时刻 $t_m = \dfrac{1}{\alpha}$。

【例 6-16】 在 RLC 串联电路中，已知 $R = 10\Omega$，$C = 4\mathrm{mF}$，$L = 0.1\mathrm{H}$，$u_C(0^-) = 3\mathrm{V}$，$i_L(0^-) = 0.1\mathrm{A}$。试求 $t = 0$ 时开关闭合后的 $u_C(t)$ 和 $i(t)$。

解　$R = 10\Omega = R_d = 2\sqrt{\dfrac{L}{C}}$，因而电路为临界阻尼情况。其固有频率为

$$S_{1,2} = -\alpha = -\frac{R}{2L} = -50$$

故

$$u_C(t) = (A_1 + A_2 t)\mathrm{e}^{-50t} \quad t > 0$$

代入初始条件

$$u_C(0^+) = u_C(0^-) = 3\mathrm{V}$$

$$u_C'(0^+) = \frac{i_L(0^+)}{C} = \frac{i_L(0^-)}{C} = 25\mathrm{V/s}$$

得

$$u_C(0^+) = A_1 = 3$$

$$u_C'(0^+) = -50A_1 + A_2 = 25$$

得

$$A_1 = 3, \quad A_2 = 175$$

于是，得

$$u_C(t) = 3\mathrm{e}^{-50t} + 175t\mathrm{e}^{-50t} \quad t > 0$$

则

$$i(t) = C\frac{\mathrm{d}u_C(t)}{\mathrm{d}t} = [4\times10^{-3}(-150\mathrm{e}^{-50t} + 175\mathrm{e}^{-50t} - 8750t\mathrm{e}^{-50t})]\mathrm{A}$$

$$= [0.1\mathrm{e}^{-50t} - 35t\mathrm{e}^{-50t}]\mathrm{A} \quad t > 0$$

6.8.3　欠阻尼情况

当 $R < R_d = 2\sqrt{\dfrac{L}{C}}$ 时，为欠阻尼。此时固有频率 S_1、S_2 为一对共轭复数，即

$$S_1 = -\frac{R}{2L} + \mathrm{j}\sqrt{\frac{1}{LC} - \left(\frac{R}{2L}\right)^2}$$

$$S_2 = -\frac{R}{2L} - j\sqrt{\frac{1}{LC} - \left(\frac{R}{2L}\right)^2}$$

$\alpha = \dfrac{R}{2L}$ 为振荡电路的衰减系数；$j = \sqrt{-1}$ 为虚数单位；$\omega_0 = \dfrac{1}{\sqrt{LC}}$ 为电路无阻尼自由振荡角频率或谐振角频率；$\omega_d = \sqrt{\omega_0^2 - \alpha^2}$ 为电路的衰减振荡角频率。

于是 S_1 和 S_2 可表示为

$$S_1 = -\alpha + j\omega_d, \quad S_2 = -\alpha - j\omega_d$$

齐次方程的解为

$$
\begin{aligned}
u_C(t) &= A_1 e^{S_1 t} + A_2 e^{S_2 t} \\
&= A_1 e^{(-\alpha + j\omega_d)t} + A_2 e^{(-\alpha - j\omega_d)t} \\
&= e^{-\alpha t}(A_1 e^{j\omega_d t} + A_2 e^{-j\omega_d t}) \quad t > 0
\end{aligned}
\tag{6-77}
$$

应用欧拉公式 $e^{jx} = \cos x + j\sin x$，上式可表示为

$$u_C(t) = e^{-\alpha t}\left[(A_1 + A_2)\cos\omega_d t + j(A_1 - A_2)\sin\omega_d t\right]$$

令

$$A_1 + A_2 = K_1$$
$$j(A_1 - A_2) = K_2$$

则上式可表示为

$$u_C(t) = e^{-\alpha t}(K_1\cos\omega_d t + K_2\sin\omega_d t) \quad t > 0 \tag{6-78}$$

上式也可写成

$$u_C(t) = K e^{-\alpha t}\cos(\omega_d t - \theta) \quad t > 0 \tag{6-79}$$

式中

$$K = \sqrt{K_1^2 + K_2^2} \qquad \theta = \arctan\frac{K_2}{K_1}$$

待定常数 K_1、K_2 或 K、θ 由初始条件确定。用 $t = 0^+$ 代入式(6-78)，得

$$u_C(0^+) = K_1 = U_0$$

$$u_C'(0^+) = \frac{du_C}{dt}\bigg|_{t=0^+} = -\alpha K_1 + \omega_d K_2 = \frac{i(0^+)}{C} = 0$$

得

$$K_2 = \frac{\alpha U_0}{\omega_d}$$

因而有

$$u_C(t) = e^{-\alpha t}\left(U_0\cos\omega_d t + \frac{\alpha U_0}{\omega_d}\sin\omega_d t\right) \quad t > 0 \tag{6-80}$$

或

$$u_C(t) = \frac{\omega_0}{\omega_d}U_0 e^{-\alpha t}\cos(\omega_d t - \theta) \quad t > 0 \tag{6-81}$$

式中，$\theta = \arctan\dfrac{\alpha}{\omega_d}$。$\omega_0$、$\omega_d$、$\alpha$、$\theta$ 之间的关系可用图 6-43 所示直角三角形表示。

电路的其他响应为

$$i(t) = C\frac{du_C}{dt} = \frac{-U_0}{L\omega_d}e^{-\alpha t}\sin\omega_d t \quad t > 0 \tag{6-82}$$

$$u_L(t) = L\frac{di}{dt} = -\frac{\omega_0}{\omega_d}U_0 e^{-\alpha t}\cos(\omega_d t + \theta) \quad t > 0 \tag{6-83}$$

图 6-44 给出了 $R < 2\sqrt{\dfrac{L}{C}}$ 时的一组响应。响应有衰减振荡的特性，称为欠阻尼情况。响应的振荡幅度按指数规律衰减，图中

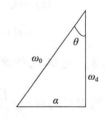

图 6-43　ω_0、ω_d、α、θ 的关系

虚线构成衰减振荡的包络线，振荡幅度衰减的快慢取决于 α 的大小。α 越小，则衰减得越慢，故称 α 为衰减系数。而衰减振荡又是按周期规律变化的，振荡周期 $T = \dfrac{2\pi}{\omega_d}$。衰减振荡

角频率 ω_d 越大，振荡周期 T 越小，振荡就越快。

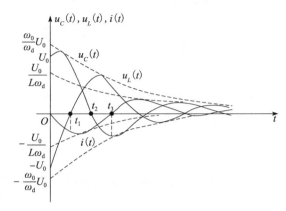

图 6-44　RLC 串联零输入电路欠阻尼
情况电压、电流波形

　　在欠阻尼情况下，由于电阻比较小，因而电容中的电场能量与电感中的磁场能量之间存在多次能量交换。由图 6-44 可知，在 $0 < t < t_1$ 期间，u_C 从最大值 U_0 开始下降，u_C 和 i 的方向相反，电容瞬时功率 $p = u_C i < 0$，表明电容释放电场能量；而 u_L 和 i 的方向相同，电感瞬时功率 $p_L = u_L i > 0$，表明电感在吸收能量。在此期间，电容释放的电场能量，一部分供给电阻消耗，另一部分转换成电感的磁场能量。在 $t_1 < t <$
t_2 期间，u_C 继续下降，这时 u_C、i 和 u_L、i 的方向均相反。表明 $p_C < 0$，$p_L < 0$，在此期间，电容和电感均释放能量共同提供电阻的耗能。在 $t_2 < t < t_3$ 期间，电容反向充电，这时 u_C 和 i 的方向相同，而 u_L 和 i 的方向相反。表明 $p_C > 0$，$p_L < 0$，在此期间，电感继续释放磁场能量，一部分供给电阻消耗，另一部分转换为电容的电场能量。在 $t = t_3$ 时，$i = 0$，此时电感磁场能量已释放完毕，而电容反向充电完毕。至此，电场能和磁场能完成了一次交换。$t > t_3$ 以后，又重复前面的过程，直至电容初始储能被电阻全部耗尽，电路中各电压、电流均趋于零。

　　因此，当符合 $R < R_d = 2\sqrt{\dfrac{L}{C}}$ 的欠阻尼情况，响应是衰减振荡的。在 $R = 0$ 时，响应

将是等幅振荡的。因为 $R = 0$ 是欠阻尼情况的特例，这时 $\alpha = \dfrac{R}{2L} = 0$，$\omega_d = \sqrt{\omega_0^2 - \alpha^2} = \omega_0 =$

$\dfrac{1}{\sqrt{LC}}$。固有频率 S_1、S_2 为一对共轭虚数，为

$$S_1 = j\omega_0 \qquad S_2 = -j\omega_0$$

由式(6-80)可知 $u_C(t)$ 表达式为

$$u_C(t) = U_0 \cos\omega_0 t \qquad t > 0 \tag{6-84}$$

由式(6-82)、式(6-83)，可分别得到 $i(t)$ 和 $u_L(t)$ 为

$$i(t) = -\frac{U_0}{L\omega_0}\sin\omega_0 t \qquad t > 0 \tag{6-85}$$

$$u_L(t) = -U_0 \cos\omega_0 t \qquad t > 0 \tag{6-86}$$

　　$R = 0$ 时电路各响应曲线如图 6-45 所示，各响应均作无阻尼等幅振荡，角频率 ω_0 称为自由振荡角频率。由于电路中没有能量消耗，故电容和电感之间不断进行电场能量和磁场能量的交换。振荡一经形成，就将一直持续下去。

　　【例 6-17】　电路如图 6-46 所示，$U_S = 4V$，$R_S = 3\Omega$，$R = 1\Omega$，$C = 1F$，$L = 1H$，电路原已稳定。$t = 0$ 时开关 S 打开，试求 $u_C(t)$ 和 $i_L(t)$。

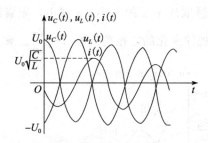

图 6-45　LC 零输入电路无阻尼时电压、电流波形

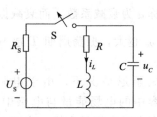

图 6-46　例 6-17 图

解　已知电路原已稳定，得

$$i_L(0^-) = 1\text{A}$$

$$u_C(0^-) = 1\text{V}$$

$t>0$ 时为 RLC 串联零输入电路。其固有频率为

$$S_{1,2} = -\frac{R}{2L} \pm \sqrt{\left(\frac{R}{2L}\right) - \frac{1}{LC}}$$

$$= -\frac{1}{2} \pm \text{j}\frac{\sqrt{3}}{2}$$

为一对共轭复数，电路响应将呈现振荡型，得

$$u_C(t) = \text{e}^{-\frac{1}{2}t}\left(K_1 \cos\frac{\sqrt{3}}{2}t + K_2 \sin\frac{\sqrt{3}}{2}t\right)$$

式中常数由初始条件确定。由换路定则得

$$i_L(0^+) = i_L(0^-) = 1\text{A} \quad u_C(0^+) = u_C(0^-) = 1\text{V}$$

在图示参考方向下

$$u_C'(0^+) = \frac{\text{d}u_C}{\text{d}t}\bigg|_{t=0^+} = -\frac{i_L(0^+)}{C} = -1\text{V/s}$$

故 $t=0^+$ 时

$$u_C(0^+) = K_1 = 1$$

$$u_C'(0^+) = -\frac{1}{2}K_1 + \frac{\sqrt{3}}{2}K_2 = -1$$

得

$$K_2 = -\frac{1}{\sqrt{3}}$$

将 K_1、K_2 代入，得

$$u_C(t) = \text{e}^{-\frac{1}{2}t}\left[\cos\frac{\sqrt{3}}{2}t - \frac{1}{\sqrt{3}}\sin\frac{\sqrt{3}}{2}t\right]$$

$$= \frac{2}{\sqrt{3}}\text{e}^{-\frac{1}{2}t}\cos\left(\frac{\sqrt{3}}{2}t + \frac{\pi}{6}\right)\text{V} \quad t > 0$$

由

$$i_L(t) = -C\frac{\text{d}u_C(t)}{\text{d}t}$$

$$= \frac{1}{\sqrt{3}}\text{e}^{-\frac{1}{2}t}\cos\left(\frac{\sqrt{3}}{2}t + \frac{\pi}{6}\right) + \text{e}^{-\frac{1}{2}t}\sin\left(\frac{\sqrt{3}}{2}t + \frac{\pi}{6}\right)$$

$$= \frac{2}{\sqrt{3}}\text{e}^{-\frac{1}{2}t}\cos\left(\frac{\sqrt{3}}{2}t - \frac{\pi}{6}\right)\text{A} \quad t > 0$$

RLC 串联零输入电路中，电阻 R 从大到小变化，电路工作状态从过阻尼、临界阻尼到欠阻尼变化，直到 $R=0$ 时为无阻尼状态。电路响应的形式分别对应非振荡、临界振荡、衰减振荡和等幅振荡。

综上所述，二阶电路零输入响应的模式仅取决于电路的固有频率，因而与初始条件无关。此结论可推广到任意高阶电路。

6.9 二阶电路的零状态响应

RLC 串联电路如图 6-47 所示，电容和电感均无初始储能，即 $u_C(0^-)=0$，$i_L(0^-)=0$。$t=0$ 时开关 S 闭合，$u_S(t)=U_S$。由此引起的电路变量在 $t>0$ 后随时间变化的规律就是电路在直流激励下的零状态响应。

由 KVL 和元件的 VCR 可得关于 u_C 的微分方程为

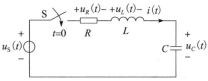

图 6-47 恒定激励下 RLC 串联电路

$$LC\frac{\mathrm{d}^2 u_C}{\mathrm{d}t^2} + RC\frac{\mathrm{d}u_C}{\mathrm{d}t} + u_C = U_S \quad t>0 \quad (6\text{-}87)$$

式(6-87)是二阶常系数线性非齐次微分方程，它的解由齐次方程的通解 u_{Ch} 和非齐次方程的特解 $u_{Cp}(t)$ 组成

$$u_C(t) = u_{Ch}(t) + u_{Cp}(t)$$

特解 $u_{Cp}(t)$ 为响应的强制分量，与激励同模式，为常量。设 $u_{Cp}(t)=K$，代入式(6-87)，得 $u_{Cp}(t)=U_S$。通解 $u_{Ch}(t)$ 为响应的固有分量，其模式由电路的固有频率决定，固有频率由式(6-66)确定，根据 R、L、C 之间的相互关系，固有频率可以为不相等得负实根、相等的负实数和共轭复数三种情况。因此，在恒定激励下，零状态响应与零输入响应一样，$u_C(t)$ 亦可分为过阻尼、临界阻尼和欠阻尼下述三种情况。

1. 过阻尼情况

当 $R>2\sqrt{\dfrac{L}{C}}(\alpha>\omega_0)$ 时，为过阻尼情况。此时，$S_{1,2}=-\alpha\pm\sqrt{\alpha^2-\omega_0^2}=-\alpha_{1,2}$ 为两个不相等得负实根，响应 $u_C(t)$ 可表示为

$$u_C(t) = A_1 e^{-\alpha_1 t} + A_2 e^{-\alpha_2 t} + U_S \quad t>0 \quad (6\text{-}88)$$

2. 临界阻尼情况

当 $R=2\sqrt{\dfrac{L}{C}}(\alpha=\omega_0)$ 时，为临界阻尼情况。此时，$S_{1,2}=-\alpha$ 为两个相等的负实数，响应可表示为

$$u_C(t) = (A_1 + A_2 t)e^{-\alpha t} + U_S \quad t>0 \quad (6\text{-}89)$$

3. 欠阻尼情况

当 $R<2\sqrt{\dfrac{L}{C}}(\alpha<\omega_0)$ 时，为欠阻尼情况。此时，$S_{1,2}=-\alpha\pm\sqrt{\alpha^2-\omega_0^2}=-\alpha\pm\mathrm{j}\omega_d$ 为一对共轭复数，响应 $u_C(t)$ 可表示为

$$u_C(t) = e^{-\alpha t}(A_1\cos\omega_d t + A_2\sin\omega_d t) + U_S \quad t>0 \quad (6\text{-}90)$$

上式也可写成

$$u_C(t) = K e^{-\alpha t}\cos(\omega_d t - \theta) + U_S \quad t>0 \quad (6\text{-}91)$$

式(6-88)、式(6-89)、式(6-90)和式(6-91)中的常数 A_1、A_2 或 K、θ 由初始条件 $u_C(0^+)$ 和 $u_C'(0^+)=\dfrac{i_L(0^+)}{C}$ 来确定。

【例 6-18】 电路如图 6-47 所示，已知 $R=1\Omega$，$L=1H$，$C=1F$，$u_S(t)=U_S=1V$，$u_C(0^-)=0$，$i_L(0^-)=0$。试求 $t>0$ 时的 $u_C(t)$。

解　$R_d=2\sqrt{\dfrac{L}{C}}=2\Omega$，$R=1\Omega<R_d$，电路是欠阻尼情况。特征根为共轭复数，即

$$S_{1,2}=-\frac{R}{2L}\pm\sqrt{\left(\frac{R}{2L}\right)-\frac{1}{LC}}=-\frac{1}{2}\pm\frac{\sqrt{3}}{2}j$$

强制响应分量
$$u_{Cp}=U_S=1V$$

故
$$u_C(t)=e^{-\frac{1}{2}t}\left(A_1\cos\frac{\sqrt{3}}{2}t+A_2\sin\frac{\sqrt{3}}{2}t\right)+1 \quad t\geqslant 0$$

代入初始条件
$$u_C(0^+)=A_1+1=0$$

$$u_C'(0^+)=\frac{i_L(0^+)}{C}=0=-\frac{1}{2}A_1+\frac{\sqrt{3}}{2}A_2$$

解得
$$A_1=-1 \quad A_2=-\frac{\sqrt{3}}{3}$$

故，零状态响应
$$u_C(t)=\left[1-e^{-\frac{1}{2}t}\left(\cos\frac{\sqrt{3}}{2}t+\frac{\sqrt{3}}{3}\sin\frac{\sqrt{3}}{2}t\right)\right]V \quad t\geqslant 0$$

【例 6-19】 GCL 并联电路如图 6-48a 所示，$G=6S$，$C=0.2F$，$L=25mH$。试求：1)$i_L(t)$ 的阶跃响应；2)当激励 $i_S(t)$ 的波形如图 6-48b 所示时，$i_L(t)$ 的零状态响应。

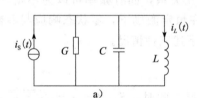 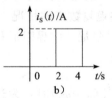

图 6-48　例 6-19 图

解　图 6-48a 所示 GCL 并联电路是图 6-47 所示 RLC 串联电路的对偶电路，它也是二阶电路。GCL 并联电路的分析与 RLC 串联电路分析类似。

1) 求阶跃响应。

阶跃响应是输入为阶跃信号且电路初始状态为零情况下的响应，即 $t>0$ 时，$I_S=1$，且 $u_C(0^-)=0$，$i_L(0^-)=0$。所以，求阶跃响应就是输入为 1A 时的零状态响应。

可以列出电路的微分方程为

$$CL\frac{d^2 i_L}{dt^2}+GL\frac{di_L}{dt}+i_L=I_S \quad t>0 \tag{6-92}$$

特征方程为
$$CLS^2+GLS+1=0$$

特征根为
$$S_{1,2}=-\frac{G}{2C}\pm\sqrt{\left(\frac{G}{2C}\right)^2-\frac{1}{LC}}$$

代入参数，可得固有频率为 $S_{1,2}=-15\pm5$。为两个不等的负实根，电路为过阻尼情况。

所以，电感电流阶跃响应与式(6-88)具有相同的形式，即

$$S_{i_L}=i_L(t)=\left[A_1e^{-10t}+A_2e^{-20t}+1\right]A \quad t>0$$

代入初始条件

$$i_L(0^+) = A_1 + A_2 + 1 = 0$$

$$i_L'(0^+) = \frac{u_C(0^+)}{L} = -10A_1 - 20A_2 = 0$$

得

$$A_1 = -2, \quad A_2 = 1$$

于是

$$S_{i_L} = (-2e^{-10t} + e^{-20t} + 1)\varepsilon(t)\text{A}$$

2）由于 $i_s(t) = 2\varepsilon(t-2) - 2\varepsilon(t-4)\text{A}$，根据线性和时不变性质，可得此时电路的零状态响应为

$$i_L(t) = 2S_{i_L}(t-2) - 2S_{i_L}(t-4)$$

$$= \{[-4e^{-10(t-2)} + 2e^{-20(t-2)} + 2]\varepsilon(t-2) - [-4e^{-10(t-4)} + 2e^{-20(t-4)} + 2]\varepsilon(t-4)\}\text{A}$$

6.10 二阶电路的全响应

二阶电路的全响应是由外激励和初始储能共同引起的响应。根据线性电路的叠加定理，全响应可以由零输入响应和零状态响应之和求取，也可以直接求解二阶微分方程得出结果。求解二阶微分方程来求解全响应的过程，与上一节求解零状态响应的过程是一样的。区别仅在于初始条件不同：求解零状态响应时，$u_C(0^-) = 0$，$i_L(0^-) = 0$；求解全响应时，$u_C(0^-)$ 与 $i_L(0^-)$ 两者至少有一个不为零。

【例 6-20】 电路如图 6-49 所示，已知 $R_1 = 3\Omega$，$R_2 = 1\Omega$，$L = 1\text{H}$，$C = 0.25\text{F}$，电路原已稳定，$t = 0$ 时开关 S 打开，试求 $t > 0$ 时的 $u_C(t)$ 和 $i_L(t)$。

解 电路原已稳定，在恒定激励下，电感可视作短路，电容可视作开路，得

$$u_C(0^-) = 3\text{V}$$

$$i_L(0^-) = \frac{6-3}{3}\text{A} = 1\text{A}$$

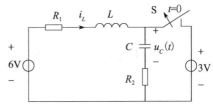

图 6-49 例 6-20 图

$t = 0$ 时开关 S 打开，为 RLC 串联电路，由换路定则，得 $u_C(0^+) = u_C(0^-) = 3\text{V}$，$i_L(0^+) = i_L(0^-) = 1\text{A}$。由 $R = R_1 + R_2 = 4\Omega$，特征根（固有频率）$S_{1,2} = -\frac{R}{2L} \pm \sqrt{\left(\frac{R}{2L}\right)^2 - \frac{1}{LC}} = -2$，为两个相等的负实数，是临界阻尼情况。$t \to \infty$ 电路达到新的稳定状态，电容开路，电感短路，得

$$u_{Cp}(t) = u_C(t)\mid_{t\to\infty} = 6\text{V}$$

故

$$u_C(t) = (A_1 + A_2 t)e^{-2t} + 6 \quad t \geqslant 0$$

$t = 0^+$ 时

$$u_C(0^+) = A_1 + 6 = 3$$

$$u_C'(0^+) = \frac{i_C(0+)}{C} = \frac{i_L(0^+)}{C} = \frac{1}{0.25} = 4 = -2A_1 + A_2$$

解得

$$A_1 = -3 \quad A_2 = -2$$

故

$$u_C(t) = [6 - (3 + 2t)e^{-2t}]\text{V} \quad t \geqslant 0$$

$$i_L(t) = C\frac{\text{d}u_C}{\text{d}t} = (1+t)e^{-2t}\text{A} \quad t \geqslant 0$$

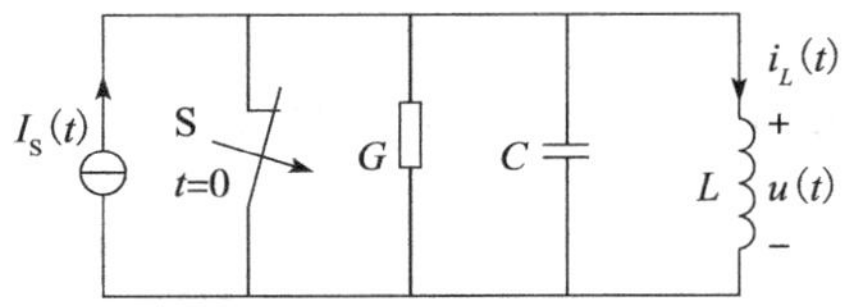

【例 6-21】 如图 6-50 所示 GCL 并联电路，已知 $G = 20\text{S}$，$L = \frac{1}{32}\text{H}$，$C = 2\text{F}$，$u_C(0^-) = 0$，$i_L(0^-) = $

图 6-50 GCL 并联电路

3A。试分别求下列两种情况下 $t>0$ 时的 $i_L(t)$ 和 $u(t)$。1)$I_S=0$；2)$I_S=1.5$A。

解　$t=0$ 时开关 S 打开，可得电路的微分方程如式(6-92)，即

$$CL\frac{\mathrm{d}^2 i_L}{\mathrm{d}t^2}+GL\frac{\mathrm{d}i_L}{\mathrm{d}t}+i_L=I_S\quad t>0$$

特征方程为
$$CLS^2+GLS+1=0$$

特征根为
$$S_{1,2}=-\frac{G}{2C}\pm\sqrt{\left(\frac{G}{2C}\right)^2-\frac{1}{LC}}$$

代入参数，得
$$S_{1,2}=-5\pm3$$

有两个不相等的负实数，是过阻尼情况。

式(6-92)的特解是常数
$$i_{Lcp}(t)=I_S$$

故
$$i_L(t)=A_1\mathrm{e}^{-2t}+A_2\mathrm{e}^{-8t}+I_S\quad t>0$$

1) $I_S=0$ 时，响应为零输入响应。代入初始条件，得

$$i_L(0^+)=A_1+A_2+I_S=3$$

$$i_L'(0^+)=\frac{u_C(0^+)}{L}=-2A_1-8A_2=0$$

得
$$A_1=4,\quad A_2=-1$$

于是，得

$$i_L(t)=(4\mathrm{e}^{-2t}-\mathrm{e}^{-8t})\mathrm{A}\quad t>0$$

则
$$u(t)=L\frac{\mathrm{d}i_L(t)}{\mathrm{d}t}=\left[\frac{1}{32}(-8\mathrm{e}^{-2t}+8\mathrm{e}^{-8t})\right]\mathrm{V}$$

$$=(-0.25\mathrm{e}^{-2t}+0.25\mathrm{e}^{-8t})\mathrm{V}\quad t>0$$

可以看出此解完全可由例 6-15 的解对偶得到。

2) $I_S=1.5$A 时，响应为全响应。代入初始条件，得

$$i_L(0^+)=A_1+A_2+I_S=3$$

$$i_L'(0^+)=\frac{u_C(0^+)}{L}=-2A_1-8A_2=0$$

得
$$A_1=2,\quad A_2=-0.5$$

于是，得

$$i_L(t)=(2\mathrm{e}^{-2t}-0.5\mathrm{e}^{-8t}+1.5)\mathrm{A}\quad t>0$$

则
$$u(t)=L\frac{\mathrm{d}i_L(t)}{\mathrm{d}t}=\frac{1}{32}(-4\mathrm{e}^{-2t}+4\mathrm{e}^{-8t})$$

$$=(-0.125\mathrm{e}^{-2t}+0.125\mathrm{e}^{-8t})\mathrm{V}\quad t>0$$

图 6-50 所示 GCL 并联电路是图 6-47 所示 RLC 串联电路的对偶电路，因而本例的零输入响应与例 6-15 的零输入响应也是对偶的。将 RLC 串联电路分析中的方程、响应公式和结论，经过对偶转换就可得到 GCL 并联电路的方程、响应公式和结论。

6.11　电路的冲激响应

6.11.1　单位冲激信号

单位冲激函数 $\delta(t)$ 的工程定义为

$$\delta(t)=\begin{cases}0 & t\neq0\\\infty & t=0\end{cases}\quad\text{和}\quad\int_{-\infty}^{\infty}\delta(t)\mathrm{d}t=1\tag{6-93}$$

单位冲激函数的工程定义反映了它出现时间极短和面积为 1 两个特点。它除在原点以外，处处为零，并且在 $(-\infty, \infty)$ 时间内的积分，即被积函数 $\delta(t)$ 与横轴 t 围成的面积（称为冲激强度）为 1。直观地看，这一函数可以设想为一列窄脉冲的极限。比如一个矩形脉冲，宽度为 Δ，高度为 $1/\Delta$，在 $\Delta \to 0$ 极限的情况下，它的高度无限增大，但面积始终保持为 1，如图 6-51a 所示。

可以看出，$\delta(t)$ 不是通常意义下的函数，而是广义函数或称分配函数。单位冲激信号的波形难于用普通方式表达，通常用一个带箭头的单位长度线表示，旁边括号内的"1"表示其强度，如图 6-51b 所示。如果矩形脉冲的面积不为 1，而是一个常数为 A，则强度为 A 的冲激信号可表示为 $A\delta(t)$。在用图形表示时，可将强度 A 标注在箭头旁边的括号内。

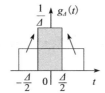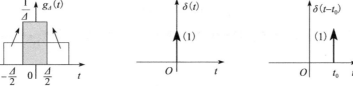

a）矩形脉冲演变为冲激信号　　　b）单位冲激信号　　　c）延迟单位冲激信号

图 6-51　冲激信号

当冲激出现在任一点 $t = t_0$ 处时，其工程定义是

$$\delta(t - t_0) = \begin{cases} 0 & t \neq t_0 \\ \infty & t = t_0 \end{cases} \quad 和 \quad \int_{-\infty}^{\infty} \delta(t - t_0)\mathrm{d}t = 1 \tag{6-94}$$

式(6-94)称为延迟冲激函数，波形如图 6-51c 所示。

在电路中，对非常短暂时间内发生的巨大脉冲电流或脉冲电压，可以用冲激函数来近似地描述它。例如，图 6-52a 所示电路，已知开关 S 在 $t = 0$ 时闭合，1V 的电压源对 1F 的理想电容进行充电。若 $u_C(0^-) = 0$，由三要素公式，得

$$i(t) = \frac{1}{R}\mathrm{e}^{-\frac{t}{RC}}\varepsilon(t) = \left[\frac{1}{R}\mathrm{e}^{-\frac{t}{R}}\varepsilon(t)\right]\mathrm{A}$$

随着电阻 R 的减少，$i(t)$ 的变化如图 6-52b 所示，波形变得越来越高且窄，但充电电流的积分值（曲线下的面积）等于 1 不变，即

$$\int_{-\infty}^{\infty} \frac{1}{R}\mathrm{e}^{-\frac{t}{R}}\varepsilon(t)\mathrm{d}t = \int_0^{\infty} \frac{1}{R}\mathrm{e}^{-\frac{t}{R}}\mathrm{d}t = -\mathrm{e}^{-\frac{t}{R}}\Big|_0^{\infty} = 1$$

所以，当 $R \to 0$ 时，这个理想的充电电流是一个单位冲激电流，即

$$i(t) = \lim_{R \to 0}\left[\frac{1}{R}\mathrm{e}^{-\frac{t}{R}}\varepsilon(t)\right] = \delta(t)$$

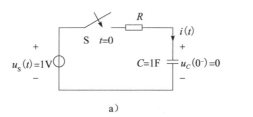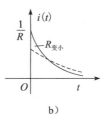

a）　　　　　　　　　b）

图 6-52　单位冲激电流的产生

冲激函数是用它的冲激强度而不是用它的幅值来表示的。单位冲激函数表示该冲激的

强度为 1 个单位，而冲激发生时刻的幅值是无穷大。由于冲激函数的强度是冲激函数与横轴围成的面积，所以冲激电流强度的量纲是安培秒（A·s），即库仑（C）。单位冲激电流是指强度为 1 单位（1C），而不是指幅值为 1 单位（1A）的冲激电流。冲激电流的幅值趋于无穷大！换句话说，单位冲激电流所移动的电荷为 1C，且这些电荷的移动是在瞬间（移动时间趋于零）完成的，因而电流的幅值是趋于无穷大的。冲激电压强度的单位是伏秒（V·s），即韦伯（Wb）。

对单位冲激函数 $\delta(t)$ 从 $-\infty$ 到 t 积分，就有

$$\int_{-\infty}^{t} \delta(\tau) d\tau = \begin{cases} 0 & t < 0 \\ 1 & t > 0 \end{cases}$$

即

$$\int_{-\infty}^{t} \delta(\tau) d\tau = \varepsilon(t) \tag{6-95}$$

这说明，单位阶跃函数是单位冲激函数的积分；反之，阶跃函数 $\varepsilon(t)$ 的导数等于冲激函数 $\delta(t)$，即

$$\frac{d\varepsilon(t)}{dt} = \delta(t) \tag{6-96}$$

$\varepsilon(t)$ 在 $t=0$ 处不连续，出现跳变，其导数在该不连续点处对应冲激。一般地，当 $f(t)$ 含有不连续点时，由于引入了冲激函数的概念，$f(t)$ 在这些不连续点上仍有导数，出现冲激，其强度为原函数在该处的跳变量。

类似地，有

$$\int_{-\infty}^{t} \delta(\tau - t_0) d\tau = \varepsilon(t - t_0) \tag{6-97}$$

$$\frac{d\varepsilon(t - t_0)}{dt} = \delta(t - t_0) \tag{6-98}$$

冲激函数具有下列性质。

（1）加权特性

由于 $t \neq t_0$ 时有 $\delta(t - t_0) = 0$，因此，对于一个在 $t = t_0$ 处连续的普通函数 $f(t)$，$f(t)$ 与 $\delta(t - t_0)$ 的乘积只有在 $t = t_0$ 处不为零，即

$$f(t)\delta(t - t_0) = f(t_0)\delta(t - t_0) \tag{6-99}$$

如果 $t_0 = 0$，则有

$$f(t)\delta(t) = f(0)\delta(t) \tag{6-100}$$

上述两式说明，一个普通函数与单位冲激函数相乘，结果仍是一个冲激函数，该冲激函数出现的时刻与原冲激函数出现的时刻相同，但其强度为冲激出现时刻的该普通函数的值。

（2）筛选特性

$$\int_{-\infty}^{\infty} f(t)\delta(t - t_0) dt = \int_{-\infty}^{\infty} f(t_0)\delta(t - t_0) dt = f(t_0) \tag{6-101}$$

$$\int_{-\infty}^{\infty} f(t)\delta(t) dt = \int_{-\infty}^{\infty} f(0)\delta(t) dt = f(0) \tag{6-102}$$

可见，单位冲激函数通过与普通函数 $f(t)$ 相乘、积分运算，可将函数 $f(t)$ 在冲激出现时刻的函数值筛选出来。这就是冲激函数的筛选特性。

例如，利用加权性和筛选性可算出下列各式的值：

$$\sin\pi t\delta(t) = \sin\pi t \big|_{t=0} \delta(t) = 0$$

$$2\sin\pi t\delta\left(t-\frac{1}{2}\right) = 2\sin\pi t\big|_{t=\frac{1}{2}}\delta\left(t-\frac{1}{2}\right) = 2\delta\left(t-\frac{1}{2}\right)$$

和

$$\int_{-\infty}^{\infty}\sin\pi t\delta(t)\,\mathrm{d}t = \sin\pi t\big|_{t=0} = 0$$

$$\int_{-\infty}^{\infty}2\sin\pi t\delta\left(t-\frac{1}{2}\right)\,\mathrm{d}t = 2\sin\pi t\big|_{t=\frac{1}{2}} = 2$$

6.11.2 冲激响应

电路的单位冲激响应,是指零状态电路在单位冲激信号 $\delta(t)$ 作用下的响应,简称冲激响应,且用 $h(t)$ 表示。

冲激响应的求法主要有两种:间接法和直接法。下面分别讨论这两种方法。

1. 间接法

间接法是先计算电路的阶跃响应 $s(t)$,然后利用冲激响应 $h(t)$ 和阶跃响应 $s(t)$ 的关系计算冲激响应。

对于线性时不变零状态电路来说,若电路的阶跃响应为 $s(t)$,则以下推理成立:

激励 $\varepsilon(t)$ → 响应 $s(t)$

则有 激励 $\varepsilon(t-\Delta t)$ → 响应 $s(t-\Delta t)$

激励 $\dfrac{\varepsilon(t)-\varepsilon(t-\Delta t)}{\Delta t}$ → 响应 $\dfrac{s(t)-s(t-\Delta t)}{\Delta t}$

左边激励取极限,并考虑到式(6-96)所示的关系,可知它是冲激函数,即

$$\lim_{\Delta t\to 0}\frac{\varepsilon(t)-\varepsilon(t-\Delta t)}{\Delta t} = \frac{\mathrm{d}\varepsilon(t)}{\mathrm{d}t} = \delta(t)$$

因此,右边响应的极限对应冲激响应

$$\lim_{\Delta t\to 0}\frac{s(t)-s(t-\Delta t)}{\Delta t} = \frac{\mathrm{d}s(t)}{\mathrm{d}t} = h(t)$$

即

$$h(t) = \frac{\mathrm{d}s(t)}{\mathrm{d}t} \tag{6-103}$$

上式表明,对于一个计算阶跃响应比较方便的电路,可先求其阶跃响应 $s(t)$,然后取其导数便得到冲激响应 $h(t)$。

【例 6-22】 RC 并联电路如图 6-53a 所示,若电流源 $i_\mathrm{S}(t)=\delta(t)$,试求电容电压的冲激响应。

解 可由三要素公式,求得电路中电容电压的阶跃响应为

$$s(t) = R(1 - \mathrm{e}^{-\frac{1}{RC}t})\varepsilon(t)$$

再利用式(6-103)得该电容电压的冲激响应为

$$h(t) = \frac{\mathrm{d}s(t)}{\mathrm{d}t} = R\frac{\mathrm{d}}{\mathrm{d}t}\left[\varepsilon(t) - \mathrm{e}^{-\frac{1}{RC}t}\varepsilon(t)\right]$$

$$= R\left[\delta(t) - \mathrm{e}^{-\frac{1}{RC}t}\delta(t) + \frac{1}{RC}\mathrm{e}^{-\frac{1}{RC}t}\varepsilon(t)\right]$$

$$= R\left[\delta(t) - \delta(t) + \frac{1}{RC}\mathrm{e}^{-\frac{1}{RC}t}\varepsilon(t)\right]$$

$$= \frac{1}{C}\mathrm{e}^{-\frac{1}{RC}t}\varepsilon(t)$$

冲激响应的波形如图 6-53b 所示。

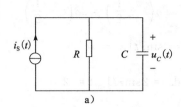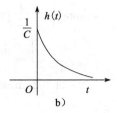

图 6-53 例 6-22 图

从例 6-22 中不难看出，$t=0^+$ 时刻 $u_C(0^+)=h(0^+)=1/C$，而 $t=0^-$ 时刻 $u_C(0^-)=0$，在 $t=0$ 时电容电压发生跳变，换路定则失效。这是因为在阐述电容惯性时，有"电容上电流为有限值"这样的条件，此时才有 $u_C(0^+)=u_C(0^-)$。而本例在 $t=0$ 瞬间通过电容的是一个无穷大的冲激电流，前述前提条件已经不存在。

【例 6-23】 RC 串联电路如图 6-54a 所示，在电压源 $u_S(t)=\delta(t)$ 激励下，试求电流 $i(t)$ 的冲激响应。

解 可由三要素公式，求得电流的阶跃响应为

$$s(t) = \frac{1}{R}e^{-\frac{1}{RC}t}\varepsilon(t)$$

由式 (6-103) 得该电流的冲激响应为

$$h(t) = \frac{\mathrm{d}s(t)}{\mathrm{d}t} = \frac{1}{R}\Big[e^{-\frac{1}{RC}t}\delta(t) - \frac{1}{RC}e^{-\frac{1}{RC}t}\varepsilon(t)\Big]$$

$$= \frac{1}{R}\delta(t) - \frac{1}{R^2 C}e^{-\frac{1}{RC}t}\varepsilon(t)$$

冲激响应的波形如图 6-54b 所示。

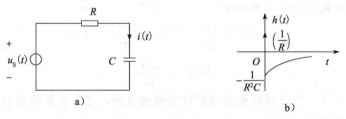

图 6-54 例 6-23 图

2. 直接法

冲激信号可视为幅度为无穷大、持续期为零（从极限意义看）的信号，因此，冲激信号作用于零状态电路是在 $t=0$ 瞬间给储能元件建立初始值（初始储能）。在 $t>0$ 时，冲激信号的值为零，电路成了零输入情况，电路响应即由该初始储能产生。因此，电路的冲激响应是一个特殊的零输入响应，它在 $t>0$ 时，响应的变化规律完全与电路的固有响应相同。所以说，冲激响应反映了电路的固有性质。

在单位冲激信号 $\delta(t)$ 激励下，计算电路储能元件获得的初始值，然后以零输入响应的计算方法直接求得冲激响应 $h(t)$，这种方法就是直接法。

【例 6-24】 RL 串联电路如图 6-55a 所示，在电压源 $u_S(t)=\delta(t)$ 激励下，试求电感电流 i_L 的冲激响应 $h(t)$。

解 第一步，求储能元件的初始值。

由于电路是零状态，即 $i_L(0^-)=0$，电感相当于开路，可作出 $t=0$ 时的等效电路如图 6-55b 所示。此时激励电压 $u_S(t)=\delta(t)$ 全部加在电感两端。即 $u_L(0)=\delta(t)$。

由电感元件的伏安关系式(6-12)，并令 $t_0=0^-$，$t=0^+$，得

$$i_L(0^+)=i_L(0^-)+\frac{1}{L}\int_{0^-}^{0^+}u_L(t)\mathrm{d}t$$

$$=i_L(0^-)+\frac{1}{L}\int_{0^-}^{0^+}\delta(t)\mathrm{d}t$$

$$=i_L(0^-)+\frac{1}{L}$$

所以得

$$i_L(0^+)=\frac{1}{L}$$

即电感电流在冲激电压信号 $\delta(t)$ 作用下从零跳变到 $\frac{1}{L}$。

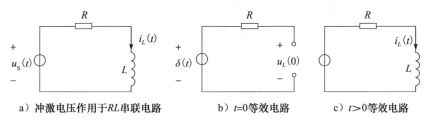

a) 冲激电压作用于RL串联电路　　　　b) $t=0$ 等效电路　　　　c) $t>0$ 等效电路

图 6-55　例 6-24 图

第二步，计算零输入响应直接得到冲激响应。

在 $t>0$ 后，冲激电压信号 $u_S(t)=\delta(t)=0$，等效电路如图 6-55c 所示，电路成了零输入情况。根据一阶电路零输入响应的一般式(6-38)，得

$$i_L(t)=i_L(0^+)\mathrm{e}^{-\frac{t}{\tau}}\varepsilon(t)\ \mathrm{A}$$

则电感电流的冲激响应为

$$h(t)=i_L(t)=\frac{1}{L}\mathrm{e}^{-\frac{R}{L}t}\varepsilon(t)\ \mathrm{A}$$

可以看出，本例中在 $t=0$ 瞬间加到电感上的是一个无穷大的冲激电压，因此电感电流也发生了跳变，即 $i_L(0^+)\neq i_L(0^-)$，此时不再满足换路定则。

【例 6-25】 GCL 并联电路如图 6-56a 所示，$G=3\mathrm{S}$，$C=1\mathrm{F}$，$L=0.5\mathrm{H}$。试求电容电压的冲激响应 $h(t)$。

解　第一步，求储能元件的初始值。

由于电路是零状态，即 $i_L(0^-)=0$，$u_C(0^-)=0$，电感相当于开路，电容相当于短路，可作出 $t=0$ 时的等效电路如图 6-56b 所示。此时，电感电流仍为零，即 $i_L(0)=0$；激励电流 $\delta(t)$ 全部加在电容上，即 $i_C(0)=\delta(t)$。

由电容元件的伏安关系式(6-5)，并令 $t_0=0^-$，$t=0^+$，得

$$u_C(0^+)=u_C(0^-)+\frac{1}{C}\int_{0^-}^{0^+}i_C(t)\mathrm{d}t$$

$$=u_C(0^-)+\frac{1}{C}\int_{0^-}^{0^+}\delta(t)\mathrm{d}t$$

$$=u_C(0^-)+\frac{1}{C}$$

所以得

$$u_C(0^+)=\frac{1}{C}=1\mathrm{V}$$

即电容电压在冲激电压信号 $\delta(t)$ 作用下从零跳变到1V。

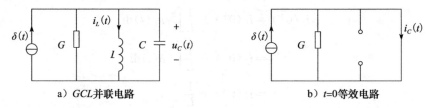

图 6-56　例 6-25 图

第二步，计算零输入响应直接得到冲激响应。

在 $t>0$ 后，激励信号 $\delta(t)=0$，电路成了 GCL 并联电路的零输入情况。可列出图 6-56a 在零输入情况下以电感电流为变量的微分方程（齐次方程）：

$$LC\,\frac{\mathrm{d}^2 i_L}{\mathrm{d}t^2}+GL\,\frac{\mathrm{d}i_L}{\mathrm{d}t}+i_L=0,\ t>0$$

代入参数，得

$$\frac{\mathrm{d}^2 i_L}{\mathrm{d}t^2}+3\,\frac{\mathrm{d}i_L}{\mathrm{d}t}+2i_L=0\quad t>0$$

特征根

$$S_1=-1,\quad S_2=-2$$

故

$$i_L(t)=A_1\mathrm{e}^{-t}+A_2\mathrm{e}^{-2t}\quad t>0$$

代入初始条件

$$i_L(0^+)=A_1+A_2=0$$

$$i_L'(0^+)=\frac{u_L(0^+)}{L}=\frac{u_C(0^+)}{L}=2=-A_1-2A_2$$

得

$$A_1=2,\quad A_2=-2$$

于是，电感电流的零输入响应也是冲激响应为

$$i_L(t)=(2\mathrm{e}^{-t}-2\mathrm{e}^{-2t})\varepsilon(t)\ \mathrm{A}$$

电容电压的冲激响应为

$$h(t)=L\,\frac{\mathrm{d}i_L(t)}{\mathrm{d}t}=0.5(-2\mathrm{e}^{-t}+4\mathrm{e}^{-2t})\varepsilon(t)+0.5(2\mathrm{e}^{-t}-2\mathrm{e}^{-2t})\delta(t)$$

$$=(-\mathrm{e}^{-t}+2\mathrm{e}^{-2t})\varepsilon(t)\ \mathrm{V}$$

习题 6

6-1　题 6-1 图 a 所示电路中，已知电流源波形如题 6-1 图 b 所示，且 $u_C(0)=1\mathrm{V}$，试求：(1) $u_C(t)$ 及其波形；(2) $t=1\mathrm{s}$、$2\mathrm{s}$ 和 $3\mathrm{s}$ 时电容的储能。

6-2　二端网络如题 6-2 图 a 所示，其中 $R=0.5\Omega$，$L=2\mathrm{H}$。若已知电感电流 $i_L(t)$ 的波形如题 6-2 图 b 所示，试求端电流 $i(t)$ 的波形。

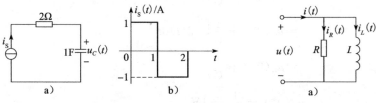

题 6-1 图　　　　　　　　　　　　题 6-2 图

6-3 题 6-3 图所示为某一电容的电压和电流波形。试求：(1)电容 C；(2)电容在 $0<t<1\mathrm{ms}$ 期间所得到的电荷；(3)电容在 $t=2\mathrm{ms}$ 时吸收的功率；(4)电容在 $t=2\mathrm{ms}$ 时储存的能量。

6-4 在题 6-4 图所示电路中，已知 $u_R(t)=10(1-\mathrm{e}^{-200t})\mathrm{V}$，$t>0$，$R=20\Omega$，$L=0.1\mathrm{H}$。试求：(1)$u_L(t)$ 并绘波形图；(2)电压源电压 $u_S(t)$。

6-5 在题 6-5 图所示电路中，已知 $u_C(t)=t\mathrm{e}^{-t}\mathrm{V}$，试求：(1)$i(t)$ 和 $u_L(t)$；(2)电容储能达最大值的时刻，并求出最大储能是多少？

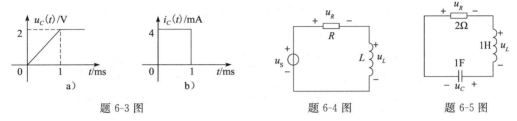

题 6-3 图   题 6-4 图   题 6-5 图

6-6 题 6-6 图 a 所示的二端网络 N 中含有一个电阻和一个电感。其电压 $u(t)$ 和 $i(t)$ 的波形如题 6-6 图 b、c 所示。试求：(1)二端网络 N 中电阻 R 和电感 L 的连接方式(串联或并联)；(2)电阻 R 和电感 L 的值。

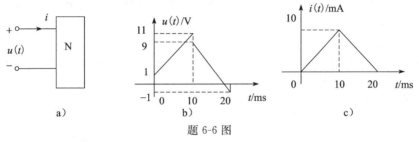

题 6-6 图

6-7 已知题 6-7 图所示电路由一个电阻 R、一个电感 L 和一个电容 C 组成。$i(t)=(10\mathrm{e}^{-t}-20\mathrm{e}^{-2t})\mathrm{A}$ $t\geqslant0$；$u_1(t)=(-5\mathrm{e}^{-t}+20\mathrm{e}^{-2t})\mathrm{V}$，$t\geqslant0$。若在 $t=0$ 时电路总储能为 25J，试求 R、L、C 之值。

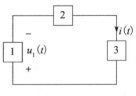

题 6-7 图

6-8 题 6-8 图所示电路分别为电感或电容与电压源或电流源组成的戴维南电路与诺顿电路。若电路 a 与 b 等效，c 与 d 等效，试问 u_{S1} 和 i_{S2}、L_1 和 L_2，以及 u_{S3} 和 i_{S4}、C_3 和 C_4 之间有何关系？

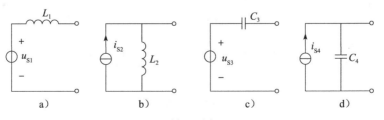

题 6-8 图

6-9 试求题 6-9 图所示电路的等效电容或电感。

6-10 在题 6-10 图所示电路中，$t=t_0$ 时，$u_C(t_0)=2\mathrm{V}$，$\mathrm{d}u_C(t)/\mathrm{d}t\,|_{t=0^+}=-10\mathrm{V/s}$。试确定电容 C 之值。

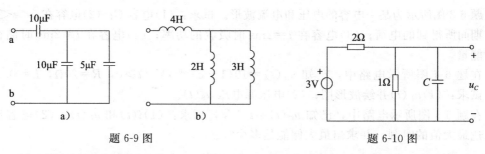

题 6-9 图　　　　　　　　　题 6-10 图

6-11 题 6-11 图所示电路原已稳定，开关 S 在 $t=0$ 时闭合，试求 $i_C(0^+)$、$u_L(0^+)$ 和 $i(0^+)$。

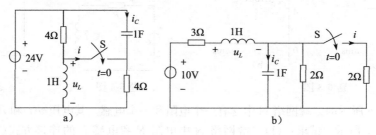

题 6-11 图

6-12 题 6-12 图所示电路原已稳定，开关 S 在 $t=0$ 时打开，试求 $i_L(0^+)$、$u_L(0^+)$ 和 $i_L'(0^+)=\dfrac{\mathrm{d}i_L}{\mathrm{d}t}\Big|_{t=0^+}$。

6-13 题 6-13 图所示电路原已稳定，开关 S 在 $t=0$ 时打开。试求各电压、电流的初始值。

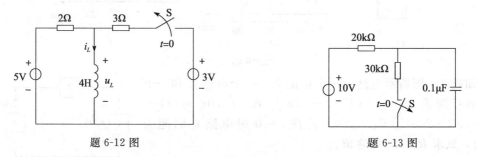

题 6-12 图　　　　　　　　　题 6-13 图

6-14 求题 6-14 图所示一阶电路的时间常数 τ。

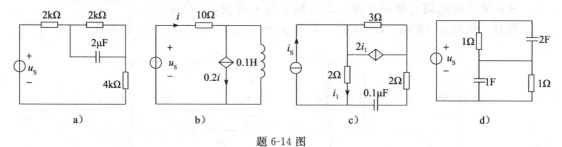

题 6-14 图

6-15 题 6-15 图电路原已稳定，在 $t=0$ 时开关 S 由 "1" 倒向 "2"，试求 $t>0$ 时 $u_C(t)$ 和 $i_R(t)$。

6-16 题 6-16 图所示电路原已稳定，$t=0$ 时开关 S 闭合，试求 $t>0$ 时 $i_L(t)$、$i(t)$ 和 $i_R(t)$。

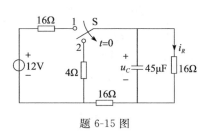

题 6-15 图

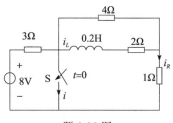

题 6-16 图

6-17 电路如题 6-17 图所示，$t=0$ 时开关 S 由"1"倒向"2"，设开关动作前电路已经处于稳态，求 $u_C(t)$、$i_L(t)$ 和 $i(t)$。

6-18 电路如题 6-18 图所示，已知 $i(0^-)=2A$。试求 $t>0$ 时的 $u(t)$。

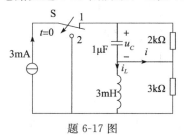

题 6-17 图

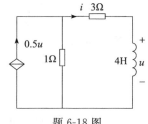

题 6-18 图

6-19 题 6-19 图所示电路原已稳定，$t=0$ 时开关 S 闭合。试求 $t>0$ 时的电容电压 $u_C(t)$。

6-20 电路如题 6-20 图所示，$t=0$ 时开关 S 闭合，若开关动作前电路已经稳定，试求 $t>0$ 时的 $i_L(t)$ 和 $u_C(t)$。

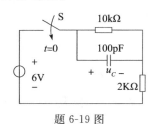

题 6-19 图

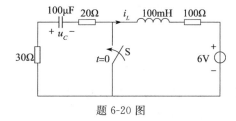

题 6-20 图

6-21 题 6-21 图所示电路原已处于稳态，$t=0$ 时开关 S 打开，试求 $i(\infty)$ 及时间常数 τ。

6-22 题 6-22 图所示电路中，$i_L(0^-)=0$，$t=0$ 时开关 S 闭合，试求 $t>0$ 时的 $i(t)$。

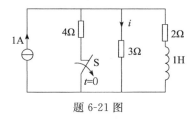

题 6-21 图

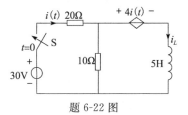

题 6-22 图

6-23 电路如题 6-23 图所示，$t=0$ 时开关 S 闭合，已知 $u_C(0^-)=0$，$i_L(0^-)=0$，试求 $t>0$ 时的 $i_L(t)$ 和 $i_C(t)$。

6-24 题 6-24 图所示电路原已稳定，$t=0$ 时开关 S 闭合，求 $i_L(t)$ 的全响应、零输入响应、零状态响应、暂态响应和稳态响应。

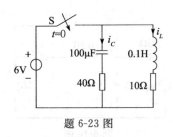

题 6-23 图

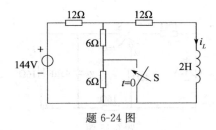

题 6-24 图

6-25 已知题 6-25 图所示电路中，开关 S 动作前电路已稳定，求开关动作后图 a 的 $i_R(t)$ 和图 b 的 $i_C(t)$ 和 $u_C(t)$。

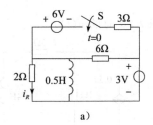

a)

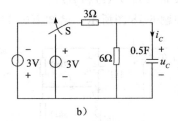

b)

题 6-25 图

6-26 题 6-26 图所示电路原已稳定，$t=0$ 时开关 S 闭合，试求（1）$u_{S2}=6V$ 时的 $u_C(t)t>0$；（2）$u_{S2}=?$ 时，换路后不出现过渡过程。

6-27 题 6-27 图所示电路原已稳定，$t=0$ 时开关 S 打开，试求 $i_L(t)$。

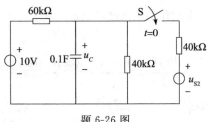

题 6-26 图

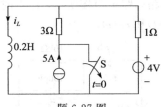

题 6-27 图

6-28 题 6-28 图所示稳态电路中，当 $t=0$ 时，r 突然由原来的 4Ω 变为 2Ω，试求 $t>0$ 时的 $u_C(t)$ 和 $i(t)$。

6-29 题 6-29 图所示电路中，N_R 为线性电阻网络，开关 S 在 $t=0$ 时闭合，已知输出端的零状态响应为 $u_0(t)=\dfrac{1}{2}+\dfrac{1}{8}e^{-0.25t}$ (V)，$t>0$，若电路中的电容换为 2H 的电感，试求该情况下输出端的零状态响应 $u_0(t)$。

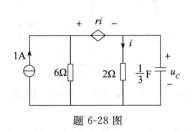

题 6-28 图

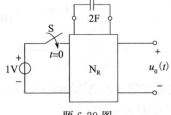

题 6-29 图

6-30 题 6-30 图 a 所示电路原已处于稳态，开关 S 处于闭合状态，$t=0$ 时打开开关。已知 $t\geqslant 0$ 的响应 $i_L(t)$ 的曲线如题 6-30 图 b 所示。其中斜虚线为 $t=0$ 时 $i_L(t)$ 曲线的切线。试求 R、L 和 I_S。

6-31 电路如题 6-31 图所示，已知 $i_S(t)=1+1.5\varepsilon(t)\text{mA}$，试求 $u_C(t)$。

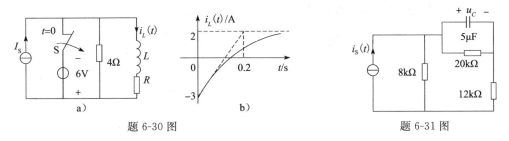

题 6-30 图

题 6-31 图

6-32 电路如题 6-32 图所示，试求以 $u(t)$ 为响应的阶跃响应。

6-33 题 6-33 图 a 所示电路中，已知 $i_L(0^-)=1\text{A}$，其 $u_S(t)$ 波形如图 b 所示，试求 $i_L(t)$。

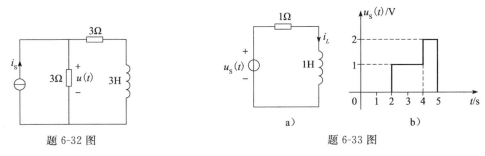

题 6-32 图

题 6-33 图

6-34 电路如题 6-34 图所示。试列出以 $i_L(t)$ 为未知量的微分方程，在下列情况下分别求电流 $i_L(t)$。

　(1) $R=7\Omega$，$L=1\text{H}$，$C=0.1\text{F}$，$u_C(0^-)=0$，$i_L(0^-)=3\text{A}$；

　(2) $R=4\Omega$，$L=1\text{H}$，$C=0.25\text{F}$，$u_C(0^-)=4\text{V}$，$i_L(0^-)=2\text{A}$；

　(3) $R=8\Omega$，$L=2\text{H}$，$C=1/32\text{F}$，$u_C(0^-)=3\text{V}$，$i_L(0^-)=0$。

6-35 电路如题 6-35 图所示，开关 S 在 $t=0$ 时打开，打开前电路已处于稳定，试求 $u_C(t)$ 和 $i_L(t)$。

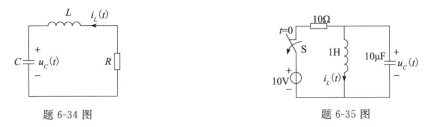

题 6-34 图

题 6-35 图

6-36 题 6-36 图所示电路原已稳定，$t=0$ 时开关 S 打开，试求 $t>0$ 时的 $u_C(t)$ 和 $i_L(t)$。

6-37 如题 6-37 图所示电路，假定开关 S 接 15V 电压源已久，在 $t=0$ 时改与 10V 电压源接通，试求 $i(t)$，$t\geqslant 0$。

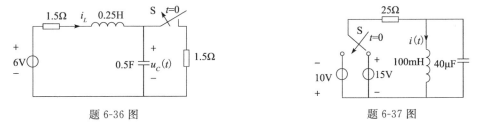

题 6-36 图

题 6-37 图

6-38 RLC 串联电路如题 6-38 图 a 所示。试求：(1)$i(t)$ 的阶跃响应；(2)$i(t)$ 的冲激响应；(3)当 $u_S(t)$ 如题 6-38 图 b 所示时，$i(t)$ 的零状态响应。

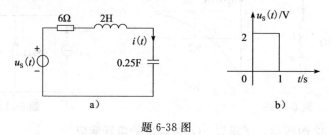

题 6-38 图

6-39 试求 RL 并联电路在冲激电流 $\delta(t)$ 作用下的电压的冲激响应。

第 7 章

动态电路的复频域分析

内容提要： 本章介绍拉普拉斯正、反变换的定义，拉普拉斯变换的一些基本性质。还介绍拉普拉斯反变换的部分分式展开法，电路基本元件的复频域模型和基尔霍夫定律的复频域形式，以及线性时不变动态电路的暂态响应的复频域分析法。

7.1 拉普拉斯变换

上一章介绍了一阶、二阶电路的时域分析方法，它们都是在时间域中求解微分方程从而得到响应的解，概念清楚，运算较为简单。但当时着重分析的是一阶电路及 RLC 串联和并联二阶电路。对于更加复杂的高阶电路和不同激励，由于列写和求解微分方程的困难性，时域法将显得十分困难。拉普拉斯变换是一种重要的积分变换，可以将描述任意激励下的线性时不变动态电路的线性常系数微分方程的求解问题转化为复频域的代数方程的求解问题，从而简化数学演算，克服时域分析法面临的困难。拉普拉斯变换分析电路是将时域问题转换到复频域中去解决，因此，拉普拉斯变换分析法也称复频域分析法。

拉普拉斯变换分析法以及后续各章介绍的相量分析法属于变换（域）分析方法。

7.1.1 拉普拉斯变换的定义

实际电路中遇到的激励通常是从 $t=0$ 开始作用于电路的，即使不起始于 0，分析电路中电压和电流的变化规律也通常以 $t=0$ 作为动态过程的起始时刻。因此，只须考虑函数 $f(t)$ 在 $t \geqslant 0$ 时的情况。对于一个在 $[0, \infty)$ 上的时间函数 $f(t)$，其单边拉普拉斯变换定义为

$$F(s) = \int_{0^-}^{\infty} f(t) \mathrm{e}^{-st} \mathrm{d}t \tag{7-1}$$

式（7-1）中，$s = \sigma + \mathrm{j}\omega$ 为一个复变量，σ 是实数，$\mathrm{j} = \sqrt{-1}$ 为虚数单位，ω 为角频率，故称 s 为复频率。$F(s)$ 也称为 $f(t)$ 的象函数，$f(t)$ 称为 $F(s)$ 的原函数。将原函数变换为象函数记作 $F(s) = \mathscr{L}[f(t)]$。积分下限用 0^- 而不用 0^+，目的是可把 $t=0$ 时出现的冲激考虑到变换中去，当利用单边拉普拉斯变换解微分方程时，可以直接引用已知的起始状态 $f(0^-)$ 而求得全部结果，无须专门计算 0^- 到 0^+ 的跳变。

若已知 $F(s)$，则可以求出相应的原函数 $f(t)$，这种运算称为拉普拉斯反变换，其定义为

$$f(t) = \frac{1}{2\pi\mathrm{j}} \int_{\sigma-\mathrm{j}\infty}^{\sigma+\mathrm{j}\infty} F(s) \mathrm{e}^{st} \mathrm{d}s, \quad t > 0 \tag{7-2}$$

式（7-2）表示的反变换可记为 $f(t) = \mathscr{L}^{-1}[F(s)]$。式（7-1）和式（7-2）称为单边拉普拉斯变换对，可以用双箭头表示 $f(t)$ 与 $F(s)$ 之间这种变换与反变换的关系

$$f(t) \longleftrightarrow F(s) \tag{7-3}$$

分析具有非零初始条件的线性电路或线性常系数微分方程时，单边拉普拉斯变换具有重要价值，所以，我们在下文中讨论的拉普拉斯变换(简称拉氏变换)都是指单边拉普拉斯变换。

7.1.2　典型函数的拉普拉斯变换

下面利用拉氏变换的定义，求取一些典型函数的拉氏变换。

1. 指数信号 $e^{-at}\varepsilon(t)$

$$\mathscr{L}[e^{-at}\varepsilon(t)] = \int_{0^-}^{\infty} e^{-at}e^{-st}dt$$
$$= \int_{0^-}^{\infty} e^{-(a+s)t}dt = \frac{1}{s+a}$$

即
$$e^{-at}\varepsilon(t) \longleftrightarrow \frac{1}{s+a} \tag{7-4}$$

2. 单位阶跃信号 $\varepsilon(t)$

令式(7-4)中 $a=0$，即得

$$\varepsilon(t) \longleftrightarrow \frac{1}{s} \tag{7-5}$$

3. 正弦信号 $\sin\omega_0 t\varepsilon(t)$

$$\mathscr{L}[\sin\omega_0 t\varepsilon(t)] = \mathscr{L}\left[\frac{1}{2j}(e^{j\omega_0 t} - e^{-j\omega_0 t})\varepsilon(t)\right]$$
$$= \frac{1}{2j}\left(\frac{1}{s-j\omega_0} - \frac{1}{s+j\omega_0}\right)$$
$$= \frac{\omega_0}{s^2 + \omega_0^2}$$

即
$$\sin\omega_0 t\varepsilon(t) \longleftrightarrow \frac{\omega_0}{s^2 + \omega_0^2} \tag{7-6}$$

4. 余弦信号 $\cos\omega_0 t\varepsilon(t)$

$$\mathscr{L}[\cos\omega_0 t\varepsilon(t)] = \mathscr{L}\left[\frac{1}{2}(e^{j\omega_0 t} + e^{-j\omega_0 t})\varepsilon(t)\right]$$
$$= \frac{1}{2}\left(\frac{1}{s-j\omega_0} + \frac{1}{s+j\omega_0}\right)$$
$$= \frac{s}{s^2 + \omega_0^2}$$

即
$$\cos\omega_0 t\varepsilon(t) \longleftrightarrow \frac{s}{s^2 + \omega_0^2} \tag{7-7}$$

5. 单位冲激信号 $\delta(t)$

$$\mathscr{L}[\delta(t)] = \int_{0^-}^{\infty} \delta(t)e^{-st}dt = e^{-st}\big|_{t=0} = 1$$

即
$$\delta(t) \longleftrightarrow 1 \tag{7-8}$$

6. t 的正幂信号 $t^n\varepsilon(t)$(n 为正整数)

$$\mathscr{L}[t^n\varepsilon(t)] = \int_{0^-}^{\infty} t^n e^{-st}dt$$

使用分部积分法，则有

$$\int_{0^-}^{\infty} t^n \mathrm{e}^{-st} \mathrm{d}t = -\frac{t^n}{s}\mathrm{e}^{-st}\Big|_{0^-}^{\infty} + \frac{n}{s}\int_{0^-}^{\infty} t^{n-1}\mathrm{e}^{-st}\mathrm{d}t$$

$$= \frac{n}{s}\int_{0^-}^{\infty} t^{n-1}\mathrm{e}^{-st}\mathrm{d}t$$

即
$$\mathscr{L}\left[t^n\varepsilon(t)\right] \longleftrightarrow \frac{n}{s}\mathscr{L}\left[t^{n-1}\varepsilon(t)\right]$$

依此类推，可得

$$\mathscr{L}\left[t^n\varepsilon(t)\right] = \frac{n}{s}\mathscr{L}\left[t^{n-1}\varepsilon(t)\right]$$

$$= \frac{n}{s}\cdot\frac{n-1}{s}\mathscr{L}\left[t^{n-2}\varepsilon(t)\right]$$

$$= \frac{n}{s}\cdot\frac{n-1}{s}\cdot\cdots\cdot\frac{2}{s}\cdot\frac{1}{s}\cdot\frac{1}{s} = \frac{n!}{s^{n+1}}$$

即
$$t^n\varepsilon(t) \longleftrightarrow \frac{n!}{s^{n+1}} \tag{7-9}$$

当 $n=1$，即 $f(t)=t\varepsilon(t)$ 为单位斜坡信号时，有

$$t\varepsilon(t) \longleftrightarrow \frac{1}{s^2} \tag{7-10}$$

典型函数的拉氏变换如表 7-1 所示。

表 7-1 典型函数的拉氏变换对

序号	$f(t)=\mathscr{L}^{-1}[F(s)]$	$F(s)=\mathscr{L}[f(t)]$	序号	$f(t)=\mathscr{L}^{-1}[F(s)]$	$F(s)=\mathscr{L}[f(t)]$
1	$\delta(t)$	1	7	$\sin\omega_0 t\varepsilon(t)$	$\frac{\omega_0}{s^2+\omega_0^2}$
2	$\varepsilon(t)$	$\frac{1}{s}$	8	$\cos\omega_0 t\varepsilon(t)$	$\frac{s}{s^2+\omega_0^2}$
3	$t\varepsilon(t)$	$\frac{1}{s^2}$	9	$\mathrm{e}^{-\alpha t}\sin\omega_0 t\varepsilon(t)$	$\frac{\omega_0}{(s+\alpha)^2+\omega_0^2}$
4	$t^n\varepsilon(t)$，n 为正整数	$\frac{n!}{s^{n+1}}$	10	$\mathrm{e}^{-\alpha t}\cos\omega_0 t\varepsilon(t)$	$\frac{s+\alpha}{(s+\alpha)^2+\omega_0^2}$
5	$\mathrm{e}^{-\alpha t}\varepsilon(t)$	$\frac{1}{s+\alpha}$	11	$\sinh\beta t\varepsilon(t)$	$\frac{\beta}{s^2-\beta^2}$
6	$t^n\mathrm{e}^{-\alpha t}\varepsilon(t)(\alpha>0)$	$\frac{n!}{(s+\alpha)^{n+1}}$	12	$\cosh\beta t\varepsilon(t)$	$\frac{s}{s^2-\beta^2}$

7.2 拉普拉斯变换的基本性质

在表 7-1 所列出的典型函数的拉氏变换的基础上，利用拉氏变换的一些基本性质，就能求取较为复杂函数的拉氏变换。

1. 线性性质

若 $f_1(t)\leftrightarrow F_1(s)$，$f_2(t)\leftrightarrow F_2(s)$，则

$$\alpha_1 f_1(t) + \alpha_2 f_2(t) \longleftrightarrow \alpha_1 F_1(s) + \alpha_2 F_2(s) \tag{7-11}$$

式中 α_1 和 α_2 为任意常数。

证明：
$$\alpha_1 f_1(t) + \alpha_2 f_2(t) \longleftrightarrow \int_{0^-}^{\infty}\left[\alpha_1 f_1(t) + \alpha_2 f_2(t)\right]\mathrm{e}^{-st}\mathrm{d}t$$

$$=\alpha_1 \int_{0^-}^{\infty} f_1(t) e^{-st} dt + \alpha_2 \int_{0^-}^{\infty} f_2(t) e^{-st} dt$$

$$=\alpha_1 F_1(s) + \alpha_2 F_2(s)$$

2. 时域微分性质

若 $f(t) \leftrightarrow F(s)$，则

$$\frac{\mathrm{d}f(t)}{\mathrm{d}t} \leftrightarrow sF(s) - f(0^-) \tag{7-12}$$

证明：根据拉氏变换的定义，并应用分部积分法，有

$$\mathscr{L}\left[\frac{\mathrm{d}f(t)}{\mathrm{d}t}\right] = \int_{0^-}^{\infty} \frac{\mathrm{d}f(t)}{\mathrm{d}t} e^{-st} dt$$

$$= \left[e^{-st} f(t)\right]_{0^-}^{\infty} - \int_{0^-}^{\infty} (-s) e^{-st} f(t) dt$$

$$= -f(0^-) + s \int_{0^-}^{\infty} f(t) e^{-st} dt$$

$$= sF(s) - f(0^-)$$

同理可得

$$\mathscr{L}\left[\frac{\mathrm{d}^2 f(t)}{\mathrm{d}t^2}\right] = \int_{0^-}^{\infty} \frac{\mathrm{d}^2 f(t)}{\mathrm{d}t^2} e^{-st} dt$$

$$= \int_{0^-}^{\infty} \frac{\mathrm{d}}{\mathrm{d}t} \frac{\mathrm{d}f(t)}{\mathrm{d}t} e^{-st} dt$$

$$= s\left[sF(s) - f(0^-)\right] - \frac{\mathrm{d}f(t)}{\mathrm{d}t}\Big|_{t=0^-}$$

$$= s^2 F(s) - sf(0^-) - f'(0^-)$$

依此类推到 $f(t)$ 的 n 阶导数，得

$$\frac{\mathrm{d}^n f(t)}{\mathrm{d}t^n} \leftrightarrow s^n F(s) - s^{n-1} f(0^-) - s^{n-2} f'(0^-) - \cdots - f^{(n-1)}(0^-) \tag{7-13}$$

式中 $f(0^-)$ 及 $f^{(k)}(0^-)$ 分别表示在 $t=0^-$ 时 $f(t)$ 及其 k 阶导数 $\dfrac{\mathrm{d}^k f(t)}{\mathrm{d}t^k}$[简记 $f^{(k)}(t)$]的值，$k=1,2,\cdots,n-1$。

时域微分性质及下面的积分性质可将描述电路的微分方程化为较简单的代数方程，而且自动地引入初始状态，这一特点在电路分析中十分有用。

【**例 7-1**】 已知某一阶电路的微分方程为 $\dfrac{\mathrm{d}u(t)}{\mathrm{d}t} + 50u(t) = u_S(t)$，$u(0^-) = 1\mathrm{V}$，$u_S(t) = 2\delta(t)$。试用拉普拉斯变换求响应 $u(t)$。

解 对电路方程两边求拉氏变换，运用线性性质得

$$\mathscr{L}\left[\frac{\mathrm{d}u(t)}{\mathrm{d}t}\right] + \mathscr{L}[50u(t)] = \mathscr{L}[2\delta(t)]$$

设 $\mathscr{L}[u(t)] = U(s)$，即 $u(t) \leftrightarrow U(s)$，因为 $\delta(t) \leftrightarrow 1$，由微分性质，得

$$sU(s) - u(0^-) + 50U(s) = 2$$

可见，拉氏变换已经将时域的微分方程变成了复频域(S 域)的代数方程。

求解复频域方程，可方便地得到复频域解

$$U(s) = \frac{3}{s+50}$$

将上述 S 域的解反变换成原函数，就得时域解了。

$$\mathcal{L}^{-1}[U(s)] = \mathcal{L}^{-1}\left[\frac{3}{s+50}\right]$$

等式左边为 $u(t)$，由表 7-1 查得，等式右边为 $3\mathrm{e}^{-50t}\varepsilon(t)$。即时域解为

$$u(t) = 3\mathrm{e}^{-50t}, t > 0$$

本例求解响应时运用了变换的方法，首先将时域变换到复频域，然后求出复频域解，最后反变换回到时域。变换的方法在科技领域经常使用，在求解某问题时，可归纳为三个步骤：①把原来的问题变换为一个较为容易处理的问题；②在变换域中求解问题；③把变换域中解答反变换为原来问题的解答。

3. 时域积分性质

若 $f(t) \longleftrightarrow F(s)$，则

$$\int_{0^-}^t f(\lambda)\mathrm{d}\lambda \longleftrightarrow \frac{F(s)}{s} \tag{7-14}$$

$$\int_{-\infty}^t f(\lambda)\mathrm{d}\lambda \longleftrightarrow \frac{F(s)}{s} + \frac{f^{(-1)}(0^-)}{s} \tag{7-15}$$

式中

$$f^{(-1)}(0^-) = \int_{-\infty}^t f(\lambda)\mathrm{d}\lambda \mid_{t=0^-} = \int_{-\infty}^{0^-} f(\lambda)\mathrm{d}\lambda$$

证明 根据拉氏变换的定义

$$\mathcal{L}\left[\int_{0^-}^t f(\lambda)\mathrm{d}\lambda\right] = \int_{0^-}^\infty \left[\int_{0^-}^t f(\lambda)\mathrm{d}\lambda\right]\mathrm{e}^{-st}\mathrm{d}t$$

应用分部积分法，可得

$$\mathcal{L}\left[\int_{0^-}^t f(\lambda)\mathrm{d}\lambda\right] = \left[\frac{-\mathrm{e}^{-st}}{s}\int_{0^-}^t f(\lambda)\mathrm{d}\lambda\right]\Bigg|_{0^-}^\infty + \frac{1}{s}\int_{0^-}^\infty f(t)\mathrm{e}^{-st}\mathrm{d}t$$

当 $t\to\infty$ 和 $t\to 0^-$ 时，上式右边第一项为零，所以

$$\mathcal{L}\left[\int_{0^-}^t f(\lambda)\mathrm{d}\lambda\right] = \frac{F(s)}{s}$$

若积分下限由 $-\infty$ 开始，则有

$$\int_{-\infty}^t f(\lambda)\mathrm{d}\lambda = \int_{-\infty}^{0^-} f(\lambda)\mathrm{d}\lambda + \int_{0^-}^t f(\lambda)\mathrm{d}\lambda$$

$$= f^{(-1)}(0^-) + \int_{0^-}^t f(\lambda)\mathrm{d}\lambda$$

所以

$$\mathcal{L}\left[\int_{-\infty}^t f(\lambda)\mathrm{d}\lambda\right] = \frac{F(s)}{s} + \frac{f^{(-1)}(0^-)}{s}$$

【例 7-2】 试利用阶跃信号 $\varepsilon(t)$ 的拉氏变换及时域积分性质，求 $t\varepsilon(t)$ 和 $t^n\varepsilon(t)$ 的拉氏变换。

解 因为

$$F(s) = \mathcal{L}[\varepsilon(t)] = \frac{1}{s}$$

而

$$t\varepsilon(t) = \int_{0^-}^t \varepsilon(\lambda)\mathrm{d}\lambda$$

所以，利用时域积分性质可得

$$\mathcal{L}[t\varepsilon(t)] = \frac{1}{s}\cdot\frac{1}{s} = \frac{1}{s^2}$$

重复应用这个性质，可得

$$\mathcal{L}[t^n\varepsilon(t)] = \frac{n!}{s^{n+1}}$$

4. 时移性质

若 $f(t) \longleftrightarrow F(s)$，则

$$f(t-t_0)\varepsilon(t-t_0) \longleftrightarrow F(s)\mathrm{e}^{-st_0}, \quad t_0 > 0 \tag{7-16}$$

证明　根据拉氏变换的定义

$$\mathscr{L}\big[f(t-t_0)\varepsilon(t-t_0)\big] = \int_{0^-}^{\infty} f(t-t_0)\varepsilon(t-t_0)\mathrm{e}^{-st}\,\mathrm{d}t$$

$$= \int_{t_0}^{\infty} f(t-t_0)\mathrm{e}^{-st}\,\mathrm{d}t$$

令 $\tau = t - t_0$，在上式中作变量替换，得

$$\mathscr{L}\big[f(t-t_0)\varepsilon(t-t_0)\big] = \int_{0^-}^{\infty} f(\tau)\mathrm{e}^{-s(\tau+t_0)}\,\mathrm{d}\tau$$

$$= \mathrm{e}^{-st_0}\int_{0^-}^{\infty} f(\tau)\mathrm{e}^{-s\tau}\,\mathrm{d}\tau$$

$$= \mathrm{e}^{-st_0}F(s)$$

上式表明，函数在时域内延时 t_0，对应于复频域内乘以 e^{-st_0}。上式中 $t_0 > 0$ 的规定是十分必要的，因为若 $t_0 < 0$，函数的时移是作左移，其波形有可能越过原点，这将导致原点以左部分不能包含在从 0^- 到 ∞ 的积分中去，因而用式(7-16)会造成错误。

【例 7-3】　试求图 7-1 所示门函数的拉氏变换。

解　门函数是一个从 t_0 开始，持续时间为 τ，幅度为 1 的矩形脉冲。其表达式为

$$g(t) = \varepsilon(t-t_0) - \varepsilon(t-t_0-\tau)$$

因为 $\mathscr{L}[\varepsilon(t)] = \dfrac{1}{s}$，由线性和时移性质，可得

$$\mathscr{L}[g(t)] = \mathscr{L}[\varepsilon(t-t_0) - \varepsilon(t-t_0-\tau)]$$

$$= \frac{1}{s}\mathrm{e}^{-st_0} - \frac{1}{s}\mathrm{e}^{-s(t_0+\tau)}$$

$$= \frac{1}{s}\mathrm{e}^{-st_0}(1-\mathrm{e}^{-s\tau})$$

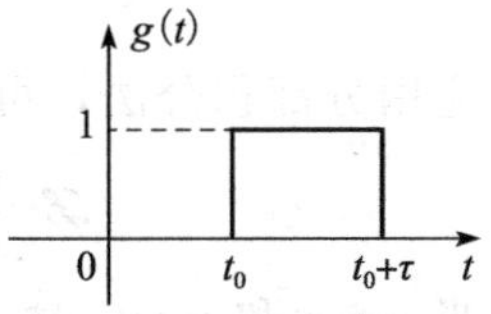

图 7-1　例 7-3 图

时移性的一种重要应用是求取周期信号的拉氏变换。若以 T 为周期的周期信号 $f(t)$ 的第一周、第二周、第三周……的波形分别用 $f_1(t)$，$f_2(t)$，$f_3(t)$，…表示，则有

$$f(t) = f_1(t) + f_2(t) + f_3(t) + \cdots$$

$$= f_1(t) + f_1(t-T)\varepsilon(t-T) + f_1(t-2T)\varepsilon(t-2T) + \cdots$$

若 $F_1(s) = \mathscr{L}[f_1(t)]$，则根据时移性可得

$$F(s) = \mathscr{L}[f(t)]$$

$$= (1 + \mathrm{e}^{-sT} + \mathrm{e}^{-2sT} + \cdots)F_1(s)$$

$$= \frac{1}{1-\mathrm{e}^{-sT}}F_1(s) \tag{7-17}$$

这就是说，周期信号的拉氏变换等于其第一周波形的拉氏变换乘以 $\dfrac{1}{1-\mathrm{e}^{-sT}}$。

【例 7-4】　图 7-2a 所示为周期 $T = 2\pi$ 的正弦半波周期函数，试求该函数的拉氏变换。

解　先求单个正弦半波脉冲的拉氏变换。

单个脉冲记作 $f_1(t)$，它又可看成 $f_a(t)$ 和 $f_b(t)$ 两个正弦函数之和，其波形如图 7-2b 所示。

$$f_1(t) = f_a(t) + f_b(t)$$

$$= \sin t\,\varepsilon(t) + \sin(t-\pi)\varepsilon(t-\pi)$$

查表 7-1 可得正弦函数的拉氏变换，并据时移性质，得 $f_1(t)$ 的拉氏变换

$$F_1(s) = \frac{1}{s^2+1} + \frac{1}{s^2+1}e^{-\pi s}$$

$$= \frac{1}{s^2+1}(1+e^{-\pi s})$$

然后利用式（7-17）可得周期函数的拉氏变换。

$$F(s) = \mathscr{L}[f(t)] = \frac{F_1(s)}{1-e^{-Ts}}$$

$$= \frac{1}{s^2+1} \cdot \frac{1+e^{-\pi s}}{1-e^{-2\pi s}}$$

$$= \frac{1}{s^2+1} \cdot \frac{1}{1-e^{-\pi s}}$$

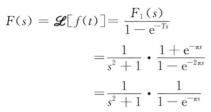

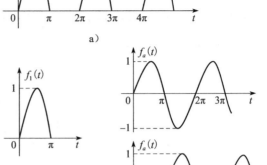

图 7-2 正弦半波周期函数及其单个脉冲的分解

5. 复频移性质

若 $f(t) \longleftrightarrow F(s)$，则

$$f(t)e^{s_0 t} \longleftrightarrow F(s-s_0) \qquad (7\text{-}18)$$

此性质表明，时间函数乘以 $e^{s_0 t}$，相当于其对应的象函数在 S 域内平移 s_0。利用拉氏变换的定义可证明式（7-18）。

【**例 7-5**】 求 $e^{-t}\varepsilon(t-1)$ 的拉氏变换。

解 因为

$$\varepsilon(t) \longleftrightarrow \frac{1}{s}$$

由时移性质得

$$\varepsilon(t-1) \longleftrightarrow \frac{1}{s}e^{-s}$$

再由复频移性质式（7-18）可得

$$\mathscr{L}[e^{-t}\varepsilon(t-1)] = \frac{1}{s+1}e^{-(s+1)}$$

6. 初值定理

若 $f(t) \longleftrightarrow F(s)$，且 $\lim\limits_{s\to\infty} sF(s)$ 存在，则 $f(t)$ 的初值

$$f(0^+) = \lim_{t\to 0^+} f(t) = \lim_{s\to\infty} sF(s) \qquad (7\text{-}19)$$

证明 利用时域微分性质

$$sF(s) - f(0^-) = \mathscr{L}\left[\frac{\mathrm{d}f(t)}{\mathrm{d}t}\right]$$

$$= \int_{0^-}^{\infty} \frac{\mathrm{d}f(t)}{\mathrm{d}t}e^{-st}\,\mathrm{d}t$$

$$= \int_{0^-}^{0^+} \frac{\mathrm{d}f(t)}{\mathrm{d}t}e^{-st}\,\mathrm{d}t + \int_{0^+}^{\infty} \frac{\mathrm{d}f(t)}{\mathrm{d}t}e^{-st}\,\mathrm{d}t$$

上式中第一项积分限为 0^- 到 0^+，在整个积分区间内 $t=0$，因此 $e^{-st}\big|_{t=0}=1$，

于是可写为

$$sF(s) - f(0^-) = f(t)\big|_{0^-}^{0^+} + \int_{0^+}^{\infty} \frac{\mathrm{d}f(t)}{\mathrm{d}t}e^{-st}\,\mathrm{d}t$$

故

$$sF(s) = f(0^+) + \int_{0^+}^{\infty} \frac{\mathrm{d}f(t)}{\mathrm{d}t}e^{-st}\,\mathrm{d}t$$

对上式两边取极限，令 $s \rightarrow \infty$，则右边积分项将消失，故有

$$\lim_{s \rightarrow \infty} sF(s) = f(0^+)$$

初值定理表明，函数在时域 $t = 0^+$ 时的值可通过 $F(s)$ 乘以 s，取 $s \rightarrow \infty$ 的极限，而不必求取 $F(s)$ 的反变换，但其条件是 $\lim\limits_{s \rightarrow \infty} sF(s)$ 必须存在。

【例 7-6】 已知 $F(s) = \mathscr{L}[f(t)] = \dfrac{2s+2}{s^2+4s+3}$，试求初值 $f(0^+)$。

解 由初值定理，得

$$f(0^+) = \lim_{s \rightarrow \infty} sF(s) = \lim_{s \rightarrow \infty} \frac{2s^2 + 2s}{s^2 + 4s + 3}$$

$$= \lim_{s \rightarrow \infty} \frac{2 + \dfrac{2}{s}}{1 + \dfrac{4}{s} + \dfrac{3}{s^2}} = \frac{2}{1} = 2$$

7. 终值定理

若 $f(t) \leftrightarrow F(s)$，且 $\lim\limits_{t \rightarrow \infty} f(t)$ 存在，则 $f(t)$ 的终值

$$f(\infty) = \lim_{t \rightarrow \infty} f(t) = \lim_{s \rightarrow 0} sF(s) \tag{7-20}$$

证明 仍利用时域微分性质

$$\mathscr{L}\left[\frac{\mathrm{d}f(t)}{\mathrm{d}t}\right] = \int_{0^-}^{\infty} \frac{\mathrm{d}f(t)}{\mathrm{d}t} \mathrm{e}^{-st} \mathrm{d}t$$

$$= sF(s) - f(0^-)$$

上式两边取 s 趋于零的极限，此时 $\mathrm{e}^{-st}\mid_{s=0} = 1$，

$$\lim_{s \rightarrow 0} \int_{0^-}^{\infty} \frac{\mathrm{d}f(t)}{\mathrm{d}t} \mathrm{e}^{-st} \mathrm{d}t = \lim_{s \rightarrow 0}[sF(s) - f(0^-)]$$

因为

$$\lim_{s \rightarrow 0} \int_{0^-}^{\infty} \frac{\mathrm{d}f(t)}{\mathrm{d}t} \mathrm{e}^{-st} \mathrm{d}t = \lim_{s \rightarrow 0} \int_{0^-}^{\infty} \frac{\mathrm{d}f(t)}{\mathrm{d}t} \mathrm{d}t$$

$$= \lim_{t \rightarrow \infty}[f(t) - f(0^-)]$$

于是

$$\lim_{t \rightarrow \infty}[f(t) - f(0^-)] = \lim_{s \rightarrow 0}[sF(s) - f(0^-)]$$

即

$$f(\infty) = \lim_{t \rightarrow \infty} f(t) = \lim_{s \rightarrow 0} sF(s)$$

终值定理表明，可通过 $F(s)$ 乘以 s 取 $s \rightarrow 0$ 的极限直接求得 $f(t)$ 的终值，而不必求 $F(s)$ 的反变换。但条件是必须保证 $\lim\limits_{t \rightarrow \infty} f(t)$ 存在。这个条件相当于在复频域中，$F(s)$ 的极点都位于 s 平面的左半部和 $F(s)$ 在原点仅有单极点。

【例 7-7】 已知 $F(s) = \dfrac{1}{s(s+1)}$，试计算原函数 $f(t)$ 的终值。

解 应用终值定理，得

$$f(\infty) = \lim_{s \rightarrow 0} sF(s) = \lim_{s \rightarrow 0} \frac{1}{s+1} = 1$$

7.3　拉普拉斯反变换的部分分式展开法

从象函数 $F(s)$ 求原函数 $f(t)$ 的过程称为拉普拉斯反变换。

简单象函数的拉普拉斯反变换只要应用表 7-1 以及上节讨论的拉氏变换的性质便可得到相应的时间函数。

　　求取复杂拉氏变换式的反变换通常有两种方法：部分分式展开法和围线积分法。应用拉氏反变换定义式(7-2)进行复变函数积分就是通常所说的围线积分法或留数法，复变函数的积分一般比较困难。部分分式展开法是将复杂变换式分解为许多简单变换式之和，然后分别查表 7-1 即可求得原函数，它适合于 $F(s)$ 为有理函数的情况。部分分式展开法因无需进行复变函数的积分而计算简便，且足以解决线性时不变动态电路分析中的反变换问题，因此下面仅讨论部分分式展开法。

　　常见的拉氏变换式是 s 的多项式之比(有理函数)，一般形式为

$$F(s) = \frac{b_m s^m + b_{m-1} s^{m-1} + \cdots + b_1 s + b_0}{a_n s^n + a_{n-1} s^{n-1} + \cdots + a_1 s + a_0} = \frac{N(s)}{D(s)} \quad (7\text{-}21)$$

式中 $N(s)$ 和 $D(s)$ 分别为 $F(s)$ 的分子多项式和分母多项式。$a_i(i=0, 1, \cdots, n)$，$b_j(j=0, 1, \cdots, m)$ 均为实数。当 $m<n$，即 $F(s)$ 为真分式时，可直接分解为部分分式；当 $m \geqslant n$，即 $F(s)$ 为假分式时，则先用长除法将 $F(s)$ 化成多项式与真分式之和，例如

$$F(s) = \frac{N(s)}{D(s)} = \frac{2s^2 + 3s - 6}{s^2 + s - 1} = 2 + \frac{s - 4}{s^2 + s - 1} = 2 + \frac{N_1(s)}{D(s)}$$

然后又归结为将真分式 $\dfrac{N_1(s)}{D(s)}$ 分解为部分分式。因此，下面着重讨论 $\dfrac{N(s)}{D(s)}$ 是真分式时的拉氏反变换。部分分式展开法在把一个有理真分式展开成多个部分分式之和时，需要对分母多项式分解，求出 $D(s)=0$ 的根，会出现三种情况。

　　1. $D(s)=0$ 的根都是相异实根

　　分母 $D(s)$ 是 s 的 n 次多项式，可以进行因式分解

$$D(s) = a_n(s - s_1)(s - s_2) \cdots (s - s_n)$$

　　这里 s_1，s_2，$\cdots$，s_n 为 $D(s)=0$ 的根。当 s 等于任一根值时，$F(s)$ 等于无穷大，故这些根也称为 $F(s)$ 的极点。当 s_1，s_2，$\cdots$，s_n 互不相等时，$F(s)$ 可表示为

$$\begin{aligned} \frac{N(s)}{D(s)} &= \frac{N(s)}{a_n(s - s_1)(s - s_2) \cdots (s - s_n)} \\ &= \frac{k_1}{s - s_1} + \frac{k_2}{s - s_2} + \cdots + \frac{k_n}{s - s_n} \end{aligned} \quad (7\text{-}22)$$

式中 k_1，k_2，$\cdots$，k_n 为待定系数。在式(7-22)两边乘以因子$(s-s_i)$，再令 $s=s_i(i=1, 2, \cdots, n)$，于是等式右边仅留下 k_i 项，即

$$k_i = (s - s_i) \frac{N(s)}{D(s)} \bigg|_{s=s_i} \quad (i = 1, 2, \cdots, n) \quad (7\text{-}23)$$

求得待定系数后，式(7-22)的反变换可由表 7-1 查得

$$\begin{aligned} \mathscr{L}^{-1}[F(s)] &= \mathscr{L}^{-1}\left[\frac{k_1}{s - s_1}\right] + \mathscr{L}^{-1}\left[\frac{k_2}{s - s_2}\right] + \cdots + \mathscr{L}^{-1}\left[\frac{k_n}{s - s_n}\right] \\ &= [k_1 \mathrm{e}^{s_1 t} + k_2 \mathrm{e}^{s_2 t} + \cdots + k_n \mathrm{e}^{s_n t}] \varepsilon(t) \end{aligned} \quad (7\text{-}24)$$

由此可见，当 $D(s)=0$ 具有相异实根时，$F(s)$ 的拉氏反变换是许多实指数函数项之和。

　　【例 7-8】　求 $F(s) = \dfrac{s^2 + 6s + 6}{s^2 + 3s + 2}$ 的拉氏反变换。

　　解　由于 $F(s)$ 中分子多项式和分母多项式的最高次数均为 2，因此应首先分解出真分式部分，为此采用长除法运算

$$\begin{array}{r} 1 \\ s^2 + 3s + 2 \overline{\smash{)}\, s^2 + 6s + 6} \\ \underline{s^2 + 3s + 2} \\ 3s + 4 \end{array}$$

得 $$F(s) = 1 + \frac{3s+4}{s^2+3s+2}$$

其中，真分式项又可展成以下部分分式：

$$\frac{N(s)}{D(s)} = \frac{3s+4}{s^2+3s+2} = \frac{3s+4}{(s+1)(s+2)}$$

$$= \frac{k_1}{s+1} + \frac{k_2}{s+2}$$

系数可由式(7-23)求得为

$$k_1 = (s+1)\frac{N(s)}{D(s)}\Big|_{s=-1} = (s+1)\frac{3s+4}{(s+1)(s+2)}\Big|_{s=-1} = 1$$

$$k_2 = (s+2)\frac{N(s)}{D(s)}\Big|_{s=-2} = (s+2)\frac{3s+4}{(s+1)(s+2)}\Big|_{s=-2} = 2$$

代入原式可得 $$F(s) = 1 + \frac{1}{s+1} + \frac{2}{s+2}$$

查表 7-1 即得

$$f(t) = \delta(t) + (e^{-t} + 2e^{-2t})\varepsilon(t)$$

2. $D(s)=0$ 有复根且无重复根

若 $$D(s) = a_n(s-s_1)(s-s_2)\cdots(s-s_{n-2})(s^2+bs+c)$$
$$= D_1(s)(s^2+bs+c)$$

式中 $D_1(s) = a_n(s-s_1)(s-s_2)\cdots(s-s_{n-2})$，$s_1$，$s_2$，$\cdots s_{n-2}$ 为 $D(s)=0$ 的互不相等的实根。二次多项式 s^2+bs+c 中，若 $b^2<4c$，则构成一对共轭复根。

因为 $F(s)$ 可写成

$$F(s) = \frac{N(s)}{D(s)} = \frac{As+B}{s^2+bs+c} + \frac{N_1(s)}{D_1(s)} \tag{7-25}$$

上式右边第二项展开为部分分式的方法已如前述，对于右边第一项，一旦 $\frac{N_1(s)}{D_1(s)}$ 求得，就可应用对应系数相等的方法求得系数 A 和 B，而 $\frac{As+B}{s^2+bs+c}$ 的反变换则可用部分分式展开法或配方法。

【例 7-9】 求 $F(s) = \frac{s}{s^2+2s+5}$ 的拉氏反变换。

解 1) 配方法： $$F(s) = \frac{s}{s^2+2s+5} = \frac{s}{(s+1)^2+2^2}$$

$$= \frac{s+1}{(s+1)^2+2^2} - \frac{1}{2}\frac{2}{(s+1)^2+2^2}$$

查表 7-1 得 $$\mathscr{L}^{-1}\left[\frac{s}{s^2+2s+5}\right] = \mathscr{L}^{-1}\left[\frac{s+1}{(s+1)^2+2^2} - \frac{1}{2}\frac{2}{(s+1)^2+2^2}\right]$$

$$= e^{-t}(\cos 2t - \frac{1}{2}\sin 2t) \quad t \geqslant 0$$

2) 用部分分式展开法：

这里 $D(s) = s^2+2s+5 = (s+1-j2)(s+1+j2) = 0$ 有一对共轭复根，$s_1 = -1+j2$ 和 $s_2 = -1-j2$。$F(s)$ 可写成

$$F(s) = \frac{s}{s^2+2s+5} = \frac{k_1}{s+1-j2} + \frac{k_2}{s+1+j2}$$

式中

$$k_1 = (s+1-j2)\frac{s}{s^2+2s+5}\bigg|_{s=-1+j2} = \frac{1}{4}(2+j)$$

$$k_2 = (s+1+j2)\frac{s}{s^2+2s+5}\bigg|_{s=-1-j2} = \frac{1}{4}(2-j)$$

事实上，k_1 和 k_2 必然也是共轭的，即 $k_1 = \overset{*}{k_2}$，所以求得 k_1 后，k_2 可以直接写出。

$$F(s) = \frac{1}{4}\left[\frac{2+j}{s+1-j2} + \frac{2-j}{s+1+j2}\right]$$

$$\mathscr{L}^{-1}[F(s)] = \frac{1}{4}\left\{\mathscr{L}^{-1}\left[\frac{2+j}{s+1-j2}\right] + \mathscr{L}^{-1}\left[\frac{2-j}{s+1+j2}\right]\right\}$$

$$= \frac{1}{4}\left[(2+j)e^{(-1+j2)t} + (2-j)e^{(-1-j2)t}\right]$$

$$= e^{-t}\left(\cos 2t - \frac{1}{2}\sin 2t\right) \quad t \geqslant 0$$

可见，$D(s)=0$ 有共轭复根时，用配方法结合查表求拉氏反变换是比较方便的。

【**例 7-10**】 求 $F(s) = \dfrac{5s+10}{s^3+5s^2+12s+8}$ 的拉氏反变换。

解 $\qquad D(s) = s^3+5s^2+12s+8 = (s+1)(s^2+4s+8)$

所以 $\qquad F(s) = \dfrac{5s+10}{(s+1)(s^2+4s+8)} = \dfrac{A}{s+1} + \dfrac{Bs+C}{s^2+4s+8}$

式中 $\qquad A = (s+1)F(s)\,|_{s=-1}$

$$= \frac{5s+10}{s^2+4s+8}\,|_{s=-1} = 1$$

于是 $\qquad F(s) = \dfrac{5s+10}{s^3+5s^2+12s+8} = \dfrac{1}{s+1} + \dfrac{Bs+C}{s^2+4s+8}$

为求系数 B 和 C，可用对应项系数相等的方法，先令 $s=0$ 代入上式两边，得

$$\frac{10}{8} = 1 + \frac{C}{8}, \quad 则 C = 2$$

再将上式两边乘以 s，并令 $s \to \infty$，得

$$0 = 1 + B, \quad 则 B = -1$$

即 $\qquad F(s) = \dfrac{1}{s+1} + \dfrac{-s+2}{s^2+4s+8}$

应用配方法，得

$$F(s) = \frac{1}{s+1} + \frac{-(s+2)}{(s+2)^2+2^2} + \frac{2\times2}{(s+2)^2+2^2}$$

查表 7-1 即得 $\qquad \mathscr{L}^{-1}[F(s)] = e^{-t} - e^{-2t}\cos 2t + 2e^{-2t}\sin 2t, \quad t>0$

3. $D(s)=0$ 的根为重根

若 $D(s)=0$ 只有一个 p 重根 s_1，则 $D(s)$ 可写成

$$D(s) = a_n(s-s_1)^p(s-s_{p+1})\cdots(s-s_n)$$

$F(s)$ 展成的部分分式为

$$F(s) = \frac{N(s)}{D(s)}$$

$$= \frac{k_{1p}}{(s-s_1)^p} + \frac{k_{1(p-1)}}{(s-s_1)^{p-1}} + \cdots + \frac{k_{12}}{(s-s_1)^2} + \frac{k_{11}}{s-s_1} + \frac{k_{p+1}}{s-s_{p+1}} + \cdots + \frac{k_n}{s-s_n} \quad (7\text{-}26)$$

式中 $D(s)$ 的非重根因子组成的部分分式的系数 k_{p+1}，$\cdots$，k_n 的求法已如前述。对于重根因子组成的部分分式的系数 k_{1p}，$k_{1(p-1)}$，$\cdots$，k_{11}，可通过下列步骤求得。

将上式两边乘以 $(s-s_1)^p$，得

$$(s-s_1)^p \frac{N(s)}{D(s)} = k_{1p} + k_{1(p-1)}(s-s_1) + \cdots + k_{12}(s-s_1)^{p-2} + k_{11}(s-s_1)^{p-1}$$

$$+ (s-s_1)^p \left[\frac{k_{p+1}}{s-s_{p+1}} + \cdots + \frac{k_n}{s-s_n} \right] \tag{7-27}$$

令 $s=s_1$ 可得

$$k_{1p} = (s-s_1)^p \frac{N(s)}{D(s)} \bigg|_{s=s_1} \tag{7-28}$$

将式 (7-27) 两边对 s 求导后，令 $s=s_1$ 可得

$$k_{1(p-1)} = \frac{\mathrm{d}}{\mathrm{d}s} \left[(s-s_1)^p \frac{N(s)}{D(s)} \right] \bigg|_{s=s_1} \tag{7-29}$$

依此类推，可得求重根项的部分分式系数的一般公式为

$$k_{1i} = \frac{1}{(p-i)!} \left\{ \frac{\mathrm{d}^{p-i}}{\mathrm{d}s^{p-i}} \left[(s-s_1)^p \frac{N(s)}{D(s)} \right] \right\} \bigg|_{s=s_1} \tag{7-30}$$

当全部系数确定后，由于 $\quad \mathscr{L}^{-1}\left[\dfrac{k_{1i}}{(s-s_1)^i} \right] = \dfrac{k_{1i}}{(i-1)!} t^{i-1} \mathrm{e}^{s_1 t}$

则得 $\quad \mathscr{L}^{-1}[F(s)] = \mathscr{L}^{-1}\left[\dfrac{N(s)}{D(s)} \right]$

$$= \left[\frac{k_{1p}}{(p-1)!} t^{p-1} + \frac{k_{1(p-1)}}{(p-2)!} t^{p-2} + \cdots + \frac{k_{12}}{1!} t + k_{11} \right] \mathrm{e}^{s_1 t} + \sum_{i=p+1}^{n} k_i \mathrm{e}^{s_i t} \tag{7-31}$$

【例 7-11】 试求 $F(s) = \dfrac{-s^2+2}{(s+1)(s+2)^3}$ 的拉氏反变换。

解 $\quad F(s) = \dfrac{-s^2+2}{(s+1)(s+2)^3} = \dfrac{k_1}{s+1} + \dfrac{k_{23}}{(s+2)^3} + \dfrac{k_{22}}{(s+2)^2} + \dfrac{k_{21}}{s+2}$

式中系数 k_1、k_{23} 可分别根据式 (7-23)、式 (7-28) 求得，即

$$k_1 = (s+1)F(s)|_{s=-1} = 1$$

$$k_{23} = (s+2)^3 F(s)|_{s=-2} = 2$$

系数 k_{22}、k_{21} 可根据式 (7-30) 求得，即

$$K_{22} = \frac{\mathrm{d}}{\mathrm{d}s}[(s+2)^3 F(s)]\big|_{s=-2} = \frac{\mathrm{d}}{\mathrm{d}s}\left[\frac{-s^2+2}{s+1} \right]\bigg|_{s=-2}$$

$$= \left[\frac{-2s}{s+1} - \frac{-s^2+2}{(s+1)^2} \right]\bigg|_{s=-2} = -2$$

$$K_{21} = \frac{1}{2!} \frac{\mathrm{d}^2}{\mathrm{d}s^2}[(s+2)^3 F(s)]\big|_{s=-2}$$

$$= \frac{1}{2!} \frac{\mathrm{d}}{\mathrm{d}s}\left[\frac{-2s}{s+1} - \frac{-s^2+2}{(s+1)^2} \right]\bigg|_{s=-2}$$

$$= \frac{1}{2}\left[\frac{-2}{s+1} + \frac{2s}{(s+1)^2} + \frac{2s}{(s+1)^2} + \frac{2(-s^2+2)(s+1)}{(s+1)^4} \right]\bigg|_{s=-2} = -1$$

所以，$\quad F(s) = \dfrac{1}{s+1} + \dfrac{2}{(s+2)^3} + \dfrac{-2}{(s+2)^2} + \dfrac{-1}{s+2}$

查表 7-1，即得

$$\mathscr{L}^{-1}[F(s)] = \mathrm{e}^{-t} + t^2 \mathrm{e}^{-2t} - 2t \mathrm{e}^{-2t} - \mathrm{e}^{-2t}, \quad t > 0$$

　　$D(s)$具有重根的$F(s)$展开成部分分式，求各项系数的方法很多，以上是总结成公式形式。如果重根阶次不高，也可用代数恒等式求解，可以避免用求导公式。如上例中当k_1和k_{23}求出后代入原式可得

$$\frac{-s^2+2}{(s+1)(s+2)^3}=\frac{1}{s+1}+\frac{2}{(s+2)^3}+\frac{k_{22}}{(s+2)^2}+\frac{k_{21}}{s+2} \tag{7-32}$$

令$s=0$代入式(7-32)得

$$\frac{2}{8}=1+\frac{2}{8}+\frac{k_{22}}{4}+\frac{k_{21}}{2}$$

再令$s=1$代入式(7-32)得

$$\frac{1}{54}=\frac{1}{2}+\frac{2}{27}+\frac{k_{22}}{9}+\frac{k_{21}}{3}$$

联立求解可得$k_{22}=-2$，$k_{21}=-1$。如果将式(7-32)右边通分后令右边和左边的分子多项式各s幂次相应的系数相等，也可计算出未知数。

7.4　动态电路的复频域模型

　　拉普拉斯变换是分析线性时不变电路的有效工具，它将电路分析中的时域函数变换为复频域(S域)的象函数，从而把线性时不变动态电路的响应问题归结为求解象函数的代数方程，便于运算和求解。同时它将初始状态自然地包括到象函数中，既可分别求零输入响应、零状态响应，又可一举求得全响应。以拉氏变换作为数学工具，分析任意信号作用下的线性电路响应，称为拉氏变换分析或复频域分析。

　　电路的复频域分析有两种方法。第一种方法是首先列出线性时不变电路的常系数微分方程，再对微分方程进行拉氏变换，从而把微分方程变换为复频域中的代数方程，求解此代数方程得到响应的复频域解，最后将此解进行拉氏反变换得到时域解。当电路含有较多的动态元件时，描述电路的微分方程阶数较高，列写微分方程本身就非常麻烦。为了避免列写微分方程，就产生了第二种更为简单的方法。该方法首先将动态电路的时域模型变换为复频域模型，然后根据复频域电路模型，直接列写求解复频域响应的代数方程，求解复频域响应并进行拉氏反变换。下面仅介绍第二种方法，为此，先介绍基尔霍夫定律的复频域形式和电路元件的复频域模型。

7.4.1　基尔霍夫定律的复频域形式

　　基尔霍夫电流、电压定律的时域形式分别为

$$\sum_{k=1}^{n_1}i_k(t)=0 \tag{7-33}$$

$$\sum_{k=1}^{n_2}u_k(t)=0 \tag{7-34}$$

　　对式(7-33)和式(7-34)分别进行拉氏变换，根据拉氏变换的线性性质，可得基尔霍夫电流定律和电压定律的复频域形式分别为

$$\sum_{k=1}^{n_1}I_k(s)=0 \tag{7-35}$$

$$\sum_{k=1}^{n_2}U_k(s)=0 \tag{7-36}$$

式中，$I_k(s)=\mathscr{L}[i_k(t)]$，$U_k(s)=\mathscr{L}[u_k(t)]$。对比式(7-33)和式(7-35)、式(7-34)和式(7-36)可以看出，基尔霍夫定律在时域和复频域具有相同的形式。

7.4.2　电路元件的复频域模型

1. 电阻元件的复频域模型

图 7-3a 所示电阻元件的电压与电流的时域关系为

$$u_R(t) = Ri_R(t)$$

将上式两边取拉氏变换，得

$$U_R(s) = RI_R(s) \tag{7-37}$$

式中，$U_R(s) = \mathscr{L}[u_R(t)]$，$I_R(s) = \mathscr{L}[i_R(t)]$。

由式(7-37)可得到电阻元件的复频域模型如图 7-3b 所示。显然，电阻元件的复频域模型与时域模型具有相同的形式。

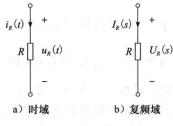

a) 时域　　　b) 复频域

图 7-3　电阻元件的模型

2. 电容元件的复频域模型

图 7-4a 所示电容元件的电压与电流的时域关系为

$$u_C(t) = \frac{1}{C}\int_{0^-}^{t} i_C(\tau)\mathrm{d}\tau + u_C(0^-)$$

将上式两边取拉氏变换，并应用拉氏变换的时域积分性质，得

$$U_C(s) = \frac{1}{sC}I_C(s) + \frac{1}{s}u_C(0^-) \tag{7-38}$$

或

$$I_C(s) = sCU_C(s) - Cu_C(0^-) \tag{7-39}$$

式中，$U_C(s) = \mathscr{L}[u_C(t)]$，$I_C(s) = \mathscr{L}[i_C(t)]$，$\dfrac{1}{sC}$ 称为电容的复频阻抗，简称复频容抗。

式(7-38)和式(7-39)表明，一个具有初始电压 $u_C(0^-)$ 的电容元件，其复频域模型为一个复频容抗 $\dfrac{1}{sC}$ 与一个大小为 $\dfrac{u_C(0^-)}{s}$ 的电压源相串联(复频域戴维南模型)，或者是 $\dfrac{1}{sC}$ 与一个大小为 $Cu_C(0^-)$ 的电流源并联(复频域诺顿模型)，分别如图 7-4b 和 c 所示。

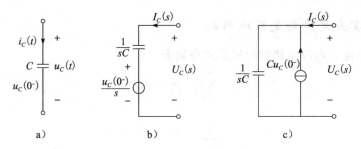

图 7-4　电容元件的模型

3. 电感元件的复频域模型

图 7-5a 所示电感元件的电压与电流的时域关系为

$$u_L(t) = L\frac{\mathrm{d}i_L(t)}{\mathrm{d}t}$$

将上式两边取拉氏变换，并应用拉氏变换的时域微分性质，得

$$U_L(s) = sLI_L(s) - Li_L(0^-) \tag{7-40}$$

或
$$I_L(s) = \frac{1}{sL}U_L(s) + \frac{i_L(0^-)}{s} \tag{7-41}$$

式中，$U_L(s) = \mathscr{L}[u_L(t)]$，$I_L(s) = \mathscr{L}[i_L(t)]$，$sL$ 称为电感的复频阻抗，简称复频感抗。

式(7-40)和式(7-41)表明，一个具有初始电流 $i_L(0^-)$ 的电感元件，其复频域模型为一个复频感抗 sL 与一个大小为 $Li_L(0^-)$ 的电压源相串联(复频域戴维南模型)，或者是 sL 与一个大小为 $\dfrac{i_L(0^-)}{s}$ 的电流源相并联(复频域诺顿模型)，分别如图 7-5b 和 c 所示。

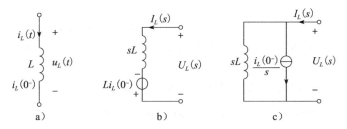

图 7-5 电感元件的模型

电路分析的基本依据是拓扑约束和元件伏安关系的约束。拓扑约束是由基尔霍夫定律体现的，由于基尔霍夫定律的时域形式和复频域形式完全相同，所以，电路的时域模型和复频域模型的连接关系是相同的，即在将时域模型转换为复频域模型时，无需改变电路的连接结构。这样，把电路中每个元件都用它的复频域模型来代替，将激励及各分析变量用其拉氏变换式代替，就可由时域电路模型得到复频域电路模型。

7.5 动态电路的复频域分析法

基于复频域模型的动态电路分析法在分析电路时有以下主要步骤：①将时域模型转换为复频域模型；②建立分析变量的复频域代数方程，并解出复频域响应；③将复频域响应反变换为时域响应。

在复频域电路中，利用两类约束即 KCL、KVL 和元件伏安关系 VCR，对电路列出的电压 $U(s)$ 与电流 $I(s)$ 的关系式是代数方程，类似于电阻电路中的电压与电流的关系。电阻电路中的各种分析方法，如等效变换、网孔法、节点法、网络定理等，通过推广，都可以应用到复频域分析中来，形成相应的复频域分析方法。下面通过几个例子具体展示这些复频域分析方法。

【例 7-12】 如图 7-6a 所示电路，元件参数 $L = 0.5\mathrm{H}$，$C = 1\mathrm{F}$，$R = 1\Omega$，初始状态 $u_C(0^-) = 1\mathrm{V}$，$i_L(0^-) = 1\mathrm{A}$。试求零输入响应 $u_R(t)$。

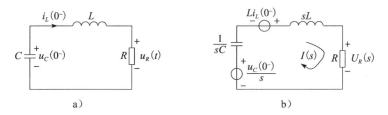

图 7-6 例 7-12 图

解 画出复频域模型如图 7-6b 所示。设网孔电流为 $I(s)$，采用网孔法列写方程

$$\left(R + sL + \frac{1}{sC}\right)I(s) = \frac{u_C(0^-)}{s} + Li_L(0^-)$$

得
$$I(s) = \frac{\dfrac{u_C(0^-)}{s} + Li_L(0^-)}{R + sL + \dfrac{1}{sC}}$$

$$U_R(s) = RI(s) = R\frac{\dfrac{1}{s} + 0.5}{1 + 0.5s + \dfrac{1}{s}} = \frac{s+2}{s^2 + 2s + 2} = \frac{s+1}{(s+1)^2 + 1} + \frac{1}{(s+1)^2 + 1}$$

反变换得时域响应　　$u_R(t) = \mathscr{L}^{-1}[U_R(s)] = \mathrm{e}^{-t}\cos t + \mathrm{e}^{-t}\sin t\,\mathrm{V}$，$t > 0$

【例 7-13】　如图 7-7a 所示电路，元件参数 $L = 0.5\mathrm{H}$，$C = 1\mathrm{F}$，$R_1 = 0.2\Omega$，$R_2 = 1\Omega$，输入 $u_S(t) = \varepsilon(t)$。试求电路的零状态响应 $i(t)$。

　　解　画出 $t > 0$ 时零状态下的复频域电路模型如图 7-7b 所示。其中复频阻抗 $sL = 0.5s$，$\dfrac{1}{sC} = \dfrac{1}{s}$。采用等效变换法，将 ab 以右的电阻、电容和电感部分的复频阻抗，通过串并联等效化简得到总阻抗

$$Z_{ab}(s) = \frac{1}{s} + (1 + 0.5s)//0.2 = \frac{1}{s} + \frac{(1 + 0.5s)\cdot 0.2}{(1 + 0.5s) + 0.2} = \frac{s^2 + 7s + 12}{5s^2 + 12s}$$

则响应的象函数　　$I(s) = \dfrac{U_S(s)}{Z_{ab}(s)} = \dfrac{1}{s} \cdot \dfrac{5s^2 + 12s}{s^2 + 7s + 12} = \dfrac{-3}{s+3} + \dfrac{8}{s+4}$

所以零状态时域响应　　$i(t) = (-3\mathrm{e}^{-3t} + 8\mathrm{e}^{-4t})\varepsilon(t)\mathrm{A}$

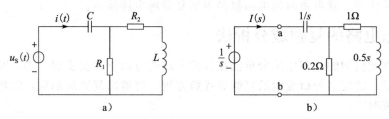

图 7-7　例 7-13 图

　　该例题的输入为单位阶跃函数，因此得到的零状态响应也即为阶跃响应。

【例 7-14】　如图 7-8a 所示电路，开关 S 闭合前已处于稳态，开关在 $t = 0$ 时闭合。试求开关闭合后的电容电压 $u_C(t)$。

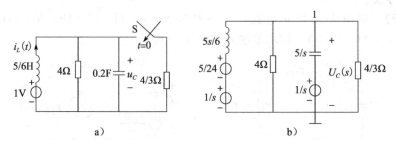

图 7-8　例 7-14 图

　　解　因为开关闭合前已处于稳态，由 0^- 时刻直流稳态电路求得

$$u_C(0^-) = 1\mathrm{V},\ i_L(0^-) = 0.25\mathrm{A}$$

画出换路后的复频域模型如图 7-8b 所示。将下部的节点设为零电位，则上部节点 1 的节点电压为 $U_C(s)$。采用节点法对节点 1 列写电路方程

$$\left(\frac{6}{5s}+\frac{1}{4}+\frac{s}{5}+\frac{3}{4}\right)U_C(s)=\frac{\frac{5}{24}+\frac{1}{s}}{\frac{5s}{6}}+\frac{\frac{1}{s}}{\frac{5}{s}}$$

即

$$\frac{6+5s+s^2}{5s}U_C(s)=\frac{24+5s+4s^2}{20s^2}$$

解得电容电压为

$$U_C(s)=\frac{24+5s+4s^2}{4s(6+5s+s^2)}=\frac{1}{s}-\frac{15/4}{s+2}+\frac{15/4}{s+3}$$

反变换得全响应

$$u_C(t)=(1-3.75\mathrm{e}^{-2t}+3.75\mathrm{e}^{-3t})\mathrm{V},\quad t>0$$

【例 7-15】　电路如图 7-9a 所示，已知 $u_S(t)=\mathrm{e}^{-t}\varepsilon(t)\mathrm{V}$，$i_S(t)=3\varepsilon(t)\mathrm{A}$。试用复频域叠加定理求电路的零状态响应 $i(t)$。

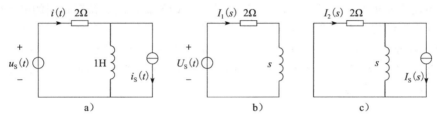

图 7-9　例 7-15 图

解　电压源和电流源的拉氏变换分别为 $U_S(s)=\mathscr{L}[u_S(t)]=\dfrac{1}{s+1}$，$I_S(s)=\mathscr{L}[i_S(t)]=\dfrac{3}{s}$

电压源单独作用的零状态复频域电路模型如图 7-9b 所示，可求得

$$I_1(s)=\frac{U_S(s)}{s+2}=\frac{1}{(s+1)(s+2)}$$

电流源单独作用的零状态复频域电路模型如图 7-9c 所示，由分流公式求得

$$I_2(s)=\frac{s}{s+2}I_S(s)=\frac{3}{s+2}$$

由叠加定理可得

$$I(s)=I_1(s)+I_2(s)=\frac{1}{(s+1)(s+2)}+\frac{3}{s+2}=\frac{1}{s+1}-\frac{1}{s+2}+\frac{3}{s+2}$$

反变换得时域响应　　$i(t)=(\mathrm{e}^{-t}+2\mathrm{e}^{-2t})\varepsilon(t)\mathrm{A}$

【例 7-16】　如图 7-10a 所示电路，已知 $U_S=10\mathrm{V}$，$R_1=10\Omega$，$R_2=15\Omega$，$L_1=0.3\mathrm{H}$，$L_2=0.2\mathrm{H}$。电路原来已经稳定，$t=0$ 时开关 S 打开。试求开关 S 动作后电感电流 $i_{L2}(t)$ 和电感电压 $u_{L2}(t)$。

解　$t<0$ 时，电路已经稳定，得

$$i_{L_1}(0^-)=\frac{U_S}{R_1}=1\mathrm{A}\qquad i_{L_2}(0^-)=0$$

画出换路后的复频域模型如图 7-10b 所示。从 a 点开始，按顺时针列写回路方程

$$0.2s\cdot I_{L_2}(s)+15\cdot I_{L_2}(s)-10/s+10\cdot I_{L_2}(s)+0.3s\cdot I_{L_2}(s)-0.3=0$$

解得

$$I_{L_2}(s)=\frac{10/s+0.3}{0.2s+15+10+0.3s}=\frac{0.6s+20}{s(s+50)}=\frac{0.4}{s}+\frac{0.2}{s+50}$$

反变换得时域响应　　　$i_{L_2}(t)=(0.4+0.2\mathrm{e}^{-50t})\varepsilon(t)\mathrm{A}$

$$U_{L_2}(s) = 0.2s \cdot I_{L_2}(s) = \frac{0.12s+4}{s+50} = 0.12 + \frac{-2}{s+50}$$

反变换得时域响应 $\qquad u_{L_2}(t) = [0.12\delta(t) - 2e^{-50t}\varepsilon(t)]\mathrm{V}$

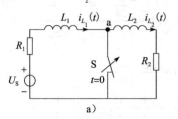 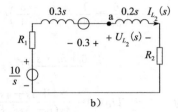

图 7-10 例 7-16 图

　　本例在换路时，电感电流出现了跳变，即 i_{L_1} 由 $i_{L_1}(0^-)=1\mathrm{A}$ 跳变到 $i_{L_1}(0^+)=0.6\mathrm{A}$，$i_{L_2}$ 由 $i_{L_2}(0^-)=0$ 跳变到 $i_{L_2}(0^+)=0.6\mathrm{A}$。这是因为开关 S 打开后，电感 L_1 和 L_2 成了串联，所以它们的电流应该相等，这就要求 L_1 和 L_2 的电流立即调整，因而换路瞬间的电感电压出现了冲激。从电路结构上看，换路后电路 a 点的割集是全电感割集，因而换路定则失效。

　　运用 S 域分析，仅需 $t=0^-$ 的初始值，无需求出 $t=0^+$ 时的电容电压或电感电流，因而不必考虑电路是否有跳变。S 域分析本身就能自动显示是否出现冲激电压或电流，这是 S 域分析方法的一大优点。

习题 7

7-1 试用拉氏变换的定义式，求下列函数的拉氏变换。

(1) $\varepsilon(t) - \varepsilon(t-1)$ 　　　　　　　　　　(2) $te^{-t}\varepsilon(t)$

(3) $t\cos\omega_0 t\varepsilon(t)$ 　　　　　　　　　　(4) $(e^{2t}-2)\varepsilon(t)$

(5) $(\cos 3t + 2\sin 3t)\varepsilon(t)$ 　　　　　　(6) $(1-e^{-2t})\varepsilon(t)$

(7) $2\delta(t-1)$ 　　　　　　　　　　　(8) $e^{-2t}\cos 5t\varepsilon(t)$

7-2 求题 7-2 图所示信号的拉氏变换。

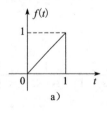 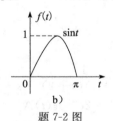 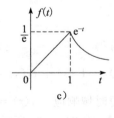

题 7-2 图

7-3 求下列函数的拉氏变换。

(1) $e^{-2t}\varepsilon(t)$ 　　　　　　　　　　　(2) $e^{-2t}\varepsilon(t-1)$

(3) $e^{-2(t-1)}\varepsilon(t)$ 　　　　　　　　　(4) $e^{-2(t-1)}\varepsilon(t-1)$

7-4 求题 7-4 图所示周期信号的拉氏变换。

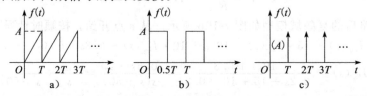

题 7-4 图

7-5 求下列函数的拉氏变换，已知 $\mathscr{L}[f(t)]=F(s)$。

(1) $f(t-2)\varepsilon(t-2)$ (2) $f(t)+\cos5t$

(3) $f(t)\cos5t$ (4) $\mathrm{e}^{-2t}f(t)$

7-6 已知 $f(t)$ 的波形如题 7-6 图所示。

(1) 求 $f(t)$ 的拉氏变换。

(2) 画出 $f(t)\varepsilon(t-1)$ 的波形图，并求其拉氏变换。

(3) 画出 $f(t-1)\varepsilon(t-1)$ 的波形图，并求其拉氏变换。

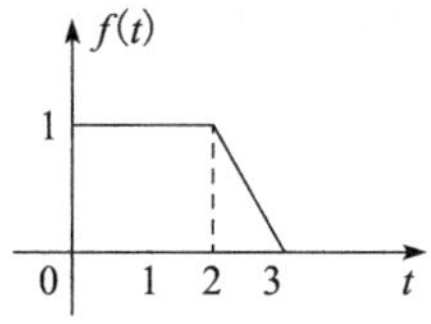

题 7-6 图

7-7 求下列函数的拉氏变换。

(1) $\sin3t\varepsilon(t)$ (2) $\mathrm{e}^{-t}\sin3t\varepsilon(t)$

(3) $\dfrac{\mathrm{d}}{\mathrm{d}t}\left[\mathrm{e}^{-t}\sin3t\varepsilon(t)\right]$ (4) $t\mathrm{e}^{-t}\sin3t\varepsilon(t)$

7-8 求下列拉氏变换式的原函数的初值 $f(0^+)$。

(1) $\dfrac{1}{s+7}$ (2) $\dfrac{1}{s^2(s+a)}$

(3) $\dfrac{s+1}{3s^2+2s+1}$ (4) $\dfrac{s+2}{s^2+4}$

7-9 求下列拉氏变换式的原函数的终值 $f(\infty)$。

(1) $\dfrac{3s}{(s+3)(s+2)}$ (2) 4

(3) $\dfrac{s}{s^2+5}$ (4) $\dfrac{5s^2+1}{s(s^2+56s+6)}$

(5) $\dfrac{s+2}{s(s+1)}$ (6) $\dfrac{1}{(s+2)^2}$

7-10 求下列拉氏变换式的原函数。

(1) $\dfrac{s+1}{s^2+5s+6}$ (2) $\dfrac{s+1}{s^2+2s+2}$

(3) $\dfrac{s^2+6s+5}{s(s^2+4s+5)}$ (4) $\dfrac{1}{(s+1)(s+2)^2}$

7-11 试用部分分式展开法求下列拉氏变换式的原函数。

(1) $\dfrac{4s+6}{(s+1)(s+2)(s+3)}$ (2) $\dfrac{2s+3}{s^2+2s+10}$

(3) $\dfrac{s^2+10s+19}{s^2+5s+6}$ (4) $\dfrac{5}{(s^2+1)(s+2)}$

(5) $\dfrac{3s^2+2s+1}{s^2(s+1)}$ (6) $\dfrac{2s+4}{s(s^2+4)}$

7-12 试求下列拉氏变换式的原函数。

(1) $\dfrac{\mathrm{e}^{-3s}}{s+2}$ (2) $\dfrac{s\mathrm{e}^{-3s}+2}{s^2+2s+2}$

(3) $\dfrac{\mathrm{e}^{-(s-1)}+3}{s^2-2s+5}$ (4) $\dfrac{\mathrm{e}^{-s}+\mathrm{e}^{-2s}+1}{s^2+3s+2}$

7-13 试用拉氏变换分析法，求解下列微分方程。

(1) $y'(t)+2y(t)=2x(t)$ $y(0^-)=0,\ x(t)=\varepsilon(t)$

(2) $y''(t)+3y'(t)+2y(t)=x'(t)$ $y(0^-)=y'(0^-)=0,\ x(t)=\varepsilon(t)$

(3) $y''(t)+4y'(t)+4y(t)=x'(t)+x(t)$ $y(0^-)=2,\ y'(0^-)=1,\ x(t)=\mathrm{e}^{-t}\varepsilon(t)$

（4）$y''(t)+6y'(t)+25y(t)=x'(t)$ $y(0^-)=y'(0^-)=0$，$x(t)=4\varepsilon(t)$

7-14　题 7-14 图所示的 RLC 电路中，电路参数为 $R=1\Omega$，$L=1\mathrm{H}$，$C=1\mathrm{F}$，初始状态 $i_L(0^-)=1\mathrm{A}$，$u_C(0^-)=1\mathrm{V}$，试求零输入响应 $u_C(t)$。

7-15　题 7-15 图所示电路中，已知 $i_S(t)=\mathrm{e}^{-2t}\varepsilon(t)$。试求零状态响应 $i_L(t)$ 和 $u_C(t)$。

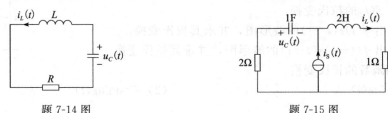

题 7-14 图　　　　　　　题 7-15 图

7-16　题 7-16 图所示二阶电路，设初始状态 $i_L(0^-)=0\mathrm{A}$，$u_C(0^-)=0\mathrm{V}$，试求电路中的响应 $u_C(t)$，$t\geqslant 0$。

7-17　题 7-17 图所示电路中，已知初始状态 $i_L(0^-)=0\mathrm{A}$，$u_C(0^-)=0\mathrm{V}$，电路参数 $R=0.4\Omega$，$L=1/3\mathrm{H}$，$C=0.5\mathrm{F}$，输入 $u_S(t)=2t\ \mathrm{V}$（当 $t>0$）。试求电路中电容电压的响应 $u_C(t)$，$t\geqslant 0$。

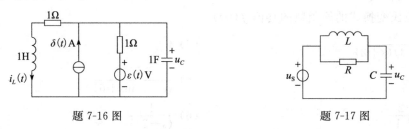

题 7-16 图　　　　　　　题 7-17 图

7-18　题 7-18 图所示电路中，在 $t=0$ 时将 $u_1(t)=5\mathrm{V}$ 的电压源接入电路中。试求电路的零状态响应 $u_2(t)$。

7-19　题 7-19 图所示二阶电路中，$R_1=1\Omega$，$R_2=2\Omega$，$L=0.1\mathrm{H}$，$C=0.5\mathrm{F}$，$u_1(t)=0.1\mathrm{e}^{-5t}\varepsilon(t)\mathrm{V}$，$u_2(t)=\varepsilon(t)\mathrm{V}$，电路处于零状态。试求响应电流 $i(t)$。

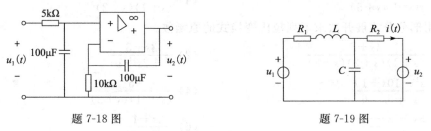

题 7-18 图　　　　　　　题 7-19 图

7-20　题 7-20 图所示电路，试求电容电压的阶跃响应。

7-21　题 7-21 图所示电路原来已经处于稳定状态，开关在 $t=0$ 时从 a 倒向 b。试求 $u_L(t)$，$t>0$。

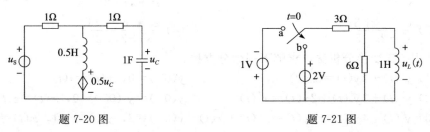

题 7-20 图　　　　　　　题 7-21 图

7-22 题 7-22 图所示电路，开关闭合已很长时间，当 $t=0$ 时开关打开，试求响应电流 $i(t)$。

7-23 试求题 7-23 图所示电路的输出电压 $u_0(t)$。已知初始状态 $i_L(0^-)=1A$，$u_C(0^-)=3V$。

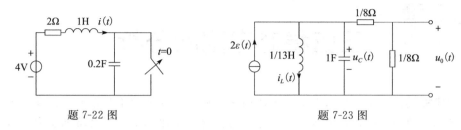

题 7-22 图　　　　　　　　　　　题 7-23 图

7-24 在题 7-24 图所示电路中，电容电压作为输出。

（1）试求单位冲激响应 $h(t)$；

（2）欲使零输入响应 $u_{zi}(t)=h(t)$，试求 $i_L(0^-)$ 和 $u_C(0^-)$ 的值。

7-25 题 7-25 图所示电路常称为补偿分压器。已知 $U_S=6V$，$R_1=R_2=10\Omega$，$C_1=2mF$，$C_2=3mF$，设开关 S 闭合前电路已处于稳定，$t=0$ 时开关 S 闭合，试求 $t>0$ 时响应 $u_{C2}(t)$ 和 $i_{C2}(t)$。

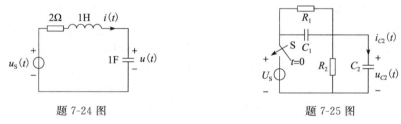

题 7-24 图　　　　　　　　　　　题 7-25 图

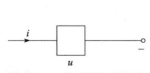

第8章

正弦稳态电路的分析

内容提要：本章介绍正弦稳态电路的基本概念，着重讨论基尔霍夫定律相量形式、电路基本元件的相量关系，引入阻抗和导纳的概念，介绍正弦稳态电路相量分析法以及正弦稳态电路中的功率。最后介绍非正弦周期电路的稳态分析。

8.1 正弦稳态和正弦量

正弦交流电的应用十分广泛，发电厂发出的交流电压和常用的音频信号发生器所输出的信号，都是随时间按正弦规律变化的，它们是常用的正弦电源。除此之外，在实际生活中还存在着许多随时间而变的交流信号，比如方波、锯齿波、三角波等，正弦信号是交流信号中应用最广、也最常见的一种。在工程技术和日常生活中所用的交流电，一般都指正弦交流电。

线性时不变动态电路在正弦电源激励下，当固有响应分量经过一段时间后衰减为零时，电路中各处的响应仅包含强制响应分量，即均为与激励同频率的正弦函数，则该电路处于正弦稳态。处于正弦稳态的电路称为正弦稳态电路，也称为正弦交流电路。

无论是实际应用还是在理论分析中，正弦稳态分析都是非常重要的。首先，由于正弦电压和电流较容易产生，与非电量的转换也较方便，许多设备和仪器都是以正弦信号作为电源或信号源。因此，许多实用电路都是正弦稳态电路。其次，正弦信号是一种基本信号，根据傅立叶级数和傅立叶变换理论，各种复杂的信号都可分解为一系列不同频率的正弦信号之和。也就是说利用叠加定理可将正弦稳态分析推广应用到非正弦周期信号作用下的电路中，因此正弦稳态分析具有普遍意义。

求解正弦稳态电路响应的经典数学方法是求非齐次微分方程的特解，如果分析的是高阶复杂电路，对应的就是要解高阶微分方程的特解，其过程相当复杂。利用相量可使微分方程的求解问题转化为相量代数方程的求解问题，一般所说正弦稳态电路的分析就是运用相量的概念对正弦稳态电路进行分析，该方法称为相量法。

电路中按正弦规律变化的电压或电流统称为正弦量，对正弦量的数学描述可以用正弦函数，也可以用余弦函数，本书采用余弦函数。

8.1.1 正弦量的三要素

图 8-1 表示一段正弦稳态电路的电流 i 为正弦电流，在图示参考方向下，其数学表达式定义如下：

$$i = I_m\cos(\omega t + \varphi_i) \tag{8-1}$$

正弦电流 i 的波形图如图 8-2 所示（$\varphi_i > 0$）。

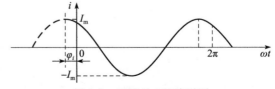

图 8-1　一段正弦稳态电路　　　　图 8-2　正弦量 i 的波形图

式(8-1)，I_m 称为正弦量的振幅，通常用带下标 m 的大写字母表示，它是正弦量在整个振荡过程中达到的最大值，为正的常数。当 $\cos(\omega t + \varphi_i) = 1$ 时，$i_{max} = I_m$，当 $\cos(\omega t + \varphi_i) = -1$ 时，$i_{min} = -I_m$。通常将 $i_{max} - i_{min} = 2I_m$ 称为正弦量的峰-峰值。

式(8-1)中，随时间变化的角度($\omega t + \varphi_i$)称为正弦量的相位，或称相角，单位为弧度(rad)或度(°)。ω 称为正弦量的角频率，是正弦量的相位随时间变化的角速度，即

$$\omega = \frac{\mathrm{d}}{\mathrm{d}t}(\omega t + \varphi_i) \tag{8-2}$$

式中，ω 的单位为弧度/秒(rad/s)。

正弦量是周期函数，通常将正弦量完成一个循环所需的时间称为周期，记为 T，单位为秒(s)。周期 T 的倒数，表示正弦量每秒所完成的循环次数，称为频率，记为 f，即

$$f = \frac{1}{T} \quad 或 \quad T = \frac{1}{f} \tag{8-3}$$

频率的单位为赫兹(Hz，简称赫)，当频率较高时，常采用千赫(kHz)、兆赫(MHz)和吉赫(GHz)等单位。它们之间的关系为：

$$1\mathrm{kHz} = 10^3\,\mathrm{Hz}, \quad 1\mathrm{MHz} = 10^6\,\mathrm{Hz}, \quad 1\mathrm{GHz} = 10^9\,\mathrm{Hz}$$

周期 T、频率 f 和角频率 ω 都是描述正弦量变化快慢的物理量。它们之间有如下关系：

$$\omega = \frac{2\pi}{T} = 2\pi f \tag{8-4}$$

式(8-1)中，φ_i 是正弦量在 $t = 0$ 时刻的相位，称为正弦量的初相位(初相角)，简称初相，单位与相位相同。通常在主值范围内取值，即 $|\varphi_i| \leqslant 180°$。

对一个正弦量而言，当它的振幅 I_m、初相 φ_i 和频率 f(或角频率 ω)确定了，那么这个正弦量的变化规律就完全确定了，因此，我们把正弦量的振幅、初相和频率(或角频率)称为正弦量的三要素。

【例 8-1】 已知正弦电流 $i = -10\sin(100\pi t - 30°)\mathrm{A}$，试求该正弦电流的振幅 I_m、初相 φ_i 和频率 f。

解 应先将正弦电流的表达式化为基本形式(本书采用的余弦函数表达式)，即

$$i = -10\sin(100\pi t - 30°) = 10\sin(100\pi t - 30 + 180°)$$
$$= 10\sin(100\pi t + 150°) = 10\cos(100\pi t + 150° - 90°)$$
$$= 10\cos(100\pi t + 60°)\mathrm{A}$$

由正弦电流的基本表达式，得

振幅 $I_m = 10\mathrm{A}$

初相 $\varphi_i = 60°$

频率 $f = \dfrac{\omega}{2\pi} = \dfrac{100\pi}{2\pi} = 50\mathrm{Hz}$

工程中常以频率区分电路，如音频电路、高频电路等。我国电力部门提供的交流电频率为 50Hz，称为工频。它的周期为 0.02s，角频率为 314rad/s。

8.1.2 正弦量的相位差

电路中常用"相位差"的概念描述两个同频正弦量之间的相位关系。为了说明相位差的概念，设两个同频正弦量的电压 u、电流 i 分别为

$$u = U_m\cos(\omega t + \varphi_u)$$

$$i = I_m\cos(\omega t + \varphi_i)$$

φ_u 为电压 u 的初相，φ_i 为电流 i 的初相，那么这两个正弦量间的相位差 θ 为

$$\theta = (\omega t + \varphi_u) - (\omega t + \varphi_i) = \varphi_u - \varphi_i \tag{8-5}$$

相位差也在主值范围内取值，即 $|\theta| \leqslant 180°$。由式(8-5)可见：同频正弦量的相位差等于它们的初相之差，是一个与时间无关的常数。在同频率正弦量的相位差计算中经常遇到以下五种情况。

1）若 $\theta = \varphi_u - \varphi_i > 0$，即 $\varphi_u > \varphi_i$，则称 u 超前 i（或称 i 滞后 u）。

2）若 $\theta = \varphi_u - \varphi_i < 0$，即 $\varphi_u < \varphi_i$，则称 u 滞后 i（或称 i 超前 u）。

3）若 $\theta = \varphi_u - \varphi_i = 0$，即 $\varphi_u = \varphi_i$，则称 u 与 i 同相位。

4）若 $\theta = \varphi_u - \varphi_i = \pm\pi$，则称 u 与 i 互为反相。

5）若 $\theta = \varphi_u - \varphi_i = \pm\dfrac{\pi}{2}$，则称 u 与 i 正交。

图 8-3 给出了这几种情况的相位差波形。

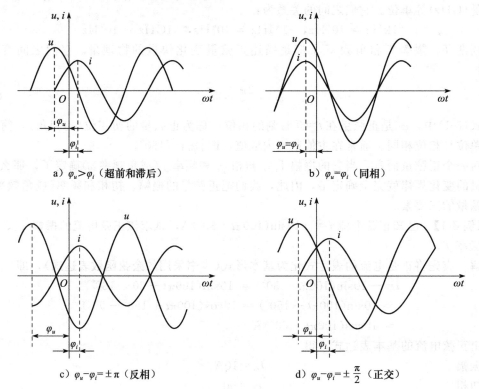

a) $\varphi_u > \varphi_i$（超前和滞后）　　b) $\varphi_u = \varphi_i$（同相）

c) $\varphi_u - \varphi_i = \pm\pi$（反相）　　d) $\varphi_u - \varphi_i = \pm\dfrac{\pi}{2}$（正交）

图 8-3　同频正弦量的相位差

【例 8-2】已知正弦电压 $u_1 = -5\sin\left(\omega t - \dfrac{\pi}{6}\right)\text{V}$，$u_2 = 10\cos(\omega t - \pi)\text{V}$，试求它们的相位差，并说明两电压超前、滞后的情况。

解　将 u_1 化为基本形式，即

$$u_1 = 5\sin\left(\omega t - \frac{\pi}{6} + \pi\right) = 5\sin\left(\omega t + \frac{5\pi}{6}\right) = 5\cos\left(\omega t + \frac{5\pi}{6} - \frac{\pi}{2}\right)$$

$$= 5\cos\left(\omega t + \frac{\pi}{3}\right)\text{V}, \text{初相 } \varphi_1 = \frac{\pi}{3}$$

ωt 角度。

若给复数 $ae^{j\varphi}$ 乘以旋转因子 $e^{j\omega t}$，得到一个复指数函数 $A=ae^{j\varphi}\cdot e^{j\omega t}=ae^{j(\omega t+\varphi)}$，根据欧拉公式可展开为（或直接将指数式变换为三角式）$A=ae^{j(\omega t+\varphi)}=a\cos(\omega t+\varphi)+ja\sin(\omega t+\varphi)$，显然有 $\mathrm{Re}[A]=a\cos(\omega t+\varphi)$。

所以正弦量可以用上述形式的复指数函数描述，使正弦量与复指数函数的实部一一对应。

若以正弦电流 $i=\sqrt{2}I\cos(\omega t+\varphi_i)$ 为例，则有

$$i=\sqrt{2}I\cos(\omega t+\varphi_i)=\mathrm{Re}[\sqrt{2}Ie^{j(\omega t+\varphi_i)}]$$
$$=\mathrm{Re}[\sqrt{2}Ie^{j\varphi_i}e^{j\omega t}]=\mathrm{Re}[\sqrt{2}\dot{I}e^{j\omega t}]=\mathrm{Re}[\dot{I}_m e^{j\omega t}] \tag{8-14}$$

由上式可以看出，复指数函数中的 $Ie^{j\varphi_i}$ 是以正弦量的有效值为模，以初相为辐角的一个复常数，这个复常数定义为正弦量的相量，记为 $\dot{I}$，即

$$\dot{I}=Ie^{j\varphi_i}=I\angle\varphi_i \tag{8-15}$$

用"$\dot{I}$"来表示相量，与有效值"I"加以区分，也表示与一般所说的复数不同，按正弦量有效值定义的相量称为"有效值"相量。

相量也可用正弦量的振幅值定义，由式(8-14)可得

$$\dot{I}_m=\sqrt{2}Ie^{j\varphi_i}=\sqrt{2}I\angle\varphi_i=I_m\angle\varphi_i \tag{8-16}$$

式中，$\dot{I}_m$ 称为正弦量的"振幅"相量，显然有 $\dot{I}_m=\sqrt{2}\dot{I}$。

在正弦稳态电路中所说的相量，如无下标 m，通常都指有效值相量。相量是一个复数，它在复平面上的图形称为相量图，图 8-5 所示为正弦电流的相量图。只有相同频率的相量才能画在同一复平面内，在分析正弦稳态电路时，可借助相量图来分析电路。另外，由于相量是复数，故复数的各种数学表达形式和运算规则同样适用于相量。

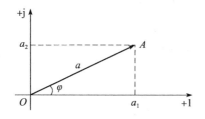

图 8-4 复数 A 的模和辐角

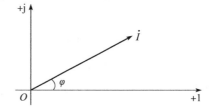

图 8-5 正弦电流的相量图

一个正弦量和它的相量之间具有一一对应的关系，它们只是一种变换关系，不是相等的关系。对于正弦电流 $i=I_m\cos(\omega t+\varphi_i)$，必然有如下的变换式：

$$i=\sqrt{2}I\cos(\omega t+\varphi_i)\Leftrightarrow\dot{I}=I\angle\varphi_i \quad 或 \quad \dot{I}_m=\sqrt{2}I\angle\varphi_i$$

若已知正弦电流 i，就可得到它的相量 $\dot{I}$；若已知一个正弦电流的相量 $\dot{I}$，且已知角频率 ω，那么这个正弦电流 i 就完全确定了。

需要注意的是：i 不等于 $\dot{I}$，相量 $\dot{I}$ 是正弦电流 i 的变换式，并非正弦电流 i 本身。

对于正弦电压同样有：$u=\sqrt{2}U\cos(\omega t+\varphi_u)\Leftrightarrow\dot{U}=U\angle\varphi_u$ 或 $\dot{U}_m=\sqrt{2}U\angle\varphi_u$。

【例 8-3】 试写出下列正弦量所对应的相量，并画出相量图。

$$i=10\sqrt{2}\cos(314t+90°)\,\mathrm{A}$$
$$u=220\sqrt{2}\sin(314t-30°)\,\mathrm{V}$$

解 将 u 转化为基本形式

$$u = 220\sqrt{2}\cos(314t - 30° - 90°) = 220\sqrt{2}\cos(314t - 120°)\,\mathrm{V}$$

可得两个正弦量的相量分别为

$$\dot{I} = 10\angle 90°(极坐标式)$$
$$= \mathrm{j}10\mathrm{A}(直角坐标式)$$
$$\dot{U} = 220\angle -120°(极坐标式)$$
$$= -110 - \mathrm{j}110\sqrt{3}(直角坐标式)$$

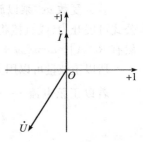

图 8-6　正弦量的相量图

相量图如图 8-6 所示。显然，正弦量和相量式之间有如下一一对应关系：

$$i = 10\sqrt{2}\cos(314t + 90°)\,\mathrm{A} \quad\Leftrightarrow\quad \dot{I} = 10\angle 90°\,\mathrm{A}$$
$$u = 220\sqrt{2}\sin(314t - 30°) = 220\sqrt{2}\cos(314t - 120°)\,\mathrm{V} \quad\Leftrightarrow\quad \dot{U} = 220\angle -120°\,\mathrm{V}$$

8.3　正弦稳态电路的相量模型

两类约束（KCL、KVL 及元件的 VCR）是电路分析的两个基本依据，要解决直接从正弦稳态电路列出相量方程求解电路的问题，必须先解决在正弦稳态条件下两类约束的相量形式问题，以便于用相量法来分析正弦稳态电路。

8.3.1　基尔霍夫定律的相量形式

1. 基尔霍夫电流定律的相量形式

由 KCL，对电路中任一节点有

$$i_1 + i_2 + \cdots + i_k + \cdots = 0, \quad 即 \sum i = 0$$

当上式中电流全为同频率的正弦量时，则可变换为相量形式：

$$\dot{I}_1 + \dot{I}_2 + \cdots + \dot{I}_k + \cdots = 0, \quad 即 \sum \dot{I} = 0$$

也就是说，任一节点上同频率正弦电流对应相量的代数和为零。

2. 基尔霍夫电压定律的相量形式

由 KVL，对电路中任一回路有

$$u_1 + u_2 + \cdots + u_k + \cdots = 0, \quad 即 \sum u = 0$$

当上式中电压全为同频率的正弦量时，则可变换为相量形式：

$$\dot{U}_1 + \dot{U}_2 + \cdots + \dot{U}_k + \cdots = 0, \quad 即 \sum \dot{U} = 0$$

也就是说，任一回路中同频率正弦电压对应相量的代数和为零。

【例 8-4】　图 8-7a 所示电路节点上有 $i_1 = 2\sqrt{2}\cos 314t\,\mathrm{A}$，$i_2 = 2\sqrt{2}\cos(314t + 120°)\,\mathrm{A}$。试求电流 i_3，并作出各电流相量的相量图。

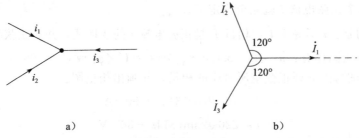

a)　　　　　　　　　　b)

图 8-7　例 8-4 图

解　电压 i_1 和 i_2 所对应的相量分别为

$$\dot{I}_1 = 2\angle 0° \text{A}, \quad \dot{I}_2 = 2\angle 120° \text{A}$$

由 KCL 的相量形式，得 $\dot{I}_1 + \dot{I}_2 + \dot{I}_3 = 0$

则

$$\dot{I}_3 = -\dot{I}_1 - \dot{I}_2 = -2\angle 0° - 2\angle 120° = -2 + 1 - \mathrm{j}\sqrt{3} = 2\angle -120° \text{A}$$

对应于 $\dot{I}_3$ 的正弦量为　　$i_3 = 2\sqrt{2}\cos(314t - 120°) \text{A}$

各电流相量图如图 8-7b 所示。作相量图时可将复平面上坐标轴去掉，以水平方向上的水平线为基准来作相量图。

【例 8-5】　图 8-8a 所示的部分电路中，已知 $u_1 = 100\sqrt{2}\cos(314t + 45°) \text{V}$，$u_2 = 100\sqrt{2}\cos(314t - 45°) \text{V}$，试求电压 u_3，并作出各电压相量的相量图。

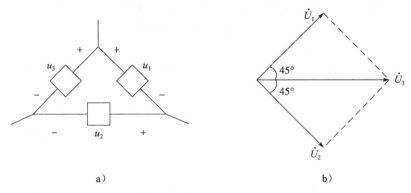

a)　　　　　　　　　　　　　b)

图 8-8　例 8-5 图

解　电压 u_1 和 u_2 所对应的相量分别为

$$\dot{U}_1 = 100\angle 45° \text{V}$$

$$\dot{U}_2 = 100\angle -45° \text{V}$$

由图 8-8，根据 KVL 的相量形式，得

$$\dot{U}_3 = \dot{U}_1 + \dot{U}_2 = 100\angle 45° + 100\angle -45° = 100\left(\frac{\sqrt{2}}{2} + \mathrm{j}\frac{\sqrt{2}}{2}\right) + 100\left(\frac{\sqrt{2}}{2} - \mathrm{j}\frac{\sqrt{2}}{2}\right) = 100\sqrt{2} \text{V}$$

因此　　　　　　　$u_3 = (100\sqrt{2} \times \sqrt{2}\cos 314t) \text{V} = 200\cos 314t \text{V}$

各电压相量的相量图如图 8-8b 所示。

8.3.2　三种基本电路元件 VCR 的相量形式

1. 电阻元件 VCR 的相量形式

设电阻元件 R 的时域模型如图 8-9a 所示，由欧姆定律有

$$u_R = Ri_R \tag{8-17}$$

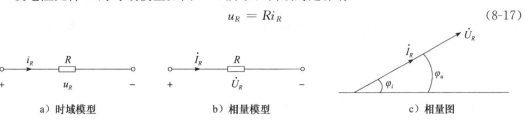

a) 时域模型　　　　　　　b) 相量模型　　　　　　　c) 相量图

图 8-9　电阻元件的正弦稳态特性

当有正弦电流 $i_R = \sqrt{2}I_R\cos(\omega t + \varphi_i)$ 通过电阻 R 时，电阻 R 上的电压为

$$u_R = Ri_R = \sqrt{2}RI_R\cos(\omega t + \varphi_i)$$

正弦电压 u_R 的初相也为 φ_i，振幅为 $\sqrt{2}RI_R$，说明电阻上的电压 u_R 和电流 i_R 都是同频率的正弦量。若令电压相量为 $\dot{U}_R = U_R\angle\varphi_u$，则电阻元件 VCR 的相量形式为

$$\dot{U}_R = U_R\angle\varphi_u = RI_R\angle\varphi_i = R\dot{I}_R(\text{或 } \dot{I}_R = G\dot{U}_R) \tag{8-18}$$

显然

$$U_R = RI_R(\text{或 } I_R = GU_R) \tag{8-19}$$

$$\varphi_u = \varphi_i \tag{8-20}$$

电阻元件的电压、电流有效值（或振幅值）间关系仍符合欧姆定律，而且初相角相等，即电阻元件上的电压、电流同相位。式(8-18)为电阻元件 VCR 的相量形式，图 8-9b 为电阻的相量模型，图 8-9c 是电阻元件上电压、电流的相量图，由相量图可直观地看到，电压、电流相量在同一个方向的直线上，它们的相位差为零。

2. 电感元件 VCR 的相量形式

设电感元件 L 的时域模型如图 8-10a 所示，由电感元件时域的 VCR 关系有

$$u_L = L\frac{\mathrm{d}i_L}{\mathrm{d}t} \tag{8-21}$$

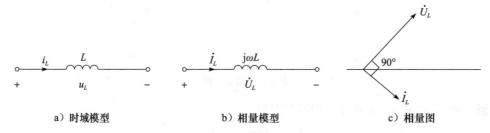

a）时域模型　　　　　　　b）相量模型　　　　　　　c）相量图

图 8-10　电感元件的正弦稳态特性

当有正弦电流 $i_L = \sqrt{2}I_L\cos(\omega t + \varphi_i)$ 通过电感 L 时，其上电压为

$$u_L = L\frac{\mathrm{d}i_L}{\mathrm{d}t} = -\sqrt{2}\omega LI_L\sin(\omega t + \varphi_i) = \sqrt{2}\omega LI_L\cos(\omega t + \varphi_i + 90°)$$

该式说明：电感元件上的电压、电流为同频正弦量，电感电压 u_L 的初相为 $(\varphi_i + 90°)$，振幅为 $\sqrt{2}\omega LI_L$。若令电压相量为 $\dot{U}_L = U_L\angle\varphi_u$，则电感元件 VCR 的相量形式为

$$\dot{U}_L = \mathrm{j}\omega L\dot{I}_L \quad \text{或} \quad \dot{I}_L = \frac{1}{\mathrm{j}\omega L}\dot{U}_L \tag{8-22}$$

显然

$$U_L = \omega LI_L \tag{8-23}$$

$$\varphi_u = \varphi_i + 90° \tag{8-24}$$

由式(8-23)和式(8-24)可见，在正弦稳态电路中，从相位上看，是电感电压超前电流 $90°$；从数值上看，电压与电流的有效值（或振幅）之比为 ωL，需要注意的是，它与角频率 ω 有关。在电路理论中，称该比值为电感的电抗，简称感抗，单位为欧（姆）（Ω），记为 X_L，即

$$X_L = \omega L \tag{8-25}$$

感抗 X_L 具有和电阻相同的量纲，但它是随着频率 f（或 ω）而变的。将感抗的倒数称为电感的电纳，简称感纳，单位为西［门子］(S)，记为 B_L，即

$$B_L = \frac{1}{X_L} = \frac{1}{\omega L} \tag{8-26}$$

利用感抗和感纳的定义，电感元件 VCR 的相量形式又可表示为

$$\dot{U}_L = jX_L\dot{I}_L \quad 或 \quad \dot{I}_L = \frac{\dot{U}_L}{jX_L} = -jB_L\dot{U}_L \tag{8-27}$$

式(8-23)表明，电感元件的电压、电流有效值关系不仅与电感 L 有关，还与角频率 ω 有关。当 L 一定时，对一定的电流 I_L 来说，ω 越大则电压 U_L 越高，反之电压越小。当 $\omega=0$(直流电路)时，$U_L=0$，电感相当于短路，这正是直流电路中电感应有的表现。

图 8-10b 是电感的相量模型，图 8-10c 是电感上电压、电流的相量图。

3. 电容元件 VCR 的相量形式

设电容元件 C 的时域模型如图 8-11a 所示，它的电压、电流关系的相量形式与电感 L 具有对偶关系，推导过程类似。

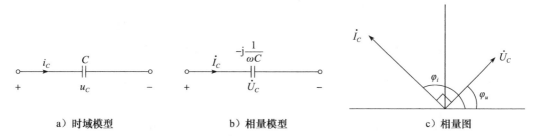

a) 时域模型　　　　　　　b) 相量模型　　　　　　　c) 相量图

图 8-11 电容元件的正弦稳态特性

由电容元件时域的 VCR 关系有

$$i_C = C\frac{du_C}{dt} \tag{8-28}$$

当正弦电压 $u_C = \sqrt{2}U_C\cos(\omega t + \varphi_u)$ 施加于电容时，有

$$i_C = C\frac{du_C}{dt} = -\sqrt{2}\omega CU_C\sin(\omega t + \varphi_u) = \sqrt{2}\omega CU_C\cos(\omega t + \varphi_u + 90°)$$

该式说明：电容元件上的电压、电流为同频正弦量，电容电流 i_C 的初相为 $(\varphi_u + 90°)$，振幅为 $\sqrt{2}\omega CU_C$。若令电流相量为 $\dot{I}_C = I_C\angle\varphi_i$，则电容元件 VCR 的相量形式为

$$\dot{I}_C = j\omega C\dot{U}_C \quad 或 \quad \dot{U}_C = -j\frac{1}{\omega C}\dot{I}_C \tag{8-29}$$

则

$$U_C = \frac{1}{\omega C}I_C \tag{8-30}$$

$$\varphi_u = \varphi_i - 90° \tag{8-31}$$

由式(8-30)和式(8-31)可见，在正弦稳态电路中，从相位上看，电容电压滞后电流 $90°$；从数值上看，电容电压与电流的有效值(或振幅)之比为 $1/\omega C$，同样，该比值与角频率 ω 有关。在电路理论中，称该比值为电容的电抗，简称容抗，单位为欧(姆)(Ω)，记为 X_C，即

$$X_C = \frac{1}{\omega C} \tag{8-32}$$

容抗 X_C 具有和电阻相同的量纲，但它是随着频率 f(或 ω)而变的。将容抗的倒数称为电容的电纳，简称容纳，单位为西[门子](S)，记为 B_C，即

$$B_C = \frac{1}{X_C} = \omega C \tag{8-33}$$

利用容抗和容纳的定义，电容元件 VCR 的相量形式又可表示为

$$\dot{U}_C = -\mathrm{j}X_C\dot{I}_C \quad 或 \quad \dot{I}_C = \frac{\dot{U}_C}{-\mathrm{j}X_C} = \mathrm{j}B_C\dot{U}_C \tag{8-34}$$

式(8-30)表明，电容元件的电压、电流有效值关系不仅与电容 C 有关，还与角频率 ω 有关。当 C 值一定时，对一定的电压 U_C 来说，ω 越大则电流 I_C 越大，反之电流 I_C 越小。当 $\omega=0$(直流电路)时，$I_C=0$，电容相当于开路，这正是直流电路中电容应有的表现。

图 8-11b 是电容的相量模型，图 8-11c 是电容上电压、电流的相量图。

需要注意的是，若受控源的控制量(电压或电流)为正弦量，则受控源的电压或电流将是同一频率的正弦量。

【**例 8-6**】　正弦稳态电路如图 8-12a 所示，已知 $u=120\cos(1000t+90°)\mathrm{V}$，$R=15\Omega$，$L=30\mathrm{mH}$，$C=83.3\mu\mathrm{F}$，求电流 i 并画相量图。

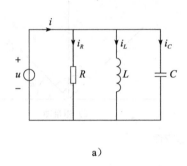
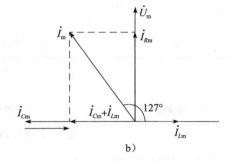

a)　　　　　　　　　　　　　　　b)

图 8-12　例 8-6 图

解　R、L、C 元件并联，所加电压同为 u。

由于 $\dot{U}_\mathrm{m}=120\angle90°\mathrm{V}$　（振幅值相量）

由各元件的 VCR 相量式，得

电阻元件　　　　　　　　$\dot{I}_{Rm}=\dfrac{\dot{U}_\mathrm{m}}{R}=\dfrac{120\angle90°}{15}=8\angle90°=\mathrm{j}8\mathrm{A}$

电感元件　$\dot{I}_{Lm}=\dfrac{\dot{U}_\mathrm{m}}{\mathrm{j}\omega L}=\dfrac{120\angle90°}{\mathrm{j}1000\times30\times10^{-3}}=\dfrac{120\angle90°}{1000\times30\times10^{-3}\angle90°}=4\angle0°\mathrm{A}$

电容元件　　　$\dot{I}_{Cm}=\mathrm{j}\omega C\dot{U}_\mathrm{m}=\mathrm{j}1000\times83.3\times10^{-6}\times120\angle90°$

$$=1000\times83.3\times10^{-6}\times120\angle(90°+90°)=10\angle180°=-10\mathrm{A}$$

由 KCL 的相量式，得

$$\dot{I}_\mathrm{m}=\dot{I}_{Rm}+\dot{I}_{Lm}+\dot{I}_{Cm}=\mathrm{j}8+4\angle0°-10=(-6+\mathrm{j}8)=10\angle127°\mathrm{A}$$

故　　　　　　　　　　　　　$i=10\cos(1000t+127°)\mathrm{A}$

各正弦量的相量关系如图 8-12b 所示。由相量图可见：电阻元件的电压、电流同相位，电感元件上电压超前电流 90°，电容元件的电流超前电压 90°。

8.4　阻抗和导纳

为便于分析正弦稳态电路，已引入相量的概念，给出了 KCL、KVL 的相量形式，并讨论了 R、L、C 三种基本元件 VCR 的相量形式。若要把电阻电路的分析方法推广应用到正弦稳态电路中，还需引入正弦稳态电路的阻抗和导纳的概念，以及下一节所要介绍的相量模型的概念。

8.4.1 阻抗和导纳的概念

1. 阻抗 Z 的概念

一线性无源二端网络如图 8-13a 所示，其端口的电压和电流为同频率的正弦量，设端口电压相量和电流相量为关联参考方向。

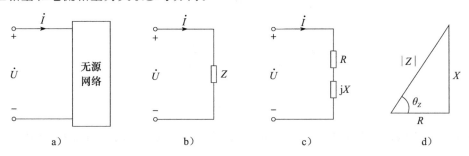

图 8-13 无源二端网络及其阻抗 Z

定义端口电压相量 $\dot{U}$ 与电流相量 $\dot{I}$ 的比值为该无源二端网络的阻抗，用符号 Z 表示，即

$$Z = \frac{\dot{U}}{\dot{I}} = \frac{U \angle \varphi_u}{I \angle \varphi_i} = \frac{U}{I} \angle \varphi_u - \varphi_i = |Z| \angle \theta_Z \tag{8-35}$$

或

$$\dot{U} = \dot{Z}\dot{I} \tag{8-36}$$

式(8-36)与电阻电路中的欧姆定律形式相同，所不同的是电压和电流都用相量表示，称为欧姆定律的相量形式。需要注意的是，Z 不是正弦量，而是一个复数，称为复阻抗，其模 $|Z| = \dfrac{U}{I}$ 称为阻抗模（常将 Z 简称为阻抗），辐角 $\theta_Z = \varphi_u - \varphi_i$ 称为阻抗角。

Z 的单位为 Ω，其电路符号同电阻，如图 8-13b 所示。

式(8-35)为阻抗 Z 的极坐标式，将其化为直角坐标形式，有

$$Z = |Z| \angle \theta_Z = |Z| \cos\theta_Z + \mathrm{j}|Z| \sin\theta_Z = R + \mathrm{j}X \tag{8-37}$$

其中

$$|Z| = \sqrt{R^2 + X^2}, \quad \theta_Z = \arctan\frac{X}{R} \tag{8-38}$$

$$R = |Z| \cos\theta_Z, \quad X = |Z| \sin\theta_Z \tag{8-39}$$

R 称为阻抗 Z 的电阻分量，X 称为阻抗 Z 的电抗分量。此时无源二端网络可用一个电阻元件 R 和一个电抗元件 X 串联的电路等效，如图 8-13c 所示。阻抗 Z 的电阻分量 R 和电抗分量 X 与阻抗的模 $|Z|$ 构成一个直角三角形，通常称阻抗三角形，如图 8-13d 所示。

1）当 $X > 0$ 时，$\theta_Z > 0$。二端网络端口电压超前于电流，网络呈感性，此时阻抗 Z 的电抗分量可用电感元件来等效，阻抗 Z 的虚部为正，称为感性阻抗。

2）当 $X < 0$ 时，$\theta_Z < 0$。二端网络端口电流超前于电压，网络呈容性，此时阻抗 Z 的电抗分量可用电容元件来等效，阻抗 Z 的虚部为负，称为容性阻抗。

3）当 $X = 0$ 时，$\theta_Z = 0$。二端网络端口电压与电流同相位，网络呈电阻性，此时阻抗 Z 无电抗分量，只有电阻分量，可用一个电阻元件来等效。

当图 8-13a 的无源二端网络由 R、L、C 单个元件组成时，由上一节已得各元件 VCR 的相量形式，分别为

R
$$\dot{U}_R = R\dot{I}_R \tag{8-40}$$

$$L \qquad\qquad \dot{U}_L = \mathrm{j}\omega L \dot{I}_L = \mathrm{j} X_L \dot{I}_L \qquad\qquad (8\text{-}41)$$

$$C \qquad\qquad \dot{U}_C = -\mathrm{j}\frac{1}{\omega C}\dot{I}_C = -\mathrm{j} X_C \dot{I}_C \qquad\qquad (8\text{-}42)$$

那么由阻抗定义式(8-35)可得 R、L、C 元件的阻抗分别为

$$Z_R = \frac{\dot{U}_R}{\dot{I}_R} = R \qquad\qquad (8\text{-}43)$$

$$Z_L = \frac{\dot{U}_L}{\dot{I}_L} = \mathrm{j}\omega L = \mathrm{j} X_L \qquad\qquad (8\text{-}44)$$

$$Z_C = \frac{\dot{U}_C}{\dot{I}_C} = -\mathrm{j}\frac{1}{\omega C} = -\mathrm{j} X_C \qquad\qquad (8\text{-}45)$$

可见，在正弦稳态电路中，只要把 R、L、C 元件参数分别用其阻抗 R、$\mathrm{j}\omega L$、$-\mathrm{j}\dfrac{1}{\omega C}$ 表示，那么各元件 VCR 的相量形式可统一为欧姆定理的形式。

2. 导纳 Y 的概念

对图 8-13a 所示的无源二端网络，导纳 Y 定义为电流相量 $\dot{I}$ 与电压相量 $\dot{U}$ 的比值，即

$$Y = \frac{\dot{I}}{\dot{U}} = \frac{I\angle\varphi_i}{U\angle\varphi_u} = \frac{I}{U}\angle(\varphi_i - \varphi_u) = |Y|\angle\theta_Y \qquad\qquad (8\text{-}46)$$

或 $$\dot{I} = Y\dot{U} \qquad\qquad (8\text{-}47)$$

式(8-47)称为欧姆定律的另一形式。导纳 Y 也不是一个正弦量，而是一个复数，称为复导纳。其模 $|Y| = I/U$ 称为导纳模，辐角 $\theta_Y = \varphi_i - \varphi_u$ 称为导纳角。导纳 Y 的单位为西门子(s)，其电路符号同电导，如图 8-14a 所示。

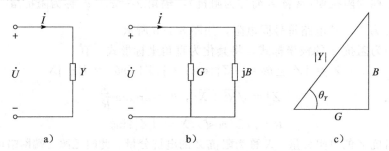

图 8-14　无源二端网络的导纳 Y

式(8-46)为导纳 Y 的极坐标式，将其转化为直角坐标形式，有

$$Y = |Y|\angle\theta_Y = |Y|\cos\theta_Y + \mathrm{j}|Y|\sin\theta_Y = G + \mathrm{j}B \qquad\qquad (8\text{-}48)$$

其中 $$|Y| = \sqrt{G^2 + B^2}, \qquad \theta_Y = \arctan\frac{B}{G} \qquad\qquad (8\text{-}49)$$

$$G = |Y|\cos\theta_Y, \quad B = |Y|\sin\theta_Y \qquad\qquad (8\text{-}50)$$

G 称为导纳 Y 的电导分量，B 称为导纳 Y 的电纳分量。此时无源二端网络可用一个电导元件 G 和一个电纳元件 B 并联的电路等效，如图 8-14b 所示。导纳 Y 的电导分量 G 和电纳分量 B 与导纳的模 $|Y|$ 构成一个直角三角形，称导纳三角形，如图 8-14c 所示。

1) 当 $B > 0$ 时，$\theta_Y > 0$。二端网络端口电流超前于电压，网络呈容性，此时导纳 Y 的电纳分量可等效为一个电容元件，导纳 Y 的虚部为正，称为容性导纳。

2）当 $B<0$ 时，$\theta_Y<0$。二端网络端口电压超前于电流，网络呈感性，此时导纳 Y 的电纳分量可等效为一个电感元件，导纳 Y 的虚部为负，称为感性导纳。

3）当 $B=0$ 时，$\theta_Y=0$。二端网络端口电压与电流同相位，网络呈电阻性，此时导纳 Y 无电纳分量，只有电导分量，可用一个电导元件来等效。

由式(8-40)、式(8-41)、式(8-42)所给出的 R、L、C 元件 VCR 的相量式，又根据式(8-46)所给出的导纳 Y 的定义式，可得元 R、L、C 件的导纳分别为

$$Y_R = \frac{\dot{I}_R}{\dot{U}_R} = G = \frac{1}{R} \tag{8-51}$$

$$Y_L = \frac{\dot{I}_L}{\dot{U}_L} = \frac{1}{j\omega L} = -jB_L \tag{8-52}$$

$$Y_C = \frac{\dot{I}_C}{\dot{U}_C} = j\omega C = jB_C \tag{8-53}$$

上式为 R、L、C 元件 VCR 相量形式另一统一的欧姆定理形式。

由以上分析可知，正弦稳态电路中无源二端网络，就其端口而言，既可用阻抗等效，也可用导纳等效。需要注意的是，由于阻抗和导纳都是角频率 ω 的函数，因此随着 ω 的改变，电路的性质(感性、容性或电阻性)及元件的阻抗(或导纳)参数都会随之改变。

3. 阻抗 Z 和导纳 Y 的关系

由阻抗和导纳的定义可知，对同一个二端网络，有

$$Y = \frac{1}{Z} = \frac{1}{R+jX} = \frac{R}{R^2+X^2} + j\frac{-X}{R^2+X^2} = G+jB$$

同理

$$Z = \frac{1}{Y} = \frac{1}{G+jB} = \frac{G}{G^2+B^2} + j\frac{-B}{G^2+B^2} = R+jX$$

就是说由电阻与电抗的串联等效电路(见图 8-13c)可变换为电导与电纳并联的等效电路(见图 8-14b)，反之亦然。两种等效电路的变换及各分量的计算如图 8-15 所示。

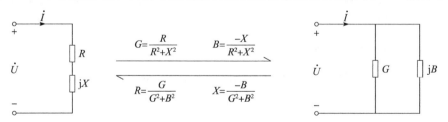

图 8-15 阻抗 Z 和导纳 Y 两种模型及互换

一般情况下，R 并非是 G 的倒数，而 $|X|$ 也不是 $|B|$ 的倒数。

【例 8-7】 试求 $100\mu F$ 的电容在角频率为 $100rad/s$ 及 $200rad/s$ 时的阻抗和容抗；$0.5H$ 电感在角频率为 $100rad/s$ 及 $200rad/s$ 时的阻抗和感抗。

解 对 $100\mu F$ 的电容：

当 $\omega_1=100rad/s$ 时，阻抗 $Z_{C_1} = -j\frac{1}{\omega_1 C} = -j\frac{1}{100\times100\times10^{-6}} = -j100\Omega$

则容抗 $X_{C1} = \frac{1}{\omega_1 C} = 100\Omega$

当 $\omega_2 = 200\text{rad/s}$ 时，阻抗　　$Z_{C_2} = -\text{j}\dfrac{1}{\omega_2 C} = -\text{j}\dfrac{1}{200 \times 100 \times 10^{-6}} = -\text{j}50\Omega$

则容抗　　　　　　　　　　　　　$X_{C1} = \dfrac{1}{\omega_2 C} = 50\Omega$

对 0.5H 的电感：

当 $\omega_1 = 100\text{rad/s}$ 时，阻抗　　$Z_{L_1} = \text{j}\omega_1 L = \text{j} \times 100 \times 0.5 = \text{j}50\Omega$

则感抗　　　　　　　　　　　　　$X_{L1} = \omega_1 L = 50\Omega$

当 $\omega_2 = 200\text{rad/s}$ 时，阻抗　　$Z_{L_2} = \text{j}\omega_2 L = \text{j} \times 200 \times 0.5 = \text{j}100\Omega$

则感抗　　　　　　　　　　　　　$X_{L2} = \omega_2 L = 100\Omega$

【例 8-8】　试求 $100\mu\text{F}$ 的电容在角频率为 100rad/s 及 200rad/s 时的导纳和容纳；0.5H 电感在角频率为 100rad/s 及 200rad/s 时的导纳和感纳。

解　对 $100\mu\text{F}$ 的电容：

当 $\omega_1 = 100\text{rad/s}$ 时，导纳　　$Y_{C_1} = \text{j}\omega_1 C = \text{j} \times 100 \times 100 \times 10^{-6} = \text{j}10^{-2}\text{S}$

则容纳　　　　　　　　　　　　　$B_{C1} = \omega_1 C = 10^{-2}\text{S}$

当 $\omega_2 = 200\text{rad/s}$ 时，导纳　　$Y_{C_2} = \text{j}\omega_2 C = \text{j} \times 200 \times 200 \times 10^{-6} = \text{j}2 \times 10^{-2}\text{S}$

则容纳　　　　　　　　　　　　　$B_{C2} = \omega_2 C = 2 \times 10^{-2}\text{S}$

对 0.5H 的电感：

当 $\omega_1 = 100\text{rad/s}$ 时，导纳　　$Y_{L_1} = -\text{j}\dfrac{1}{\omega_1 L} = -\text{j}\dfrac{1}{100 \times 0.5} = -\text{j}0.02\text{S}$

感纳　　　　　　　　　　　　　$B_{L1} = \dfrac{1}{\omega_1 L} = 0.02\text{S}$

当 $\omega_2 = 200\text{rad/s}$ 时，导纳　　$Y_{L_2} = -\text{j}\dfrac{1}{\omega_2 L} = -\text{j}\dfrac{1}{200 \times 0.5} = -\text{j}\dfrac{1}{100} = -\text{j}0.01\text{S}$

则感纳　　　　　　　　　　　　　$B_{L2} = \dfrac{1}{\omega_2 L} = 0.01\text{S}$

由以上两例可见：阻抗和导纳，容抗和感抗，容纳和感纳这些量都与频率（或角频率）有关，当频率不同，这些参数就不同。因此，当电路中含有动态元件时，电路的工作状态将跟随频率的变化而变化。

8.4.2　阻抗 Z 和导纳 Y 的串联与并联

在正弦稳态电路中，设有 n 个阻抗相串联，各电压、电流的参考方向如图 8-16a 所示，则它的等效阻抗 Z_{eq} 为串联的各阻抗的代数和（由 KVL 的相量式可得），即

$$Z_{\text{eq}} = \frac{\dot{U}}{\dot{I}} = Z_1 + Z_2 + \cdots + Z_n = \sum_{k=1}^{n} Z_k \tag{8-54}$$

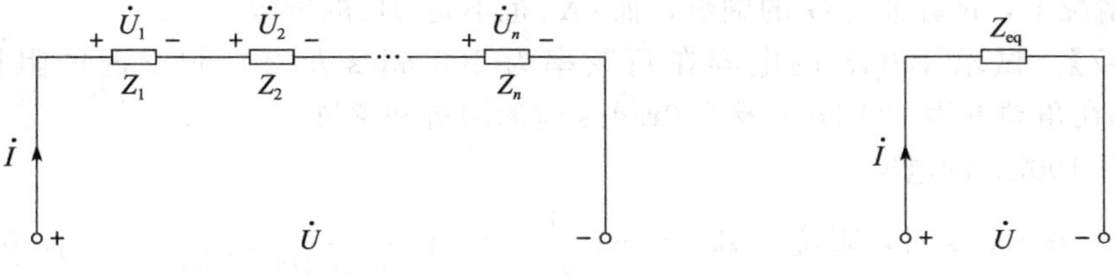

图 8-16　阻抗的串联

其等效电路如图 8-16b 所示。阻抗的串联计算与电阻的串联计算在形式上相似。
各个阻抗上的电压为

$$\dot{U}_k = \frac{Z_k}{Z_{eq}}\dot{U}, (k = 1,2,\cdots,n) \tag{8-55}$$

式(8-55)称为串联阻抗的分压公式，$\dot{U}$ 为总电压，$\dot{U}_k$ 为第 k 个阻抗 Z_k 上的电压。

设有 n 个导纳相并联，各电压、电流参考方向如图 8-17a 所示，则它的等效导纳 Y_{eq} 为相并联的各导纳的代数和（由 KCL 的相量式可得），即

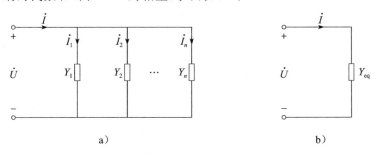

图 8-17　阻抗的并联

$$Y_{eq} = \frac{\dot{I}}{\dot{U}} = Y_1 + Y_2 + \cdots + Y_n = \sum_{k=1}^{n} Y_k \tag{8-56}$$

其等效电路如图 8-17b 所示。同样，导纳的并联计算在形式上同电导的并联计算。各个导纳上的电流为

$$\dot{I}_k = \frac{Y_k}{Y_{eq}}\dot{I}, (k = 1,2,\cdots,n) \tag{8-57}$$

式(8-57)称为并联导纳的分流公式，$\dot{I}$ 为总电流，$\dot{I}_k$ 为第 k 个导纳中的电流。

当两个阻抗 Z_1 和 Z_2 并联时，容易推导其等效阻抗为

$$Z_{eq} = \frac{Z_1 Z_2}{Z_1 + Z_2} \tag{8-58}$$

两阻抗的并联计算在形式上同两电阻的并联计算。对应于两电阻串、并联的分压、分流公式，当两个阻抗 Z_1 和 Z_2 相串联，分压公式为

$$\dot{U}_1 = \frac{Z_1}{Z_1 + Z_2}\dot{U}, \quad \dot{U}_2 = \frac{Z_2}{Z_1 + Z_2}\dot{U} \tag{8-59}$$

当两个阻抗 Z_1 和 Z_2 相并联，分流公式为

$$\dot{I}_1 = \frac{Z_2}{Z_1 + Z_2}\dot{I}, \quad \dot{I}_2 = \frac{Z_1}{Z_1 + Z_2}\dot{I} \tag{8-60}$$

8.5　正弦稳态电路的相量分析

前面各节已为正弦稳态电路的相量分析奠定了理论基础，当电路中的各电压、电流用相量表示，并引用阻抗和导纳的概念，那么这些相量必然服从基尔霍夫定律的相量形式和欧姆定律的相量形式，即

KCL $\qquad\qquad\qquad \sum \dot{I} = 0$

KVL $\qquad\qquad\qquad \sum \dot{U} = 0$

VCR $\qquad\qquad\qquad \dot{U} = Z\dot{I} \quad 或 \quad \dot{I} = Y\dot{U}$

这些定律的形式和电阻电路中同一定律形式完全相同,其差别仅在于不直接用电压和电流,而用相应的电压相量和电流相量;不用电阻和电导,而用阻抗和导纳。根据这一对换关系,计算电阻电路的一些公式和方法,就可以完全用到正弦稳态分析中来。

要用相量法来分析正弦稳态电路,首先应作出电路的相量模型。相量模型和正弦稳态电路模型(时域模型)具有相同的拓扑结构,将时域模型中的各正弦电压、电流用相量表示,各个元件用阻抗(或导纳)表示,即

$$u \rightarrow \dot{U}$$

$$i \rightarrow \dot{I}$$

$$u_\mathrm{S} \rightarrow \dot{U}_\mathrm{S}$$

$$i_\mathrm{S} \rightarrow \dot{I}_\mathrm{S}$$

$$R \rightarrow R(\text{或 } G)$$

$$L \rightarrow \mathrm{j}\omega L (\text{或} -\mathrm{j}\frac{1}{\omega L})$$

$$C \rightarrow -\mathrm{j}\frac{1}{\omega C}(\text{或 } \mathrm{j}\omega C)$$

就从时域模型得到了相量模型。

运用相量和相量模型来分析正弦稳态电路的方法称为相量法(或相量分析)。相量法分析正弦稳态电路的基本步骤如下:

1)画出电路的相量模型(频域模型);

2)确定一种求解方法(等效变换法、网孔法、节点法、戴维南定理等);

3)根据 KCL、KVL 及元件 VCR 的相量形式建立电路的相量方程(组);

4)解方程(组),求得待求的电压相量或电流相量;

5)将相应的相量变换为正弦量;

6)需要时画出相量图。

以下通过具体的例题说明相量分析法。

【例 8-9】 RLC 串联电路如图 8-18a 所示,已知 $R = 2\Omega$,$L = 2\mathrm{H}$,$C = 0.25\mathrm{F}$,$u_\mathrm{S} = 10\cos(2t)\mathrm{V}$,求回路中电流 I 及各元件电压 u_R、u_L 和 u_C。并作相量图。

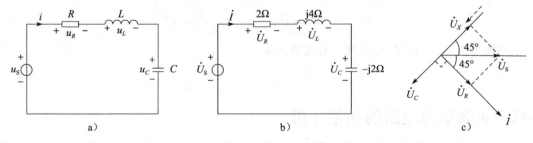

图 8-18 例 8-9 图

解 1)作相量模型:

$$\dot{U}_\mathrm{S} = \frac{10}{\sqrt{2}}\angle 0° = 5\sqrt{2}\angle 0°\mathrm{V}$$

$$Z_R = R = 2\Omega$$

$$Z_L = \mathrm{j}\omega L = \mathrm{j}2 \times 2 = \mathrm{j}4\Omega$$

$$Z_C = -j \frac{1}{\omega C} = -j \frac{1}{2 \times 0.25} = -j2\Omega$$

电路中各电压、电流都用相量表示，相量模型如图 8-18b 所示。

2）由相量模型得总阻抗：

$$Z = Z_R + Z_L + Z_C = (2 + j4 - j2) = (2 + j2)\Omega = 2.83\angle 45°\Omega$$

则

$$\dot{I} = \frac{\dot{U}_S}{Z} = \frac{5\sqrt{2}\angle 0°}{2.83\angle 45°} = 2.5\angle -45°A$$

故

$$I = 2.5A$$

$$\dot{U}_R = R\dot{I} = 2 \times 2.5\angle -45° = 5\angle -45°V$$

$$\dot{U}_L = j4\dot{I} = j4 \times 2.5\angle -45° = 10\angle 45°V$$

$$\dot{U}_C = -j2\dot{I} = -j2 \times 2.5\angle -45° = 5\angle -135°V$$

3）各时域表达式为：

$$i(t) = 2.5\sqrt{2}\cos(2t - 45°)A$$

$$u_R(t) = 5\sqrt{2}\cos(2t - 45°)V$$

$$u_L(t) = 10\sqrt{2}\cos(2t + 45°)V$$

$$u_C(t) = 5\sqrt{2}\cos(2t - 135°)V$$

4）作出各正弦量的相量图（见图 8-18c）。

$\dot{U}_S$ 超前 $\dot{I}$ 45°，电路呈感性。由阻抗 Z 的阻抗角也可直接判断电压、电流的相位关系。由于阻抗角 $\theta_Z = \varphi_u - \varphi_i = 45° > 0$，即电压超前电流 45°，故电路呈现感性。

电压相量 $\dot{U}_S$、$\dot{U}_R$、$\dot{U}_X(\dot{U}_X = \dot{U}_L + \dot{U}_C)$ 组成一电压三角形。其中 $U_R = U_S\cos45°$，为电压 U_S 的有功分量，可用来做功；$U_X = U_S\sin45°$，为电压 U_S 的无功分量，不用于做功。

相量图的一般作法是：对电路并联部分，以并联电压相量为基准，由各并联元件的 VCR 确定各并联支路的电流相量与电压相量之间的夹角，再根据节点上的 KCL 方程，用相量首尾相接求和法则，画出节点上的各支路电流相量组成的多边形；对电路串联部分，以串联电流相量为基准，由各串联元件的 VCR 确定各串联支路的电压相量与电流相量之间的夹角，再根据回路上的 KVL 方程，用相量首尾相接求和法则，画出回路上各电压相量所组成的多边形。这样就得到了电路完整的相量图。

【例 8-10】 GCL 并联电路如图 8-19a 所示。已知 $G = 1S$，$L = 2H$，$C = 0.5F$，$i_S = 3\cos(2t)A$，求 $u_0(t)$，并作相量图。

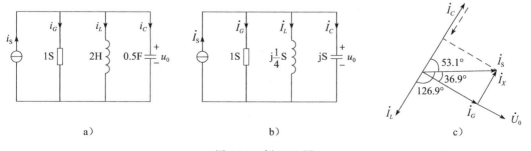

a)   b)   c)

图 8-19 例 8-10 图

解 作该时域电路的相量模型如图 8-19b 所示，其中

$$\dot{I}_S = 1.5\sqrt{2}\angle 0°\,\text{A}$$

$$Y_G = G = 1\text{S}$$

$$Y_L = -\text{j}\frac{1}{\omega L} = -\text{j}\frac{1}{4}\text{S}$$

$$Y_C = \text{j}\omega C = \text{j}\,\text{S}$$

电路中各电压、电流都用相量表示。由相量图得总导纳为

$$Y = Y_G + Y_L + Y_C = \left(1 - \text{j}\frac{1}{4} + \text{j}\right) = (1 + \text{j}0.75)\text{S} = 1.25\angle 36.9°\text{S}$$

由相量模型得

$$\dot{U}_0 = \frac{\dot{I}_S}{Y} = \frac{1.5\sqrt{2}\angle 0°}{1.25\angle 36.9°} = 1.7\angle -36.9°\text{V}$$

由各元件 VCR 的相量式，得

$$\dot{I}_G = G\dot{U}_0 = 1.7\angle -36.9°\text{A}$$

$$\dot{I}_L = \frac{\dot{U}_0}{\text{j}\omega L} = 0.425\angle -126.9°\text{A}$$

$$\dot{I}_C = \text{j}\omega C\dot{U}_0 = 1.7\angle 53.1°\text{A}$$

故

$$u_0(t) = 1.7\sqrt{2}\cos(2t - 36.9°) = 2.4\cos(2t - 36.9°)\text{V}$$

作相量图如图 8-19c 所示。可见电流相量 $\dot{I}_S$ 超前电压相量 $\dot{U}_0$，所以电路呈容性。由导纳 Y 的导纳角也可直接判断电压、电流的相位关系。由于导纳角 $\theta_Y = \varphi_i - \varphi_u = 36.9° > 0$，电流超前电压 $36.9°$，故电路呈容性。

电流相量 $\dot{I}_S$、$\dot{I}_G$、$\dot{I}_X(\dot{I}_X = \dot{I}_L + \dot{I}_C)$ 组成一电流三角形。其中 $I_G = I_S\cos36.9°$，为电流 I_S 的有功分量，可用来做功；$I_X = I_S\sin36.9°$，为电流 I_S 的无功分量，不用于做功。

【例 8-11】 试求图 8-20 所示正弦稳态电路中的电压 $\dot{U}_{ab}$，已知 $\dot{U}_S = 10\angle 0°\text{V}$。

解 这是一个串、并联电路，正弦稳态相量模型中阻抗(或导纳)串、并联的有关计算可仿照串、并联电阻电路的分析方法进行。

设各电压参考方向如图中所示，由 c、d 端向右看的等效阻抗为

$$Z_{cd} = \frac{(1+\text{j}3)(1-\text{j}3)}{(1+\text{j}3) + (1-\text{j}3)} = 5\,\Omega$$

由阻抗串联分压公式，得

$$\dot{U} = \frac{Z_{cd}}{5 + Z_{cd}}\dot{U}_S = \frac{5}{5+5}\times 10\angle 0° = 5\angle 0°\text{V}$$

$$\dot{U}_1 = \frac{\text{j}3}{1+\text{j}3}\dot{U} = \frac{\text{j}3}{1+\text{j}3}\times 5\angle 0° = \frac{\text{j}15}{1+\text{j}3}\text{V}$$

$$\dot{U}_2 = \frac{1}{1-\text{j}3}\dot{U} = \frac{1}{1-\text{j}3}\times 5\angle 0° = \frac{5}{1-\text{j}3}\text{V}$$

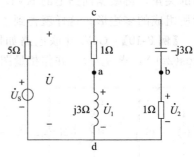

图 8-20　例 8-11 图

在 abda 回路中，根据 KVL，得

$$\dot{U}_{ab} = \dot{U}_1 - \dot{U}_2 = \frac{\text{j}15}{1+\text{j}3} - \frac{5}{1-\text{j}3} = \frac{\text{j}15(1-\text{j}3) - 5(1+\text{j}3)}{(1-\text{j}3)(1+\text{j}3)} = \frac{40}{10}\angle 0° = 4\angle 0°\text{V}$$

【例 8-12】 试分别用网孔分析法和节点分析法求图 8-21a 所示电路中的电流 $\dot{I}$。

解 1）网孔分析法：

设网孔电流如图 8-21b 所示，则网孔电流方程为

$$(10^3 + \mathrm{j}2)\dot{I}_1 - \mathrm{j}2\dot{I}_2 = 110\angle 0°$$
$$-\mathrm{j}2\dot{I}_1 + (\mathrm{j}2 - \mathrm{j})\dot{I}_2 = -2\dot{I}$$

辅助方程： $$\dot{I} = \dot{I}_1$$

联立求解，得 $$\dot{I} = 0.11\angle 0°\mathrm{A}$$

2）节点分析法：

设电路的参考节点及节点电压 $\dot{U}$ 如图 8-21c 所示，则可列节点方程为

$$\left(\frac{1}{10^3} + \frac{1}{\mathrm{j}2} + \frac{1}{-\mathrm{j}}\right)\dot{U} = \frac{110\angle 0°}{10^3} + \frac{2\dot{I}}{-\mathrm{j}}$$

辅助方程： $$\dot{I} = -\frac{\dot{U} - 110\angle 0°}{10^3} = \frac{110\angle 0° - \dot{U}}{10^3}$$

联立求解，得 $$\dot{I} = 0.11\angle 0°\mathrm{A}$$

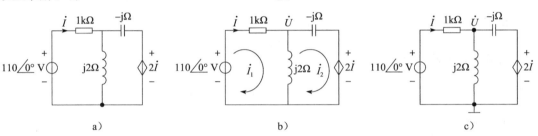

图 8-21　例 8-12 图

【例 8-13】 试用戴维南定理求图 8-22a 所示正弦稳态电路的电流 i_2。已知 $u_\mathrm{S} = 5\sqrt{2}\cos(t + 30°)\mathrm{V}$。

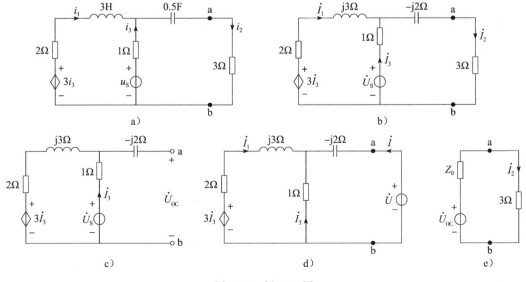

图 8-22　例 8-13 图

解　作电路的相量模型如图 8-22b 所示。由戴维南定理先求 a、b 左边电路的戴维南等效电路。

1）求开路电压 $\dot{U}_{OC}$：

将图 8-22b 中 3Ω 支路移开，得图 8-22c，设回路绕向为逆时针，由 KVL，得

$$(3+j3)\dot{I}_3 + 3\dot{I}_3 - \dot{U}_S = 0$$

则
$$\dot{I}_3 = \frac{5\angle 30°}{6+j3}, \quad \dot{U}_{OC} = -\dot{I}_3 + \dot{U}_S = -\frac{5\angle 30°}{6+j3} + 5\angle 30° = 4.35\angle 34.4°\text{V}$$

2）求等效阻抗 Z_0：

将图 8-22c 中的独立源置零，所得电路如图 8-22d 所示，并设端口处电压相量为 $\dot{U}$，电流相量为 $\dot{I}$（加压求流法）。

根据支路电流分析法列方程如下：

$$\begin{cases} \dot{I}_1 + \dot{I}_3 + \dot{I} = 0 & ① \\ (2+j3)\dot{I}_1 - \dot{I}_3 - 3\dot{I}_3 = 0 & ② \\ -j2\dot{I} - \dot{I}_3 = \dot{U} & ③ \end{cases}$$

由式①、式②得
$$\dot{I}_3 = -\frac{2+j3}{6+j3}\dot{I} \qquad ④$$

将式④代入式③得
$$\dot{U} = \frac{8+j9}{6+j3}\dot{I}$$

所以
$$Z_0 = \frac{8+j9}{6+j3} = 1.795\angle -74.93°\,\Omega$$

3）求响应电流 i_2：

用所求的戴维南等效电路代替原电路中 a、b 左边部分，电路如图 8-22e 所示，由此可得

$$\dot{I}_2 = \frac{\dot{U}_{OC}}{3+Z_0} = \frac{4.35\angle 34.4°}{3+1.795\angle -74.93} = 1.12\angle 60.96°\text{A}$$

即
$$i_2(t) = 1.12\sqrt{2}\cos(t+60.96°)\text{A}$$

【例 8-14】　电路如图 8-23a 所示，已知 $I=0.5\text{A}$，$U=U_1=250\text{V}$，$P=100\text{W}$。求电阻 R_1、容抗 X_C 和感抗 $X_L (X_L \neq 0)$。

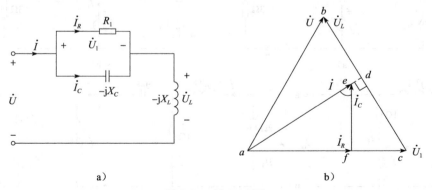

a)　　　　　　　　　　b)

图 8-23　例 8-14 图

解　该题可借助相量图分析计算，设 $\dot{U}_1 = 250\angle 0°\text{V}$，可得相量如图 8-23b 所示。

由题可得 $\quad R_1 = \dfrac{U_1^2}{P} = \dfrac{250^2}{100} = 625\,\Omega$，$I_R = \dfrac{U_1}{R_1} = \dfrac{250}{625} = 0.4\,\mathrm{A}$

由相量图，得 $\quad I_C = \sqrt{I^2 - I_R^2} = \sqrt{0.5^2 - 0.4^2} = 0.3\,\mathrm{A}$，$X_C = \dfrac{U_1}{I_C} = \dfrac{250}{0.3} = 833.3\,\Omega$

又 $\triangle eaf$ 与 $\triangle cad$ 相似，故 $\quad U_L = 2 \times \dfrac{I_C}{I} \times U_1 = 2 \times \dfrac{0.3}{0.5} \times 250 = 300\,\mathrm{V}$

则 $\qquad\qquad\qquad\qquad\qquad X_L = \dfrac{U_L}{I} = \dfrac{300}{0.5} = 600\,\Omega$

8.6 正弦稳态电路的功率

在正弦稳态电路中，通常包含有电感和电容等储能元件，故正弦稳态电路中的功率、能量问题要比电阻电路的计算复杂，会出现在纯电阻电路中所没有的现象，也就是能量的往返现象。所以，功率和能量的计算不能用与电阻电路的类比来解决，而是需要引入一些新的概念。本节将从正弦稳态电路中二端网络的瞬时功率入手，引入有功功率（平均功率）、无功功率、视在功率的概念及计算。

图 8-24a 所示为正弦稳态线性无源二端网络 N_0，端口电压、电流采用关联参考方向，设它们的瞬时表达式分别为

$$u = U_m\cos(\omega t + \varphi_u) = \sqrt{2}U\cos(\omega t + \varphi_u)$$

$$i = I_m\cos(\omega t + \varphi_i) = \sqrt{2}I\cos(\omega t + \varphi_i)$$

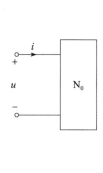
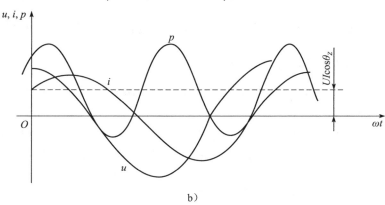

图 8-24 二端网络的功率

下面对瞬时功率、平均功率、视在功率、无功功率进行讨论和计算。

1. 瞬时功率 p

二端网络 N_0 吸收的瞬时功率等于电压 u 和电流 i 的乘积，即

$$\begin{aligned}
p &= ui \\
&= \sqrt{2}U\cos(\omega t + \varphi_u) \cdot \sqrt{2}I\cos(\omega t + \varphi_i) \\
&= UI\cos(\varphi_u - \varphi_i) + UI\cos(2\omega t + \varphi_u + \varphi_i) \\
&= UI\cos(\theta_Z) + UI\cos(2\omega t + \varphi_u + \varphi_i)
\end{aligned} \tag{8-61}$$

式(8-61)表明，瞬时功率有两个分量：一为恒定分量，二为正弦分量，且其频率为电源频率的两倍，其波形如图 8-24b 所示。由波形可见，瞬时功率可正可负，当 $p > 0$ 时，表示网络 N_0 吸收功率，当 $p < 0$ 时，表示网络 N_0 发出功率。

2. 平均功率 P（有功功率）

瞬时功率随时间而变，故实际意义不大，且不便于测量。通常引用平均功率的概念。平均功率是指瞬时功率在一个周期 $\left(T=\dfrac{2\pi}{\omega}\right)$ 内的平均值。该平均值又称为有功功率，简称功率，记为 P，即

$$P = \frac{1}{T}\int_0^T p(t)\,\mathrm{d}t = UI\cos\theta_Z \tag{8-62}$$

式中，U、I 分别为二端网络 N_0 端子上的电压、电流有效值；$\cos\theta_Z$ 为无源二端网络的功率因数，可用 λ 表示；θ_Z 称为无源二端网络的阻抗角，也称功率因数角。需要强调的是，只有对无源二端网络，$\cos\theta_Z$ 才称为功率因数，θ_Z 才为阻抗角；若是有源网络，仍可按式(8-62)计算平均功率，但此时 $\cos\theta_Z$ 已无功率因数的意义了，而 θ_Z 也不是阻抗角了，只是端口电压与电流的相位差。平均功率的单位用瓦(W)表示。

实验中常用的三表（电压表、电流表、功率表）法测阻抗 Z 的电路如图 8-25 所示。

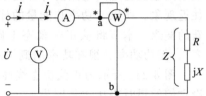

图 8-25　三表法测量阻抗 Z 的电路

该接法中，电压表读数为阻抗 Z 上电压有效值，电流表读数为流过阻抗 Z 的电流有效值。功率表读数为阻抗 Z 吸收的有功功率，由功率表测量原理可知，其读数的表达式为

$$P = \mathrm{Re}[\dot{U}_{\mathrm{ab}}\dot{I}_1^*] = U_{\mathrm{ab}} \cdot I_1\cos(\varphi_{u_{\mathrm{ab}}} - \varphi_{I_1}) \tag{8-63}$$

即电阻分量吸收的有功功率。由电压表和功率表读数可得电阻分量：$R=\dfrac{P}{I^2}$，由电压表和电流表读数可得阻抗的模值：$|Z|=\dfrac{U}{I}$，则电抗分量：$X=\sqrt{|Z|^2-R^2}$，因此，由三个表的读数便可确定阻抗 Z 的值。对于感性阻抗，$X>0$；对于容性阻抗，$X<0$。

3. 视在功率 S

许多电力设备的容量是由它们的额定电流和额定电压的乘积决定的，为此引入视在功率的概念。将二端网络端口电压和电流有效值的乘积称为视在功率，记为 S，即

$$S = UI \tag{8-64}$$

它具有功率的量纲，但一般不等于平均功率。它的单位是伏安(V·A)，由式(8-62)显然有

$$\lambda = \frac{P}{UI} = \frac{P}{S} = \cos\theta_Z \tag{8-65}$$

由 R、L、C 组成的无源二端网络，其等效阻抗的电阻分量 $R\geqslant0$，故阻抗角 $|\theta_Z|\leqslant\dfrac{\pi}{2}$，功率因数 λ 恒为非负值。为了从已知的功率因数 λ 判断出网络的性质，通常当电流超前于电压，即 $\theta_Z<0$ 时，在功率因数 λ 后注明"导前"，反之当电流滞后于电压，即 $\theta_Z>0$ 时，在功率因数 λ 后注明"滞后"。

下面讨论几种特殊情况下网络的功率和能量。

1) 当二端网络等效为纯电阻 R，此时电阻元件上电压、电流同相位，$\varphi_u=\varphi_i$，故 $\theta_Z=0$。

瞬时功率
$$p_R = UI\cos\theta_Z + UI\cos(2\omega t + \varphi_u + \varphi_i)$$
$$= UI[1 + \cos(2\omega t + 2\varphi_i)]\geqslant0$$

平均功率
$$P = UI\cos\theta_Z = UI$$

功率因数 $\qquad\qquad\qquad \lambda = \cos\theta_z = 1$

可见网络只从外电路吸收能量，而没有能量的往返交换。

2）当二端网络为纯电抗 X，此时电抗元件上电压、电流相位差 $90°$，有 $\varphi_u - \varphi_i = \pm 90°$，故 $|\theta_z| = \dfrac{\pi}{2}$。

瞬时功率 $\quad p_X = UI\cos\theta_z + UI\cos(2\omega t + \varphi_u + \varphi_i) = UI\cos\left(2\omega t + 2\varphi_i \pm \dfrac{\pi}{2}\right)$

平均功率 $\qquad\qquad\qquad P = UI\cos\theta_z = 0$

功率因数 $\qquad\qquad\qquad \lambda = \cos\theta_z = 0$

可见网络不消耗能量，只与外电路不断地进行往返交换。也就是说，电抗元件（L 和 C 等元件）只储能而不耗能。

3）当无源二端网络含有受控源，此时阻抗角 $|\theta_z|$ 可能大于 $\dfrac{\pi}{2}$，则平均功率 $P = UI\cos\theta_z$ 为负值。说明二端网络对外提供能量。

4）当二端网络为电阻 R 和电抗 X 的串联。由例8-9可知，电压相量 $\dot{U}_s(\dot{U})$、$\dot{U}_R$、$\dot{U}_X$（$\dot{U}_X = \dot{U}_L + \dot{U}_C$）组成一直角三角形，其中 $U_R = U\cos\theta_z$，$U_X = U\sin\theta_z$，由此可推得电阻 R 吸收的瞬时功率为

$$\begin{aligned} p_R &= u_R(t) \cdot i_R(t) = \sqrt{2}U_R\cos(\omega t + \varphi_i) \cdot \sqrt{2}I\cos(\omega t + \varphi_i) \\ &= 2UI\cos\theta_z\cos^2(\omega t + \varphi_i) = UI\cos\theta_z[1 + \cos(2\omega t + 2\varphi_i)] \end{aligned}$$

电阻 R 吸收的平均功率为 $\quad P_R = \dfrac{1}{T}\displaystyle\int_0^T p_R(t)\,\mathrm{d}t = UI\cos\theta_z$

即二端网络吸收的平均功率等于其等效阻抗中电阻分量所吸收的平均功率。

同样可得电抗 X 吸收的瞬时功率为

$$p_X(t) = u_X(t) \cdot i(t) = -UI\sin\theta_z\sin(2\omega t + 2\varphi_i)$$

电抗 X 吸收的平均功率 $\quad P_X = \dfrac{1}{T}\displaystyle\int_0^T p_X(t)\,\mathrm{d}t = 0$

即等效阻抗中电抗分量所吸收的平均功率为零，故电抗不消耗能量，只与外电路进行能量交换。为衡量由储能元件引起的与外部电路交换的功率，下面给出无功功率的定义。

4. 无功功率 Q

在电路中，将能量交换的最大值 $UI\sin\theta_z$ 称为网络的无功功率，记为 Q，即

$$Q = UI\sin\theta_z \qquad\qquad (8\text{-}66)$$

无功功率的单位为乏（var）。

由式（8-62）、式（8-64）和式（8-66）可见，P、Q 和 S 构成一直角三角形，如图8-26所示。该三角形称为功率三角形。

显然有 $\qquad\qquad\qquad S = \sqrt{P^2 + Q^2} \qquad\qquad (8\text{-}67)$

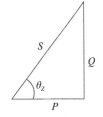

图 8-26　功率三角形

【例 8-15】 电路的相量模型如图8-27所示，端口电压有效值 $U = 100\mathrm{V}$，试求该网络的有功功率 P、无功功率 Q、视在功率 S 和功率因数 λ。

解　求功率必先解电路，求得所需部分的电压、电流，就可解得相应的功率。该题为

求得电流 $\dot{I}$，设端口电压相量 $\dot{U}=100\angle 0°\text{V}$。

端口处的等效阻抗

$$Z=-\text{j}14+\frac{16\times\text{j}16}{16+\text{j}16}=8-\text{j}6=10\angle-36.9°\Omega$$

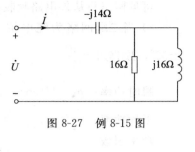

图 8-27　例 8-15 图

$\dot{I}=\dfrac{\dot{U}}{Z}=\dfrac{100\angle 0°}{10\angle-36.9°}=10\angle 36.9°\text{A}$，$\theta_Z=-36.9°$，可得

有功功率　$P=UI\cos\theta_Z=100\times 10\cos(-36.9°)=800\text{W}$

无功功率　$Q=UI\sin\theta_Z=100\times 10\sin(-36.9°)=-600\text{var}$

视在功率　　　　　$S=UI=100\times 10=1000\text{V}\cdot\text{A}$

功率因数　　　　　$\lambda=\cos\theta_Z=\cos(-36.9°)=0.8(\text{导前})$

该二端网络端口处电流超前于电压，阻抗角 $\theta_Z=-36.9°<0$，故在功率因数后注明"导前"。

【例 8-16】　在图 8-28 所示电路中，若 $\dot{U}=200\angle 0°\text{V}$，试问功率表的读数为多少？

解　由图 8-28 以及功率表测量原理可知，功率表的读数由电压 $\dot{U}_{ab}$ 和电流 $\dot{I}_2$ 决定，即

$$P=\text{Re}[\dot{U}_{ab}\dot{I}_2^*]=U_{ab}\cdot I_2\cos(\varphi_{u_{ab}}-\varphi_{I_2})$$

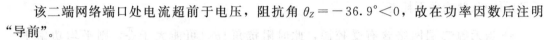

图 8-28　例 8-16 图

下面分别计算 $\dot{U}_{ab}$ 和 $\dot{I}_2$。电路端口等效阻抗为

$$Z=30+\frac{-\text{j}20\times(10+\text{j}10)}{-\text{j}20+(10+\text{j}10)}=50\Omega$$

$$\dot{I}_1=\frac{\dot{U}}{Z}=\frac{200\angle 0°}{50}=4\angle 0°\text{A}$$

由分流公式，得

$$\dot{I}_2=\frac{-\text{j}20}{-\text{j}20+(10+\text{j}10)}\dot{I}_1=(4-\text{j}4)\text{A}$$

$$\dot{U}_{ab}=30\dot{I}_1+10\dot{I}_2=(160-\text{j}40)\text{V}$$

则功率表的读数为

$$P=\text{Re}[\dot{U}_{ab}\dot{I}_2^*]=\text{Re}[(160-\text{j}40)(4+\text{j}4)]=800\text{W}$$

8.7　复功率

为了用相量法反映出正弦稳态电路的各种功率之间的关系，下面引入复功率的概念。设无源二端网络端口处电压、电流相量为

$$\dot{U}=U\angle\varphi_u,\quad\dot{I}=I\angle\varphi_i$$

且 $\dot{U}$、$\dot{I}$ 为关联参考方向，则复功率定义如下

$$\tilde{S}=\dot{U}\dot{I}^*=UI\angle\varphi_u-\varphi_i=UI\angle\theta_Z=UI\cos\theta_Z+\text{j}UI\sin\theta_Z=P+\text{j}Q\qquad(8\text{-}68)$$

复功率 $\tilde{S}$ 的单位为伏安（V·A），它不代表正弦量，故不用相量表示。复功率本身无任何物理意义，仅仅是为了计算方便而引入的。复功率的概念适用于单个电路元件或任一段电路。

复功率 $\tilde{S}$ 是以平均功率 P 为实部，无功功率 Q 为虚部，视在功率 S 为模，阻抗角 θ_Z 为辐角的复数。在电路分析中，若已知二端网络的端口电压相量和电流相量，利用

式(8-68)便可方便地求出 P、Q 和 S。复功率 $\widetilde{S}$ 又可表示为

$$\widetilde{S} = \dot{U}\dot{I}^* = (\dot{I}Z)\dot{I}^* = I^2 Z$$

$$\widetilde{S} = \dot{U}\dot{I}^* = \dot{U}(Y\dot{U})^* = U^2 Y^*$$

可以证明，对整个电路复功率守恒，即

$$\sum \widetilde{S} = 0$$

显然，有功功率和无功功率均守恒，即

$$\sum P = 0, \sum Q = 0$$

而视在功率是不守恒的。

【例 8-17】 电路如图 8-29 所示，已知 $\dot{U}_S = 100\angle 0°\text{V}$，支路 1 中：$Z_1 = R_1 + \mathrm{j}X_1 = 10 + \mathrm{j}17.3\Omega$，支路 2 中：$Z_2 = R_2 - \mathrm{j}X_2 = 17.3 - \mathrm{j}10\Omega$。求电路的平均功率 P、无功功率 Q、复功率 $\widetilde{S}$，并验证其功率守恒。

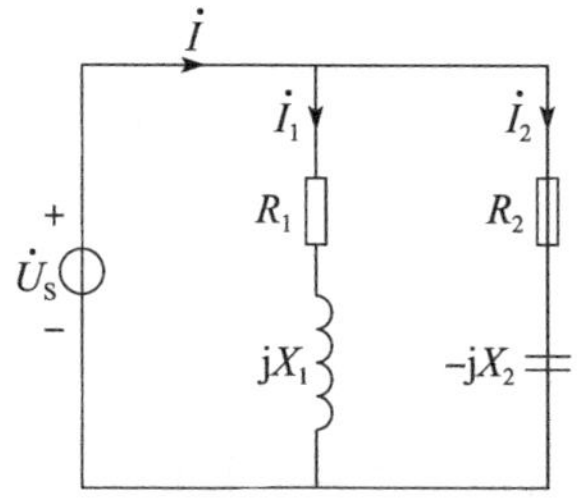

解 在图示参考方向下，各支路电流为

$$\dot{I}_1 = \frac{\dot{U}_S}{R_1 + \mathrm{j}X_1} = \frac{100\angle 0°}{10 + \mathrm{j}17.3} = \frac{100\angle 0°}{20\angle 60°} = 5\angle -60°\text{A}$$

$$\dot{I}_2 = \frac{\dot{U}_S}{R_2 - \mathrm{j}X_2} = \frac{100\angle 0°}{17.3 - \mathrm{j}10} = \frac{100\angle 0°}{20\angle -30°} = 5\angle 30°\text{A}$$

图 8-29 例 8-17 图

由 KCL 得总电流

$$\dot{I} = \dot{I}_1 + \dot{I}_2 = 5\angle -60° + 5\angle 30° = 2.5 - \mathrm{j}4.33 + 4.33 + \mathrm{j}2.5$$
$$= 6.83 - \mathrm{j}1.83 = 7.07\angle -15°\text{A}$$

则电路的平均功率 $\qquad P = U_S I\cos 15° = 100 \times 7.07\cos 15° = 683\text{W}$

电路的无功功率 $\qquad Q = U_S I\sin 15° = 100 \times 7.07\sin 15° = 183\text{var}$

复功率 $\qquad \widetilde{S} = \dot{U}_S \dot{I}^* = 100 \times 7.07\angle 15° = 683 + \mathrm{j}183\text{V}\cdot\text{A} = P + \mathrm{j}Q$

当然，可直接求取复功率 $\widetilde{S}$，取其实部为平均功率，虚部为无功功率。下面验证该电路功率守恒。

电源 $\dot{U}_S$ 的复功率 $\qquad \widetilde{S}_S = -\dot{U}_S \dot{I}^* = -100 \times 7.07\angle 15° = -683 - \mathrm{j}183\text{V}\cdot\text{A} = P_S + \mathrm{j}Q_S$

由于 $\dot{U}_S$ 和 $\dot{I}$ 为非关联参考方向，故复功率计算式前加"−"号。

支路 1 的复功率 $\qquad \widetilde{S}_1 = \dot{U}_S \dot{I}_1^* = 100 \times 5\angle 60° = 250 + \mathrm{j}433\text{V}\cdot\text{A} = P_1 + \mathrm{j}Q_1$

支路 2 的复功率 $\qquad \widetilde{S}_2 = \dot{U}_S \dot{I}_2^* = 100 \times 5\angle -30° = 433 - \mathrm{j}250\text{V}\cdot\text{A} = P_2 + \mathrm{j}Q_2$

显然，有

$$P_S + P_1 + P_2 = -683 + 250 + 433 = 0, \quad 即 \sum P = 0$$
$$Q_S + Q_1 + Q_2 = -183 + 433 - 250 = 0, \quad 即 \sum Q = 0$$
$$\widetilde{S}_S + \widetilde{S}_1 + \widetilde{S}_2 = -683 - \mathrm{j}183 + 250 + \mathrm{j}433 + 433 - \mathrm{j}250 = 0, \quad 即 \sum \widetilde{S} = 0$$

可见，平均功率 P、无功功率 Q、复功率 $\widetilde{S}$ 均守恒。

需要强调的是，视在功率 S 是不守恒的，因为

$$S_S + S_1 + S_2 = 707 + 500 + 500 \neq 0, \quad 即 \sum S \neq 0$$

在实际工程中，大多数负载为感性负载，如异步电动机、感应加热设备等。这些感性负载的功率因数较低。由平均功率表达式 $P = UI\cos\theta_Z$ 可知，当电压一定时，$\cos\theta_Z$ 越小，由电网输送给此负载的电流就越大。这一方面占用较多的电网容量，使电网不能充分发挥

其供电能力，又会在输电线路上引起较大的功率损耗和电压降，因此有必要提高此类感性负载的功率因数。工程上常采用给感性负载并电容的方法来提高电路的功率因数。为说明功率因数的提高，假设一感性负载如图 8-30a 所示。

1) 并联电容 C 前，输电线上的电流等于感性负载中电流，即 $\dot{I}=\dot{I}_L$，且负载消耗的平均功率为

$$P_L = UI_L\cos\theta_Z = UI\cos\theta_Z$$

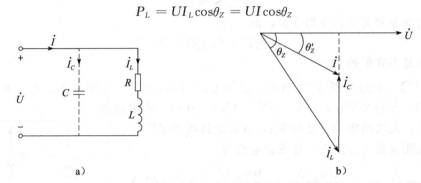

图 8-30　功率因数的提高

由于功率因数较低，角 θ_Z 就比较大，如图 8-30b 的相量图所示。

2) 并联电容 C 后，电路中增加了一条电容支路的电流 $\dot{I}_C$，由 KCL 的相量形式，得

$$\dot{I} = \dot{I}_C + \dot{I}_L$$

由图 8-30b 的相量图可见，电容电流 $\dot{I}_C$ 超前电压 $\dot{U}$ 90°。由于 $\dot{I}_C$ 的补偿作用，输电线上的电流 $\dot{I}$（值）变小了，不再等于 $\dot{I}_L$；也使电路中电压 $\dot{U}$ 和电流 $\dot{I}$ 的夹角 θ'_Z 较 θ_Z 小，使得 $\cos\theta'_Z>\cos\theta$，即电路的功率因数提高了。由于所并联的电容 C 又不消耗功率，即 $P_C = 0$，故并联电容后负载消耗的平均功率不变，即

$$P = UI\cos\theta'_Z = UI_L\cos\theta_Z = P_L$$

并联电容 C 后，也不影响原感性负载的工作状态，因为负载上所加电压 $\dot{U}$ 不变，通过负载的电流 $\dot{I}_L$ 不变，负载消耗的平均功率 P_L 也不变，即负载仍可正常工作，且电路的功率因数也提高了。

【例 8-18】 图 8-31a 所示电路外加 50Hz、380V 的正弦电压，感性负载吸收的功率 $P_L=20\mathrm{kW}$，功率因数 $\lambda_L=0.6$。若要使电路的功率因数提高到 $\lambda=0.9$，求在负载两端并接的电容值。

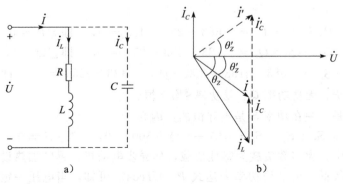

图 8-31　例 8-18 图

解 方法一：根据复功率守恒

并入电容并不影响感性负载的复功率（$\dot{U}$、$\dot{I}_L$ 不变），但电容的无功功率可补偿电感的无功功率，减少了电源的无功功率，提高了电路的功率因数。

设并入电容后电路吸收的复功率为 $\widetilde{S}$，感性负载吸收的复功率为 $\widetilde{S}_L$，电容吸收的复功率为 $\widetilde{S}_C$，由复功率守恒，则

$$\widetilde{S} = \widetilde{S}_L + \widetilde{S}_C$$

并入电容前有：
$$\lambda_L = 0.6，\quad \theta_z = \arccos 0.6 = 53.13°$$
$$P_L = 20\text{kW}，Q_L = P_L \tan\theta_z = 20 \times 1.33 = 26.6\text{kvar}$$
$$\widetilde{S}_L = P_L + jQ_L = 20 + j26.6\text{kV} \cdot \text{A}$$

并入电容后有：
$$\lambda = 0.9，\quad \theta' = \arccos 0.9 = \pm 25.84°$$

取 $\theta' = 25.84°$（并电容后电路仍为感性），而 P_L 保持不变，有

$$P_L = 20\text{kW}，Q_L = P_L \tan\theta'_z = 20 \times 0.48 = 9.6\text{kvar}$$
$$\widetilde{S}_L = P_L + jQ_L = 20 + j9.6\text{kV} \cdot \text{A}$$

故电容吸收的复功率为

$$\widetilde{S}_C = \widetilde{S}'_L - \widetilde{S}_L = -j17\text{kvar}，又 \quad S_C = UI_C = U^2\omega C$$

故
$$C = \frac{S_C}{U^2\omega} = \frac{17 \times 10^3}{380^2 \times 314} = 374.93\mu\text{F}$$

方法二：根据功率守恒

由题可得，并电容 C 前，感性负载中电流的有效值为

$$I_L = \frac{P}{U\lambda_L} = \frac{20 \times 10^3}{380 \times 0.6} = 87.72\text{A}$$

此时
$$\dot{I} = \dot{I}_L$$

感性负载的阻抗角 θ_z 为
$$\theta_z = \arccos 0.6 = 53.13°$$

设电压源电压相量为
$$\dot{U} = 380\angle 0°\text{V}$$

则感性负载电流相量为
$$\dot{I}_L = 87.72\angle -53.13°\text{A}$$

相量图如图 8-31b 所示。

并电容后，增加了 $\dot{I}_C$ 支路，$\dot{I}_L$ 保持不变，又 $\dot{I} = \dot{I}_L + \dot{I}_C$

电源输出电流变化了，其有效值为 $I = \dfrac{P}{U\lambda} = \dfrac{20 \times 10^3}{380 \times 0.9} = 58.48\text{A}$

因 $\lambda = 0.9$，故功率因数角为
$$\theta'_z = \arccos 0.9 = 25.84°$$

则
$$\dot{I} = 58.48\angle -25.84°\text{A}$$

由 KCL，电容电流相量为

$$\dot{I}_C = \dot{I} - \dot{I}_L = 58.48\angle -25.84° - 87.72\angle -53.13°\text{A}$$
$$= 52.63 - j25.49 - (52.63 - j70.18) = j44.69 = 44.69\angle 90°\text{A}$$

因
$$I_C = \omega CU$$

故
$$C = \frac{I_C}{\omega U} = \frac{44.69}{2\pi \times 50 \times 380} = 374.54\mu\text{F}$$

通过本例可见提高功率因数的经济意义。对于感性负载，并联电容后减少了电源的无

功输出，从而使电流减小，使传输线上的损耗减少，从而提高了电源设备的利用率。图 8-31b 中虚线所示是符合要求的另一解答，此时电路性质变为容性的了，是一种过补偿，这种补偿需更大的电容量，经济上不可取。

8.8　最大功率传输

在直流电路中，讨论了负载电阻从具有内阻的直流电源获得最大功率的问题，本节将讨论在正弦稳态电路中的最大功率传输问题。

当可变负载 Z_L 接于含源二端网络 N 时，如图 8-32a 所示，根据戴维南定理可得其等效电路如图 8-32b 所示，等效电路中的电压源和阻抗分别为 $\dot{U}_{OC}$ 和 Z_0，当含源二端网络 N 确定后，它们都是给定的不变量。其中 $Z_0 = R_0 + jX_0$，而可变负载 $Z_L = R_L + jX_L$。

下面讨论最大功率传输的条件及最大功率的求取。

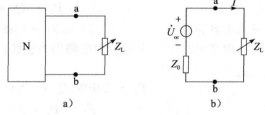

图 8-32　最大功率传输

由图 8-32b 可得负载电流为

$$\dot{I} = \frac{\dot{U}_{OC}}{Z_0 + Z_L} = \frac{\dot{U}_{OC}}{(R_0 + R_L) + j(X_0 + X_L)} \tag{8-69}$$

则

$$I = \frac{U_{OC}}{\sqrt{(R_0 + R_L)^2 + (X_0 + X_L)^2}}$$

负载吸收的平均功率为 R_L 所吸收的平均功率，即

$$P = I^2 R_L = \frac{U_{OC}^2 R_L}{(R_0 + R_L)^2 + (X_0 + X_L)^2} \tag{8-70}$$

要使负载获得最大功率，由式(8-70)可得知，必须先满足：

$$X_L = -X_0$$

此时

$$P = \frac{U_{OC}^2 R_L}{(R_0 + R_L)^2} \tag{8-71}$$

式(8-71)中 R_L 为变量，令

$$\frac{dP}{dR_L} = \frac{(R_0 + R_L)^2 - 2(R_0 + R_L)R_L}{(R_0 + R_L)^4} U_{OC}^2 = 0$$

由此解得

$$R_L = R_0$$

综上分析可得，负载获得最大功率的条件为

$$Z_L = \overset{*}{Z}_0 = R_0 - jX_0 \tag{8-72}$$

这一条件称为共轭匹配，此时负载获得的最大功率为

$$P_{max} = \frac{U_{OC}^2}{4R_0} \tag{8-73}$$

【例 8-19】　电路如图 8-33a 所示，已知 Z_L 为可变负载。试求 Z_L 为何值时可获得最大功率？最大功率为多少？

解　根据戴维南定理求得 a、b 端左边电路的等效电路如图 8-33b 所示，其中

$$\dot{U}_{OC} = \frac{j}{1+j} 14.1\angle 0° = \frac{\angle 90°}{\sqrt{2}\angle 45°} \times 14.1\angle 0° = 10\angle 45° \text{V}$$

$$Z_0 = \frac{j}{1+j} = \frac{1}{\sqrt{2}}\angle 45° = (0.5 + j0.5)\Omega$$

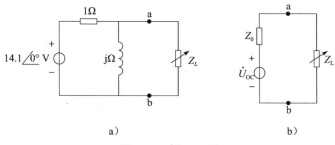

图 8-33 例 8-19 图

由 Z_L 获得最大功率的条件，得 Z_L 值，即

$$Z_L = \overset{*}{Z}_0 = 0.5 - j0.5\,\Omega$$

其最大功率为

$$P_{max} = \frac{U_{OC}^2}{4R_0} = \frac{10^2}{4 \times 0.5} = 50\,\text{W}$$

8.9 非正弦周期电路的稳态分析

8.9.1 信号的分解及非正弦周期电路的稳态分析

前面章节中对直流电路和正弦稳态电路进行了分析。在实际应用中，常会遇到当激励为非正弦的周期信号时电路的稳态响应问题，也就是非正弦周期电路的稳态分析问题。

一个周期为 T 的非正弦周期函数 $f(t)$（如三角波、周期矩形波等），当满足狄里赫利条件时，即 $f(t)$ 在一个周期内只有有限个间断点，有限个极大值和极小值，且 $f(t)$ 在一个周期内绝对可积，则 $f(t)$ 可展开为如下三角形式的傅里叶级数：

$$\begin{aligned} f(t) &= a_0 + (a_1\cos\omega_1 t + b_1\sin\omega_1 t) + (a_2\cos2\omega_1 t + b_2\sin2\omega_1 t) \\ &\quad + \cdots + (a_k\cos k\omega_1 t + b_k\sin k\omega_1 t) + \cdots \\ &= a_0 + \sum_{k=1}^{\infty}(a_k\cos k\omega_1 t + b_k\sin k\omega_1 t) \end{aligned} \tag{8-74}$$

式(8-74)中

$$\begin{cases} a_0 = \dfrac{1}{T}\displaystyle\int_0^T f(t)\,\mathrm{d}t \\[2mm] a_k = \dfrac{2}{T}\displaystyle\int_0^T f(t)\cos k\omega_1 t\,\mathrm{d}t \\[2mm] b_k = \dfrac{2}{T}\displaystyle\int_0^T f(t)\sin k\omega_1 t\,\mathrm{d}t \quad k = 1,2,3\cdots \end{cases} \tag{8-75}$$

式中(8-75)中，$\omega_1 = \dfrac{2\pi}{T}$，称为 $f(t)$ 的基本角频率或基波角频率，a_0、a_k 和 b_k 称为傅里叶系数。

若将式(8-74)中的同频率项合并，则可得另一形式为

$$\begin{aligned} f(t) &= A_0 + A_1\cos(\omega_1 t + \varphi_1) + A_2\cos(2\omega_1 t + \varphi_2) + \cdots \\ &\quad + A_k\cos(k\omega_1 t + \varphi_k) + \cdots \\ &= A_0 + \sum_{k=1}^{\infty}A_k\cos(k\omega_1 t + \varphi_k) \end{aligned} \tag{8-76}$$

式(8-76)中

$$\begin{cases} A_0 = a_0 \\[2mm] A_k = \sqrt{a_k^2 + b_k^2} \quad k = 1,2,3\cdots。 \\[2mm] \varphi_k = \arctan\left(-\dfrac{b_k}{a_k}\right) \end{cases} \tag{8-77}$$

其中 A_0 是周期信号 $f(t)$ 在一个周期内的平均值，称为信号的直流分量；$A_k\cos(k\omega_1 t+\varphi_k)$ 称为信号的 k 次谐波分量。当 $k=1$ 时，$A_1\cos(\omega_1 t+\varphi_1)$ 又称为 1 次谐波或基波分量。

式(8-76)表明，任一周期信号只要满足狄里赫利条件就可分解为直流分量和一系列不同频率的正弦量之和，而实际应用的周期信号几乎都满足狄里赫利条件。因此，根据叠加定理可知，非正弦周期信号激励下的稳态响应等于其直流分量和各次谐波分量单独作用所得稳态响应的叠加。这种分析方法称为谐波分析法。为分析方便，表 8-1 给出了几种常见周期信号的傅里叶级数。

表 8-1　几种常见周期信号的傅里叶级数

名称	$f(t)$ 波形图	$f(t)$ 傅里叶级数展开式
三角波		$f(t)=\dfrac{8}{\pi^2}A_{\mathrm m}\left(\sin\omega_1 t-\dfrac{1}{9}\sin 3\omega_1 t+\dfrac{1}{25}\sin 5\omega_1 t-\cdots\right)$
三角波(位移)		$f(t)=\dfrac{8}{\pi^2}A_{\mathrm m}\left(\cos\omega_1 t+\dfrac{1}{9}\cos 3\omega_1 t+\dfrac{1}{25}\cos 5\omega_1 t+\cdots\right)$
锯齿波		$f(t)=A_{\mathrm m}\left[\dfrac{1}{2}-\dfrac{1}{\pi}\left(\sin\omega_1 t+\dfrac{1}{2}\sin 2\omega_1 t+\dfrac{1}{3}\sin 3\omega_1 t+\cdots\right)\right]$
梯形波		$f(t)=\dfrac{4}{\alpha\pi}A_{\mathrm m}\left(\sin\alpha\sin\omega_1 t+\dfrac{1}{9}\sin 3\alpha\sin 3\omega_1 t+\dfrac{1}{25}\sin 5\alpha\sin 5\omega_1 t+\cdots\right)$
整流全波		$f(t)=\dfrac{2}{\pi}A_{\mathrm m}\left(1-\dfrac{2}{3}\cos 2\omega_1 t-\dfrac{2}{15}\cos 4\omega_1 t-\dfrac{2}{35}\cos 6\omega_1 t-\cdots\right)$
矩形波		$f(t)=\dfrac{4}{\pi}A_{\mathrm m}\left(\sin\omega_1 t+\dfrac{1}{3}\sin 3\omega_1 t+\dfrac{1}{5}\sin 5\omega_1 t+\cdots\right)$

傅里叶级数是一个无穷级数，从理论上讲，把一个非正弦周期函数分解为傅里叶级数时，必须取无穷多项才能准确地代表原有函数，但在实际应用中不可能取无穷多项谐波分量。由于傅里叶级数的收敛性，在工程上通常只需计算傅里叶级数的前几项就可达到精度要求。至于具体应取几项，应根据实际要求而定。

利用谐波分析法分析非正弦周期电路的稳态相应时要注意以下两点。

1) 当直流分量单独作用时，电路中电感 L 相当于短路，电容 C 相当于开路。用电阻电路的分析方法求其响应。

2) 当谐波分量单独作用时，因谐波分量为正弦量，故针对每一谐波分量，仍可用相量法求解，并要把计算结果转换为时域形式才可以叠加。

下面通过例题介绍非正弦周期电路的稳态分析。

【例 8-20】　在图 8-34a 所示电路中，已知 $i_{\mathrm S}(t)=\sqrt{2}\cos(200t+50°)\mathrm{A}$，$u_{\mathrm S}(t)=$

$20\cos(100t+10°)$ V,试求稳态电压 $u(t)$。

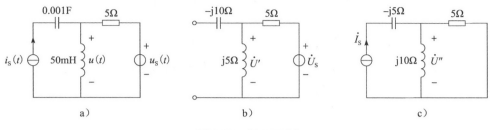

图 8-34 例 8-20 图

解 图 8-34a 电路中电压源 $u_S(t)$ 和电流源 $i_S(t)$ 为不同频率的正弦量,故不可直接用相量法,而应根据叠加定理,先用相量法分别求取每一激励下的响应,再将其时域响应叠加,即为所求的稳态响应。

1) 当 $u_S(t)$ 单独作用时,其相量模型如图 8-34b 所示。

其电压相量 $$\dot{U}' = \frac{j5}{j5+5}\dot{U}_S = \frac{j5}{j5+5}\times 10\sqrt{2}\angle 10° = 10\angle 55° \text{V}$$

则 $$u'(t) = 10\sqrt{2}\cos(100t+55°)\text{V}$$

2) 当 $i_S(t)$ 单独作用时,其相量模型如图 8-34c 所示。

其电压相量 $$\dot{U}'' = \frac{5}{5+j10}\times\dot{I}_S\times j10 = \frac{j50}{5+j10}\dot{I}_S = \frac{j50}{5+j10}\times 1\angle 50° = 4.47\angle 76.6° \text{V}$$

则 $$u''(t) = 4.47\sqrt{2}\cos(200t+76.6°)\text{V}$$

3) 总响应 $u(t) = u'(t)+u''(t) = 10\sqrt{2}\cos(100t+55°)+4.47\sqrt{2}\cos(200t+76.6°)\text{V}$

应当注意,电压相量 $\dot{U}'$ 和 $\dot{U}''$ 不可叠加。因为两者频率不同。

8.9.2 非正弦周期信号的有效值

以周期电流 i 为例,式(8-8)已给出了其有效值公式,即

$$I = \sqrt{\frac{1}{T}\int_0^T i^2\,dt}$$

当 i 为非正弦的周期信号时,可分解为直流分量和一系列谐波分量的和,即

$$i(t) = I_0 + \sum_{k=1}^{\infty} I_{km}\cos(k\omega_1 t+\varphi_k) = I_0 + \sum_{k=1}^{\infty}\sqrt{2}I_k\cos(k\omega_1 t+\varphi_k)$$

将其代入式(8-8),得

$$I = \sqrt{I_0^2 + \frac{1}{2}\sum_{k=1}^{\infty}I_{km}^2} = \sqrt{I_0^2 + \sum_{k=1}^{\infty}I_k^2} = \sqrt{I_0^2 + I_1^2 + \cdots} \tag{8-78}$$

同理可得非正弦周期电压 U 的有效值为

$$U = \sqrt{U_0^2 + \sum_{k=1}^{\infty}U_k^2} = \sqrt{U_0^2 + U_1^2 + \cdots} \tag{8-79}$$

即非正弦周期电流或电压的有效值等于其直流分量和各次谐波分量有效值的平方和的平方根。

8.9.3 非正弦周期信号的功率

设非正弦周期信号作用下的二端网络端口电压、电流分别为

$$u(t) = U_0 + \sum_{k=1}^{\infty} U_{km}\cos(k\omega_1 t + \varphi_{uk})$$

$$i(t) = I_0 + \sum_{k=1}^{\infty} I_{km}\cos(k\omega_1 t + \varphi_{ik})$$

电压 $u(t)$、电流 $i(t)$ 取关联参考方向，则该二端网络吸收的平均功率为

$$P = \frac{1}{T}\int_0^T p(t)\,\mathrm{d}t = \frac{1}{T}\int_0^T u(t) \cdot i(t)\,\mathrm{d}t$$

$$= \frac{1}{T}\int_0^T \Big[U_0 + \sum_{k=1}^{\infty} U_{km}\cos(k\omega_1 t + \varphi_{uk})\Big]\Big[I_0 + \sum_{k=1}^{\infty} I_{km}\cos(k\omega_1 t + \varphi_{ik})\Big]\mathrm{d}t$$

$$= U_0 I_0 + \sum_{k=1}^{\infty} U_k I_k \cos\theta_k = P_0 + \sum_{k=1}^{\infty} P_k$$

$$= P_0 + P_1 + P_2 + \cdots \tag{8-80}$$

其中，$\theta_k = \varphi_{uk} - \varphi_{ik}$ 为 k 次谐波电压与电流之间的相位差。
$P_k = U_k I_k \cos\theta_k$ 为 k 次谐波分量的平均功率。

综上分析可得，非正弦周期信号的平均功率等于直流分量和各次谐波分量各自产生的平均功率之和。

【例 8-21】 已知二端网络端口处的电压、电流分别为

$$u(t) = (100 + 100\cos t + 50\cos 2t + 30\cos 3t)\,\mathrm{V}$$

$$i(t) = [10\cos(t - 60) + 2\cos(3t - 135°)]\,\mathrm{A}$$

且 $u(t)$ 和 $i(t)$ 取关联参考方向，试求 $u(t)$、$i(t)$ 的有效值及二端网络吸收的平均功率。

解 由式(8-79)、式(8-78)得

$$U = \sqrt{U_0^2 + U_1^2 + U_2^2 + U_3^2} = \sqrt{100^2 + \left(\frac{100}{\sqrt{2}}\right)^2 + \left(\frac{50}{\sqrt{2}}\right)^2 + \left(\frac{30}{\sqrt{2}}\right)^2}$$

$$= \sqrt{10000 + 5000 + 1250 + 450} = 129.23\,\mathrm{V}$$

$$I = \sqrt{I_0^2 + I_1^2 + I_2^2 + I_3^2} = \sqrt{0 + \left(\frac{10}{\sqrt{2}}\right)^2 + 0 + \left(\frac{2}{\sqrt{2}}\right)^2}$$

$$= \sqrt{50 + 2} = 7.21\,\mathrm{A}$$

由式(8-80)得

$$P = P_0 + P_1 + P_2 + P_3$$

$$= 0 + \frac{100}{\sqrt{2}} \times \frac{10}{\sqrt{2}}\cos 60° + 0 + \frac{30}{\sqrt{2}} \times \frac{2}{\sqrt{2}}\cos 135°$$

$$= 250 + (-21.2) = 228.8\,\mathrm{W}$$

【例 8-22】 已知通过 5Ω 电阻的电流为 $i(t) = (5 + 10\sqrt{2}\cos t + 5\sqrt{2}\cos 2t)\,\mathrm{A}$，求电阻吸收的平均功率。

解 由式(8-80)得

$$P = P_0 + P_1 + P_2 = 5^2 \times 5 + 10^2 \times 5 + 5^2 \times 5 = 125 + 500 + 125 = 750\,\mathrm{W}$$

或，由于
$$I = \sqrt{I_0^2 + I_1^2 + I_2^2} = \sqrt{5^2 + 10^2 + 5^2} = \sqrt{150}\,\mathrm{A}$$

所以
$$P = I^2 R = (\sqrt{150})^2 \times 5 = 750\,\mathrm{W}$$

即，当二端网络等效为电阻 R 时，其平均功率为

$$P = I^2 R = \frac{U^2}{R}$$

式中 I 和 U 为通过电阻 R 的非正弦周期电流 i 和电压 u 的有效值。

习题 8

8-1 已知两个同频正弦电压的相量分别为 $\dot{U}_1 = 50\angle 30°\text{V}$，$\dot{U}_2 = -100\angle -150°\text{V}$，频率 $f = 100\text{Hz}$。求：

(1) u_1、u_2 的时域表达式。

(2) u_1 与 u_2 的相位差。

8-2 试求下列各电压相量所代表的电压瞬时值表达式，已知 $\omega = 10\text{rad/s}$。

(1) $\dot{U}_{1m} = 50\angle 30°\text{V}$；(2) $\dot{U}_2 = 100\angle 120°\text{V}$。

8-3 当某元件的电压、电流分别为下述情况时，试判断元件的性质及其数值。

(1) $u = 10\cos(10t + 45°)\text{V}$，$i = 2\sin(10t + 135°)\text{A}$；

(2) $u = 10\sin(100t)\text{V}$，$i = 2\cos(100t)\text{A}$；

(3) $u = -10\cos t\text{V}$，$i = -\sin t\text{A}$；

(4) $u = 10\cos(314t + 45°)\text{V}$，$i = 2\cos(314t)\text{A}$。

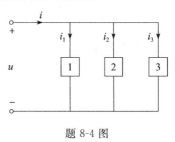

题 8-4 图

8-4 电路如题 8-4 图所示，已知 $u = 100\cos(10t + 45°)\text{V}$，$i_1 = i = 10\cos(10t + 45°)\text{A}$，$i_2 = 20\cos(10t + 135°)\text{A}$。试判断元件 1、2、3 的性质并求出各元件参数值。

8-5 已知题 8-5 图所示正弦稳态电路中电压表读数 V_1 为 15V，V_2 为 80V，V_3 为 100V(电压表读数为正弦电压的有效值)。求电压 u_S 的有效值 U_S。

8-6 RC 并联电路如题 8-6 图所示。对该电路作如下两次测量：(1)端口加 120V 直流电压时，输入电流为 4A；(2)端口加频率为 50Hz，有效值为 120V 的正弦电压时，输入电流有效值为 5A。试求 R 和 C 的值。

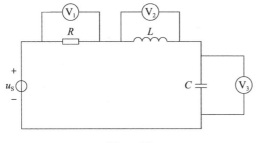

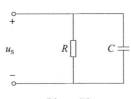

题 8-5 图　　　　　　题 8-6 图

8-7 求题 8-7 图所示各正弦稳态电路的输入阻抗和输入导纳。

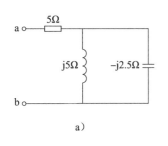

a)

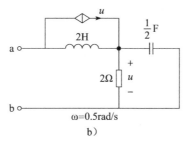

b)

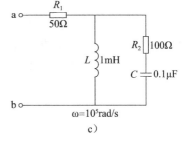

c)

题 8-7 图

8-8　题 8-8 图所示电路中，$I_1 = I_2 = 10A$，求 I 和 U_s。

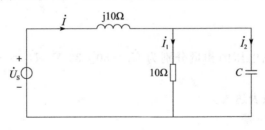

题 8-8 图

8-9　求题 8-9 图所示各正弦稳态电路中的电压 $\dot{U}$，并画出相量图。

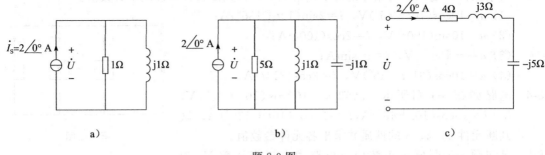

a)　　　　　　　　　　b)　　　　　　　　　　c)

题 8-9 图

8-10　已知题 8-10 图所示正弦稳态电路中电流表的读数分别为：A_1 为 5A，A_2 为 20A，A_3 为 25A。求：(1) 图中电流表 A 的读数。(2) 如果维持 A_1 的读数不变，而把电源的频率提高一倍，再求电流表 A 的读数。（提示：要掌握各元件上电压电流的相位关系，可借助相量图计算，还要注意感抗和容抗将随频率的变化而变化。）

8-11　已知题 8-11 图所示正弦稳态电路中，$u_s = 120\sqrt{2}\cos(10^3 t)\text{V}$，求电流 i_{ab}。

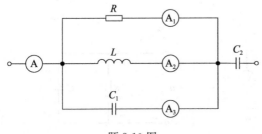

题 8-10 图

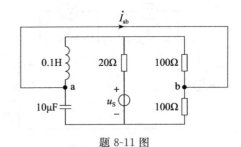

题 8-11 图

8-12　在题 8-12 图所示电路中，已知$u_s(t) = 10\sqrt{2}\cos(2t)\text{V}$，$i_s(t) = 2\sqrt{2}\cos(3t + 45°)\text{A}$。试求电阻支路电流 $i(t)$。

8-13　题 8-13 图所示电路中，N_0 为线性非时变无源网络。已知：

(1) 当 $\dot{U}_s = 20\angle 0°\text{V}$，$\dot{I}_s = 2\angle -90°\text{A}$ 时，$\dot{U}_{ab} = 0$；

(2) 当 $\dot{U}_s = 10\angle 30°\text{V}$，$\dot{I}_s = 0$ 时，$\dot{U}_{ab} = 10\angle 60°\text{V}$。

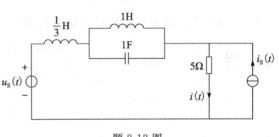

题 8-12 图

求 $\dot{U}_\mathrm{S}=100\angle60°\mathrm{V}$，$\dot{I}_\mathrm{S}=10\angle60°\mathrm{A}$ 时，$\dot{U}_\mathrm{ab}$ 为多少？

8-14 试用网孔法、节点法、戴维南定理求题 8-14 图所示电路中的 $i_2(t)$。已知 $u_\mathrm{S}(t)=5\sqrt{2}\cos(t+30°)\mathrm{V}$。

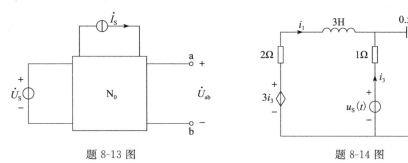

题 8-13 图　　　　　　　　　题 8-14 图

8-15 试用网孔法、节点法、戴维南定理求题 8-15 图所示电路中的电流 $\dot{I}$。

8-16 已知正弦稳态电路如题 8-16 图所示，其中 $u_\mathrm{S1}=3\sqrt{2}\cos(2t)\mathrm{V}$，$u_\mathrm{S2}=4\sqrt{2}\sin(2t)\mathrm{V}$。试用戴维南定理求电流 i_1。

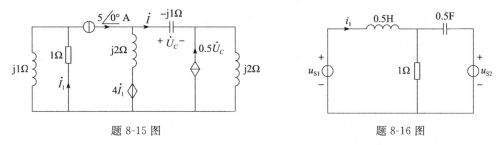

题 8-15 图　　　　　　　　　题 8-16 图

8-17 求题 8-17 图所示各电路的戴维南等效电路和诺顿等效电路。

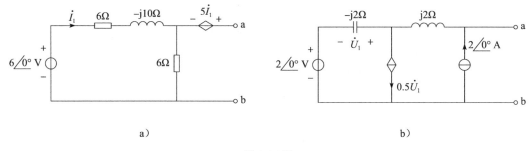

a)　　　　　　　　　　　　b)

题 8-17 图

8-18 在题 8-18 图所示电路中，求各电阻平均功率的总和。

8-19 电路如题 8-19 图所示，求电源输出的平均功率 P 和视在功率 S。

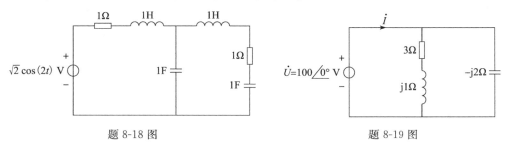

题 8-18 图　　　　　　　　　题 8-19 图

8-20　题 8-20 图所示为二端无源网络 N_0，其端口电压 u、电流 i 分别为：

(1) $u=20\cos(314t)\mathrm{V}$，$i=0.3\cos(314t)\mathrm{A}$；

(2) $u=10\cos(100t+70°)\mathrm{V}$，$i=2\cos(100t+40°)\mathrm{A}$；

(3) $u=10\cos(100t+20°)\mathrm{V}$，$i=2\cos(100t+50°)\mathrm{A}$。

试求各种情况下的 P、Q、S、$\widetilde{S}$。

8-21　电路如题 8-21 图所示，已知 $\dot{U}_\mathrm{S}=50\angle0°\mathrm{V}$，电源提供的平均功率为 312.5W，试求 X_C 的数值。

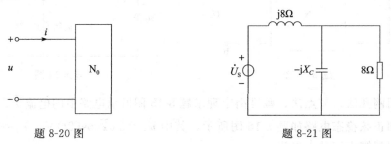

题 8-20 图　　　　　　　　题 8-21 图

8-22　题 8-22 图所示电路中，感性负载接在电压 $U=220\mathrm{V}$、频率 $f=50\mathrm{Hz}$ 的交流电源上，其平均功率 $P=1.1\mathrm{kW}$，功率因数 $\lambda=0.5$。欲并联电容使功率因数提高到 0.8（滞后），求需并接多大的电容？

8-23　在题 8-23 图所示电路中，$I_1=10\mathrm{A}$，$I_2=20\mathrm{A}$，负载 Z_1、Z_2 的功率因数分别为 $\lambda_1=\cos\varphi_1=0.8$ $(\varphi_1<0)$，$\lambda_2=\cos\varphi_2=0.5(\varphi_2>0)$，端电压 $U=50\mathrm{V}$，$\omega=1000\mathrm{rad/s}$。求：

(1) 图中电流表、功率表的读数和电路的功率因数。

(2) 若电源的额定电流为 30A，那么还能并联多大的电阻？求并联电阻后功率表的读数和电路的功率因数。

(3) 若使原电路的功率因数提高到 $\lambda=0.9$，需要并联多大的电容？

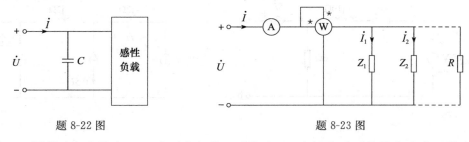

题 8-22 图　　　　　　　　题 8-23 图

8-24　题 8-24 图所示各电路中，Z_L 为可变负载，试求当 Z_L 为何值时可获最大功率？最大功率 $P_{\max}$ 为多少？

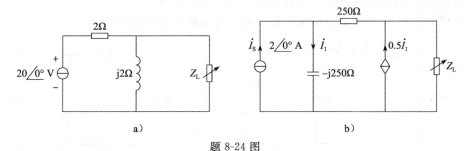

a)　　　　　　　　　　b)

题 8-24 图

8-25 电路如题 8-25 图所示，已知 $R=1\Omega$，$C=1$F，$u_i(t)=3\cos(2t+30°)$V。求该电路的

电压之比 $\dfrac{\dot{U}_o}{\dot{U}_i}$ 和电压 u_o。（提示：该题

利用节点法计算较方便，要注意运用
理想运算放大器的"两虚"原则。）

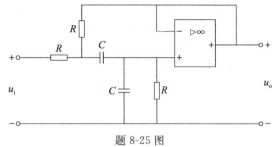

8-26 题 8-26 图所示电路中，已知 $\dot{I}_s = 5\angle0°$A，求电流源提供给电路的 P、Q、S、$\widetilde{S}$。

题 8-25 图

8-27 题 8-27 图所示电路中，已知 $u_s = 141.4\cos(314t-30°)$V，$R_1=3\Omega$，$R_2=2\Omega$，$L=9.55$mH。试求各元件的端电压并作电路的相量图，计算电源发出的复功率。

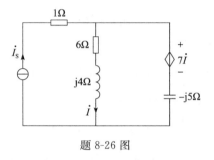

题 8-26 图

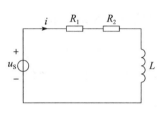

题 8-27 图

8-28 如题 8-28 图所示正弦稳态电路，已知 $I_C=8$A，$I_L=10$A，$R_2=6\Omega$，$U=220$V，且 $\dot{U}$ 和 $\dot{I}$ 同相位。试求电流 I 和电阻 R_1。

8-29 正弦稳态电路如题 8-29 图所示，已知 $I=3$A，试求电流源电流有效值 I_s。

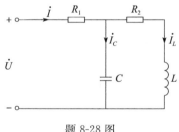

题 8-28 图

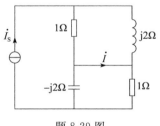

题 8-29 图

8-30 如题 8-30 图所示正弦稳态电路，已知 $U=10$V，电路消耗的平均功率为 12W，试求电感电压 U_L。

8-31 已知题 8-31 图所示电路中，$u=20\cos(10^3t+75°)$V，$i=\sqrt{2}\sin(10^3t+120°)$A。求无源二端网络 N_0 吸收的复功率 $\widetilde{S}_{cd}$ 和输入阻抗 Z_{cd}。

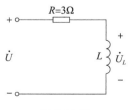

题 8-30 图

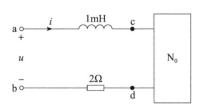

题 8-31 图

8-32 题 8-32 图所示电路，已知 $u_1 = 10\cos(10^3 t + 60°)$ V，$u_2 = 5\cos(10^3 t - 30°)$ V，$C = 100\mu$F。试求无源二端网络 N_0 的阻抗 Z 以及吸收的平均功率 P。

8-33 在题 8-33 图所示电路中，若：

(1) $u_{S1} = 10\cos(100t)$ V，$u_{S2} = 20\cos(100t + 30°)$ V

(2) $u_{S1} = 20\cos(t + 25°)$ V，$u_{S2} = 30\sin(5t - 50°)$ V

试分别求以上两种情况 R 的平均功率，已知 $R = 10\Omega$。

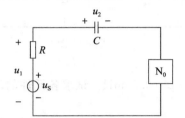

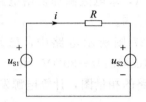

题 8-32 图　　　　　　　　　题 8-33 图

8-34 已知二端网络 N 端口电压 $u(t)$ 和电流 $i(t)$ 分别为 $u(t) = (10 + 10\cos314t + 5\cos942t)$ V，$i(t) = \left[4\cos\left(314t - \dfrac{\pi}{6}\right) + 2\cos\left(942t - \dfrac{\pi}{3}\right)\right]$A，$u(t)$、$i(t)$ 为关联参考方向，求电压有效值 U、电流有效值 I 及网络 N 吸收的平均功率 P。

8-35 电路见题 8-35 图。已知 $R = 12\Omega$，$\omega L = 2\Omega$，$\dfrac{1}{\omega C} = 18\Omega$，$u(t) = \left[10 + 80\sqrt{2}\cos(\omega t + 30°) + 18\sqrt{2}\cos3\omega t\right]$V。求各电表的读数。（提示：对非正弦周期电路的计算，要注意运用叠加定理。电压表、电流表的读数为对应非正弦周期电压、电流的有效值。功率表的读数为直流分量和各次谐波分量各自产生的平均功率之和。）

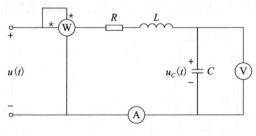

题 8-35 图

第 9 章

三 相 电 路

内容提要： 本章介绍对称三相电源、对称三相电路的组成，电压和电流的相值和线值之间的关系，对称三相电路归结为单相计算的方法。还介绍不对称三相电路的计算，三相电路功率的计算及测量。

9.1 三相电路的基本概念

目前世界各国的电力系统中电能的产生、传输和供电方式主要采用三相制。根据电路理论，采用三相制的电力系统，由于其特定的连接方式及三相对称的正弦稳态激励、负载连接等，使得这类电路都可按照三相电路进行分析。三相电路是复杂正弦稳态电路的一种特殊形式，仍可用相量法对其进行分析和计算。

三相电路的特殊性在于：它的电源是由三个幅值相等、频率相同、初相互差 120°的对称电源构成的，而不同于一般的多电源电路。正是由于三相电源之间的这种特定关系，对于对称三相电路的分析可归结为单相计算，而对不对称三相电路可采用已经学习过的电路一般分析方法来进行分析（如节点法、网孔法等）。

9.1.1 三相电源

电路是由电源和负载通过一定的连接构成的。对称三相电源是将三个幅值相等、频率相同、初相依次相差 120°的正弦电压源连接成星形（Y）或三角形（△）组成的电源，如图 9-1a、b 所示。这三个电压源依次称为 A 相、B 相和 C 相，它们的电压瞬时值表达式及其向量形式分别为（以 u_A 作为参考正弦量）：

$$\begin{cases} u_A = \sqrt{2}U_p\cos\omega t \\ u_B = \sqrt{2}U_p\cos(\omega t - 120°) \\ u_C = \sqrt{2}U_p\cos(\omega t + 120°) \end{cases} \tag{9-1}$$

$$\begin{cases} \dot{U}_A = U_p\angle 0° \\ \dot{U}_B = U_p\angle -120° \\ \dot{U}_C = U_p\angle 120° \end{cases} \tag{9-2}$$

对于三相电源，通常把各相电压经过同一值（如最大值）的先后次序称为相序。若相序为 A→B→C，则称为正序或顺序；相反，若相序为 A→C→B，则称为反序或逆序。而相位差为零的相序为零序。电力系统一般都采用正序。在三相电路分析中，如无特殊说明均指正序。

对称三相电压各相的波形和相量图如图 9-2a、b 所示。

对称三相电压满足：

$$u_A + u_B + u_C = 0 \tag{9-3}$$

或

$$\dot{U}_A + \dot{U}_B + \dot{U}_C = 0 \tag{9-4}$$

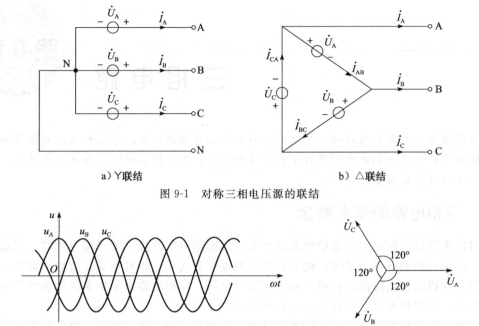

图 9-1　对称三相电压源的联结

图 9-2　对称三相电源电压波形和相量图

对称三相电压源是由三相发电机提供的。我国三相系统电源频率为 50Hz，入户电压为 220V，而日、美、欧洲等国为 60Hz、110V。

图 9-1a 所示为三相电源的星形（Y）联结，从三个电压源正极性端子 A、B、C 向外引出的导线称为端线，俗称火线。从中（性）点 N 引出的导线称为中线，或称零线。把三相电压源的正极性端和负极性端顺次联结成一个回路，再从端子 A、B、C 引出端线，如图 9-1b 所示，就是三相电源的三角形（△）联结，三角形联结的电源不能引出中性线。三角形联结中，各相电源的极性不能接错，否则，会在电源闭合回路中产生大电流，烧毁电机，造成事故。

9.1.2　三相负载

在三相电路中，负载也是三相的，即由三个部分组成，每一个部分称为三相负载的一相。若三相负载的各相阻抗相同，称为对称负载，比如三相电动机就是一种对称三相负载。三相负载也可由三个不同阻抗的单相负载组成，比如电灯、空调等组成，构成不对称三相负载。

三相负载也有星形（Y）和三角形（△）两种联结，如图 9-3a、b 所示。图 9-3a 中，三个负载的公共点 N′，称为三相负载的中（性）点。

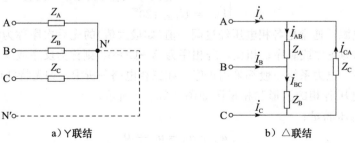

图 9-3　三相负载的联结方式

9.1.3 三相电路的连接方式

由于三相电源和三相负载均有星形(Y)联结和三角形联结(△)两种方式，因此当三相电源和三相负载通过供电线连接构成三相电路时，可以有 4 种不同的连接方式，它们分别为是：Y-Y联结、Y-△联结、△-Y联结和△-△联结。

三相电压源通常都是对称的，负载可能对称，也可能不对称。无论三相负载是Y联结还是△联结，只有当三相负载完全相等，即 $Z_A = Z_B = Z_C = Z$，才称为对称三相负载。而对称三相电路是由对称三相电源、对称三相负载及对称三相线路组成的电路。三相线路是指三相端线，若各端线阻抗相等，则称为对称三相线路。

在 Y-Y联结中，可把三相电源的中性点 N 和负载的中性点 N′用一条具有阻抗为 Z_N 的中线联结起来，如图 9-4 中虚线所示。这种三相四线制电路在供电系统中用的最多。对于对称三相电路，负载阻抗 $Z_A = Z_B = Z_C = Z$，端线阻抗 $Z_{lA} = Z_{lB} = Z_{lC} = Z_l$，若取 N′点为参考点，由节点分析法得

$$\dot{U}_{NN'}\left(\frac{1}{Z+Z_l} + \frac{1}{Z+Z_l} + \frac{1}{Z+Z_l} + \frac{1}{Z_N}\right) = -\frac{\dot{U}_A}{Z+Z_l} - \frac{\dot{U}_B}{Z+Z_l} - \frac{\dot{U}_C}{Z+Z_l}$$

即
$$\dot{U}_{NN'} = -\frac{\frac{1}{Z+Z_l}(\dot{U}_A + \dot{U}_B + \dot{U}_C)}{\frac{3}{Z+Z_l} + \frac{1}{Z_N}} = 0 \tag{9-5}$$

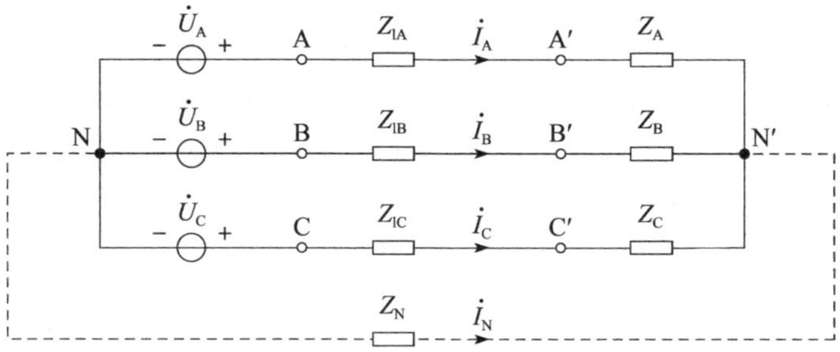

图 9-4 三相四线制的Y-Y三相电路

由式(9-5)可见，两中性点间的电位差 $\dot{U}_{NN'}$ 为零，则中线电流 $\dot{I}_N = 0$，也就是说，在对称三相电路中，中线可省略不用，这就构成了三相三线制电路。但是实际负载一般难以达到完全对称，故中线往往存在因不对称而引起的电流。

9.2 对称三相电路的计算

在三相电路中，将每相电源或每相负载上的电压称为电源或负载的相电压，流过每相电源或每相负载的电流称为电源或负载的相电流。火线间的电压称为线电压，火线中的电流称为线电流。习惯上将表示相电压、相电流的量用下标"p"表示，将表示线电压、线电流的量用下标"l"表示。

以三相电源端为例(负载端也相同)，说明线电压(电流)与相电压(电流)的关系。由图 9-1a所示电路可见，线电流等于相电流，而线电压不等于相电压。为了讨论线电压和相电压的关系，设三相电源的线电压分别为 $\dot{U}_{AB}$、$\dot{U}_{BC}$、$\dot{U}_{CA}$，相电压分别为 $\dot{U}_A$、$\dot{U}_B$ 和 $\dot{U}_C$，则线电压和相电压的关系为

$$\dot{U}_{AB} = \dot{U}_A - \dot{U}_B = U_p\angle 0° - U_p\angle -120° = \sqrt{3}U_p\angle 30° = \sqrt{3}\dot{U}_A\angle 30°$$

$$\dot{U}_{BC} = \dot{U}_B - \dot{U}_C = U_p\angle -120° - U_p\angle 120° = \sqrt{3}U_p\angle -90° = \sqrt{3}\dot{U}_B\angle 30° \qquad (9\text{-}6)$$

$$\dot{U}_{CA} = \dot{U}_C - \dot{U}_A = U_p\angle 120° - U_p\angle 0° = \sqrt{3}U_p\angle 150° = \sqrt{3}\dot{U}_C\angle 30°$$

显然，星形联结的对称三相电源，在数值上线电压是相电压的 $\sqrt{3}$ 倍，相位上线电压超前对应的相电压 30°。若以 U_1 表示线电压的有效值，则与相电压的有效值 U_p 的关系为

$$U_1 = \sqrt{3}U_p \qquad (9\text{-}7)$$

星形联结的对称三相电源线电压与相电压之间的关系，可用图 9-5a 所示的电压相量图表示，它是根据式(9-6)而作出的。

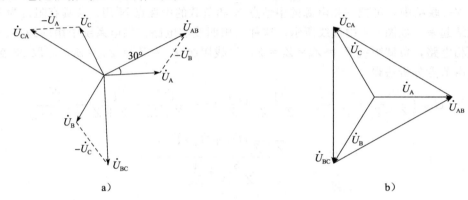

图 9-5　对称三相电源 Y 联结的相电压和线电压关系

星形联结的对称三相电源的电压、电流关系对星形联结的对称三相负载也适用。

图 9-3b 所示为三相负载的 △ 联结形式。显然线电压等于相电压，而线电流和相电流不相等，下面讨论线电流与相电流间的关系。

由图 9-3b 可得线电流 $\dot{I}_A$、$\dot{I}_B$、$\dot{I}_C$ 与相电流 $\dot{I}_{AB}$、$\dot{I}_{BC}$、$\dot{I}_{CA}$ 间的关系为

$$\begin{cases} \dot{I}_A = \dot{I}_{AB} - \dot{I}_{CA} \\ \dot{I}_B = \dot{I}_{BC} - \dot{I}_{AB} \\ \dot{I}_C = \dot{I}_{CA} - \dot{I}_{BC} \end{cases} \qquad (9\text{-}8)$$

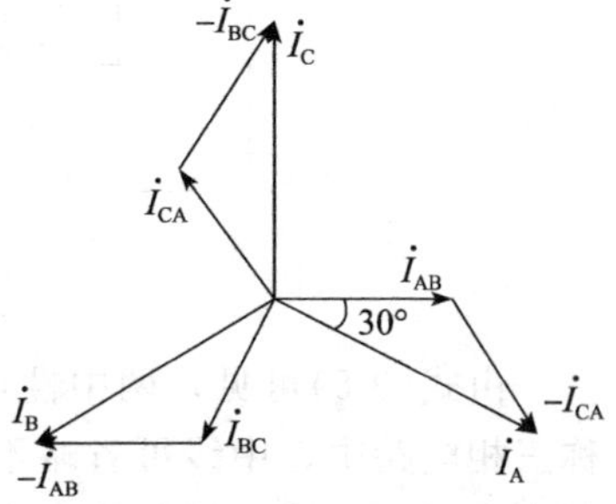

图 9-6　对称三相负载三角形联结的线电流和相电流关系

若负载为对称负载，即 $Z_A = Z_B = Z_C = Z$，并取 $\dot{I}_{AB} = I_{AB}\angle 0° = I_p\angle 0°$，可得线电流与相电流的相量图如图 9-6 所示，由此可得

$$\begin{cases} \dot{I}_A = \dot{I}_{AB} - \dot{I}_{CA} = I_p\angle 0° - I_p\angle 120° = \sqrt{3}I_p\angle -30° = \sqrt{3}\dot{I}_{AB}\angle -30° \\ \dot{I}_B = \dot{I}_{BC} - \dot{I}_{AB} = I_p\angle -120° - I_p\angle 0° = \sqrt{3}I_p\angle -150° = \sqrt{3}\dot{I}_{BC}\angle -30° \qquad (9\text{-}9) \\ \dot{I}_C = \dot{I}_{CA} - \dot{I}_{BC} = I_p\angle 120° - I_p\angle -120° = \sqrt{3}I_p\angle 90° = \sqrt{3}\dot{I}_{CA}\angle -30° \end{cases}$$

由式(9-9)可知，在数值上线电流为相电流的 $\sqrt{3}$ 倍，在相位上线电流滞后对应的相电流 30°。若以 I_1 表示线电流的有效值，则与相电流的有效值 I_p 的关系为

$$I_1 = \sqrt{3}I_p \qquad (9\text{-}10)$$

同理，三角形联结的对称三相负载电压、电流关系对三角形联结的对称三相电源也

适用。

由于对称三相电路是一类特殊的正弦交流电路，因此正弦稳态电路的相量分析完全适用于三相电路的分析和计算，并且根据对称三相电路的特点，可简化对称三相电路的分析计算。

【例9-1】 对称三相电路如图9-4所示，已知 $Z_A = Z_B = Z_C = Z = (6.4 + j4.8)\Omega$、$Z_{lA} = Z_{lB} = Z_{lC} = Z_1 = (3 + j4)\Omega$，对称线电压 $U_{AB} = 380V$，求负载端的线电压和线电流。

解 该电路为 Y-Y 对称电路，由于 $U_{NN'} = 0$，故各线电流和相电流相互独立，彼此无关，只要分析其中一相，其他两相的电流可根据对称性直接推出，即对称的 Y-Y 三相电路可归结为一相计算，图9-7为一相计算电路中的 A 相电路。

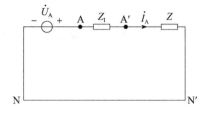

图9-7 例9-1图的一相计算电路

令 $\dot{U}_A = 220\angle 0° V$，由图9-7可得线电流为

$$\dot{I}_A = \frac{\dot{U}_A}{Z_1 + Z} = \frac{220\angle 0°}{3 + j4 + 6.4 + j4.8} = 17.1\angle -43.2° A$$

故

$$\dot{I}_B = \dot{I}_A \angle -120° = 17.1\angle -163.2° A$$

$$\dot{I}_C = \dot{I}_A \angle -240° = \dot{I}_A \angle 120° = 17.1\angle 76.8° A$$

再求相电压，然后利用线电压和相电压的关系就可求得负载端的线电压。A 相的相电压为

$$\dot{U}_{A'N'} = \dot{I}_A Z = 17.1\angle -43.2° \times (6.4 + j4.8) = 136.8\angle -6.3° V$$

由式(9-6)得对应于 $\dot{U}_{A'N'}$ 的线电压为

$$\dot{U}_{A'B'} = \sqrt{3}\dot{U}_{A'N'}\angle 30° = \sqrt{3} \times 136.8\angle -6.3° \times \angle 30° = 236.9\angle 23.7° V$$

由对称性得

$$\dot{U}_{B'C'} = 236.9\angle -96.3° V$$

$$\dot{U}_{C'A'} = 236.9\angle 143.7° V$$

从以上分析可见，由于对称性，三相电路的计算可简化为一相计算。其实无论电源端是Y联结还是△联结，只要知道施于负载端的线电压，就可对负载端进行分析和计算。

【例9-2】 图9-8所示对称三相电路中，$Z = 10\angle 60°\Omega$，线电压 $\dot{U}_{AB} = 450\angle 0° V$，试求负载端的相电流和线电流。

解 负载为△联结，线电压等于相电压，故相电流为

$$\dot{I}_{AB} = \frac{\dot{U}_{AB}}{Z} = \frac{450\angle 0°}{10\angle 60°} = 45\angle -60° A$$

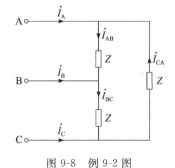

图9-8 例9-2图

由对称性，得

$$\dot{I}_{BC} = 45\angle(-60° - 120°) = 45\angle -180° A$$

$$\dot{I}_{CA} = 45\angle(-60° + 120°) = 45\angle 60° A$$

由式(9-9)即线电流和相电流间的关系，得线电流为

$$\dot{I}_A = \dot{I}_{AB} - \dot{I}_{CA} = 45\angle -60° - 45\angle 60° = -j77.9 = 77.9\angle -90° A$$

由对称性，得

$$\dot{I}_B = 77.9\angle(-90° - 120°) = 77.9\angle -210° = 77.9\angle 150° \text{A}$$

$$\dot{I}_C = 77.9\angle(-90° + 120°) = 77.9\angle 30° \text{A}$$

从以上分析可知，求解△联结负载的三相电路时，一般需知每相负载上所加的电压，然后由已给负载阻抗 Z，即可求得某相负载相电流，再根据线电流和相电流关系，即可求得该相负载对应的线电流。即仍可计算一相，另两相可由对称性推知。

对于△联结三相负载，还可先等效变换为Y联结三相负载，然后根据已知条件，求出线电流，原电路中的相电流可由线电流和相电流的关系得到。

【例 9-3】　三相对称电路如图 9-9a 所示。电源线电压有效值为 380V，$Z_1 = (10 + j10)\Omega$，$Z_2 = (18 + j24)\Omega$，求 $\dot{I}_1$、$\dot{I}_2$ 和 $\dot{I}$。

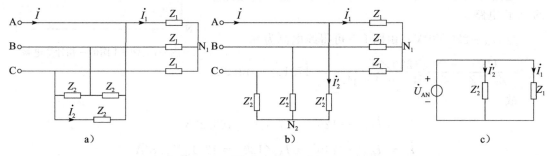

图 9-9　例 9-3 图

解　当三相电源的连接方式没有明确给出，那么其连接方式可以是△联结，也可以是Y联结，但要保证三相电源提供给负载端的线电压是一定的。为计算方便，通常假设电源是Y联结。

设电源 A 相电压

$$\dot{U}_{AN} = \frac{380}{\sqrt{3}}\angle 0° = 220\angle 0° \text{V}$$

两组对称负载，一个是△联结，一个是Y联结。若对负载 Z_2 进行△-Y变换，就可以对 A 相单独计算。△-Y变换如图 9-9b 所示。

其中

$$Z_2' = \frac{Z_2}{3} = \frac{18 + j24}{3} = (6 + j8)\Omega$$

由于对称性，中性点 N_1 和 N_2 是同电位点，即重合在一起的。A 相等效电路如图9-9c 所示，由图可得

$$\dot{I}_1 = \frac{\dot{U}_{AN}}{Z_1} = \frac{220\angle 0°}{10 + j10} = 15.56\angle -45° \text{A}$$

$$\dot{I}_2' = \frac{\dot{U}_{AN}}{Z_2'} = \frac{220\angle 0°}{6 + j8} = 22\angle -53.1° \text{A}$$

则

$$\dot{I} = \dot{I}_1 + \dot{I}_2' = 15.56\angle -45° + 22\angle -53.1° = 37.47\angle -49.7° \text{A}$$

为了求 $\dot{I}_2$，回到原电路，如图 9-9a 所示。$\dot{I}_2'$ 是△联结负载端线 A 的线电流，而 $\dot{I}_2$ 等于△联结负载的相电流，即 $\dot{I}_2 = \dot{I}_{CA}$，由式(9-9)得

$$\dot{I}_2 = \dot{I}_{CA} = \frac{\dot{I}_C}{\sqrt{3}}\angle 30° = \frac{\dot{I}_2'\angle 120°}{\sqrt{3}}\angle 30° = \frac{\dot{I}_2'}{\sqrt{3}}\angle 150°$$

$$= \frac{22\angle-53.1°}{\sqrt{3}}\angle 150° = 12.7\angle 96.9° \text{A}$$

一般来说,分析含有多组对称负载的复杂对称三相电路时,比较简单的方法是把电源和负载都等效变换成Y联结,将各电源和负载的中性点短接,再取出一相进行计算,最后再回到原电路中根据电压、电流的相、线关系求出待求量。

9.3 不对称三相电路的计算

在三相电路中,只要有一部分不对称就称为不对称三相电路,但通常是指负载不对称,而电源仍是对称的。对于不对称三相电路的分析,不能用上一节介绍的一相计算方法,而应视为一般的正弦稳态电路,可采用相量法进行分析和计算。

图 9-10a 所示的 Y-Y联结电路中三相电源是对称的,但负载不对称。

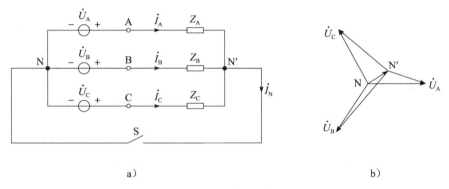

a)   b)

图 9-10 不对称三相电路

当开关 S 打开,即无中线时,由节点法并以 N′点为参考点,可得

$$\dot{U}_{NN'} = -\frac{\dot{U}_A/Z_A + \dot{U}_B/Z_B + \dot{U}_C/Z_C}{\dfrac{1}{Z_A} + \dfrac{1}{Z_B} + \dfrac{1}{Z_C}} \tag{9-11}$$

由于负载不对称,故一般情况下 $\dot{U}_{NN'} \neq 0$,即 N 和 N′点电位不同。图 9-10b 为各电压相量图,可见 N 点和 N′点不重合,该现象称为中性点位移,根据中性点位移的情况可判断负载端不对称的程度,当中性点位移较大时,会造成负载端的电压严重不对称,将导致负载不能正常工作。从相量图还可看到,各相的工作是相互关联而不是各自独立的。

当开关 S 闭合,即有中线时,若中线的阻抗很小,甚至可以忽略($Z_N \approx 0$)时,则可强迫使 $\dot{U}_{NN'} \approx 0$,迫使各相保持独立,此时各相仍可分别单独计算。虽然负载不对称,但由于中线的存在,可认为加在各相负载上的电压仍是一组对称电压,克服了无中线时各相负载上电压不对称的缺点。所以,在负载不对称的情况下中线的存在非常重要,它能起到保证安全供电的作用。由于线电流、相电流不对称,故中线电流 $\dot{I}_N$ 一般不为零,即

$$\dot{I}_N = \dot{I}_A + \dot{I}_B + \dot{I}_C \neq 0$$

当 $\dot{U}_{NN'} \neq 0$(无中线),即电源中性点和负载中性点不重合时,各相负载的相电压为

$$\begin{cases} \dot{U}_{AN'} = \dot{U}_{A} + \dot{U}_{NN'} \\ \dot{U}_{BN'} = \dot{U}_{B} + \dot{U}_{NN'} \\ \dot{U}_{CN'} = \dot{U}_{C} + \dot{U}_{NN'} \end{cases} \tag{9-12}$$

若中性点间电压表示为 $\dot{U}_{N'N}$，因 $\dot{U}_{N'N} = -\dot{U}_{NN'}$，故各相负载的相电压为

$$\begin{cases} \dot{U}_{AN'} = \dot{U}_{A} - \dot{U}_{N'N} \\ \dot{U}_{BN'} = \dot{U}_{B} - \dot{U}_{N'N} \\ \dot{U}_{CN'} = \dot{U}_{C} - \dot{U}_{N'N} \end{cases} \tag{9-13}$$

【例 9-4】 图 9-11 为不对称负载的 Y-Y 联结电路，负载 $Z_1 = 10\angle 30°\Omega$，$Z_2 = 20\angle 60°\Omega$，$Z_3 = 15\angle -45°\Omega$，线电压的有效值为 380V。求：

(1) 图 9-11a 所示三相电路的线电流和中线电流。

(2) 图 9-11b 所示无中线的线电流及负载中性点 N′ 与电源中性点 N 之间的电压 $\dot{U}_{N'N}$。

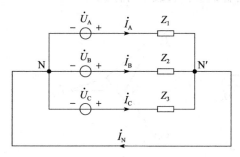

　a) 有中线Y-Y不对称三相电路　　　　　b) 无中线Y-Y不对称三相电路

图 9-11　例 9-4 图

解 1) 相电压有效值

$U_P = \dfrac{U_1}{\sqrt{3}} = \dfrac{380}{\sqrt{3}} = 220\text{V}$，若以 $\dot{U}_A$ 为参考相量，则有

$$\dot{U}_A = 220\angle 0°\text{V}$$

虽然三相负载不对称，但电源为一组对称电源，且有中线存在（中线阻抗 $Z_N = 0$），所以各相可分别单独计算，各线电流为

$$\dot{I}_A = \frac{\dot{U}_A}{Z_1} = \frac{220\angle 0°}{10\angle 30°} = 22\angle -30°\text{A}$$

$$\dot{I}_B = \frac{\dot{U}_B}{Z_2} = \frac{220\angle -120°}{20\angle 60°} = 11\angle -180°\text{A}$$

$$\dot{I}_C = \frac{\dot{U}_C}{Z_3} = \frac{220\angle 120°}{15\angle -45°} = 14.7\angle 165°\text{A}$$

中线电流为

$$\dot{I}_N = \dot{I}_A + \dot{I}_B + \dot{I}_C = 22\angle -30° + 11\angle -180° + 14.7\angle 165°$$
$$= 19 - \text{j}11 - 11 + \text{j}0 - 14.2 + \text{j}3.8$$
$$= -6.2 - \text{j}7.2 = 9.5\angle -139.3°\text{A}$$

2) 若取消中线，电路如图 9-11b 所示，这时分配到各相负载上的电压将不平衡，不可

逐相分别计算，可用正弦稳态电路的分析方法来分析，常用网孔法、节点法求解。本题用网孔法分析如下。

设网孔电流 $\dot{I}_1$、$\dot{I}_2$ 如图 9-11b 所示，则网孔方程为

$$\begin{cases} (Z_1 + Z_2)\dot{I}_1 - Z_2\dot{I}_2 = \dot{U}_A - \dot{U}_B \\ -Z_2\dot{I}_1 + (Z_2 + Z_3)\dot{I}_2 = \dot{U}_B - \dot{U}_C \end{cases}$$

即

$$\begin{cases} (10\angle30° + 20\angle60°)\dot{I}_1 - 20\angle60°\dot{I}_2 = 220\angle0° - 220\angle-120° \\ -20\angle60°\dot{I}_1 + (20\angle60° + 15\angle-45°)\dot{I}_2 = 220\angle-120° - 220\angle120° \end{cases}$$

$$\begin{cases} (18.7 + j22.3)\dot{I}_1 - (10 + j17.3)\dot{I}_2 = 330 + j190.5 \\ -(10 + j17.3)\dot{I}_1 + (20.6 + j6.7)\dot{I}_2 = -j381 \end{cases}$$

解得

$$\dot{I}_1 = 25\angle-18°\text{A}$$

$$\dot{I}_2 = 17.32\angle-25.62°\text{A}$$

各线电流为

$$\dot{I}_A = \dot{I}_1 = 25\angle-18°\text{A}$$

$$\dot{I}_B = \dot{I}_2 - \dot{I}_1 = 17.32\angle-25.62° - 25\angle-18°$$

$$= -8.16 + j0.24 = 8.16\angle-178.32°\text{A}$$

$$\dot{I}_C = -\dot{I}_2 = -17.32\angle-25.62° = 17.32\angle154.38°\text{A}$$

负载中性点至电源中性点的电压为

$$\dot{U}_{N'N} = \dot{U}_A - Z_1\dot{I}_A = 220\angle0° - 10\angle30° \times 25\angle-18°$$

$$= 220\angle0° - 250\angle12° = 57.12\angle-115.22°\text{V}$$

有中线时，$\dot{U}_{NN'}$ 为零；无中线时，$\dot{U}_{NN'}$ 的数值为 57.12V，中性点位移较大，使负载上的电压严重不对称，将导致负载不能正常工作。

【例 9-5】 在图 9-12a 所示电路中，若 $Z_A = -j\dfrac{1}{\omega C}$（电容），而 $Z_B = Z_C = R$（R 为白炽灯的等效电阻），并且 $R = \dfrac{1}{\omega C}$，则电路是一种测定相序的仪器，称为相序指示器。试说明在三相电源对称的情况下，如何根据两个灯泡承受的电压确定相序。

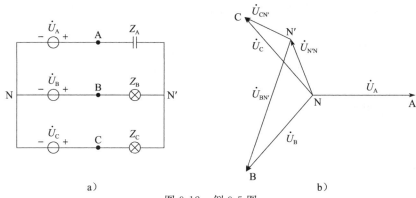

a)   b)

图 9-12 例 9-5 图

解 由式(9-11)得

$$\dot{U}_{N'N} = \frac{j\omega C\dot{U}_A + \frac{1}{R}\dot{U}_B + \frac{1}{R}\dot{U}_C}{j\omega C + \frac{1}{R} + \frac{1}{R}}$$

设电源端相电压 $\dot{U}_A = \dot{U}_p\angle 0°V$，并代入已知参数，得

$$\dot{U}_{N'N} = \frac{jU_p\angle 0° + U_p\angle -120° + U_p\angle 120°}{j+2} = (-0.2 + j0.6)U_p$$
$$= 0.63U_p\angle 108.4°V$$

由式(9-13)可知，B 相白炽灯泡承受的电压为

$$\dot{U}_{BN'} = \dot{U}_{BN} - \dot{U}_{N'N} = U_p\angle -120° - (-0.2 + j0.6)U_p = 1.5U_p\angle -101.5°V$$

即

$$U_{BN'} = 1.5U_p$$

C 相灯泡承受的电压为

$$\dot{U}_{CN'} = \dot{U}_{CN} - \dot{U}_{N'N} = U_p\angle 120° - (-0.2 + j0.6)U_p = 0.4U_p\angle 133.4°V$$

即

$$U_{CN'} = 0.4U_p$$

从以上结果可以看出：B 相负载上电压幅值远大于 C 相负载上电压幅值。因此，B 相灯泡的亮度大于 C 相灯泡。即当指定电容所在相为 A 相后，较亮的灯泡所接的是 B 相，较暗的灯泡所接的是 C 相。由相量图可以很清楚地看出各相电压之间的关系，如图 9-12b 所示。

综上分析可见，对于 Y-Y 联结的不对称三相电路，只要求出三相电路中性点间的电压 $\dot{U}_{NN'}$（用节点法较方便），由于三相电源是给定的，那么各相负载的电压就确定了，待求响应便可求出。

9.4 三相电路的功率

9.4.1 三相电路功率的计算

正弦稳态电路中的复功率守恒，即有功功率守恒和无功功率守恒仍然适用于三相电路。因此根据功率守恒可知，一个三相负载吸收的有功功率等于各相所吸收的有功功率之和，一个三相电源发出的有功功率等于各相发出的有功功率之和，即

$$P = P_A + P_B + P_C \tag{9-14}$$

在对称三相电路中，各相的电压有效值、电流有效值及功率因数角（各相阻抗角）均分别相等，因此各相的有功功率相等，则三相（总）功率为

$$P = 3P_p = 3U_pI_p\cos\theta_Z \tag{9-15}$$

当负载为 Y 联结时

$$U_p = \frac{U_l}{\sqrt{3}}, I_p = I_l \tag{9-16}$$

当负载为 △ 联结时

$$U_p = U_l, I_p = \frac{I_l}{\sqrt{3}} \tag{9-17}$$

将式(9-16)、式(9-17)分别代入式(9-15),对称三相电路的三相总功率又可表示为

$$P = \sqrt{3}U_1I_1\cos\theta_Z \tag{9-18}$$

即

$$p = \sqrt{3}U_1I_1\cos\theta_Z = 3U_pI_p\cos\theta_Z$$

式(9-18)中的阻抗角 θ_Z 同式(9-15)中的阻抗角,均指每相负载的功率因数角,即相电压和相电流的相位差。

在一个三相电路中,三相负载吸收的(或三相电源发出的)无功功率,等于各相所吸收(或发出)的无功功率之和,即

$$Q = Q_A + Q_B + Q_C \tag{9-19}$$

若是对称的,则

$$Q = 3Q_p = 3U_pI_p\sin\theta_Z = \sqrt{3}U_1I_1\sin\theta_Z \tag{9-20}$$

三相电路的视在功率按下式计算:

$$S = \sqrt{P^2 + Q^2} \tag{9-21}$$

不对称时,其值一般不等于各相视在功率之和。对于对称三相电路,则有

$$S = 3S_p = 3U_pI_p = \sqrt{3}U_1I_1 \tag{9-22}$$

在三相电路中,三相负载吸收的复功率等于各相复功率之和,即 $\widetilde{S} = \widetilde{S}_A + \widetilde{S}_B + \widetilde{S}_C$,在对称三相电路中,因为 $\widetilde{S}_A = \widetilde{S}_B = \widetilde{S}_C = \widetilde{S}_p$,所以总的复功率 $\widetilde{S} = 3\widetilde{S}_p$。

需要特别指出的是,对称三相电路的瞬时功率是恒定的,且等于其平均功率 P。下面从三相电路瞬时功率的计算加以证明。

设

$$u_{AN} = \sqrt{2}U_p\cos\omega t, \quad i_A = \sqrt{2}I_p\cos(\omega t - \theta_Z)$$

则 A 相的瞬时功率为

$$\begin{aligned}p_A &= u_{AN}i_A = \sqrt{2}U_p\cos\omega t \times \sqrt{2}I_p\cos(\omega t - \theta_Z)\\ &= U_pI_p[\cos\theta_Z + \cos(2\omega t - \theta_Z)]\end{aligned}$$

同理,得 B、C 相的瞬时功率分别为

$$\begin{aligned}p_B &= \sqrt{2}u_p\cos(\omega t - 120°) \times \sqrt{2}I_p\cos(\omega t - \theta_Z - 120°)\\ &= U_pI_p[\cos\theta_Z + \cos(2\omega t - \theta_Z - 240°)]\\ p_C &= \sqrt{2}u_p\cos(\omega t + 120°) \times \sqrt{2}I_p\cos(\omega t - \theta_Z + 120°)\\ &= U_pI_p[\cos\theta_Z + \cos(2\omega t - \theta_Z + 240°)]\end{aligned}$$

在任一时刻,三相瞬时功率之和为

$$\begin{aligned}p = p_A + p_B + p_C &= U_pI_p[\cos\theta_Z + \cos(2\omega t - \theta_Z)]\\ &\quad + U_pI_p[\cos\theta_Z + \cos(2\omega t - \theta_Z - 240°)]\\ &\quad + U_pI_p[\cos\theta_Z + \cos(2\omega t - \theta_Z + 240°)]\\ &= 3U_pI_p\cos\theta_Z = P\end{aligned} \tag{9-23}$$

由分析结果可见,虽然每一相的瞬时功率是随时间变化的,但三相的瞬时功率之和却是一个常数,且等于三相电路的平均功率。这是对称三相电路的一个优越的性能,对三相电动机而言,瞬时功率恒定意味着机械转矩不随时间变化,可使电动机转动平稳。

【例 9-6】 已知三相对称电源的线电压 $U_1 = 380V$,对称负载 $Z = (3+j4)\Omega$,求:

1) 负载是Y联结时的有功功率 P、无功功率 Q、视在功率 S。

2) 负载△联结时的有功功率 P、无功功率 Q、视在功率 S。

解 1) 负载Y联结时，有

$$I_1 = I_p = \frac{U_p}{|Z|} = \frac{380/\sqrt{3}}{\sqrt{3^2+4^2}} = 44\text{A}$$

每相负载阻抗角 $\theta_Z = \arctan\frac{4}{3} = 53.1°$，可得

有功功率

$$P = \sqrt{3}U_1 I_1 \cos\theta_Z = \sqrt{3} \times 380 \times 44 \times \cos53.1° = 17.4\text{kW}$$

无功功率

$$Q = \sqrt{3}U_1 I_1 \sin\theta_Z = \sqrt{3} \times 380 \times 44 \times \sin53.1° = 23.2\text{kvar}$$

视在功率

$$S = \sqrt{3}U_1 I_1 = \sqrt{3} \times 380 \times 44 = 29\text{kV} \cdot \text{A}$$

2) 负载△联结时，有

$$I_1 = \sqrt{3}I_p = \sqrt{3}\frac{U_p}{|Z|} = \sqrt{3}\frac{380}{5} = 132\text{A}$$

有功功率

$$P = \sqrt{3}U_1 I_1 \cos\theta_Z = \sqrt{3} \times 380 \times 132 \times \cos53.1° = 52.5\text{kW}$$

无功功率

$$Q = \sqrt{3}U_1 I_1 \sin\theta_Z = \sqrt{3} \times 380 \times 132 \times \sin53.1° = 70\text{kvar}$$

视在功率

$$S = \sqrt{3}U_1 I_1 = \sqrt{3} \times 380 \times 132 = 87.5\text{kV} \cdot \text{A}$$

由该例可见，在线电压相同的情况下，负载由Y联结改为△联结后，相电流为原来的 $\sqrt{3}$ 倍，线电流为原来的 3 倍，所以负载△联结的功率是负载Y联结时功率的 3 倍。

【例 9-7】 在图 9-13a 所示对称三相电路中，三相电压源的电压分别为：$\dot{U}_A = 300\angle0°\text{V}$，$\dot{U}_B = 300\angle-120°\text{V}$，$\dot{U}_C = 300\angle120°\text{V}$，每相负载阻抗 $Z = (45+j35)\Omega$，端线阻抗 $Z_1 = (3+j)\Omega$，中线阻抗 $Z_0 = (2+j4)\Omega$。求三相电源发出的功率 P_S、三相负载吸收的功率 P_Z 及线路的传输效率 η。

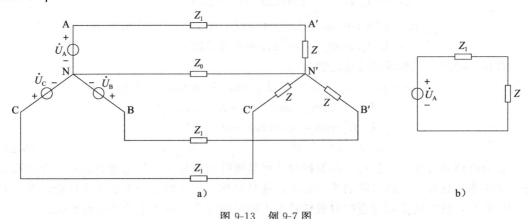

图 9-13 例 9-7 图

解 由于对称三相电路的中线电流为零，则中线阻抗压降为零，即 $\dot{U}_{NN'} = 0$，可将 N

点和 N′ 点短接，这样就可每相单独计算。A 相等效电路如图 9-13b 所示。

A 相阻抗为

$$Z_A = Z_1 + Z = (3 + j) + (45 + j35) = (48 + j36) = 60\angle 36.9°\Omega$$

则 A 相电流为

$$\dot{I}_A = \frac{\dot{U}_A}{Z_A} = \frac{300\angle 0°}{60\angle 36.9°} = 5\angle -36.9°A$$

A 相负载电压为

$$\dot{U}_{A'N'} = Z\dot{I}_A = (45 + j35) \times 5\angle -36.9° = 285\angle 1°V$$

三相电源发出的功率为

$$P_S = 3U_A I_A \cos\theta_{Z1} = 3 \times 300 \times 5\cos 36.9° = 3600W$$

三相负载吸收的功率为

$$P_Z = 3U_{A'N'} I_A \cos\theta_{Z2} = 3 \times 285 \times 5\cos 37.9° = 3373.3W$$

线路的传输效率为

$$\eta = \frac{P_Z}{P_S} \times 100\% = \frac{3373.3}{3600} \times 100\% = 93.7\%$$

9.4.2 三相电路功率的测量

在三相电路中，有功功率仍用功率表测量，测量方法将随三相电路的连接方式以及是否对称而不同。

1. 三相四线制电路

在三相四线制电路中，一般需要三个功率表测量功率，称为三瓦表法。每一功率表读数为一相负载的有功功率，三个功率表测出的有功功率之和就是三相负载的有功功率，测量电路如图 9-14a 所示。

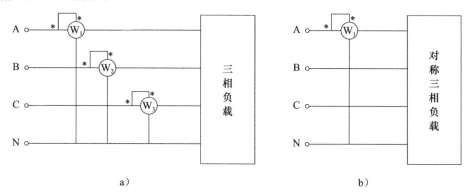

图 9-14 三相四线制电路功率的测量

若为对称电路，可用一个功率表测量，称为一瓦表法。功率表所测有功功率的 3 倍即为三相负载的有功功率，测量电路如图 9-14b 所示。

2. 三相三线制电路

对于三相三线制电路，无论负载对称与否，都可用两个功率表测量三相负载的有功功率，称为二瓦表法。两个功率表读数的代数和就是三相负载的有功功率，图 9-15 所示为二瓦表法的共 C(公共端为 C)测量电路。同理，也可接成共 B 或共 A 测量电路。设两个功

率表的读数分别为 P_1 和 P_2，则三相负载的有功功率为

$$P = P_1 + P_2 \qquad (9\text{-}24)$$

为了说明式(9-24)，由图 9-15 中功率表的接法，得两功率表的读数分别为

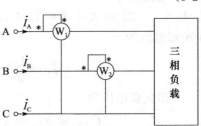

$$P_1 = \operatorname{Re}[\dot{U}_{AC} \overset{*}{I}_A], P_2 = \operatorname{Re}[\dot{U}_{BC} \overset{*}{I}_B]$$

因此

$$P_1 + P_2 = \operatorname{Re}[\dot{U}_{AC} \overset{*}{I}_A + \dot{U}_{BC} \overset{*}{I}_B] \qquad (9\text{-}25)$$

由于 $\dot{U}_{AC} = \dot{U}_A - \dot{U}_C$，$\dot{U}_{BC} = \dot{U}_B - \dot{U}_C$，$\overset{*}{I}_A + \overset{*}{I}_B + \overset{*}{I}_C = 0$，将其代入式(9-25)得

图 9-15　三相三线制电路功率的测量

$$\begin{aligned}
P_1 + P_2 &= \operatorname{Re}[\dot{U}_{AC} \overset{*}{I}_A + \dot{U}_{BC} \overset{*}{I}_B] \\
&= \operatorname{Re}[\dot{U}_A \overset{*}{I}_A + \dot{U}_B \overset{*}{I}_B + \dot{U}_C \overset{*}{I}_C] = \operatorname{Re}[\widetilde{S}_A + \widetilde{S}_B + \widetilde{S}_C] \\
&= \operatorname{Re}[\widetilde{S}] = P
\end{aligned}$$

即

$$P = P_A + P_B + P_C = P_1 + P_2 \qquad (9\text{-}26)$$

需要注意的是：二瓦表法测量电路中，每块功率表的读数没有实际物理意义。实际测量时，其中之一的功率表读数可能为负值。

【例 9-8】　在图 9-16 所示对称电路中，线电压的有效值 $U_l = 380\text{V}$，负载阻抗 $Z = (100\sqrt{3} + \text{j}100)\Omega$。试求三相负载吸收的功率及两个功率表的读数。

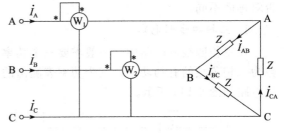

解　设 $\dot{U}_{AB} = 380\angle 0°\text{V}$，则负载各相电流为

$$\dot{I}_{AB} = \frac{\dot{U}_{AB}}{Z} = \frac{380\angle 0°}{100\sqrt{3} + \text{j}100} = 1.9\angle -30°\text{A}$$

图 9-16　例 9-8 图

$$\dot{I}_{BC} = 1.9\angle -150°\text{A}, \dot{I}_{CA} = 1.9\angle 90°\text{A}$$

由式(9-9)得线电流

$$\dot{I}_A = \sqrt{3}\dot{I}_{AB}\angle -30°\text{A} = 3.3\angle -60°\text{A}$$

同理

$$\dot{I}_B = 3.3\angle -180°\text{A}, \dot{I}_C = 3.3\angle 60°\text{A}$$

则三相负载吸收的有功功率为

$$P = \sqrt{3}U_l I_l \cos\theta_Z = \sqrt{3} \times 380 \times 3.3\cos 30° = 1881\text{W}$$

θ_Z 为负载的阻抗角，也是每相负载阻抗上相电压与相电流的相位差角。

两个功率表的读数分别为

$$P_1 = \operatorname{Re}[\dot{U}_{AC} \overset{*}{I}_A] = 380 \times 3.3\cos[-60° - (-60°)] = 1254\text{W}$$

$$P_2 = \operatorname{Re}[\dot{U}_{BC} \overset{*}{I}_B] = 380 \times 3.3\cos[-120° - (-180°)] = 627\text{W}$$

显然

$$P_1 + P_2 = 1254 + 627 = 1881\text{W}$$

两个功率表所测读数之和就是三相负载吸收的功率。

习题 9

9-1 对称三相电路，三相负载为Y联结，各相负载阻抗 $Z=(3+j4)\Omega$，设对称三相电源的线电压 $u_{AB}=380\sqrt{2}\cos(314t+60°)$V，试求各相负载电流的瞬时值表达式。

9-2 已知△联结的对称负载接于对称Y联结的三相电源上，若每相电源相电压为220V，各相负载阻抗 $Z=(30+j40)\Omega$，试求负载相电流和线电流的有效值。

9-3 某一三相对称负载接在380V的线路上使用，已知功率为10kW，功率因数为0.8，试求线电流的有效值。

9-4 电源线电压为380V的对称三相电路如题9-4图所示，已知 $|Z_1|=10\Omega$，$\cos\theta_1=0.6$ $(\theta_1>0)$，$Z_2=-j50\Omega$，$Z_N=(1+j2)\Omega$，求线电流 $\dot{I}_A$、$\dot{I}_B$、$\dot{I}_C$。

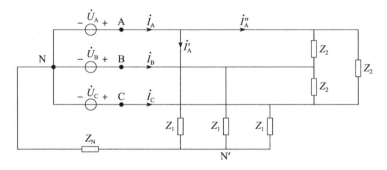

题9-4图

9-5 题9-5图所示的对称三相电路中，已知负载吸收的功率为2.4kW，功率因数 $\lambda=0.6$，为对称三相感性负载，线电压 $U_l=380$V。求：

(1) 线电流 I_l。

(2) 负载为Y联结时的每相阻抗 Z_Y。

(3) 负载为△联结时的每相阻抗 $Z_\triangle$。

9-6 题9-6图为对称的Y-Y三相电路，电源相电压为220V，负载阻抗 $Z=(30+j20)\Omega$。求：

(1) 图中电流表的读数。

(2) 三相负载吸收的功率。

(3) 若A相负载阻抗为零(其他不变)，再求(1)、(2)。

(4) 若A相负载开路，再求(1)、(2)。

(提示：若A相负载阻抗为零，则 $\dot{U}_{AN'}=0$，B相和C相负载将在线电压作用下工作。若A相负载开路，则B相和C相负载串联。)

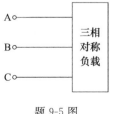

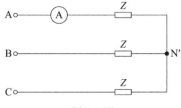

题9-5图　　　　　　　　　　　　题9-6图

9-7 已知对称三相电路如题9-7图所示，线电压 $U_l=380$V(电源端)，负载阻抗 $Z=$

$(4.5+j14)\Omega$，端线阻抗 $Z_1=(1.5+j2)\Omega$。试求线电流和负载的相电压，并作相量图。

9-8　题 9-8 图所示对称 Y-Y 三相电路中，电压表读数为 1143.16V，$Z=(15+j15\sqrt{3})\Omega$，$Z_1=(1+j2)\Omega$。求：

(1) 图中电流表的读数及线电压 U_{AB}。

(2) 三相负载吸收的功率。

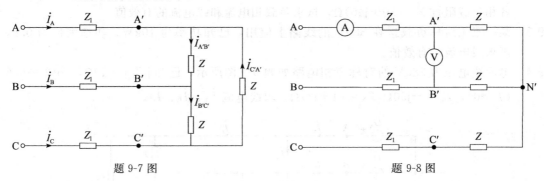

题 9-7 图　　　　　　　　　　　　题 9-8 图

9-9　三相电炉的三个电阻，可接成星形，也可接成三角形，常以此来改变电炉的功率。设某三相电炉的三个电阻均为 43.32Ω，求在 380V 线电压上把它们接成星形和三角形时的功率各是多少？

9-10　对称三相电路如题 9-10 图所示，线电压为 380V，$R=200\Omega$，负载的无功率为 $1520\sqrt{3}$var，求：

(1) 各线电流。

(2) 电源发出的复功率。

9-11　电路如题 9-15 图所示，为对称三相电路，已知三相负载吸收的功率为 2.5kW，功率因数 $\lambda=\cos\varphi=0.866$（滞后），线电压为 380V。求图中两个功率表的读数。

9-12　题 9-12 图所示对称三相电路中，$U_{A'B'}=380V$，三相电动机吸收的功率为 1.4kW，其功率因数 $\lambda=0.866$（滞后），$Z_1=-j55\Omega$。求 U_{AB} 和电源端的功率因数 λ'。（提示：由已知条件，先求出线电流 I_A。由三相电动机的有功功率和功率因数角，求电动机的无功功率。求出 Z_1 吸收的无功功率，便可得到三相电源发出的复功率，λ' 就可求出，最后得到 U_{AB}。）

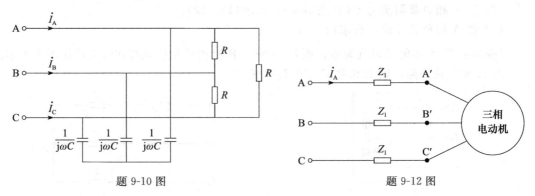

题 9-10 图　　　　　　　　　　　　题 9-12 图

9-13　Y-Y 联结的三相电路，三相负载 $R_A=R_B=5\Omega$，$R_C=35\Omega$，线电压为 380V，试求各相电流。

9-14 某不对称三相负载为△联结，其中一相的相电流 $\dot{I}_{AB}=10\angle-120°$A，线电流 $\dot{I}_B=15\angle30°$A，$\dot{I}_C=15\angle120°$A，试求相电流 $\dot{I}_{BC}$、$\dot{I}_{CA}$ 和线电流 $\dot{I}_A$。

9-15 题 9-15 图所示电路中，三相对称电源的线电压有效值为 380V，Y 联结的不对称三相负载为 $Z_1=10\angle30°\Omega$，$Z_2=20\angle60°$，$Z_3=15\angle45°\Omega$。

（1）求各相负载的相电流和中线电流。

（2）中线断开后，再求各相负载的相电流。

9-16 在题 9-16 图所示三相四线制供电系统中，接有两个对称三相负载和一个单相负载。已知相电压为 220V。第一个对称三相负载阻抗为 $Z_1=(80+j30)\Omega$，第二个对称三相负载吸收的功率 $P_2=3000$W，$\cos\theta_2=0.8(\theta_2>0)$，单相负载 $R=100\Omega$，求电源端各线电流和中线电流。（提示：对于电源端 A 相来说，线电流与两个对称三相负载的线电流以及单相负载电流有关；对于电源端 B、C 相来说，线电流只与两个对称三相负载的线电流有关。）

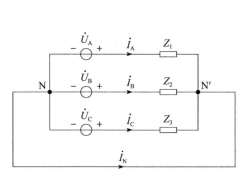

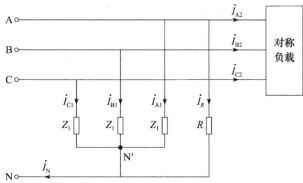

题 9-15 图　　　　　　　　　　　　题 9-16 图

第 10 章

含耦合电感和变压器的电路分析

内容提要： 前面分析的电路中只含有电阻、电容、电感三种基本二端元件，本章将引入另外两种无源元件，即耦合电感和理想变压器，它们都是依靠线圈间的电磁感应现象而工作的。本章主要讨论这两种元件的伏安关系以及含有这两种元件电路的分析方法。

10.1 耦合电感

10.1.1 耦合电感及其伏安关系

当一线圈中通以变化电流时，线圈中产生变化的磁通。根据电磁感应定律，这些变化的磁通将在线圈两端产生感应电压。当有两线圈靠近时，一线圈中变化电流所产生的磁通不仅在本线圈中产生感应电压，还可能在另一线圈中产生感应电压。一个线圈中的变化电流在另一线圈中产生感应电压的现象叫作磁耦合现象或互感现象。产生磁耦合现象的这对线圈称作互感线圈或耦合线圈。互感线圈的理想化模型即是耦合电感。下面来讨论耦合电感的伏安关系。

考虑相互靠近的两个线圈如图 10-1a 所示。设通过线圈 Ⅰ 的电流为 i_1，通过线圈 Ⅱ 的电流为 i_2，由于两个线圈之间存在磁耦合，因此每个线圈电流所产生的磁通不仅要与本线圈铰链形成磁链，而且有部分甚至全部还将与相邻的另一线圈铰链形成磁链。所以每个线圈中的磁链将由本线圈电流所产生磁链和相邻线圈电流所产生磁链两部分组成。

若两线圈匝数分别为 N_1、N_2，线圈的每匝都全部铰链，且选定线圈中各部分磁链的参考方向与产生该磁链的线圈电流的参考方向符合右手螺旋法则，每个线圈的总磁链的参考方向与它所在线圈电流的参考方向也符合右手螺旋法则，则各线圈总磁链在图 10-1a 所示电流参考方向下可表示为

$$\left.\begin{aligned}\Psi_1 &= N_1\Phi_{11} + N_1\Phi_{12} = \Psi_{11} + \Psi_{12}\\ \Psi_2 &= N_2\Phi_{22} + N_2\Phi_{21} = \Psi_{22} + \Psi_{21}\end{aligned}\right\} \tag{10-1}$$

式中 Φ_{11}、Φ_{22} 分别为电流 i_1、i_2 流经线圈 Ⅰ、线圈 Ⅱ 所产生的磁通，称为自感磁通；Φ_{12}、Φ_{21} 分别是 Φ_{11}、Φ_{22} 中与相邻线圈铰链的部分磁通，称为互感磁通；$\Psi_{nn} = N_n\Phi_{nn}$（$n=1,2$）表示线圈 n 的线圈电流在线圈 n 中产生的磁链，称为自感磁链；$\Psi_{nm} = N_n\Phi_{nm}$（$n,m=1,2$ 且 $n\neq m$）分别表示线圈 m 的线圈电流在线圈 n 中产生的磁链，称为互感磁链；Ψ_1、Ψ_2 分别是线圈 Ⅰ、Ⅱ 的总磁链。

由于线圈自磁链的参考方向由本线圈的电流按右手螺旋法则决定，而互磁链的参考方向则由相邻线圈的电流按右手螺旋法则决定，故随着线圈电流的参考方向和线圈绕向以及线圈间的相对位置的不同，自磁链与互磁链的参考方向可能一致也可能相反。如当线圈绕向和电流的参考方向如图 10-1a 所示时，每个线圈中的自磁链和互磁链的参考方向均一致；而当线圈绕向和电流的参考方向如图 10-1b 所示时，每个线圈中的自磁链和互磁链的

参考方向均不一致。因此，耦合线圈中的总磁链可表示为

$$\left.\begin{aligned}\Psi_1 &= N_1\Phi_{11} \pm N_1\Phi_{12} = \Psi_{11} \pm \Psi_{12} \\ \Psi_2 &= N_2\Phi_{22} \pm N_2\Phi_{21} = \Psi_{22} \pm \Psi_{21}\end{aligned}\right\} \tag{10-2}$$

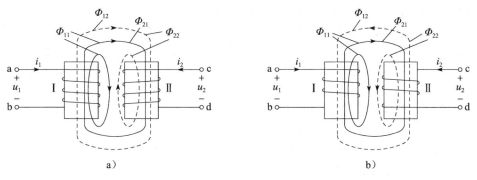

图 10-1　耦合线圈

当线圈中及周围空间是各向同性的线性磁介质时，每一种磁链都与产生它的电流成正比，即有

$$\left.\begin{aligned}\Psi_1 &= L_1 i_1 \pm M_{12} i_2 \\ \Psi_2 &= L_2 i_2 \pm M_{21} i_1\end{aligned}\right\} \tag{10-3}$$

式中

$$L_1 = \frac{\Psi_{11}}{i_1}, L_2 = \frac{\Psi_{22}}{i_2}$$

分别称为线圈 I、II 的自感系数，简称自感，单位为亨[利]（H）。

$$M_{12} = \frac{\Psi_{12}}{i_2}, M_{21} = \frac{\Psi_{21}}{i_1}$$

称为互感系数，简称互感，单位为亨[利]（H）。可以证明 $M_{12} = M_{21}$，表明互感的互易性质。所以当只有两个线圈有耦合时可以略去 M 的下标，即可令 $M = M_{12} = M_{21}$。

当流经线圈的电流变化时，与线圈铰链的磁通要作相应的变化，并在线圈两端产生感应电压。设各线圈电压电流均取关联参考方向，则根据电磁感应定律可得

$$\left.\begin{aligned}u_1 &= \frac{\mathrm{d}\Psi_1}{\mathrm{d}t} = \frac{\mathrm{d}(\Psi_{11} \pm \Psi_{12})}{\mathrm{d}t} = u_{L1} + u_{M1} = L_1\frac{\mathrm{d}i_1}{\mathrm{d}t} \pm M\frac{\mathrm{d}i_2}{\mathrm{d}t} \\ u_2 &= \frac{\mathrm{d}\Psi_1}{\mathrm{d}t} = \frac{\mathrm{d}(\Psi_{22} \pm \Psi_{21})}{\mathrm{d}t} = u_{L2} + u_{M2} = L_2\frac{\mathrm{d}i_2}{\mathrm{d}t} \pm M_{21}\frac{\mathrm{d}i_1}{\mathrm{d}t}\end{aligned}\right\} \tag{10-4}$$

上式即为耦合电感的一般伏安关系式。由该式可见：耦合电感的每一线圈的感应电压包括两部分：一部分是由线圈自身电流变化产生的自感电压（u_{L1} 或 u_{L2}）；另一部分是由与之有互感的线圈中电流变化产生的互感电压（u_{M1} 或 u_{M2}）。根据电磁感应定律，若自感电压和互感电压的参考方向与产生感应电压的电流的参考方向符合右手螺旋法则，当线圈的电流与电压取关联参考方向时，自感电压前的符号总为正；而互感电压前的符号可正可负，当互感电压与自感电压的参考方向一致时，取正号；反之，取负号。

从耦合电感的伏安关系式可知，由两个线圈组成的耦合电感是一个由 L_1、L_2 和 M 三个参数表征的四端元件，并且由于它的自感电压和互感电压分别与线圈中的电流的变化率成正比，因此是一种动态元件和记忆元件。

10.1.2　耦合线圈的同名端

由前面的分析可知，互感电压与自感电压的参考方向是否一致不仅与设定的两线圈的电流的参考方向有关，还与线圈的绕向及线圈间的相对位置有关。但实际的线圈往往是密封的，线圈的绕向及相对位置通常很难观察出，并且用来表示耦合电感元件的电路符号也无法表示线圈的绕向。为了解决这一问题引入同名端的概念。所谓同名端是指耦合线圈中这样一对端钮：当线圈电流同时流入（或流出）该对端钮时，它们所产生的磁链是相互加强的，即线圈中的自磁链与互磁链的参考方向是一致的。同名端通常用标志"·"（或"＊"）表

示。根据同名端的定义可以方便地判断两线圈的同名端：如图 10-2 中当 i_1、i_2 分别由端钮 a 和 c 流入（或流出）时，它们各自产生的磁通相助，因此 a 端和 c 端是同名端（当然 b 端和 d 端也是同名端）；a 端与 d 端（或 b 端与 c 端）称异名端，并在图上用"·"标出同名端。

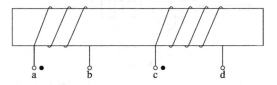

图 10-2　耦合电感的同名端

有了同名端的标志，再根据设定的电压、电流参考方向，就能直接写出耦合电感的伏安关系式。其具体规则是：若耦合电感线圈电压与电流参考方向为关联参考，则自感电压前取正号，否则取负号；若耦合电感线圈的电压正极性端与另一线圈的电流流入端为同名端，则该线圈的互感电压前取正号，否则取负号。

在耦合线圈绕向无法知道的情况下，可用图 10-3 所示试验方法确定同名端。在该电路中，当开关 S 闭合时，i_1 将从线圈 Ⅰ 的 a 端流入，且 $\dfrac{di_1}{dt}>0$。如果电压表正向偏转，表示线圈 Ⅱ 中的互感电压 $u_{M2}=M\dfrac{di_1}{dt}>0$，则可判定电压表的正极所接端钮 c 与 i_1 的流入端钮 a 为同名端；反之，如果电压表反向偏

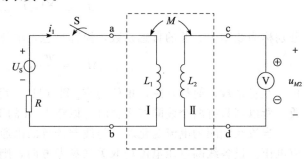

图 10-3　测定同名端的实验电路

转，表示线圈 Ⅱ 中的互感电压 $u_{M2}=-M\dfrac{di_1}{dt}<0$，则可判定电压表的正极所接端钮 c 与 i_1 的流入端钮 a 为异名端，而端钮 a 与 d 为同名端。

10.1.3　耦合线圈的电路模型

有了同名端的概念，图 10-1a 和 b 所示的耦合线圈可分别用图 10-4a 和 b 所示电路模型表征，图中 L_1、L_2 是自感系数，M 是它们之间的互感系数。"·"或"＊"表示同名端。

由于耦合电感中的互感反映了耦合电感线圈间的耦合关系，为了在电路模型中以较明显的方式将这种耦合关系表示出来，各线圈中的互感电压可用 CCVS 表示。若用受控源表示互感电压，则图 10-4a 和 b 所示耦合电感可用图 10-5a 和 b 所示的电路模型表示，显然在这里，电感 L_1 和 L_2 之间已没有了耦合关系。

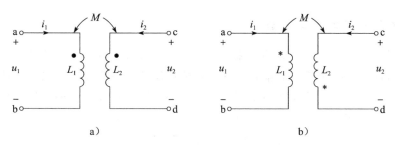

图 10-4　耦合电感的电路模型

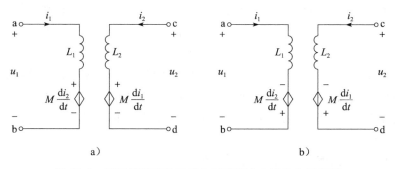

图 10-5　用受控源表示互感电压时耦合电感的电路模型

在正弦稳态电路中，式(10-4)所述的耦合电感伏安关系的相量形式为

$$\left.\begin{array}{l}\dot{U}_1 = j\omega L_1 \dot{I}_1 \pm j\omega M \dot{I}_2 \\ \dot{U}_2 = j\omega L_2 \dot{I}_2 \pm j\omega M \dot{I}_1\end{array}\right\} \tag{10-5}$$

式中 $j\omega L_1$、$j\omega L_2$ 称为自感阻抗，$j\omega M$ 称为互感阻抗。其相量模型如图 10-6a 和 b 所示。相应的用受控源表示互感电压的耦合电感相量模型如图 10-7a 和 b 所示。

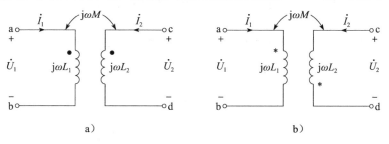

图 10-6　耦合电感相量模型

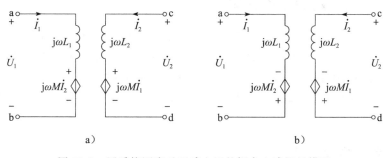

图 10-7　用受控源表示互感电压的耦合电感相量模型

10.1.4　耦合线圈的耦合系数

一般情况下，流经耦合线圈的电流所产生的磁通只有部分与另一线圈铰链，彼此不铰链的那部分磁通称为漏磁通。而耦合线圈的互感量反映了一个线圈在另一个线圈产生磁链的能力。工程上为了定量地描述两个耦合线圈的耦合紧密程度，把两个线圈的互感磁链与自感磁链比值的几何平均值定义为耦合系数，并用符号 k 表示，即

$$k = \sqrt{\frac{\Psi_{12}}{\Psi_{11}} \frac{\Psi_{21}}{\Psi_{22}}} \tag{10-6}$$

又因为 $\Psi_{11} = L_1 i_1$，$\Psi_{21} = M i_1$，$\Psi_{22} = L_2 i_2$，$\Psi_{12} = M i_2$，代入式(10-6)后，有

$$k = \frac{M}{\sqrt{L_1 L_2}} \tag{10-7}$$

由于一般情况下 $\Psi_{21} \leqslant \Psi_{11}$，$\Psi_{12} \leqslant \Psi_{22}$，所以 $k \leqslant 1$。当 $k = 1$ 时称为全耦合，此时一个线圈中电流产生的磁通全部与另一线圈铰链，互感达到最大值，即 $M = \sqrt{L_1 L_2}$；$k \approx 1$ 时称为紧耦合；k 较小时称为松耦合；$k = 0$ 时称为无耦合，此时耦合电感的两个线圈的磁通相互不交链，互感 $M = 0$。

【例 10-1】 试写出图 10-8 所示耦合电感的伏安关系。

解 因为图 10-8 所示耦合电感线圈 Ⅰ 的电流 i_1 与电压 u_1 为关联参考方向，故自感电压 $u_{L1} = L_1 \dfrac{\mathrm{d}i_1}{\mathrm{d}t}$；又因为线圈 Ⅰ 的正极性端与线圈 Ⅱ 电流 i_2 的流入端为同名端，故线圈 Ⅰ 的互感电压 $u_{M1} = M \dfrac{\mathrm{d}i_2}{\mathrm{d}t}$。因为线圈 Ⅱ 的电流 i_2 与电压 u_2 为非关联参考方向，故自感电压 $u_{L2} = -L_2 \dfrac{\mathrm{d}i_2}{\mathrm{d}t}$；又因为线圈 Ⅱ 的正极

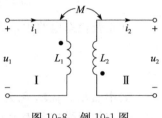

图 10-8　例 10-1 图

性端与线圈 Ⅰ 电流 i_1 的流入端为异名端，故线圈 Ⅱ 的互感电压 $u_{M2} = -M \dfrac{\mathrm{d}i_1}{\mathrm{d}t}$。

由此可得该耦合电感的伏安关系为

$$u_1 = u_{L1} + u_{M1} = L_1 \frac{\mathrm{d}i_1}{\mathrm{d}t} + M \frac{\mathrm{d}i_2}{\mathrm{d}t}$$

$$u_2 = u_{L2} + u_{M2} = -L_2 \frac{\mathrm{d}i_2}{\mathrm{d}t} - M \frac{\mathrm{d}i_1}{\mathrm{d}t}$$

10.2　含耦合电感电路的分析

由于耦合电感的两个线圈在实际电路中，一般以某种方式相互连接，基本的连接方式有串联、并联和三端连接。在分析含耦合电感的电路时，一般首先将上述连接方式的耦合电感用无耦合的等效电路去等效替代，然后再分析。通常将这个等效替代的过程称为去耦等效。本节主要介绍这三种基本连接方式、三种基本连接方式的去耦等效以及去耦等效法在含耦合电感电路分析中的应用。

10.2.1　耦合电感的串联

耦合电感的两线圈串联时有两种连接方式：一种如图 10-9a 所示，将耦合电感线圈的

两个异名端连在一起并通以同一个电流，耦合电感的这种连接方式称为顺串；另一种如图 10-9b所示，将耦合电感线圈的两个同名端连在一起并通以同一个电流，耦合电感的这种连接方式称为反串。

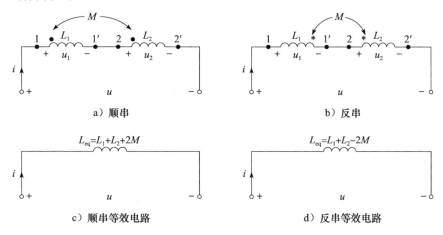

图 10-9　耦合电感的串联

设耦合电感线圈上的电压电流取图 10-9 所示关联参考方向，则由耦合电感的伏安关系得图 10-9a 所示顺串电路的伏安关系为

$$u = u_1 + u_2 = L_1 \frac{\mathrm{d}i}{\mathrm{d}t} + M \frac{\mathrm{d}i}{\mathrm{d}t} + L_2 \frac{\mathrm{d}i}{\mathrm{d}t} + M \frac{\mathrm{d}i}{\mathrm{d}t}$$

$$= (L_1 + L_2 + 2M) \frac{\mathrm{d}i}{\mathrm{d}t} = L_{eq} \frac{\mathrm{d}i}{\mathrm{d}t} \tag{10-8}$$

式(10-8)表明，做顺串连接的耦合电感在电路中可等效为一个如图 10-9c 所示的电感元件，其等效电感为

$$L_{eq} = L_1 + L_2 + 2M \tag{10-9}$$

同理可得图 10-9b 所示反串电路的伏安关系为

$$u = u_1 + u_2 = L_1 \frac{\mathrm{d}i}{\mathrm{d}t} - M \frac{\mathrm{d}i}{\mathrm{d}t} + L_2 \frac{\mathrm{d}i}{\mathrm{d}t} - M \frac{\mathrm{d}i}{\mathrm{d}t}$$

$$= (L_1 + L_2 - 2M) \frac{\mathrm{d}i}{\mathrm{d}t} = L_{eq} \frac{\mathrm{d}i}{\mathrm{d}t} \tag{10-10}$$

式(10-10)表明，做反串连接的耦合电感在电路中可等效为一个如图 10-9d 所示的电感元件，其等效电感为

$$L_{eq} = L_1 + L_2 - 2M \tag{10-11}$$

10.2.2 耦合电感的并联

耦合电感的并联也有两种形式：一种是如图 10-10a 所示，将耦合电感线圈的两个同名端连在一起并跨接在同一个电压上，这种连接方式称为同侧并联；另一种是如图 10-10b 所示，将耦合电感线圈的两个异同名端连在一起并跨接在同一个电压上，这种连接方式称为异侧并联。

设耦合电感线圈上的电压电流取图 10-10 所示关联参考方向，则由耦合电感的伏安关系可得图 10-10a 所示同侧并联电路的伏安关系为

$$u = L_1 \frac{\mathrm{d}i_1}{\mathrm{d}t} + M \frac{\mathrm{d}i_2}{\mathrm{d}t} \\ u = L_2 \frac{\mathrm{d}i_2}{\mathrm{d}t} + M \frac{\mathrm{d}i_1}{\mathrm{d}t} \Bigg\} \tag{10-12}$$

对上式联立求解得

$$\frac{\mathrm{d}i_1}{\mathrm{d}t} = \frac{L_2 - M}{L_1 L_2 - M^2} u \\ \frac{\mathrm{d}i_2}{\mathrm{d}t} = \frac{L_1 - M}{L_1 L_2 - M^2} u \Bigg\} \tag{10-13}$$

将式(10-13)中两方程相加得同侧并联方式的耦合电感的伏安关系为

$$\frac{\mathrm{d}i}{\mathrm{d}t} = \frac{d(i_1 + i_2)}{\mathrm{d}t} = \frac{L_1 + L_2 - 2M}{L_1 L_2 - M^2} u \tag{10-14}$$

或

$$u = \frac{L_1 L_2 - M^2}{L_1 + L_2 - 2M} \frac{\mathrm{d}i}{\mathrm{d}t} = L_{eq} \frac{\mathrm{d}i}{\mathrm{d}t} \tag{10-15}$$

式(10-15)表明，做同侧并联的耦合电感在电路中可等效为一个如图 10-10c 所示的电感元件，其等效电感为

$$L_{eq} = \frac{L_1 L_2 - M^2}{L_1 + L_2 - 2M} \tag{10-16}$$

同理可得，图 10-10b 所示做异侧并联的耦合电感在电路中可等效为一个如图 10-10d 所示的电感元件，其等效电感为

$$L_{eq} = \frac{L_1 L_2 - M^2}{L_1 + L_2 + 2M} \tag{10-17}$$

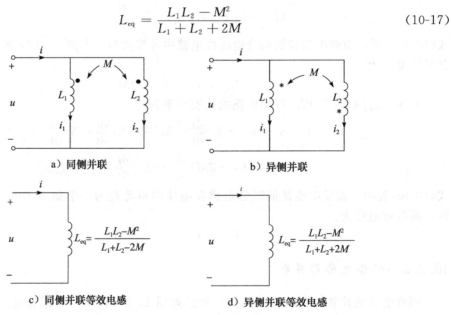

a）同侧并联　　　　　　　　　　　b）异侧并联

c）同侧并联等效电感　　　　　　　d）异侧并联等效电感

图 10-10　耦合电感的并联

10.2.3　耦合电感的三端连接

将耦合电感的两个线圈各取一端连接起来就构成了耦合电感的三端连接电路。耦合电感的三端连接也有两种接法：一种是如图 10-11a 所示的同名端相连的三端连接电路；另

一种如图 10-11b 所示的异名端相连的三端连接电路。显然前面介绍的耦合电感的串联、并联均可看成三端连接的特例。

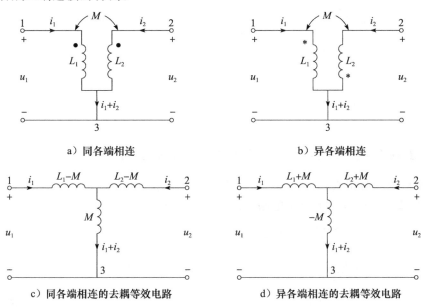

a）同各端相连

b）异各端相连

c）同各端相连的去耦等效电路

d）异各端相连的去耦等效电路

图 10-11　耦合电感的三端连接

下面介绍三端连接的耦合电感的去耦等效。设 10-11a 所示耦合电感各线圈上的电压和电流的参考方向如图，则由耦合电感的伏安关系可得

$$u_1 = L_1 \frac{\mathrm{d}i_1}{\mathrm{d}t} + M \frac{\mathrm{d}i_2}{\mathrm{d}t} \left.\right\}$$
$$u_2 = L_2 \frac{\mathrm{d}i_2}{\mathrm{d}t} + M \frac{\mathrm{d}i_1}{\mathrm{d}t} \left.\right\}$$

（10-18）

式（10-18）可改写为如下形式：

$$u_1 = (L_1 - M) \frac{\mathrm{d}i_1}{\mathrm{d}t} + M \frac{\mathrm{d}(i_1 + i_2)}{\mathrm{d}t} \left.\right\}$$
$$u_2 = (L_2 - M) \frac{\mathrm{d}i_2}{\mathrm{d}t} + M \frac{\mathrm{d}(i_1 + i_2)}{\mathrm{d}t} \left.\right\}$$

（10-19）

由式（10-19）可得图 10-11a 所示三端连接的耦合电感的去耦等效电路如图 10-11c 所示。

同理可推得 10-11b 所示三端连接的耦合电感的去耦等效电路如图 10-11d 所示。

在正弦稳态电路中，对应于图 10-11 所示耦合电感的三端连接及其去耦等效电路的相量模型如图 10-12 所示。

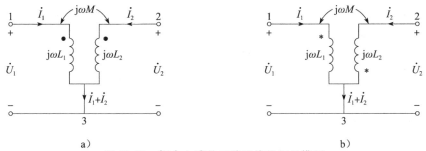

a）

b）

图 10-12　耦合电感的三端连接的相量模型

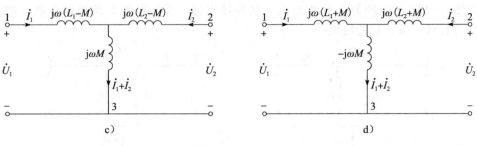

图 10-12　（续）

10.2.4　去耦等效法在含耦合电感电路分析中的应用

下面举例说明利用去耦等效的方法分析含耦合电感的电路。

【例 10-2】　如图 10-13a 所示电路，已知 $R_1=12\Omega$，$\omega L_1=2\Omega$，$\omega L_2=10\Omega$，$\omega M=6\Omega$，$R_3=6\Omega$，$\dfrac{1}{\omega C}=6\Omega$，试求其输入阻抗 Z_{ab}。

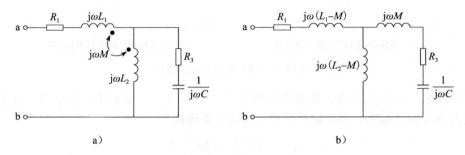

图 10-13　例 10-2 图

解　图 10-13a 所示电路中的耦合电感为同名端相连的三端连接方式，故利用去耦等效的方法可先将图 10-13a 所示电路等效为图 10-13b 所示的相量模型。由图 10-13b 得

$$Z_{ab}=R_1+j\omega(L_1-M)+j\omega(L_2-M)\ /\!/\ \left(j\omega M+R_3+\frac{1}{j\omega C}\right)$$

$$=12+j6+\frac{j4(j6+6-j6)}{j4+j6+6-j6}=12+j6+\frac{j24}{6+j4}$$

$$=16.39\angle 32.3°\Omega$$

【例 10-3】　试求图 10-14a 所示有源二端网络的戴维南等效电路。已知 $\dot U_S=10\angle 0°V$，$R_1=R_2=3\Omega$，$\omega L_1=\omega L_2=4\Omega$，$\omega M=2\Omega$。

解　图 10-14a 所示电路中的耦合电感为同名端相连的三端连接方式，故可利用去耦等效的方法将图 10-14a 所示电路等效为图 10-14b 所示的相量模型。计算相关参数如下：

1）求等效阻抗 Z_{ab}：

$$Z_{ab}=R_2+j\omega(L_2-M)+j\omega M\ /\!/\ [j\omega(L_1-M)+R_1]$$

$$=3+j2+\frac{j2(j2+3)}{j4+3}=3.48+j3.36\Omega$$

2）求开路电压 $\dot U_{abOC}$：

$$\dot U_{abOC}=\dot U_S\frac{R_1+j\omega(L_1-M)}{R_1+j\omega(L_1-M)+j\omega M}$$

$$= 10\angle 0° \times \frac{3+j2}{3+j4} = 7.2\angle-19.4°V$$

故得图 10-14a 所示有源二端网络的戴维南等效电路如图 10-14c 所示。

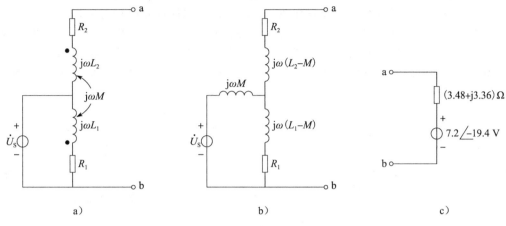

图 10-14 例 10-3 图

【**例 10-4**】 试列写图 10-15a 所示正弦稳态电路的网孔方程。

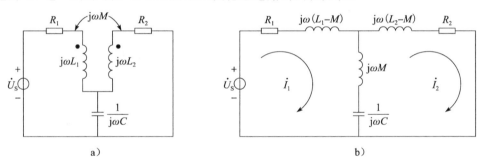

图 10-15 例 10-4 图

解 图 10-15a 所示电路中耦合电感为同名端相连的三端连接，其去耦等效后电路如图 10-15b 所示。对于图 10-15b，设各网孔的网孔电流及其方向如图所示，则网孔方程为

$$\begin{cases} \left[R_1 + j\omega(L_1-M) + j\omega M + \dfrac{1}{j\omega C} \right]\dot{I}_1 - \left(j\omega M + \dfrac{1}{j\omega C} \right)\dot{I}_2 = \dot{U}_S \\ -\left(j\omega M + \dfrac{1}{j\omega C} \right)\dot{I}_1 + \left[R_2 + j\omega(L_2-M) + j\omega M + \dfrac{1}{j\omega C} \right]\dot{I}_2 = 0 \end{cases}$$

整理得

$$\begin{cases} \left[R_1 + j\omega L_1 + \dfrac{1}{j\omega C} \right]\dot{I}_1 - \left(j\omega M + \dfrac{1}{j\omega C} \right)\dot{I}_2 = \dot{U}_S \\ -\left(j\omega M + \dfrac{1}{j\omega C} \right)\dot{I}_1 + \left[R_2 + j\omega L_2 + \dfrac{1}{j\omega C} \right]\dot{I}_2 = 0 \end{cases}$$

10.3 空心变压器电路分析

具有互感耦合作用的耦合线圈在工程上有多种用途，变压器就是利用耦合线圈间的磁耦合来实现从一个电路向另一个电路传输能量或信号的器件。它通常由两个线圈组成，其中一个线圈与电源相接，称为一次绕组；另一线圈与负载相接，称为二次绕组。一、二次

绕组间只有磁的耦合而没有电的直接联系，这种电路称为变压器耦合电路，而把这一对具有互感的线圈称为变压器。若变压器的线圈绕在铁心材料上，则构成铁心变压器；若绕在非铁磁材料上，则构成空心变压器。前者的耦合系数接近 1，属于紧耦合；后者线圈间的耦合系数较小，属于松耦合。本节只介绍含空心变压器电路的正弦稳态分析。

图 10-16a 是空心变压器一次侧接电源，二次侧接负载的电路相量模型，虚线框内为空心变压器的相量模型。它由一个互感元件与两个电阻组成，其中 R_1 和 R_2 分别表示一次绕组和二次绕组电阻；L_1 和 L_2 分别表示一次绕组和二次绕组的自感；M 表示一次绕组和二次绕组间的互感。

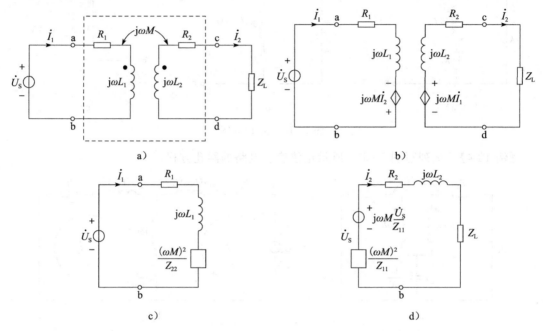

图 10-16 空心变压器

在正弦稳态下，设一次侧、二次侧回路电流相量分别为 $\dot{I}_1$、$\dot{I}_2$，如图 10-16a 所示。若将互感电压用受控源等效替代，则图 10-16a 可等效为图 10-16b 所示电路。列写一次侧、二次侧回路间的 KVL 方程为

$$
\left.
\begin{array}{l}
(R_1 + j\omega L_1)\dot{I}_1 - j\omega M \dot{I}_2 = \dot{U}_S \\
(R_2 + Z_L + j\omega L_2)\dot{I}_2 - j\omega M \dot{I}_1 = 0
\end{array}
\right\}
\tag{10-20}
$$

令 $Z_{11} = R_1 + j\omega L_1$，$Z_{22} = R_2 + j\omega L_2 + Z_L$ 分别表示一次侧、二次侧回路的自阻抗，则方程组（10-20）可简化为

$$
\left.
\begin{array}{l}
Z_{11}\dot{I}_1 - j\omega M \dot{I}_2 = \dot{U}_S \\
-j\omega M \dot{I}_1 + Z_{22}\dot{I}_2 = 0
\end{array}
\right\}
\tag{10-21}
$$

由此可解得

$$
\dot{I}_1 = \frac{\dot{U}_S}{Z_{11} + \dfrac{(\omega M)^2}{Z_{22}}}
\tag{10-22}
$$

由式（10-22）可得一次侧回路从 a、b 端看进去的等效阻抗为

$$Z_\mathrm{i} = \frac{\dot{U}_\mathrm{S}}{\dot{I}_1} = Z_{11} + \frac{(\omega M)^2}{Z_{22}} = Z_{11} + Z_{1\mathrm{f}} \tag{10-23}$$

式(10-23)表明，等效阻抗 Z_i 由两部分组成：一部分为一次侧回路自阻抗 Z_{11}，另一部分 $Z_{1\mathrm{f}} = \dfrac{(\omega M)^2}{Z_{22}}$ 称为二次侧回路对一次侧回路的反映阻抗或引入阻抗，它是一个决定于互感及二次侧回路参数的阻抗，它反映了二次侧回路阻抗通过互感反映到一次侧回路的等效阻抗。反映阻抗的性质与 Z_{22} 相反，即感性（容性）变为容性（感性）。当 $\dot{I}_2 = 0$ 时，$Z_\mathrm{i} = Z_{11}$。利用反映阻抗的概念，空心变压器从电源看进去的等效电路如图 10-16c 所示，该电路称为一次侧等效电路。由该等效电路可方便地计算出一次侧回路电流。

求得一次侧回路电流 $\dot{I}_1$ 后，由式(10-21)可得二次侧回路的回路电流 $\dot{I}_2$ 为

$$\dot{I}_2 = \frac{\mathrm{j}\omega M \dot{I}_1}{Z_{22}} \tag{10-24}$$

若将式(10-24)改写为如下形式：

$$\dot{I}_2 = \frac{\mathrm{j}\omega M \dot{I}_1}{Z_{22}} = \frac{\mathrm{j}\omega M}{Z_{22}} \frac{\dot{U}_\mathrm{S}}{Z_{11} + \dfrac{(\omega M)^2}{Z_{22}}} = \frac{\mathrm{j}\omega M \dfrac{\dot{U}_\mathrm{S}}{Z_{11}}}{Z_{22} + \dfrac{(\omega M)^2}{Z_{11}}} = \frac{\dot{U}_\mathrm{OC}}{Z_{22} + Z_{2\mathrm{f}}} \tag{10-25}$$

式(10-25)的分子反映了空心变压器二次侧负载开路时，cd 端口的开路电压 $\dot{U}_\mathrm{OC}$；分母由两部分组成，一部分为二次侧回路自阻抗 Z_{22}，另一部分 $Z_{2\mathrm{f}} = \dfrac{(\omega M)^2}{Z_{11}}$ 称为一次侧回路对二次侧回路的反映阻抗或引入阻抗，它反映了一次侧回路阻抗通过互感反映到二次侧回路的等效阻抗。利用反映阻抗的概念，空心变压器从二次侧的 cd 端看进去的等效电路如图 10-16d 所示，该电路称为二次侧等效电路。由该等效电路可方便地计算出二次侧回路电流。

此外，对于空心变压器电路也可用上节介绍的去耦等效的方法进行分析。例如在图 10-17a 所示的空心变压器电路中，若将 b 和 d 两点相连，由广义 KCL 知该连线上无电流流过，故对原电路并无影响。此时空心变压器就变成了三端连接的耦合电感，通过去耦等效得图 10-17b 所示的等效电路，对该电路用正弦稳态电路的分析方法即可求解。

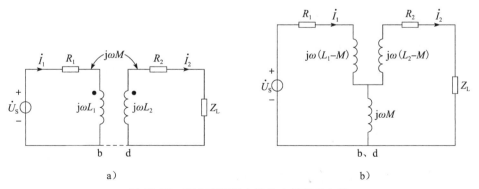

图 10-17　空心变压器电路的去耦等效电路

【例 10-5】　空心变压器电路如图 10-18a 所示，试求一次侧、二次侧回路电流 $\dot{I}_1$ 及 $\dot{I}_2$。

解　方法一：利用反映阻抗的概念求解。

由图 10-18a 所示电路可得

$$Z_{11} = 7.5 + j30 - j22.5 = (7.5 + j7.5)\Omega$$
$$Z_{22} = (60 + j60)\Omega$$

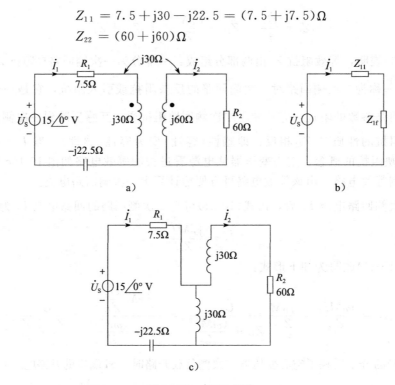

图 10-18 例 10-5 图

二次侧对一次侧的反映阻抗为

$$Z_{1f} = \frac{(\omega M)^2}{Z_{22}} = \frac{30^2}{60 + j60} = (7.5 - j7.5)\Omega$$

则可得一次侧回路等效电路如图 10-18b 所示。由该图可得

$$\dot{I}_1 = \frac{\dot{U}_S}{Z_{11} + Z_{1f}} = \frac{15\angle 0°}{7.5 + j7.5 + 7.5 - j7.5} = 1\angle 0°A$$

由图 10-18a 进一步求解得

$$\dot{I}_2 = \frac{j\omega M\dot{I}_1}{Z_{22}} = \frac{j30 \times 1\angle 0°}{60 + j60} = \frac{\sqrt{2}}{4}\angle 45°A$$

方法二：利用去耦等效的方法求解。

图 10-18a 所示电路的去耦等效电路如图 10-18c 所示，则由该图可得

$$\dot{I}_1 = \frac{15\angle 0°}{7.5 - j22.5 + j30 \mathbin{/\!/} (60 + j30)} = 1\angle 0°A$$

$$\dot{I}_2 = \dot{I}_1 \times \frac{j30}{60 + j30 + j30} = \frac{\sqrt{2}}{4}\angle 45°A$$

10.4 理想变压器和全耦合变压器

10.4.1 理想变压器的伏安关系

理想变压器也是一种耦合元件，它是实际变压器在满足以下三个理想化条件下的电路模型：

1）变压器本身无损耗，即其电阻效应为零；

2）耦合系数 $k=1$，即为全耦合；

3）线圈的自感系数 L_1 和 L_2 均为无限大，且 L_1/L_2 等于常数，互感系数 $M=\sqrt{L_1L_2}$ 也为无限大。

对于理想变压器，一般用图 10-19 所示电路符号表示。

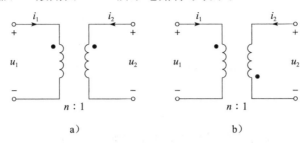

图 10-19　理想变压器

在图 10-19a 所示同名端及电压、电流参考方向下，理想变压器的伏安关系为

$$\left.\begin{aligned}u_2&=\frac{1}{n}u_1\\i_1&=-\frac{1}{n}i_2\end{aligned}\right\} \quad 或 \quad \left.\begin{aligned}\frac{u_1}{u_2}&=n\\\frac{i_1}{i_2}&=-\frac{1}{n}\end{aligned}\right\} \tag{10-26}$$

在图 10-19b 所示同名端及电压、电流参考方向下，理想变压器的伏安关系为

$$\left.\begin{aligned}u_2&=-\frac{1}{n}u_1\\i_1&=\frac{1}{n}i_2\end{aligned}\right\} \quad 或 \quad \left.\begin{aligned}\frac{u_1}{u_2}&=-n\\\frac{i_1}{i_2}&=\frac{1}{n}\end{aligned}\right\} \tag{10-27}$$

式(10-26)、式(10-27)中 n 是常数，称为理想变压器的变比，数值上等于理想变压器一、二次绕组的匝数比，即 $n=\dfrac{N_1}{N_2}$，它是理想变压器唯一的参数。

比较由图 10-19a、b 得出的理想变压器的伏安关系式(10-26)和式(10-27)，可以看出理想变压器的伏安关系与线圈电压、电流参考方向及同名端位置有关。为了正确列写理想变压器的伏安关系，在给定电压、电流参考方向及同名端的情况下，具体可按以下规则列写：当理想变压器一、二次绕组电压正极为同名端时，一、二次电压比等于变比，否则为负值；当一、二次电流从异名端流入，则一、二次电流比等于变比的倒数，否则为倒数的负值。

另外可以看到，式(10-26)和式(10-27)均为代数关系式，可见，理想变压器是一种无记忆元件，也称即时元件。它具有按式(10-26)或式(10-27)变换电压、电流的能力，不论电压、电流是直流还是交流，电路是暂态还是稳态，都没有电感或耦合电感元件的作用。

理想变压器电路模型也可以表示成图 10-20a 和 b 所示的受控源形式。

接下来讨论理想变压器的功率问题。在任一时刻理想变压器所吸收的功率应为其两端口吸收功率之和，对应于图 10-19 有

$$p = p_1 + p_2 = u_1i_1 + u_2i_2 = u_1i_1 - \frac{1}{n}u_1\times(ni_1) = 0 \tag{10-28}$$

上式表示理想变压器吸收的瞬时功率为零。它表明理想变压器是一个既不耗能也不储能的元件。若把式(10-28)改写成

$$p_1 = -p_2$$

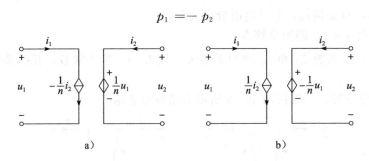

图 10-20　用受控源表示的理想变压器

即

$$u_1 i_1 = -u_2 i_2$$

可以看出理想变压器的输入瞬时功率等于输出瞬时功率，可见其在电路中只起着传递能量的"桥梁"作用。

显然，在正弦稳态条件下，式(10-26)和式(10-27)所述理想变压器的伏安关系都可以表示为相应的相量形式。即有

$$\left.\begin{array}{l} \dot{U}_2 = \dfrac{1}{n}\dot{U}_1 \\[2mm] \dot{I}_1 = -\dfrac{1}{n}\dot{I}_2 \end{array}\right\} \quad 或 \quad \left.\begin{array}{l} \dot{U}_2 = -\dfrac{1}{n}\dot{U}_1 \\[2mm] \dot{I}_1 = \dfrac{1}{n}\dot{I}_2 \end{array}\right\} \tag{10-29}$$

10.4.2　理想变压器伏安关系的推导

前面我们介绍了理想变压器的伏安关系。显然理想变压器可看成耦合电感的极限情况。当耦合电感满足耦合系数 $k=1$，且 L_1 与 $L_2 \to \infty$，但 $\dfrac{L_2}{L_1}$ 为定值时，即成为理想变压器。下面由耦合电感的伏安关系着手推导理想变压器的伏安关系式。

对于图 10-21 所示耦合电感，因是全耦合的，即 $k=1$，故其中一个线圈电流产生的磁通将全部与另一个线圈相铰链，而不存在漏磁通。假设一、二次绕组的匝数分别为 N_1、N_2，Φ_{11} 表示一次线圈电流 i_1 产生的全部磁通，Φ_{21} 表示 i_1 产生并与二次线圈相交链的磁通；Φ_{22} 表示二次线圈电流 i_2 产生的全部磁通，Φ_{12} 表示 i_2 产生并与一次线圈相交链的磁通，显然 $\Phi_{11}=\Phi_{21}$，$\Phi_{22}=\Phi_{12}$。故有两线圈的总磁链分别为

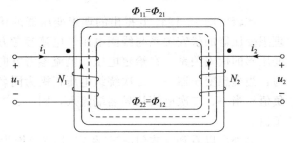

图 10-21　全耦合电感

$$\left.\begin{array}{l} \Psi_1 = \Psi_{11} + \Psi_{12} = N_1\Phi_{11} + N_1\Phi_{12} = N_1(\Phi_{11} + \Phi_{22}) = N_1\Phi \\[2mm] \Psi_2 = \Psi_{22} + \Psi_{21} = N_2\Phi_{22} + N_2\Phi_{21} = N_2(\Phi_{11} + \Phi_{22}) = N_2\Phi \end{array}\right\} \tag{10-30}$$

式中 $\Phi = \Phi_{11} + \Phi_{22}$ 称为主磁通，它的变化将在一、二次绕组分别产生感应电压 u_1、u_2，在图示参考方向下，有

$$u_1 = \frac{\mathrm{d}\Psi_1}{\mathrm{d}t} = N_1 \frac{\mathrm{d}\Phi}{\mathrm{d}t}$$

$$u_2 = \frac{\mathrm{d}\Psi_2}{\mathrm{d}t} = N_2 \frac{\mathrm{d}\Phi}{\mathrm{d}t}$$

所以

$$\frac{u_1}{u_2} = \frac{N_1}{N_2} = n \tag{10-31}$$

上式表明，在全耦合的情况下，耦合电感一、二次电压比等于一、二次绕组的匝数比。这就导出了式(10-26)的第一式。

又有耦合电感的伏安关系知，图10-21所示耦合电感的伏安关系为

$$\left.\begin{aligned} u_1 &= L_1 \frac{\mathrm{d}i_1}{\mathrm{d}t} + M \frac{\mathrm{d}i_2}{\mathrm{d}t} \\ u_2 &= L_2 \frac{\mathrm{d}i_2}{\mathrm{d}t} + M \frac{\mathrm{d}i_1}{\mathrm{d}t} \end{aligned}\right\} \tag{10-32}$$

对式(10-32)中的第一式从$-\infty$到t积分，则有

$$\int_{-\infty}^{t} u_1(\tau)\mathrm{d}\tau = L_1 i_1 + M i_2$$

$$i_1 = \frac{1}{L_1}\int_{-\infty}^{t} u_1(\tau)\mathrm{d}\tau - \frac{M}{L_1}i_2 \tag{10-33}$$

由于

$$N_1\Phi_{11} = L_1 i_1 \qquad N_1\Phi_{12} = M i_2$$
$$N_2\Phi_{21} = M i_1 \qquad N_2\Phi_{22} = L_2 i_2$$

当$k=1$时，将$\Phi_{11}=\Phi_{21}$，$\Phi_{22}=\Phi_{12}$代入上式，有

$$\frac{L_1}{M} = \frac{M}{L_2} = \sqrt{\frac{L_1}{L_2}} = \frac{N_1}{N_2} = n \tag{10-34}$$

将式(10-34)代入式(10-33)得

$$i_1 = \frac{1}{L_1}\int_{-\infty}^{t} u_1(\tau)\mathrm{d}\tau - \frac{1}{n}i_2 \tag{10-35}$$

当自感系数$L_1 \to \infty$时，有

$$i_1 = -\frac{1}{n}i_2 \quad \text{或} \quad \frac{i_1}{i_2} = -\frac{1}{n} \tag{10-36}$$

上式表明，当$k=1$，$L_1 \to \infty$时，耦合电感一、二次电流比等于一、二次绕组的匝数比倒数的负值。这就导出了式(10-26)中的第二式。

由以上耦合电感的伏安关系导出了理想变压器的伏安关系式。由于理想变压器的伏安关系是一组代数方程，因此理想变压器是一个即时元件、无记忆元件，即在任何时刻，理想变压器两对端子上的电流或电压必同时存在或同时消失，不管该电流、电压是直流还是交流，电路是暂态还是稳态，其一、二次电压比和一、二次电流比只与变比n有关。

10.4.3　理想变压器阻抗变换特性

理想变压器具有三个基本特性：变换电压、变换电流及阻抗变换。

前面在理想变压器的伏安关系这部分内容里介绍了理想变压器对电压、电流的变换特性，本小节将介绍理想变压器的另一个特性——阻抗变换的特性。

图10-22a所示在理想变压器二次侧并接阻抗Z_L，此时有

$$\dot{U}_1 = n\dot{U}_2$$

$$\dot{I}_1 = \frac{1}{n}\dot{I} = \frac{1}{n}\left(\frac{\dot{U}_2}{Z_\mathrm{L}} - \dot{I}_2\right) = \frac{\dot{U}_1}{n^2 Z_\mathrm{L}} - \frac{1}{n}\dot{I}_2 \tag{10-37}$$

由式(10-37)可得图 10-22b 所示等效电路。当 $\dot{I}_2 = 0$ 时，图 10-22b 所示电路可等效为图 10-22c 所示等效电路。由图 10-22 可知，将与理想变压器二次侧并接的阻抗 Z_L 搬移至理想变压器的一次侧，阻抗将扩大 n^2 倍且仍与理想变压器并接。

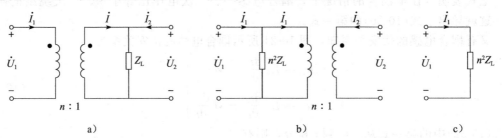

图 10-22　并接阻抗从二次侧搬移至一次侧

类似推导可得，将与理想变压器一次侧相串接的阻抗 Z_L 搬移至理想变压器的二次侧，阻抗将缩小为原来的 $1/n^2$，且仍与理想变压器串接，如图 10-23 所示。

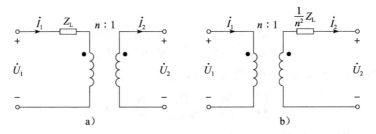

图 10-23　串接阻抗从一次侧搬移至二次侧

上述"搬移"阻抗的方法还可以进一步推广。

1) 与理想变压器一次侧相连的二端口纯阻抗网络可以从一次侧搬移到二次侧(仍与理想变压器相连)，且搬移的过程是一平移平插过程，同时在搬移过程中阻抗缩小为原来的 $1/n^2$，如图 10-24 所示。

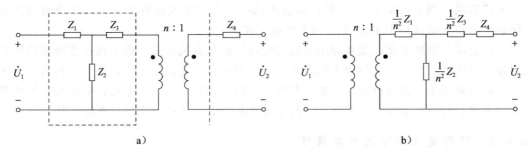

图 10-24　二端口纯阻抗网络从一次侧搬移到二次侧

2) 与理想变压器二次侧相连的二端口纯阻抗网络可以从二次侧搬移到一次侧(仍与理想变压器相连)，且搬移的过程是一平移平插过程，同时在搬移过程中阻抗扩大 n^2 倍，如图 10-25 所示。

可见利用理想变压器变换阻抗的特性可以将与理想变压器相连的阻抗在其一次侧与二

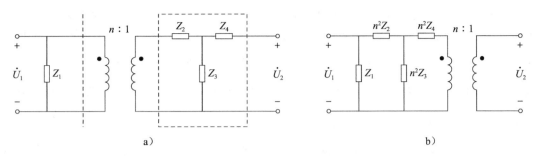

图 10-25　二端口纯阻抗网络从二次侧搬移到一次侧

次侧之间来回搬移，且：

①阻抗来回搬移与同名端无关；

②利用阻抗搬移可以简化电路；

③理想变压器具有以 n^2 倍关系变换阻抗的作用，当阻抗从二次侧搬移到一次侧时要扩大 n^2 倍；当阻抗从一次侧搬移到二次侧时要缩小 n^2 倍；

④由于 n 为大于零的实常数，故阻抗在一次侧、二次侧之间来回搬移过程中其性质不变；

⑤理想变压器二次侧短路相当于其一次侧也短路；

⑥理想变压器二次侧开路相当于其一次侧也开路。

10.4.4　全耦合变压器的电路模型

理想变压器虽然提供了简单的电压、电流和阻抗的线性变换关系，但是一个实际变压器要完全满足理想变压器的三个理想化条件是十分困难的，尤其是自感为无穷大的条件根本无法直接满足。一般来说，若变压器的线圈无损耗，耦合系数 $k=1$，而自感系数为有限值，这样的变压器称为全耦合变压器。在工程上实际铁心变压器就可以看成一个全耦合变压器。全耦合变压器除了可以用耦合电感来表征其特性，如图 10-26a 所示，还可以用含理想变压器的电路模型来等效，下面推导该模型。

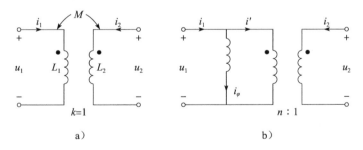

图 10-26　全耦合变压器及其电路模型

对于图 10-26a 所示全耦合变压器，根据 10.4.2 小节对理想变压器伏安关系的推导可得，其伏安关系满足：

$$\frac{u_1}{u_2} = \frac{N_1}{N_2} = n \tag{10-38}$$

$$i_1 = \frac{1}{L_1}\int_{-\infty}^{t} u_1(\tau)\mathrm{d}\tau - \frac{1}{n}i_2 = i_\phi + i' \tag{10-39}$$

式(10-38)和式(10-39)表明：全耦合变压器的一、二次电压关系与理想变压器相同；而其一次电流则有两部分组成，其中 $i_\phi = \dfrac{1}{L_1}\displaystyle\int_{-\infty}^{t} u_1(\tau)\mathrm{d}\tau$ 称为空载激磁电流，该电流为二次开路时($i_2=0$，空载）流经一次绕组的电流，它建立了变压器工作所需的磁场，当 L_1 趋于无穷大时，激磁电流趋于零，全耦合变压器即成为理想变压器，可见理想变压器的电流变换关系是忽略了激磁电流的结果；$i'=-\dfrac{1}{n}i_2$ 与二次电流 i_2 符合理想变压器一、二次电流关系。由此可得全耦合变压器的电路模型如图 10-26b 所示。它由理想变压器模型在其一次绕组并一电感 L_1 而构成，且其中理想变压器的变比 $n=\sqrt{\dfrac{L_1}{L_2}}$。该电路模型与图 10-26a 所示模型等效。因此，全耦合变压器与理想变压器有本质的不同，但与不计绕线电阻的空心变压器类似。因此，对于全耦合变压器分析计算时可以用空心变压器的分析方法，但是由于理想变压器的伏安关系比耦合电感的伏安关系简单，故对全耦合变压器分析计算时采用图 10-26b 所示的全耦合变压器模型更加简单。

10.5 含理想变压器电路的分析

由图 10-26b 所示全耦合变压器的等效电路模型可以看出全耦合变压器的等效电路中同样含有理想变压器，激磁电感（一次电感）可以认为是外接电感，故本节也包括了全耦合变压器电路的分析计算。

含理想变压器电路的分析计算方法有以下三种。

1）直接法，即直接利用理想变压器的伏安关系列方程求解。

2）利用理想变压器的电压变换、电流变换及阻抗变换特性求解。

3）等效电源定理法。

下面举例介绍。

【例 10-6】 试求图 10-27 所示电路中流过 4Ω 电阻的电流 $\dot{I}$。

解 本题利用直接法求解。设各支路电流相量及理想变压器一、二次电压相量的参考方向如图 10-27 所示，则可列回路方程如下：

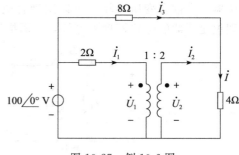

图 10-27 例 10-6 图

$$\begin{cases} 2\dot{I}_1+\dot{U}_1=100\angle 0° \\ 4\dot{I}_2+4\dot{I}_3=\dot{U}_2 \\ 8\dot{I}_3-2\dot{I}_1=\dot{U}_1-\dot{U}_2 \\ \dot{U}_2=2\dot{U}_1 \\ \dot{I}_1=2\dot{I}_2 \end{cases}$$

解联立方程得 $\dot{I}_3=\dfrac{25}{8}\angle 0°\text{A}$，$\dot{I}_2=\dfrac{125}{8}\angle 0°\text{A}$

通过 4Ω 电阻的电流为

$$\dot{I}=\dot{I}_2+\dot{I}_3=\dfrac{25}{8}\angle 0°+\dfrac{125}{8}\angle 0°=\dfrac{75}{4}\angle 0°=18.75\angle 0°\text{A}$$

【例 10-7】 含理想变压器的电路如图 10-28a 所示，试求电压 $\dot{U}_2$。

解 利用理想变压器的阻抗变换特性，将图 10-28a 所示电路的二次侧阻抗搬移到一次侧，得图 10-28b 所示等效电路。由该电路可得

$$\dot{U}'_2=6\angle 0°\times\dfrac{50}{50+20+80}\times 80=160\angle 0°\text{V}$$

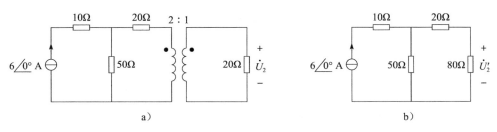

图 10-28　例 10-7 图

由理想变压器的电压变换特性，可得

$$\dot{U}_2 = \frac{1}{2}\dot{U}_2' = 80\angle 0°\mathrm{V}$$

【例 10-8】　图 10-29a 所示变压器电路，已知 $R_1 = 30\Omega$，$L_1 = 15\mathrm{H}$，$R_2 = 60\Omega$，$L_2 = 60\mathrm{H}$，互感 $M = 30\mathrm{H}$，负载电阻 $R_L = 180\Omega$，且电路原已处于稳态，当 $t = 0$ 时开关 S 闭合。求 $t > 0$ 时的电流 $i(t)$。

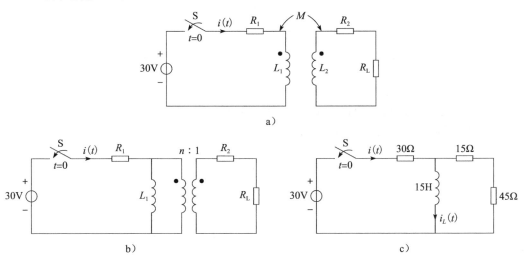

图 10-29　例 10-8 图

解　由题意知该变压器的耦合系数 $k = \dfrac{M}{\sqrt{L_1 L_2}} = \dfrac{30}{\sqrt{15 \times 60}} = 1$，所以图 10-29a 所示电路中的变压器为全耦合变压器，故可将其等效为图 10-29b 所示电路，其中

$$n = \sqrt{\frac{L_1}{L_2}} = \sqrt{\frac{15}{60}} = \frac{1}{2}$$

利用理想变压器的阻抗变换特性，将图 10-29b 所示电路的二次电阻搬移到一次侧，得图 10-29c 所示等效电路，对于该电路根据题意有

$$i_L(0^-) = 0\mathrm{A}$$

由换路定则得

$$i_L(0^+) = i_L(0^-) = 0\mathrm{A}$$

所以

$$i(0^+) = \frac{30}{30 + 15 + 45}\mathrm{A} = \frac{1}{3}\mathrm{A}$$

$$i(\infty) = \frac{30}{30}A = 1A$$

$$\tau = \frac{L_1}{R_{eq}} = \frac{15}{30 \mathbin{/\mkern-5mu/} (15+45)}s = \frac{3}{4}s$$

故

$$i(t) = i(\infty) + [i(0^+) - i(\infty)]e^{-\frac{t}{\tau}} = (1 - \frac{2}{3}e^{-\frac{4}{3}t})A \quad t > 0$$

【例 10-9】 含理想变压器电路如图 10-30a 所示，已知 $R_1 = R_2 = 2\Omega$，$R_3 = 10\Omega$，$L = 2H$，$u_S(t) = \varepsilon(t)V$，试求 $u_{ab}(t)$。

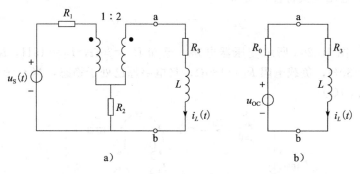

图 10-30　例 10-9 图

解　首先根据戴维南定理将图 10-30a 所示电路的 a、b 以左含理想变压器的有源二端网络等效为戴维南等效电路，如图 10-30b 所示。其中

$$u_{OC} = 2u_S(t) = 2\varepsilon(t)V$$

$$R_0 = 4R_1 + R_2 = 10\Omega$$

对于图 10-30b，由直流激励下的三要素公式，得

$$i_L(0^+) = i_L(0^-) = 0A$$

$$u_{ab}(0^+) = 2V \quad u_{ab}(\infty) = 1V \quad \tau = L/(R_0 + R_3) = 0.1s$$

代三要素公式，得

$$u_{ab}(t) = (1 + e^{-10t})\varepsilon(t)V$$

　　在实际电路中由于负载和电源一般是给定的，并非任意可调。在这种情况下，可利用理想变压器变换阻抗的作用，在电路中插入变压器以得到阻抗匹配，使负载获得尽可能大的功率。如图 10-31a 所示电路，其中理想变压器的变比是可调的。利用理想变压器的阻抗变换特性，将负载阻抗折合到一次侧，得图 10-31b 所示电路。由于理想变压器的变比 n 为大于零的实常数，改变 n 只能改变负载阻抗的模而不能改变其阻抗角，故一般无法达到共轭匹配。

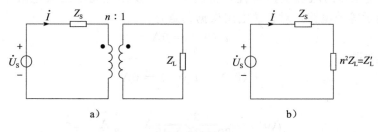

图 10-31　理想变压器实现功率匹配

对于图 10-31b 所示电路，设

$$Z'_\text{L} = n^2 Z_\text{L} = n^2 R_\text{L} + \text{j} n^2 X_\text{L}$$

则有

$$Z_\text{S} = R_\text{S} + \text{j} X_\text{S}$$

$$\dot{I} = \frac{\dot{U}_\text{S}}{(R_\text{S} + n^2 R_\text{L}) + \text{j}(X_\text{S} + n^2 X_\text{L})}$$

其电流有效值为

$$I = \frac{U_\text{S}}{\sqrt{(R_\text{S} + n^2 R_\text{L})^2 + (X_\text{S} + n^2 X_\text{L})^2}}$$

此时 Z'_L 获得的功率为

$$P = I^2 (n^2 R_\text{L}) = \frac{U_\text{S}^2 n^2 R_\text{L}}{(R_\text{S} + n^2 R_\text{L})^2 + (X_\text{S} + n^2 X_\text{L})^2}$$

要使 P 达到最大，必须有

$$\frac{\text{d}P}{\text{d}n} = \frac{2U_\text{S}^2 R_\text{L}(|Z_\text{S}|^2 - n^4 |Z_\text{L}|^2)}{[(R_\text{S} + n^2 R_\text{L})^2 + (X_\text{S} + n^2 X_\text{L})^2]^2} = 0$$

可求得

$$n^2 |Z_\text{L}| = |Z_\text{S}| = |Z'_\text{L}|$$

即当 $|Z'_\text{L}| = |Z_\text{S}|$ 时 Z'_L 可获得最大功率，由于此时不是共轭匹配，而是负载阻抗的模与电源内阻抗的模相等，故将此使负载获得最大功率的方法称为模匹配。可以证明此时负载获得的功率一般要比共轭匹配时的功率小。

又由于理想变压器在传递能量的过程中本身不消耗能量，所以当图 10-31b 中等效阻抗 Z'_L 获得的最大功率即为图 10-31a 中负载阻抗 Z_L 获得的最大功率。

综上所述，利用理想变压器的阻抗变换特性可使负载获得最大功率，但一般只能实现模匹配。

【例 10-10】 电路如图 10-32a 所示，为了使负载电阻 R_L 获得最大功率，试求理想变压器的匝比 n 应为多少？负载电阻 R_L 获得的最大功率为多少？

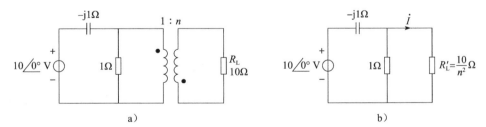

图 10-32 例 10-10 图

解 利用理想变压器的变换阻抗作用，原电路可等效为图 10-132b 所示电路。由于 n 为实常数，故 $\dfrac{R_\text{L}}{n^2}$ 与 $Z_0 = 1 /\!/ (-\text{j}1)$ 不可能达到共轭匹配，只能实现模匹配。即

$$\frac{10}{n^2} = |Z_0| = \left| \frac{-\text{j}}{1 - \text{j}} \right| = \frac{\sqrt{2}}{2}$$

因此

$$n = 3.76$$

此时

$$\dot{I} = \dfrac{10\angle 0^\circ}{-\mathrm{j}1 + \dfrac{\frac{\sqrt{2}}{2}}{1+\frac{\sqrt{2}}{2}}} \times \dfrac{1}{1+\frac{\sqrt{2}}{2}}\mathrm{A} \approx 5.41\angle 67.8^\circ\mathrm{A}$$

故负载获得的最大功率为

$$P = I^2 R'_{\mathrm{L}} = \left(5.41^2 \times \frac{\sqrt{2}}{2}\right)\mathrm{W} = 20.7\mathrm{W}$$

在电路分析中，我们有时还会遇到一个一次绕组与多个二次绕组构成的理想变压器。例如图 10-33a 所示理想变压器就是由一个一次绕组和两个二次绕组组成的。

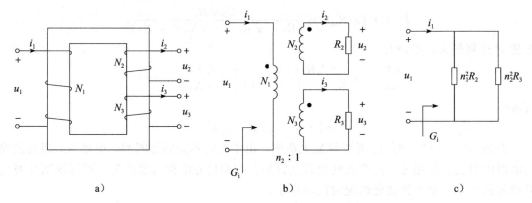

图 10-33　一个一次绕组与两个二次绕组构成的理想变压器

假设一次绕组匝数为 N_1，两个二次绕组的匝数分别为 N_2 和 N_3，在图示电压、电流参考方向下，有

$$\frac{u_1}{N_1} = \frac{u_2}{N_2} = \frac{u_3}{N_3} = \frac{\mathrm{d}\Phi}{\mathrm{d}t}$$

又由全电流定理得

$$N_1 i_1 - N_2 i_2 - N_3 i_3 = 0 \quad 即 \quad i_1 = \frac{1}{n_1}i_2 + \frac{1}{n_2}i_3$$

式中

$$n_1 = \frac{N_1}{N_2}, n_2 = \frac{N_1}{N_3}$$

若在两个二次绕组分别接负载电阻 R_3 和 R_2，如图 10-33b 所示，则从一次绕组看进去的等效电导为

$$G_{\mathrm{i}} = \frac{i_1}{u_1} = \frac{\dfrac{1}{n_1}i_2 + \dfrac{1}{n_2}i_3}{u_1} = \frac{\dfrac{1}{n_1}i_2}{n_1 u_2} + \frac{\dfrac{1}{n_2}i_3}{n_2 u_3} = \frac{G_2}{n_1^2} + \frac{G_3}{n_2^2}$$

由上式可得其等效电路如图 10-33c 所示。由此可见，当理想变压器是由一个一次绕组和多个二次绕组组成，若在其每个二次绕组分别接负载阻抗 Z_i，则可将每个二次阻抗先后搬移至一次侧，并且阻抗从二次侧折合至一次侧应扩大 n^2 倍，同时这些阻抗在一次侧的关系为并联关系。

【例 10-11】　求图 10-34a 所示理想变压器电路一次绕组上电压 $\dot{U}_1$。

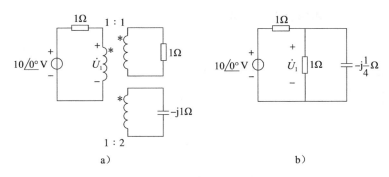

图 10-34 例 10-11 图

解 图 10-34a 所示想变压器是由一个一次绕组和两个二次绕组组成，首先将两个二次绕组所接负载电阻折合至一次侧，得等效电路如图 10-34b 所示，由该图可得

$$\dot{U}_1 = 10\angle 0° \times \frac{1 /\!/ \left(-j\frac{1}{4}\right)}{1 + 1 /\!/ \left(-j\frac{1}{4}\right)} = 2.24\angle -63.4°(\text{V})$$

习题 10

10-1 试标出题 10-1 图所示耦合绕组的同名端。

10-2 题 10-2 图所示电路中，若 $M=L$，正弦电压源电压 $U_S=50\text{V}$，cd 端开路。若将 b 和 d 相连接，测得 ac 间电压为 100V；若将 bc 相连接，测得 ad 间的电压为 0V，试确定其同名端。

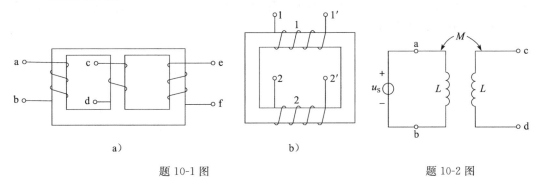

题 10-1 图   题 10-2 图

10-3 写出题 10-3 图中各耦合电感的伏安关系。

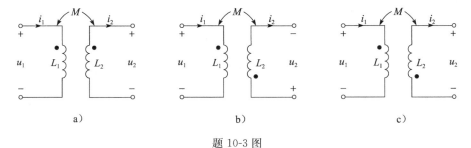

题 10-3 图

10-4 求题 10-4 图所示各电路中标有问号的电压或电流的表达式。

10-5 求题 10-5 图所示电路的等效电感。

（提示：本题可利用耦合电感三端去耦等效法求解。）

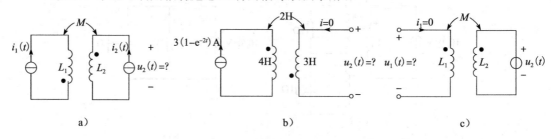

题 10-4 图

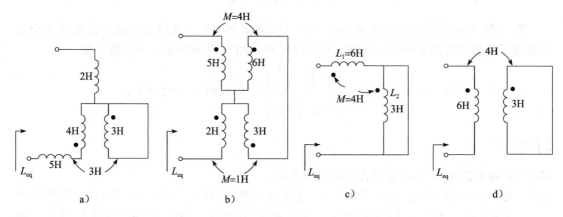

题 10-5 图

10-6 已知耦合电感作题 10-6 图所示两种连接时，其 ab 端的等效电感分别为 150mH 和 30mH，试求该耦合电感的耦合系数 k。

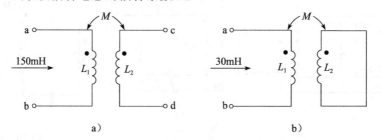

题 10-6 图

10-7 求题 10-7 图所示电路的输入阻抗 $Z(\omega=1\mathrm{rad/s})$。

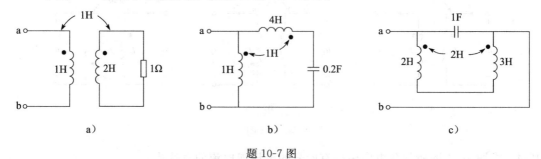

题 10-7 图

10-8 含互感的电路如题 10-8 图所示，已知：$L_1 = 4\text{H}$，$L_2 = 5\text{H}$，$M = 2\text{H}$，$R = 10\Omega$，$i(t) = 2\text{e}^{-4t}\text{A}$，$i_1(t) = 0\text{A}$，求 $u_2(t)$。

10-9 求题 10-9 图所示电路的戴维南等效电路。已知：$\omega L_1 = \omega L_2 = 10\Omega$，$\omega M = 5\Omega$，$R_1 = R_2 = 6\Omega$，$\dot{U}_1 = 60\angle 0°\text{V}$（正弦）。

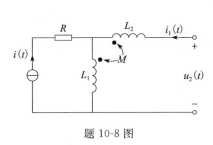

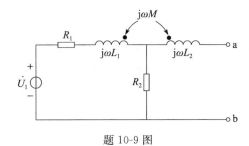

题 10-8 图　　　　　　　　　　　题 10-9 图

10-10 列写题 10-10 图所示电路的网孔方程，设 $\omega = 1\text{rad/s}$。
（提示：本题可先对耦合电感进行三端去耦等效再列方程。）

10-11 当题 10-11 图所示电路中的电流 $\dot{I}_1$ 与 $\dot{I}_2$ 正交时，试证明：$R_1 R_2 = \dfrac{L_2}{C}$，并对此结果进行分析。（提示：本题可先对耦合电感进行三端去耦等效再证明。）

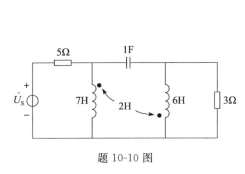

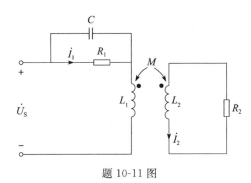

题 10-10 图　　　　　　　　　　　题 10-11 图

10-12 电路如题 10-12 图所示，试求 ab 端的输入阻抗 Z_{ab}、电流 $\dot{I}_1$ 和 $\dot{I}_2$。

10-13 在题 10-13 图所示电路中，已知：$R_1 = R_2 = 10\Omega$，$L_1 = 30\text{mH}$，$L_2 = 20\text{mH}$，$M = 10\text{mH}$，$u_{\text{S1}} = 2\cos 10^3 t V$，$u_{\text{S2}} = \cos 10^3 t V$，$i_{\text{S1}} = 80\cos(10^3 t - 45°)\text{mA}$，$i_{\text{S2}} = 44.5\cos(10^3 t - 45°)\text{mA}$，试求电流 i。
（提示：本题可利用叠加定理求解。）

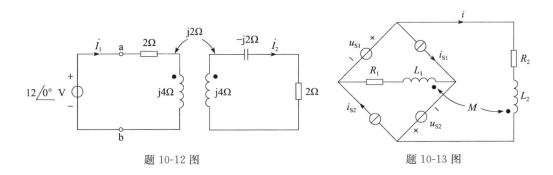

题 10-12 图　　　　　　　　　　　题 10-13 图

10-14　如题 10-14 图所示电路，已知：$u_S(t) = 100\sqrt{2}\cos\omega t\text{V}$，$\omega L_2 = 120\Omega$，$\omega M = \dfrac{1}{\omega C} = 20\Omega$，$Z_L$ 可调，问 Z_L 为何值时其上可获得最大功率，最大功率 $P_{L\max}$ 为多少？
（提示：本题首先应判断耦合线圈的同名端，再对耦合电感进行三端去耦等效，最后求响应。）

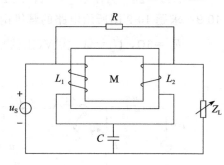

题 10-14 图

10-15　在题 10-15 图所示电路中，试求 Z_L 为多大时可获最大功率？它获得的最大功率为多少？

10-16　题 10-16 图所示理想变压器电路，已知 $\dot{U} = 10\angle 0°\text{V}$，求电源电压 $\dot{U}_S$。

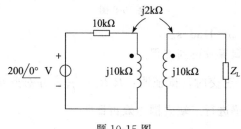

题 10-15 图

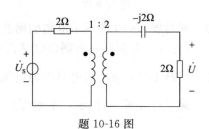

题 10-16 图

10-17　试求题 10-17 图所示电路中的电流相量 $\dot{I}$。

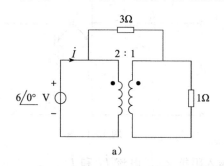

a)

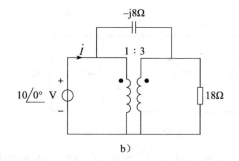

b)

题 10-17 图

10-18　试求题 10-18 图所示含理想变压器电路中电流 $\dot{I}$。

10-19　试求题 10-19 图所示电路中的电压相量 $\dot{U}_1$ 和 $\dot{U}_2$。

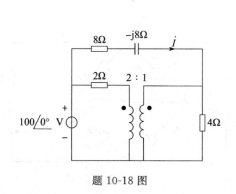

题 10-18 图

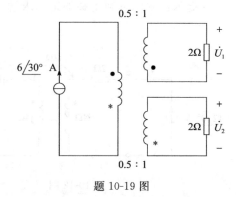

题 10-19 图

10-20 电路如题 10-20 图所示，试确定理想变压器的变比 n 使 10Ω 电阻获得最大功率。

10-21 求题 10-21 图所示电路匝比 n 为多大时负载 R_L 可获得最大功率？最大功率 P_{Lmax} 为多少？

（提示：由理想变压器阻抗变换特点，本题只能实现共模匹配。）

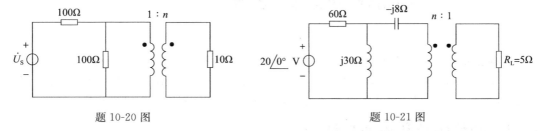

题 10-20 图   题 10-21 图

10-22 题 10-22 图所示电路中，n_1、n_2 为多少时，4Ω 电阻可获最大功率？并求此最大功率。

10-23 题 10-23 图所示电路中两线圈为全耦合电感，若 $U_s = 10V$，$R_1 = 1\Omega$，$\omega L_1 = 2\Omega$，$\omega L_2 = 32\Omega$，$\dfrac{1}{\omega C} = 32\Omega$，求 I_1 和 U_2。

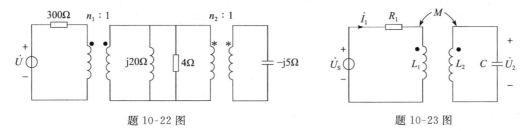

题 10-22 图   题 10-23 图

10-24 全耦合变压器电路如题 10-24 图所示，电路原处于稳态，$t=0$ 时开关闭合，求 $t > 0$ 时的电流 i_1 和 u_2。

（提示：本题先将全耦合电感用全耦合变压器模型表示，再求响应。）

10-25 含理想变压器的电路如题 10-25 图所示。已知：$R_1 = R_2 = R_3 = 4\Omega$，$Z_{C1} = -j8\Omega$，$Z_{C2} = -j6\Omega$，$Z_L = j8\Omega$，$\dot{U}_s = 240\angle 0°V$，试求 $\dot{U}_0$。

（提示：本题可先利用理想变压器变换阻抗及电压特性消去理想变压器，再求解。）

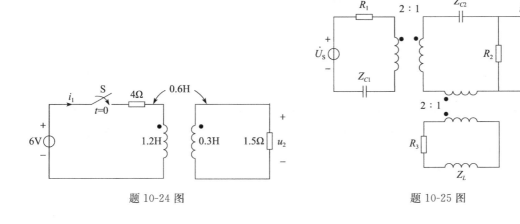

题 10-24 图   题 10-25 图

第11章 电路的频率特性

内容提要： 本章讨论不同频率正弦信号作用下电路响应的变化规律和特点，即电路的频率特性。首先介绍网络函数及频率特性，接着讨论几种典型 RC 电路的频率特性，最后讨论 RLC 串、并联谐振电路及其频率特性，并介绍了它们的选频和滤波作用。

11.1 网络函数和频率特性

1. 频率特性与网络函数的定义

由于感抗和容抗是频率的函数，因此当电路中包含储能元件时，对于不同频率正弦信号的作用，即使激励信号的振幅和初相相同，电路响应的振幅与初相也会随激励信号频率不同而各异。这种电路响应随激励频率变化而变化的特性称为电路的频率特性或频率响应。

在电路分析中，电路的频率特性用正弦稳态电路的网络函数来描述，其定义为正弦稳态电路的响应相量与激励相量之比，即

$$H(j\omega) = \frac{响应相量}{激励相量} \tag{11-1}$$

上式中并未对信号的频率 ω 加以限制，说明 $H(j\omega)$ 是频率 ω 的函数，故网络函数又被称为网络的频率响应函数或网络的频率特性。$H(j\omega)$ 反映了电路自身的特性，仅由电路的结构和参数决定，与外加激励无关。

由于感抗和容抗都是频率 ω 的复函数，因此，一般情况下，$H(j\omega)$ 是 ω 的复函数，可写成极坐标形式

$$H(j\omega) = |H(j\omega)| \angle \theta(\omega) \tag{11-2}$$

式中 $|H(j\omega)|$ 是 ω 的实函数，反映了电路响应与激励的振幅的比值（或有效值的比值）随 ω 变化的关系，称为电路的幅频特性；$\theta(\omega)$ 也是 ω 的实函数，反映了电路响应与激励的相位差随 ω 变化的关系，称为电路的相频特性。幅频特性和相频特性总称电路的频率特性。习惯上常把 $|H(j\omega)|$ 和 $\theta(\omega)$ 随 ω 变化的情况用曲线来表示，分别称为幅频特性曲线和相频特性曲线。

2. 网络函数的分类

根据响应与激励的类型及在电路中相对位置的不同，网络函数有多种不同的具体含义。

当响应与激励位于电路的同一端口时，网络函数称为策动点函数。进一步，当激励是电流源，响应为电压时称为策动点阻抗；当激励是电压源，响应为电流时称为策动点导纳，分别如图 11-1a 和 b 所示。

图 11-1a 策动点阻抗为

$$Z(j\omega) = \frac{\dot{U}_1}{\dot{I}_1}$$

图 11-1b 策动点导纳为

$$Y(j\omega) = \frac{\dot{I}_1}{\dot{U}_1}$$

显然，策动点阻抗与策动点导纳即电路的输入阻抗和输入导纳。

当响应与激励位于电路的不同端口时，网络函数称为转移函数或传输函数。它们又分为转移阻抗、转移导纳、转移电压比（或电压传输系数）及转移电流比（或电流传输系数）四种，分别如图 11-1c、d、e 和 f 所示。

转移阻抗如图 11-1c 所示

$$Z_T(j\omega) = \frac{\dot{U}_2}{\dot{I}_1}$$

转移导纳如图 11-1d 所示

$$Y_T(j\omega) = \frac{\dot{I}_2}{\dot{U}_1}$$

转移电压比如图 11-1e 所示

$$K_U(j\omega) = \frac{\dot{U}_2}{\dot{U}_1}$$

转移电流比如图 11-1f 所示

$$K_I(j\omega) = \frac{\dot{I}_2}{\dot{I}_1}$$

这四类转移函数中，响应电压指开路电压，而相应电流指短路电流。

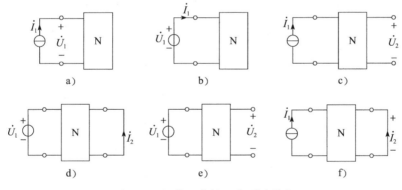

图 11-1 网络函数的六种不同形式

3. 网络函数的计算方法

网络函数取决于网络的结构和参数，与输入无关。已知网络相量模型，计算网络函数的方法是外加电源法：在输入端加一个电压源或电流源，用正弦稳态分析的任一种方法求输出相量的表达式，然后根据网络函数的定义将输出相量与输入相量相比，得相应的网络函数。

11.2 RC 电路的频率特性

由 RC 元件按各种方式组成的电路能起到选频和滤波的作用。在通信与无线电技术中得到广泛的应用。本节介绍几种典型的 RC 电路的频率特性。

11.2.1　一阶 *RC* 低通网络

图 11-2 所示电路为最简单的一阶 *RC* 串联电路，假设 $\dot{U}_1$ 为激励电压相量，$\dot{U}_2$ 为响应电压相量，则电路的转移电压比为

$$K_U(\mathrm{j}\omega) = \frac{\dot{U}_2}{\dot{U}_1} = \frac{\dfrac{1}{\mathrm{j}\omega C}}{R + \dfrac{1}{\mathrm{j}\omega C}} = \frac{1}{1 + \mathrm{j}\omega CR}$$

上式中 $\dfrac{1}{RC}$ 具有频率的量纲，为了分析方便不妨令 $\omega_C = \dfrac{1}{RC}$，则上式可改写为

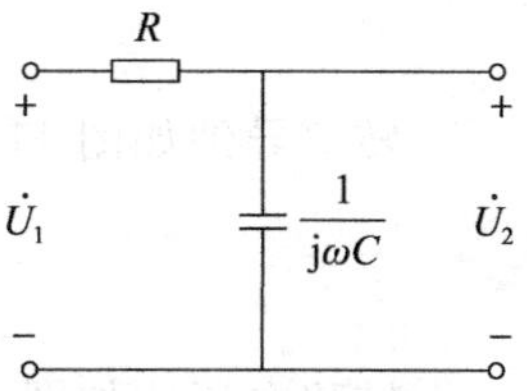

$$K_U(\mathrm{j}\omega) = \frac{\dot{U}_2}{\dot{U}_1} = \frac{1}{1 + \mathrm{j}\dfrac{\omega}{\omega_C}} = \frac{1}{\sqrt{1 + \left(\dfrac{\omega}{\omega_C}\right)^2}} \angle - \arctan\left(\frac{\omega}{\omega_C}\right)$$

$$= |K_U(\mathrm{j}\omega)| \angle \theta(\omega) \tag{11-3}$$

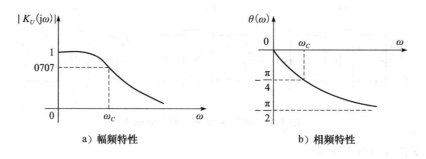

图 11-2　*RC* 低通网络

由式 (11-3) 可得其幅频特性和相频特性分别为

$$|K_U(\mathrm{j}\omega)| = \frac{1}{\sqrt{1 + \left(\dfrac{\omega}{\omega_C}\right)^2}} \tag{11-4}$$

$$\theta(\omega) = -\arctan\left(\frac{\omega}{\omega_C}\right) \tag{11-5}$$

由式 (11-4) 和式 (11-5) 可知：ω 从 0 到 ∞ 变化，当 $\omega=0$ 时，$|K_U(\mathrm{j}\omega)|=1$，$\theta(\omega)=0$；当 $\omega=\omega_C=\dfrac{1}{RC}$ 时，$|K_U(\mathrm{j}\omega)|=\dfrac{1}{\sqrt{2}}$，$\theta(\omega)=-\dfrac{\pi}{4}$；当 $\omega\to\infty$ 时，$|K_U(\mathrm{j}\omega)|\to0$，$\theta(\omega)\to-\dfrac{\pi}{2}$。由此可绘出其幅频特性曲线和相频特性曲线如图 11-3a、b 所示。

a）幅频特性　　　　　　　　　b）相频特性

图 11-3　*RC* 低通网络的频率特性

由图 11-3a 所示幅频特性曲线易知，对于该 *RC* 电路，在输入电压幅度一定的情况下，信号频率越高，输出电压振幅衰减越大。也即电路具有阻止高频电压通过而保证低频电压通过的性能。因此，这种保证低频信号通过的 *RC* 电路被称为低通网络。由于该 *RC* 电路的网络函数 $K_U(\mathrm{j}\omega)$ 表达式中 $\mathrm{j}\omega$ 的最高阶数为 1，故又称为一阶低通电路。

在工程技术中通常认为输出信号幅度不小于最大输出信号幅度的 $\dfrac{1}{\sqrt{2}}$ 时，信号能顺利通

过该网络，并把相应的频率范围定义为电路的通频带；认为输出信号幅度小于最大输出信号幅值的 $\frac{1}{\sqrt{2}}$ 时，信号不能顺利通过该网络，并把相应的频率范围定义为电路的阻带。定义输出信号幅度等于最大输出信号幅度的 $\frac{1}{\sqrt{2}}$ 所对应的频率为通带与阻带的分界点，称为截止角频率，用 ω_C 表示。显然由以上分析可知，对于一阶 RC 低通电路而言，当 $\omega < \omega_C$ 时，其输出信号幅度大于最大输出信号幅度的 $\frac{1}{\sqrt{2}}$，故把 $0 \sim \omega_C$ 的频率范围称为一阶 RC 低通网络的通频带；当 $\omega > \omega_C$ 时，其输出信号幅度小于最大输出信号幅度的 $\frac{1}{\sqrt{2}}$，故把 $\omega > \omega_C$ 的频率范围称为一阶 RC 低通网络的阻带；当 $\omega = \omega_C = \frac{1}{RC}$ 时，其输出信号幅度等于最大输出信号幅度的 $\frac{1}{\sqrt{2}}$，故把频率 $\omega = \omega_C = \frac{1}{RC}$ 称为一阶 RC 低通网络的截止角频率。又由于电路的输出功率与输出电压（或电流）的平方成正比，当 $\omega = \omega_C$ 时，电路输出功率是最大输出功率的一半，因此又称 ω_C 为半功率点频率。

RC 低通网络可以滤除电路中的高频分量，因此被广泛应用于整流电路和检波电路中，用以滤除电路中的交流高频分量。

11.2.2　一阶 RC 高通网络

若将图 11-2 所示 RC 串联电路的电阻电压作为输出电压，如图 11-4 所示，则电路的转移电压比为

$$K_U(\mathrm{j}\omega) = \frac{\dot{U}_2}{\dot{U}_1} = \frac{R}{R + \frac{1}{\mathrm{j}\omega C}} = \frac{1}{1 + \frac{1}{\mathrm{j}\omega CR}}$$

令 $\omega_C = \frac{1}{RC}$，则上式可改写为

$$K_U(\mathrm{j}\omega) = \frac{\dot{U}_2}{\dot{U}_1} = \frac{1}{1 - \mathrm{j}\frac{\omega_C}{\omega}} = \frac{1}{\sqrt{1 + \left(\frac{\omega_C}{\omega}\right)^2}} \angle \arctan\left(\frac{\omega_C}{\omega}\right)$$

$$= \mid K_U(\mathrm{j}\omega)\mid \angle\theta(\omega) \tag{11-6}$$

由式(11-6)可得其幅频特性和相频特性分别为

$$\mid K_U(\mathrm{j}\omega)\mid = \frac{1}{\sqrt{1 + \left(\frac{\omega_C}{\omega}\right)^2}} \tag{11-7}$$

$$\theta(\omega) = \arctan\left(\frac{\omega_C}{\omega}\right) \tag{11-8}$$

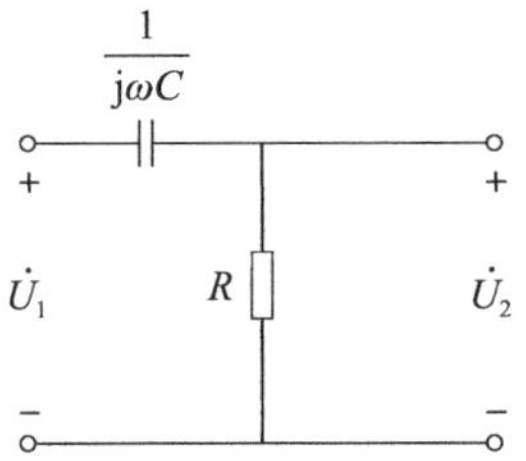

图 11-4　RC 高通网络

由式(11-7)和式(11-8)可知：随 ω 从 0 到 ∞ 变化，当 $\omega = 0$ 时，$\mid K_U(\mathrm{j}\omega)\mid = 0$，$\theta(\omega) = \frac{\pi}{2}$；当 $\omega = \omega_C = \frac{1}{RC}$ 时，$\mid K_U(\mathrm{j}\omega)\mid = \frac{1}{\sqrt{2}}$，$\theta(\omega) = \frac{\pi}{4}$；当 $\omega \to \infty$ 时，$\mid K_U(\mathrm{j}\omega)\mid \to 1$，$\theta(\omega) \to 0$。由此可作出其幅频特性曲线和相频特性

曲线，如图 11-5a、b 所示。

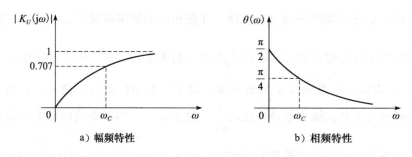

a) 幅频特性　　　　　　　b) 相频特性

图 11-5　RC 高通网络的频率特性

显然，此 RC 电路为一阶高通网络。$\omega_C = \dfrac{1}{RC}$ 为截止角频率或半功率点频率；$\omega > \omega_C$ 的频率范围为通频带；$0 \sim \omega_C$ 的频率范围为阻带。这一电路常用作电子电路放大器级间的 RC 耦合电路。

与 RC 串联电路相似，由 RL 串联而成的电路，通过选择不同的输出点也可分别构成高通和低通网络。这一结论可直接由 RC 和 RL 电路的对偶特性得出，在此不再赘述。

11.2.3　RC 带通网络

在实际应用中，除了前面介绍的低通与高通滤波电路之外，还经常运用带通滤波器取出某一频段的信号。图 11-6 所示 RC 带通网络，其转移电压比为

$$K_U(\mathrm{j}\omega) = \frac{\dot U_2}{\dot U_1} = \frac{\dfrac{1}{\mathrm{j}\omega C} \mathbin{/\!/} \left(R + \dfrac{1}{\mathrm{j}\omega C}\right)}{R + \dfrac{1}{\mathrm{j}\omega C} \mathbin{/\!/} \left(R + \dfrac{1}{\mathrm{j}\omega C}\right)} \frac{R}{R + \dfrac{1}{\mathrm{j}\omega C}}$$

$$= \frac{1}{3 + \mathrm{j}\left(\omega CR - \dfrac{1}{\omega CR}\right)} \tag{11-9}$$

由式(11-9)可得其幅频特性和相频特性分别为

$$|K_U(\mathrm{j}\omega)| = \frac{1}{\sqrt{9 + \left(\omega CR - \dfrac{1}{\omega CR}\right)^2}} \tag{11-10}$$

$$\theta(\omega) = -\arctan \frac{1}{3}\left(\omega CR - \frac{1}{\omega CR}\right) \tag{11-11}$$

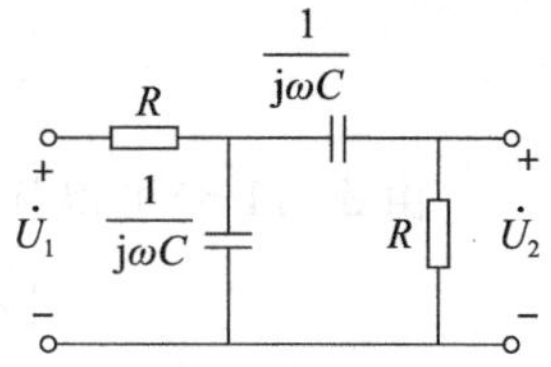

图 11-6　RC 带通网络

其幅频特性曲线和相频特性曲线如图 11-7a、b 所示。由幅频特性曲线可知，当 $\omega = \omega_0 = \dfrac{1}{RC}$ 时，$|K_U(\mathrm{j}\omega)| = \dfrac{1}{3}$ 最大，且电路对频率在 ω_0 附近的信号有较大的输出，因而该网络具有带通滤波的作用。一般 ω_0 称为中心频率，并且对于带通网络可求得两个截止角频率，由式(11-10)可求得图 11-6 所示 RC 带通网络的下截止角频率 $\omega_{C1} = 0.3\dfrac{1}{RC}$ 和上截止角频率 $\omega_{C2} = 3.3\dfrac{1}{RC}$。其通频带为 $\omega_{C1} \sim \omega_{C2}$。

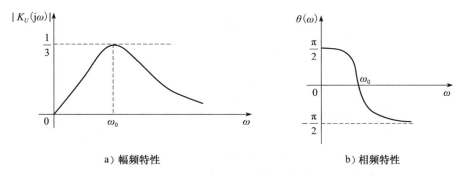

a）幅频特性　　　　　　　　　　b）相频特性

图 11-7　RC 带通网络的频率特性

11.2.4　RC 带阻网络

图 11-8 为 RC 带阻网络，其转移电压比为

$$K_U(\mathrm{j}\omega) = \frac{\dot{U}_2}{\dot{U}_1} = \cfrac{1}{1 + \cfrac{4}{\mathrm{j}\left(\omega CR - \cfrac{1}{\omega CR}\right)}} \tag{11-12}$$

由式（11-12）可得其幅频特性和相频特性分别为

$$|K_U(\mathrm{j}\omega)| = \cfrac{1}{\sqrt{1 + \left[\cfrac{4}{\omega CR - \cfrac{1}{\omega CR}}\right]^2}} \tag{11-13}$$

$$\theta(\omega) = \arctan\cfrac{4}{\omega CR - \cfrac{1}{\omega CR}} \tag{11-14}$$

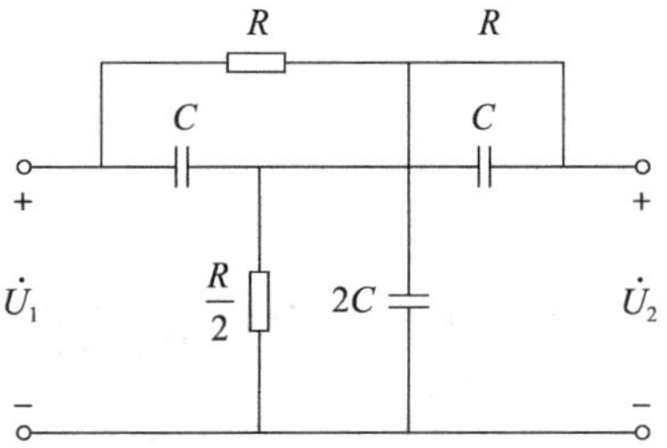

图 11-8　RC 带阻网络

幅频特性曲线和相频特性曲线如图 11-9a、b 所示。

由幅频特性曲线可知，电路对频率在 $\omega = \omega_0 = \dfrac{1}{RC}$ 附近的信号有较大的衰减，因而网络具有带阻滤波的作用。

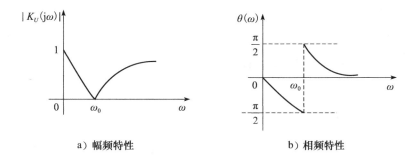

a）幅频特性　　　　　　　　　　b）相频特性

图 11-9　RC 带阻网络的频率特性

11.2.5　RC 全通网络（移相网络）

图 11-10 为 RC 全通网络，其转移电压比为

$$K_U(\mathrm{j}\omega) = \frac{\dot{U}_2}{\dot{U}_1} = \frac{\dfrac{1}{\mathrm{j}\omega CR}}{R + \dfrac{1}{\mathrm{j}\omega CR}} - \frac{R}{R + \dfrac{1}{\mathrm{j}\omega CR}}$$

$$= \frac{1 - \mathrm{j}\omega CR}{1 + \mathrm{j}\omega CR} \tag{11-15}$$

由式(11-15)可得其幅频特性和相频特性分别为

$$|K_U(\mathrm{j}\omega)| = 1 \tag{11-16}$$

$$\theta(\omega) = -2\arctan(\omega CR) \tag{11-17}$$

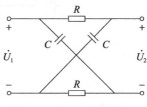

图 11-10　RC 全通网络

其幅频特性曲线和相频特性曲线如图 11-11a、b 所示。由图 11-11可知所有频率的信号都以相同的增益通过该电路，且不随频率变化，而相移随频率从 $0°\sim180°$ 变化。故该电路称 RC 全通网络，又称移相网络。

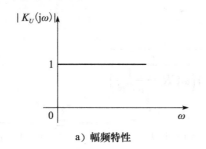

a）幅频特性

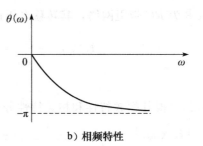

b）相频特性

图 11-11　RC 全通网络的频率特性

11.3　RLC 串联电路的谐振

电路谐振是在特定条件下出现在电路中的一种现象。对一个含有 L、C 元件的单口电路而言，若出现了其端口电压与端口电流同相的现象，则说此电路发生了谐振。能发生谐振的电路称为谐振电路，而使谐振发生的条件称为谐振条件。在电子和无线电工程中，经常要从许多电信号中选取出我们所需要的电信号，同时把不需要的电信号加以抑制或滤除，为此就需要一个选频电路，即谐振电路。另一方面，在电力工程中，有可能由于电路中出现谐振而产生某些危害，例如过电压或过电流。所以对谐振电路的研究，无论是从利用方面，或是从限制其危害方面来看，都有重要意义。本节讨论 RLC 串联谐振，下节讨论 GCL 并联谐振。

11.3.1　RLC 串联谐振条件和谐振频率

图 11-12 所示 RLC 串联电路，设其激励 $\dot{U}_\mathrm{S}$ 为振幅和初相不变而频率可变的正弦电压。则电路的策动点阻抗可表示为

$$Z(\mathrm{j}\omega) = R + \mathrm{j}\left(\omega L - \frac{1}{\omega C}\right) = R + \mathrm{j}(X_L - X_C)$$

$$= R + \mathrm{j}X = \sqrt{R^2 + X^2}\angle\arctan\frac{X}{R} = |Z|\angle\theta_Z \tag{11-18}$$

由于感抗、容抗均为频率的函数，故式(11-18)中，电抗 X、阻抗模 $|Z|$、阻抗角 θ_Z 均为 ω 的函数。图 11-13 给出了电抗 X，阻抗模 $|Z|$ 随 ω 变化的曲线。

由图可见，当 ω 从 0 向 ∞ 变化时，由于 X_L 和 X_C 随频率变化特性不同，使得总电抗

X 从 $-\infty$ 向 $+\infty$ 变化，电抗由容性变为感性。当 $\omega = \omega_0$ 这一特定角频率时，感抗等于容抗，电抗为 0，即有

$$X = \omega_0 L - \frac{1}{\omega_0 C} = 0 \tag{11-19}$$

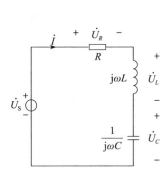

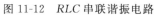

图 11-12　RLC 串联谐振电路

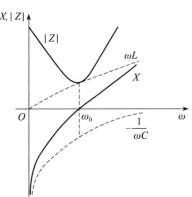

图 11-13　RLC 串联电路的 X-ω 和 $|Z|$-ω 曲线

此时阻抗 $Z(\mathrm{j}\omega) = Z_0 = R$，为纯电阻且 $|Z(\mathrm{j}\omega)|$ 最小，端口电流 $\dot{I} = \dfrac{\dot{U}_S}{R}$，电流与激励电压同相，电路呈纯电阻性。$RLC$ 电路在正弦稳态下所呈现的这种特殊工作状态称为谐振。由于这种谐振发生在 RLC 串联电路中，所以称为串联谐振，相应的电路就称为 RLC 串联谐振电路。显然式(11-19)是 RLC 串联谐振电路发生串联谐振的条件。

使电路发生串联谐振的频率称为串联谐振频率。由式(11-19)可得电路发生谐振的角频率和频率分别为

$$\omega_0 = \frac{1}{\sqrt{LC}} (\mathrm{rad/s}) \tag{11-20}$$

$$f_0 = \frac{1}{2\pi\sqrt{LC}} (\mathrm{Hz}) \tag{11-21}$$

式(11-20)和式(11-21)表明，电路的谐振频率只有一个，仅与电路本身的元件参数 L、C 有关，与电阻 R 无关。故 ω_0（或 f_0）称为电路的固有频率。显然，只有当激励信号的频率与电路的固有频率一致时，电路才发生谐振。

由此可见可以通过以下两种方法使电路发生谐振：

1）若谐振电路 L 和 C 一定时，则可通过改变激励信号频率，使激励信号频率等于电路的固有频率，从而使电路发生谐振；

2）若激励信号频率一定，则可通过调 L 或 C（常改变 C）的值，改变电路的固有频率，从而使电路对某个所需频率发生谐振，这种操作方法称为调谐，例如，收音机选电台就是一种常见的调谐操作。

11.3.2　RLC 串联谐振电路的特性阻抗与品质因数

串联谐振时，电路的感抗 X_{L0} 等于容抗 X_{C0}，且均不为零。通常将此时的感抗和容抗称为串联谐振电路的特性阻抗，并用字母 ρ 表示。即

$$\rho = \omega_0 L = \frac{1}{\omega_0 C} = \sqrt{\frac{L}{C}} \tag{11-22}$$

由式(11-22)可以看出，特性阻抗 ρ 仅由串联电路的元件参数 L、C 决定，与其他因数无关，其单位为 Ω。

在工程中，通常用电路的特性阻抗与电路的电阻值之比来表征谐振电路的性质，并将此比值称为串联谐振电路的品质因数，用字母 Q 表示。即

$$Q = \frac{\omega_0 L}{R} = \frac{1}{\omega_0 CR} = \frac{\rho}{R} = \frac{1}{R}\sqrt{\frac{L}{C}} \tag{11-23}$$

由式(11-23)可以看出，品质因数 Q 是仅由串联电路的元件参数 R、L 和 C 决定的无量纲的常数。

11.3.3　RLC 串联电路的谐振特性

由于电路发生谐振时具有一些显著的特征。因此，为了强调谐振特性，相关变量附加"0"下标。

1. RLC 串联谐振时电路的阻抗与导纳

RLC 串联电路谐振时，阻抗的电抗分量 $X = \omega_0 L - \dfrac{1}{\omega_0 C} = 0$，故

$$Z_0 = R + jX = R \tag{11-24}$$

$$Y_0 = \frac{1}{Z_0} \tag{11-25}$$

$$且 |Z_0| = |Z|_{\min}, \quad |Y_0| = |Y|_{\max}$$

即此时，阻抗和导纳为纯电阻，且阻抗达到阻抗模的最小值，导纳达到导纳模的最大值。

2. 谐振时的电流、电压

谐振时，电路中的电流为

$$\dot{I}_0 = \frac{\dot{U}_s}{Z_0} = \frac{\dot{U}_s}{R} \tag{11-26}$$

由于谐振时电路的阻抗达到阻抗模的最小值，且为纯电阻，故此时电流不仅与激励电压同相而且达到电流模的最大值。

串联谐振时各元件上的电压分别为

$$\dot{U}_{R0} = R\dot{I}_0 = R \cdot \frac{\dot{U}_s}{R} = \dot{U}_s \tag{11-27}$$

$$\dot{U}_{L0} = j\omega_0 L\dot{I}_0 = j\omega_0 L \cdot \frac{\dot{U}_s}{R} = j\frac{\omega_0 L}{R}\dot{U}_s = jQ\dot{U}_s \tag{11-28}$$

$$\dot{U}_{C0} = \frac{1}{j\omega_0 C}\dot{I}_0 = \frac{1}{j\omega_0 C} \cdot \frac{\dot{U}_s}{R} = \frac{1}{j\omega_0 CR}\dot{U}_s = -jQ\dot{U}_s \tag{11-29}$$

此时电容与电感上的电压相量之和为

$$\dot{U}_{X0} = \dot{U}_{L0} + \dot{U}_{C0} = jQ\dot{U}_s - jQ\dot{U}_s = 0 \tag{11-30}$$

式(11-27)表明谐振时，外加电压全部加在电阻两端，此时的电阻电压也就是谐振峰。式(11-28)和式(11-29)表明，当电路谐振时电感上电压和电容上电压大小相等均为激励的 Q 倍，且相位相反。式(11-27)和式(11-30)表明，谐振时 L、C 串联部分对外相当于短路，与激励之间没有能量的交换，故此时激励电压全部施加在电阻两端，如图 11-14 所示。通信与无线技术中的串联谐振电路，一般 $R \ll \rho$，Q 值可达几十到几百。因此，谐振时电感或电容上的电压可达激励电压的几十到几百倍，所以串联谐振又称电压谐振。RLC 串联谐振时电压、电流相量图如图 11-15 所示。

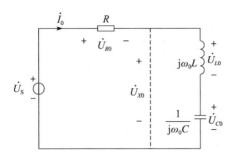
图 11-14 RLC 串联电路谐振时的相量模型图

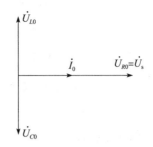
图 11-15 RLC 串联电路谐振时的相量图

在无线电技术中，串联谐振电路的典型应用是作为接收机的输入回路，它可将微弱而不同频率的电台信号，从天线经过耦合，在电感上感应出比输入电压高得多的电压信号。需要指出的是，在电力系统中，由于电压较高，故需避免因串联谐振而引起的过电压损坏电气设备。

3. 谐振时电路的功率与能量

设 RLC 串联电路中，谐振时瞬时电流为

$$i_0 = \sqrt{2} I_0 \cos\omega_0 t$$

则电容电压瞬时值为

$$u_{C0} = \frac{\sqrt{2} I_0}{\omega_0 C} \cos(\omega_0 t - 90°)$$

电感电压瞬时值为

$$u_{L0} = \sqrt{2}\omega_0 L I_0 \cos(\omega_0 t + 90°)$$

电感和电容吸收的功率分别为

$$p_{L0} = u_{L0} i_0 = 2\omega_0 L I_0^2 \cos(\omega_0 t)\cos(\omega_0 t + 90°) = -\omega_0 L I_0^2 \sin(2\omega_0 t) \tag{11-31}$$

$$p_{C0} = u_{C0} i_0 = \frac{2 I_0^2}{\omega_0 C}\cos(\omega_0 t)\cos(\omega_0 t - 90°) = \frac{I_0^2}{\omega_0 C}\sin(2\omega_0 t) \tag{11-32}$$

由式(11-31)和式(11-32)可以看出，谐振时任何时刻电感和电容吸收的瞬时功率大小相等极性相反，即电感和电容吸收的总瞬时功率为零，$p_{L0}(t) + p_{C0}(t) = 0$。说明电感和电容与电压源和电阻之间没有能量交换。电压源发出的功率全部为电阻吸收，即 $p_S(t) = p_R(t)$。

电感和电容的瞬时储能分别为

$$w_{L0} = \frac{1}{2}Li_0^2 = LI_0^2\cos^2(\omega_0 t) \tag{11-33}$$

$$w_{C0} = \frac{1}{2}Cu_{C0}^2 = LI_0^2\sin^2(\omega_0 t) \tag{11-34}$$

两电抗元件的瞬时储能之和为

$$w = w_{L0} + w_{C0} = LI_0^2\cos^2(\omega_0 t) + LI_0^2\sin^2(\omega_0 t) = LI_0^2 \tag{11-35}$$

由式(11-33)、式(11-34)和式(11-35)可以看出谐振时电路总储能在任何瞬间恒为常数，表明电路谐振时储能元件与激励源间确无能量交换，存在的只是电容与电感间的电磁能量的相互转换。

谐振时，一个周期内电阻上消耗的能量为

$$w_R = RI_0^2 T$$

一个周期内，电路中储存的能量与其消耗的能量之比为

$$\frac{w_{L0} + w_{C0}}{w_R} = \frac{LI_0^2}{RI_0^2 T} = \frac{1}{2\pi}\frac{\omega_0 L}{R} = \frac{1}{2\pi}Q$$

得品质因数 Q 从能量角度的定义

$$Q = 2\pi \frac{\text{谐振时电路储存的总能量}}{\text{谐振时电路在一个周期内消耗的能量}}$$

由上式可以进一步看出电路的 Q 值实质上描述了谐振时电路的储能、耗能之比。

11.3.4　*RLC* 串联谐振电路的频率特性

谐振电路中的电流、电压、阻抗、导纳等物理量随电源角频率 ω 变化的函数关系，称为谐振电路的频率特性。研究电路的频率特性目的在于进一步研究谐振电路的频率选择性和通频带问题。本小节专门讨论 *RLC* 串联谐振电路的频率特性。

（1）电路的策动点导纳和电流的频率特性

图 11-12 所示电路中，假设电压源 $\dot U_\mathrm{S}$ 为激励相量，则电路电流相量为

$$\dot I = \frac{\dot U_\mathrm{S}}{R + \mathrm{j}\left(\omega L - \dfrac{1}{\omega C}\right)} = \frac{\dfrac{\dot U_\mathrm{S}}{R}}{1 + \mathrm{j}\dfrac{\omega_0 L}{R}\left(\dfrac{\omega}{\omega_0} - \dfrac{1}{\omega_0 \omega L C}\right)}$$

$$= \frac{\dot I_0}{1 + \mathrm{j}Q\left(\dfrac{\omega}{\omega_0} - \dfrac{\omega_0}{\omega}\right)} \tag{11-36}$$

策动点导纳为

$$Y(\mathrm{j}\omega) = \frac{\dot I}{\dot U_\mathrm{S}} = \frac{1}{R + \mathrm{j}\left(\omega L - \dfrac{1}{\omega C}\right)} = \frac{\dfrac{1}{R}}{1 + \mathrm{j}Q\left(\dfrac{\omega}{\omega_0} - \dfrac{\omega_0}{\omega}\right)}$$

$$= \frac{Y_0}{1 + \mathrm{j}Q\left(\dfrac{\omega}{\omega_0} - \dfrac{\omega_0}{\omega}\right)} \tag{11-37}$$

由于 $\dot I_0$、Y_0 均为常量，则式(11-36)和式(11-37)可以统一表示为

$$\frac{\dot I}{\dot I_0} = \frac{Y}{Y_0} = \frac{1}{1 + \mathrm{j}Q\left(\dfrac{\omega}{\omega_0} - \dfrac{\omega_0}{\omega}\right)} = H(\mathrm{j}\omega) \tag{11-38}$$

为了分析方便，若取 $\dfrac{\omega}{\omega_0}$ 为自变量，称 $\dfrac{\omega}{\omega_0}$ 为相对角频率，它反映了激励电压的角频率偏离谐振频率的程度，则 $\dfrac{\dot I}{\dot I_0}$ 或 $\dfrac{Y}{Y_0}$ 的频率特性曲线的形状将仅受电路的品质因数 Q 的影响，具有通用性。故取 $\dfrac{\dot I}{\dot I_0}$ 或 $\dfrac{Y}{Y_0}$ 随频率变化的特性为串联谐振电路电路的频率特性。

其归一化幅频特性为

$$|H(\mathrm{j}\omega)| = \frac{1}{\sqrt{1 + Q^2\left(\dfrac{\omega}{\omega_0} - \dfrac{\omega_0}{\omega}\right)^2}} \tag{11-39}$$

相频特性为

$$\theta(\omega) = -\arctan Q\left(\frac{\omega}{\omega_0} - \frac{\omega_0}{\omega}\right) \tag{11-40}$$

相应的谐振曲线如图 11-16a、b 所示。并把幅频特性曲线称为串联谐振电路的谐振曲线。

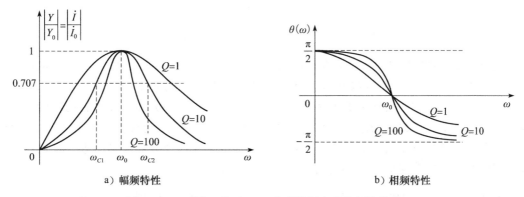

a）幅频特性　　　　　　　　　　　b）相频特性

图 11-16　不同 Q 值下 RLC 串联谐振电路的频率特性

由图 11-16 可知，当 $\omega = \omega_0$，即电路谐振时，无论品质因数 Q 取何值，$|H(j\omega)|$ 最大，相移为零，也就是说谐振时电路的策动点导纳值最大，电流有效值达到最大；当 ω 偏离 ω_0 即失谐时，$|H(j\omega)|$ 逐渐减小而趋于 0，相移绝对值增大而趋于 $\dfrac{\pi}{2}$，也就是说随着 ω 逐渐远离 ω_0，电路的策动点导纳值逐渐变小，电路中的电流也越来越小。进一步，当 $\omega < \omega_0$ 时，相移为正，电路呈容性；$\omega > \omega_0$ 时，相移为负，电路呈感性。Q 值越大，谐振曲线的峰越尖锐，谐振点附近的曲线越陡峭，相频特性在 $\omega = \omega_0$ 处斜率越大。

由以上分析可知，串联谐振电路对不同频率的信号具有不同的响应且具有带通滤波器的特性。在谐振点附近响应较大，而偏离谐振点则响应逐渐减小，即对偏离谐振频率的信号有抑制作用，不易通过。谐振电路可选出所需信号而抑制不需要信号的能力称为电路的选择性。由谐振曲线可知，电路 Q 值越大，谐振曲线越尖锐，电路对偏离谐振频率的信号的抑制能力就越强，电路的频率选择性就越好。但如果 Q 值太高，则会造成一部分所需传输的主要频率成分被削弱而造成失真，因此，从这方面考虑 Q 值不宜太高，为了保证谐振电路所能通过的信号频率有一定的范围，工程上通常将幅频特性曲线上 $|H(j\omega)| \geqslant \dfrac{1}{\sqrt{2}}$ 所对应的频率范围定义为电路的通频带或带宽。如图 11-16a 所示，$\omega_{C1} \sim \omega_{C2}$ 所对应的频率范围即为 $Q = 10$ 时串联谐振电路的通频带，其中 ω_{C1} 为下截止角频率，ω_{C2} 为上截止角频率。若用 BW 表示通频带，则根据通频带的概念，由式(11-39)可得

$$|H(j\omega)| = \frac{1}{\sqrt{1 + Q^2\left(\dfrac{\omega}{\omega_0} - \dfrac{\omega_0}{\omega}\right)^2}} = \frac{1}{\sqrt{2}}$$

即

$$Q^2\left(\frac{\omega}{\omega_0} - \frac{\omega_0}{\omega}\right)^2 = 1$$

可以解得

$$\frac{\omega}{\omega_0} = \sqrt{1 + \frac{1}{4Q^2}} \pm \frac{1}{2Q}$$

所以有

$$\omega_{C1} = \left(\sqrt{1 + \frac{1}{4Q^2}} - \frac{1}{2Q}\right)\omega_0$$

$$\omega_{C2} = \left(\sqrt{1 + \frac{1}{4Q^2}} + \frac{1}{2Q}\right)\omega_0$$

因此，串联谐振电路的通频带为

$$BW = \omega_{C2} - \omega_{C1} = \frac{\omega_0}{Q} \quad (单位:rad/s) \tag{11-41}$$

或

$$BW = f_{C2} - f_{C1} = \frac{f_0}{Q} \quad (单位:Hz) \tag{11-42}$$

式(11-41)和式(11-42)表明，在谐振频率一定时，通频带 BW 与品质因数 Q 成反比关系，Q 值越高，幅频特性曲线越陡，电路的选择性越好，但通频带越窄。

在工程上，一方面要求谐振电路具有良好的选择性，另一方面又要求它的通频带带宽能满足无失真信号传输的需求，所以电路的选择性与通频带之间存在一定的矛盾。因此，在选择和设计谐振电路时，需同时兼顾选择性和通频带这两个方面来确定适当的 Q 值。一般适用的原则是在确保失真度小的前提下，尽量提高 Q 值。

若将 $Q = \frac{\omega_0 L}{R}$ 分别代入式(11-41)和式(11-42)，可以得到通频带的另一种表示

$$BW = \frac{\omega_0}{Q} = \frac{R}{L} \quad (单位:rad/s) \tag{11-43}$$

$$BW = \frac{f_0}{Q} = \frac{R}{2\pi L} \quad (单位:Hz) \tag{11-44}$$

式(11-41)、式(11-42)、式(11-43)和式(11-44)又称为谐振回路的绝对通频带，表示了谐振回路通频带的绝对宽度。通常称

$$\frac{BW}{\omega_0} = \frac{1}{Q} \tag{11-45}$$

为相对通频带。

（2）电压频率特性

前面讨论了 RLC 串联谐振电路中电流及导纳的频率特性，接下来研究分别以电阻、电感及电容上电压为输出时的频率特性。由图 11-12 得，RLC 串联谐振电路中电阻电压的频率特性为

$$H_R(j\omega) = \frac{\dot{U}_R}{\dot{U}_S} = \frac{1}{1 + jQ\left(\dfrac{\omega}{\omega_0} - \dfrac{\omega_0}{\omega}\right)} \tag{11-46}$$

与式(11-38)比较知其频率特性与 $\dfrac{\dot{I}}{\dot{I}_0}$ 或 $\dfrac{Y}{Y_0}$ 的相同。

电容电压的频率特性为

$$\begin{aligned}
H_C(j\omega) &= \frac{\dot{U}_C}{\dot{U}_S} = \frac{\dfrac{1}{j\omega C}}{R + j\left(\omega L - \dfrac{1}{\omega C}\right)} = \frac{-jQ\dfrac{\omega_0}{\omega}}{1 + jQ\left(\dfrac{\omega}{\omega_0} - \dfrac{\omega_0}{\omega}\right)} \\
&= \frac{Q}{\sqrt{1 + Q\left(\dfrac{\omega}{\omega_0} - \dfrac{\omega_0}{\omega}\right)^2}}\frac{\omega_0}{\omega} \angle \frac{\pi}{2} - \arctan Q\left(\dfrac{\omega}{\omega_0} - \dfrac{\omega_0}{\omega}\right) \\
&= |H_C(j\omega)| \angle \theta_C(\omega)
\end{aligned} \tag{11-47}$$

电感电压的频率特性为

$$H_L(j\omega) = \frac{\dot{U}_L}{\dot{U}_s} = \frac{j\omega L}{R + j\left(\omega L - \dfrac{1}{\omega C}\right)} = \frac{jQ\dfrac{\omega}{\omega_0}}{1 + jQ\left(\dfrac{\omega}{\omega_0} - \dfrac{\omega_0}{\omega}\right)}$$

$$= \frac{Q}{\sqrt{1 + Q\left(\dfrac{\omega}{\omega_0} - \dfrac{\omega_0}{\omega}\right)^2}} \cdot \frac{\omega}{\omega_0} \angle \frac{\pi}{2} - \arctan Q\left(\frac{\omega}{\omega_0} - \frac{\omega_0}{\omega}\right)$$

$$= |H_L(j\omega)| \angle \theta_L(\omega) \tag{11-48}$$

利用求极值的方法可求得 $|H_L(j\omega)|$ 和 $|H_L(j\omega)|$ 的最大值所对应的频率分别为

$$\omega_{C\text{max}} = \omega_0 \sqrt{1 - \frac{1}{2Q^2}} \tag{11-49}$$

$$\omega_{L\text{max}} = \frac{\omega_0}{\sqrt{1 - \dfrac{1}{2Q^2}}} \tag{11-50}$$

由式(11-49)、式(11-50)可知，当 $Q \leqslant \dfrac{1}{\sqrt{2}}$ 时，U_C、U_L 均无峰值。$Q > \dfrac{1}{\sqrt{2}}$ 时，电容电压和电感电压的最大值不在谐振点上，但随 Q 值的增大，出现 $|H_L(j\omega)|$ 和 $|H_C(j\omega)|$ 最大值时的频率越来越靠近谐振频率 ω_0，当 Q 值较大，即 $Q \geqslant 10$ 时，可以认为 $\omega_{C\text{max}} \approx \omega_0 \approx \omega_{L\text{max}}$，且实际使用的串联谐振电路都满足这一条件。所以，通常认为电流、电压均在谐振频率 ω_0 处达到最大值。

图 11-17 分别画出了 $Q > \dfrac{1}{\sqrt{2}}$（$Q = 1.5$）及 $Q \leqslant \dfrac{1}{\sqrt{2}}$（$Q = 0.5$）时 $|H_L(j\omega)| \sim \omega$ 和 $|H_C(j\omega)| \sim \omega$ 的曲线。由图可以看出当 $Q > \dfrac{1}{\sqrt{2}}$ 时电容电压、电感电压具有带通特性。

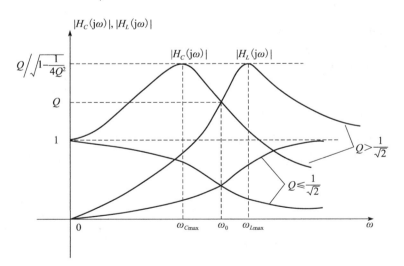

图 11-17 电压传输幅频特性

【例 11-1】 RLC 串联谐振电路中，已知：$R = 10\Omega$，$L = 4\text{mH}$，$C = 0.001\mu\text{F}$，$u_s = 100\sqrt{2}\cos\omega t\,\text{V}$。试求电路 ω_0、Q、U_{L0}、U_{C0} 以及 BW 及 I_0。

解 由题意得，电源电压有效值为 $U_s = 100\text{V}$

$$I_0 = \frac{U_S}{R} = \frac{100}{10} = 10A$$

$$\omega_0 = \frac{1}{\sqrt{LC}} = \frac{1}{\sqrt{4 \times 10^{-3} \times 0.001 \times 10^{-6}}} = 5 \times 10^5 \text{rad/s}$$

$$Q = \frac{\omega_0 L}{R} = \frac{5 \times 10^5 \times 4 \times 10^{-3}}{10} = 200$$

$$U_{L0} = U_{C0} = QU_S = 20000V$$

$$BW = \frac{\omega_0}{Q} = \frac{5 \times 10^5}{200} = 2500(\text{rad/s})$$

【例 11-2】 RLC 串联电路的电源有效值 $U_S = 10V$，角频率 $\omega = 5 \times 10^3 \text{rad/s}$，调电容 C，使电路发生谐振，这时 $I_0 = 200mA$，$U_{C0} = 600V$，试求电路的 R、L、C 及 Q。

解　根据题意得　$R = \frac{U_S}{I_0} = \frac{10}{200 \times 10^{-3}} = 50\Omega$

$$Q = \frac{U_{C0}}{U_S} = \frac{600}{10} = 60$$

$$L = \frac{QR}{\omega_0} = \frac{60 \times 50}{5 \times 10^3} = 600mH$$

$$C = \frac{1}{\omega_0^2 L} = \frac{1}{(5 \times 10^3)^2 \times 600 \times 10^{-3}} = 0.067\mu F$$

11.4　GCL 并联电路的谐振

串联谐振电路适用于信号源内阻较小的情况。当信号源内阻很大时，串联谐振电路的品质因数将很低，电路的谐振特性将变坏，这时宜采用并联谐振电路。

11.4.1　GCL 并联谐振电路

图 11-18 所示的 GCL 并联谐振电路是与图 11-12 所示的 RLC 串联谐振电路相对偶的另一种形式的谐振电路。对于该谐振电路的特性可由对偶原理从 RLC 串联谐振电路特性推导得出。

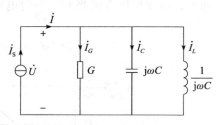

图 11-18　GCL 并联谐振电路

1. GCL 并联谐振条件和谐振频率

图 11-18 所示 GCL 并联电路，设其激励 $\dot{I}_S$ 为振幅和初相不变而频率可变的正弦电流。则电路的策动点导纳可表示为

$$Y(j\omega) = G + j\left(\omega C - \frac{1}{\omega L}\right) = G + j(B_C - B_L)$$

$$= G + jB = \sqrt{G^2 + B^2} \angle \arctan \frac{B}{G}$$

$$= |Y| \angle \theta_Y \qquad (11\text{-}51)$$

图 11-19 给出了电纳 B，导纳模 $|Y|$ 随 ω 变化的曲线。

由图可见，当 ω 从 0 向 ∞ 变化时，总电纳 B 从 $-\infty$ 向 $+\infty$ 变化，电纳由感性变为容性。当 $\omega = \omega_0$ 这一特定角频率时，感纳等于容纳，电纳为 0，即有

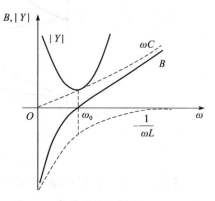

图 11-19　GCL 并联电路的 $B \sim \omega$ 和 $|Y| \sim \omega$ 曲线

$$B = \omega_0 C - \frac{1}{\omega_0 L} = 0 \qquad (11\text{-}52)$$

此时导纳 $Y(j\omega) = Y_0 = G$ 为纯电导且 $|Y(j\omega)|$ 最小，端口电压 $\dot{U} = \dfrac{\dot{I}_s}{G}$，电压与激励电流同相，电路呈纯电阻性。此时 GCL 并联电路处于谐振状态，称为并联谐振，相应的电路就称为 GCL 并联谐振电路。显然式(11-52)是 GCL 并联谐振电路发生并联谐振的条件。

由式(11-52)可得并联谐振频率为

$$\omega_0 = \frac{1}{\sqrt{LC}} \quad (\text{rad/s}) \qquad (11\text{-}53)$$

或

$$f_0 = \frac{1}{2\pi \sqrt{LC}} \quad (\text{Hz}) \qquad (11\text{-}54)$$

该频率称为并联谐振电路的固有谐振频率，简称谐振频率。

2. GCL 并联电路的谐振特性

并联谐振时，电路的感纳和容纳分别为

$$B_{L0} = \frac{1}{\omega_0 L} = \omega_0 C = B_{C0} = \sqrt{\frac{C}{L}} \qquad (11\text{-}55)$$

品质因数 Q 为

$$Q = \frac{\omega_0 C}{G} = \frac{1}{\omega_0 LG} = \frac{1}{G} \sqrt{\frac{C}{L}} \qquad (11\text{-}56)$$

导纳与阻抗分别为

$$Y_0 = G + jB = G \qquad (11\text{-}57)$$

$$Z_0 = \frac{1}{Y_0} = \frac{1}{G} = R \qquad (11\text{-}58)$$

且

$$|Y_0| = |Y|_{\min}, \quad |Z_0| = |Z|_{\max}$$

谐振时，并联谐振电路电压为

$$\dot{U}_0 = \frac{\dot{I}_s}{Y_0} = \frac{\dot{I}_s}{G} \qquad (11\text{-}59)$$

显然此时电压不仅与激励电流同相而且达到电压模的最大值。在电路分析过程中可以根据这一现象判断并联电路是否发生并联谐振。

谐振时各元件的电流分别为

$$\dot{I}_{G0} = G\dot{U}_0 = G \cdot \frac{\dot{I}_s}{G} = \dot{I}_s \qquad (11\text{-}60)$$

$$\dot{I}_{C0} = j\omega_0 C\dot{U}_0 = j\omega_0 C \cdot \frac{\dot{I}_s}{G} = j\frac{\omega_0 C}{G}\dot{I}_s = jQ\dot{I}_s \qquad (11\text{-}61)$$

$$\dot{I}_{L0} = \frac{1}{j\omega_0 L}\dot{U}_0 = \frac{1}{j\omega_0 L} \cdot \frac{\dot{I}_s}{G} = \frac{1}{j\omega_0 LG}\dot{I}_s = -jQ\dot{I}_s \qquad (11\text{-}62)$$

此时电容与电感上的电流相量之和为

$$\dot{I}_{B0} = \dot{I}_{C0} + \dot{I}_{L0} = jQ\dot{I}_s - jQ\dot{I}_s = 0 \qquad (11\text{-}63)$$

式(11-61)、式(11-62)和式(11-63)表明，当并联电路谐振时电感电流和电容电流大小相等均为激励的 Q 倍，且相位相反，而相互抵消。故谐振时 L、C 并联部分对外相当于开路，与激励之间没有能量的交换，故此时激励电流全部施加在电导上，如图 11-20 所示。由于并联谐振时 $I_{C0}=I_{L0}=QI_S$，故并联谐振又称电流谐振。

GCL 并联谐振时电压、电流相量图如图 11-21 所示。

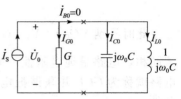

图 11-20 *GCL* 并联电路谐振时的相量模型图

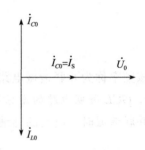

图 11-21 *GCL* 并联电路谐振时的相量图

3. 谐振时电路的功率与能量

设 *GCL* 并联电路中，谐振时瞬时电压为

$$u_0=\sqrt{2}U_0\cos\omega_0 t$$

则电容电流瞬时值为

$$i_{C0}=\sqrt{2}\omega_0 CU_0\cos(\omega_0 t+90°)$$

电感电流瞬时值为

$$i_{L0}=\frac{\sqrt{2}U_0}{\omega_0 L}\cos(\omega_0 t-90°)$$

电感和电容吸收的功率分别为

$$\begin{aligned}p_{L0}=u_0 i_{L0}&=\frac{2U_0^2}{\omega_0 L}\cos(\omega_0 t)\cos(\omega_0 t-90°)\\&=\frac{U_0^2}{\omega_0 L}\sin(2\omega_0 t)\end{aligned}\tag{11-64}$$

$$\begin{aligned}p_{C0}=u_0 i_{C0}&=2\omega_0 CU_0^2\cos(\omega_0 t)\cos(\omega_0 t+90°)\\&=-\omega_0 CU_0^2\sin(2\omega_0 t)\end{aligned}\tag{11-65}$$

由式(11-64)和式(11-65)可以看出，谐振时任何时刻电感和电容吸收的瞬时功率大小相等极性相反，即电感和电容吸收的总瞬时功率为零，$p_{L0}(t)+p_{C0}(t)=0$。说明电感和电容与电源和电阻之间没有能量交换。电压源发出的功率全部为电阻吸收，即 $p_S(t)=p_R(t)$。

电感和电容的瞬时储能分别为

$$w_{L0}=\frac{1}{2}Li_{L0}^2=CU_0^2\sin^2(\omega_0 t)\tag{11-66}$$

$$w_{C0}=\frac{1}{2}Cu_{C0}^2=CU_0^2\cos^2(\omega_0 t)\tag{11-67}$$

两电纳元件的瞬时储能之和为

$$w=w_{L0}+w_{C0}=CU_0^2\sin^2(\omega_0 t)+CU_0^2\cos^2(\omega_0 t)=CU_0^2\tag{11-68}$$

由式(11-66)、式(11-67)和式(11-68)可以看出谐振时电路总储能在任何瞬间恒为常数，表明电路谐振时储能元件与激励源间确无能量交换，存在的只是电容与电感间的电磁能量的相互转换，完全补偿。

4. *GCL* 并联谐振电路的频率特性

图 11-18 所示电路中电压为

$$\begin{aligned}\dot{U}&=\frac{\dot{I}_S}{G+\mathrm{j}\left(\omega C-\dfrac{1}{\omega L}\right)}=\frac{\dfrac{\dot{I}_S}{G}}{1+\mathrm{j}\,\dfrac{\omega_0 C}{G}\left(\dfrac{\omega}{\omega_0}-\dfrac{1}{\omega_0\omega LC}\right)}\\&=\frac{\dot{U}_0}{1+\mathrm{j}Q\left(\dfrac{\omega}{\omega_0}-\dfrac{\omega_0}{\omega}\right)}\end{aligned}\tag{11-69}$$

电路的策动点阻抗为

$$Z(\mathrm{j}\omega)=\frac{\dot{U}}{\dot{I}_{\mathrm{S}}}=\frac{1}{G+\mathrm{j}\left(\omega C-\frac{1}{\omega L}\right)}=\frac{Z_0}{1+\mathrm{j}Q\left(\frac{\omega}{\omega_0}-\frac{\omega_0}{\omega}\right)} \tag{11-70}$$

由于 $\dot{U}_0$、Z_0 均为常量，故有

$$\frac{\dot{U}}{\dot{U}_0}=\frac{Z}{Z_0}=\frac{1}{1+\mathrm{j}Q\left(\frac{\omega}{\omega_0}-\frac{\omega_0}{\omega}\right)}=H(\mathrm{j}\omega) \tag{11-71}$$

比较式(11-71)与式(11-38)可以发现这两套公式形式上一致，故 *RLC* 串联谐振曲线同样可用于 *GCL* 并联谐振，区别是纵轴表示的物理量不同。显然并联谐振电路同样具有带通滤波的特性，其通频带的定义及计算公式与串联谐振电路相同。

并联谐振电路的通频带为

$$\mathrm{BW}=\omega_{C2}-\omega_{C1}=\frac{\omega_0}{Q}\quad(单位:\mathrm{rad/s}) \tag{11-72}$$

或

$$\mathrm{BW}=f_{C2}-f_{C1}=\frac{f_0}{Q}\quad(单位:\mathrm{Hz}) \tag{11-73}$$

相应的通频带的另一种表示为

$$\mathrm{BW}=\frac{\omega_0}{Q}=\frac{G}{C}\quad(单位:\mathrm{rad/s}) \tag{11-74}$$

$$\mathrm{BW}=\frac{f_0}{Q}=\frac{G}{2\pi C}\quad(单位:\mathrm{Hz}) \tag{11-75}$$

11.4.2　实际并联谐振电路

实际的电感、电容元件都是具有损耗的，特别是电感元件的损耗在一些情况下是不能忽略的。因此，在实际工程技术中常以电感线圈和电容器并联组成并联谐振电路。电容器的损耗极小可以忽略不计，电感线圈用电感与表征其损耗的电阻 r 串联作为电路模型，这样得到实际并联谐振电路的电路模型如图 11-22a 所示。

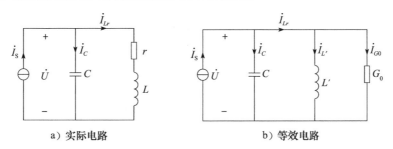

a）实际电路　　b）等效电路

图 11-22　实际的并联谐振电路

图 11-22a 所示电路的策动点导纳为

$$\begin{aligned}Y(\mathrm{j}\omega)&=\mathrm{j}\omega C+\frac{1}{r+\mathrm{j}\omega L}=\frac{1}{r+\frac{\omega^2L^2}{r}}+\mathrm{j}\left(\omega C-\frac{1}{\frac{r^2}{\omega L}+\omega L}\right)\\&=G'+\mathrm{j}B\end{aligned} \tag{11-76}$$

根据谐振的定义，当该电路发生并联谐振时，电路端口电压 $\dot{U}$ 与端口电流 $\dot{I}_S$ 同相，

由此导出式(11-76)的虚部 $B=0$，即

$$B = \omega C - \frac{1}{\frac{r^2}{\omega L} + \omega L} = 0$$

从而求得电路的谐振频率为

$$\omega_0 = \frac{1}{\sqrt{LC}}\sqrt{1 - \frac{r^2 C}{L}} \qquad (11\text{-}77)$$

由式(11-77)可以看出一般情况下实际并联谐振电路的谐振频率与电路参数 r、L 和 C 均有关，且当 $r > \sqrt{\frac{L}{C}}$ 时，ω_0 为虚数，表示电压和电流不可能同相，故电路不发生谐振；当 $r < \sqrt{\frac{L}{C}}$ 时，ω_0 为正实数，电路存在一个谐振频率，调电源频率可以使电路发生谐振。

通常情况下在通信与无线技术中，线圈损耗电阻 r 很小，即在谐振频率附近满足 $r \ll \sqrt{\frac{L}{C}}$，因此有谐振频率为

$$\omega_0 \approx \frac{1}{\sqrt{LC}} \qquad (11\text{-}78)$$

谐振频率附近导纳等效为

$$Y(\mathrm{j}\omega) = \frac{Cr}{L} + \mathrm{j}\left(\omega C - \frac{1}{\omega L}\right) \qquad (11\text{-}79)$$

由式(11-79)可得实际并联谐振电路的等效电路如图 11-22b 所示。其中

$$G_0 = \frac{Cr}{L}, \quad L' = L$$

显然，当 $r \ll \sqrt{\frac{L}{C}}$ 时，图 11-22a 所示实际并联谐振电路改用等效电路图 11-22b 来分析较为方便。

实际并联谐振电路的品质因数为

$$Q = \frac{\omega_0 C}{G_0} = \frac{\omega_0 C}{\frac{Cr}{L}} = \frac{\omega_0 L}{r} = \frac{\sqrt{\frac{L}{C}}}{r} = \frac{\rho}{r} \qquad (11\text{-}80)$$

电路的谐振阻抗为

$$Z_0 = R_0 = \frac{1}{G_0} = \frac{L}{Cr} = \frac{\rho^2}{r} = Q\rho = Q^2 r \qquad (11\text{-}81)$$

前面介绍了 RLC 串联谐振和并联谐振，若将串联谐振和并联谐振的概念推广，那么对于由多个电抗元件组成的谐振电路，一般来讲，当电路的策动点阻抗虚部为零时，电路发生串联谐振；当电路的策动点导纳虚部为零时，电路发生并联谐振。相应的谐振频率分别称为串联谐振频率和并联谐振频率。其中的特殊情况是当电路中全部电抗元件组成纯电抗局部电路(支路)，且局部电路的阻抗为零，该局部电路发生串联谐振；局部电路的导纳为零，该局部电路发生并联谐振。

【例 11-3】 在图 11-23a 所示电路中，已知：$C = 234\mathrm{pF}$，$L = 500\mu\mathrm{H}$，$r = 18\Omega$，$R_\mathrm{S} = R_\mathrm{L} = 236\mathrm{k}\Omega$，电流源电流 $i_\mathrm{S} = 0.1\cos(2\pi \times 465 \times 10^3 t)\mathrm{mA}$。试求：电路的谐振频率 f_0、品质因数 Q、通频带 BW 和输出电压 $u(t)$。

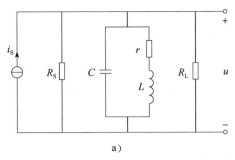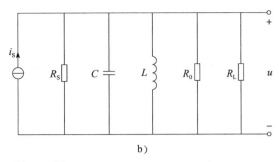

图 11-23 例 11-3 图

解 因为图 11-23a 所示电路中 $r = 18\Omega \ll \sqrt{\dfrac{L}{C}} = \sqrt{\dfrac{500 \times 10^{-6}}{234 \times 10^{-12}}} = 1.46\text{k}\Omega$，故在谐振频率附近图 11-23a 所示电路可等效为图 11-23b 所示电路，其中

$$R_0 = \frac{L}{Cr} = \left(\frac{500 \times 10^{-6}}{234 \times 10^{-12} \times 18}\right)\text{k}\Omega = 118\text{k}\Omega$$

电路的谐振频率为

$$f_0 = \frac{1}{2\pi \sqrt{LC}} = \frac{1}{2\pi \sqrt{500 \times 10^{-6} \times 234 \times 10^{-12}}}\text{kHz} = 465\text{kHz}$$

由题意知电路的激励的频率与电路的固有频率一致，因此此时电路处于谐振状态。

整个电路的等效电阻为

$$R = R_\text{S} \mathbin{/\mkern-5mu/} R_\text{L} \mathbin{/\mkern-5mu/} R_0 = 236 \mathbin{/\mkern-5mu/} 236 \mathbin{/\mkern-5mu/} 118 = 59\text{k}\Omega$$

电路的品质因数为

$$Q = \frac{1}{G}\sqrt{\frac{C}{L}} = \frac{1}{59 \times 10^3}\sqrt{\frac{234 \times 10^{-12}}{500 \times 10^{-6}}} = 40.5$$

通频带为

$$\text{BW} = \frac{f_0}{Q} = \left(\frac{465 \times 10^3}{40.5}\right)\text{kHz} = 11.5\text{kHz}$$

电路的输出电压为

$$\begin{aligned} u &= Ri_\text{S} = 59 \times 10^3 \times 0.1 \times 10^{-3} \times \cos(2\pi \times 465 \times 10^3 t) \\ &= 5.9\cos(2\pi \times 465 \times 10^3 t)\text{V} \end{aligned}$$

【例 11-4】 图 11-24 所示电路中，$L = 10\text{mH}$，试求 C_1 和 C_2 为何值时，才能使电源频率为 100kHz 时流经 R_L 的电流为零，而电源频率为 50kHz 时流经 R_L 的电流为最大。

解 根据题意，当电源频率为 100kHz 时，纯电抗支路 a、b 端相当于开路，即 $Y_\text{ad} = 0$，此时 C_1、L 发生并联谐振，由 $\omega_{0\text{并}} = \dfrac{1}{\sqrt{LC_1}}$ 可求得

图 11-24 例 11-4 图

$$C_1 = \frac{1}{\omega_{0\text{并}}^2 L} = \frac{1}{(2\pi \times 100 \times 10^3)^2 \times 10 \times 10^{-3}} = 253\text{pF}$$

当电源频率为 50kHz 时，C_1、C_2、L 发生串联谐振，a、d 端相当于短路，$Z_\text{ad} = 0$，即

$$Z_\text{ad} = \left(\text{j}\omega_{0\text{串}} L \mathbin{/\mkern-5mu/} \frac{1}{\text{j}\omega_{0\text{串}} C_1}\right) + \frac{1}{\text{j}\omega_{0\text{串}} C_2} = 0$$

解上式可得

$$\omega_{0\text{串}} = \frac{1}{\sqrt{L(C_1 + C_2)}}$$

将 $f_{0\text{串}} = 50\text{kHz}$，以及 C_1 和 L 的值代入上式，得

$$C_2 = \frac{1}{\omega_{0\text{串}}^2 L} = \frac{1}{(2\pi \times 50 \times 10^3)^2 \times 10 \times 10^{-3}} - 253 \times 10^{-12} = 746\text{pF}$$

习题 11

11-1　试求图 11-1 题所示电路的转移电压比，并画出幅频特性曲线和相频特性曲线。

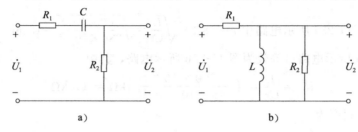

题 11-1 图

11-2　试求题 11-2 图所示电路的电流传输函数、截止角频率和通频带。

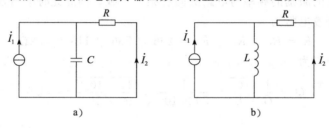

题 11-2 图

11-3　RLC 串联谐振电路，已知 $L = 160\mu\text{H}$，$C = 250\text{pF}$，$R = 10\Omega$，电源电压 $U_\text{S} = 1\text{V}$。试求 f_0、Q、BW、I_0、U_{L0}、U_{C0}。

11-4　RLC 串联电路，电源电压 $u_\text{S}(t) = 10\sqrt{2}\cos(2500t + 50°)\text{V}$，当 $C = 8\mu\text{F}$ 时，电路吸收的功率最大，$P_{\max} = 100\text{W}$。求 L、Q。

11-5　题 11-5 图是应用串联谐振原理测量线圈电阻 r 和电感 L 的电路。已知：$R = 10\Omega$，$C = 0.1\mu\text{F}$，保持外加电压 U 有效值为 1V 不变，而改变频率 f，同时用电压表测量电阻 R 的电压 U_R，当 $f = 800\text{Hz}$ 时，$U_{R\max} = 0.8\text{V}$，试求电阻 r 和电感 L。

11-6　RLC 并联谐振电路的 $|Z|$-ω 的特性曲线如题 11-6 图所示，试求 R、L、C 之值。

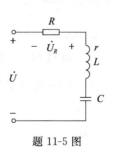

题 11-5 图

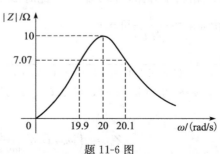

题 11-6 图

11-7 如题 11-7 图所示的并联谐振电路，已知电源频率 $f_0 = 1\text{MHz}$，电流源 $I_S = 1\text{mA}$，内阻 $R_S = 105\text{k}\Omega$，$L = 200\mu\text{H}$，$r = 15\Omega$。若电路已对电源频率谐振，试求：
(1) 电路的通频带和电容上的电压；(2) 为使电路通频带扩展为 40kHz，问需要谐振回路两端并联一个多大阻抗的电阻？此时电容上的电压又是多少？

11-8 如题 11-8 图所示电路，已知 $R = 8\Omega$，$L = 40\text{mH}$，$C = 2500\text{pF}$。试求 (1) 该电路的 f_0、Z_0、ρ 及 Q；(2) 若输入电流 i 的有效值为 $10\mu\text{A}$，求电压 u 的有效值。

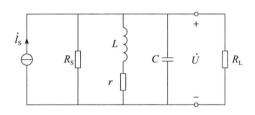
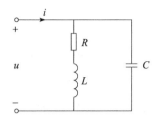

题 11-7 图   题 11-8 图

11-9 rLC 并联电路如题 11-9 图所示。已知电路发生谐振时 $I_1 = 15\text{mA}$，$I = 12\text{mA}$。问电流 I_2 等于多少？（提示：本题根据电路谐振时的特点画相量图求解。）

11-10 题 11-10 图所示电路中，已知 $U = 220\text{V}$，$R_1 = R_2 = 50\Omega$，$L_1 = 0.2\text{H}$，$L_2 = 0.1\text{H}$，$C_2 = 10\mu\text{F}$，$C_1 = 5\mu\text{F}$，理想电流表 A_1 读数为零，试求理想电流表 A_2 读数。
（提示：本题先根据已知条件确定电路的工作频率，再求解。）

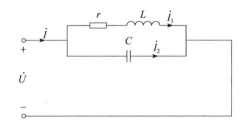
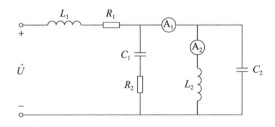

题 11-9 图   题 11-10 图

11-11 如题 11-11 图所示电路，已知电源电压 $U_S = 200\text{V}$，频率 $f = 50\text{Hz}$。(1) 调 Z_L 时发现：I_{LD} 的有效值始终保持 10A，试确定 L 和 C；(2) 求当 $Z_L = (11.7 - j30.9)\Omega$ 时的 $u_L(t)$。

11-12 求题 11-12 图所示电路在哪些频率时开路或短路？

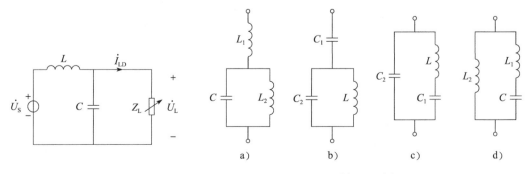

题 11-11 图   题 11-12 图

11-13 题 11-13 图所示电路中，已知 $u_S(t) = (10\cos314t + 2\cos3 \times 314t)\text{V}$，$u_0(t) =$

$2\cos 3 \times 314t\,\mathrm{V}$，$C=9.4\mu\mathrm{F}$，试求 L_1 和 L_2 的值。

11-14 题 11-14 图所示电路中，L_1、L_2、M 和 C 均已给定，耦合系数 $k<1$。试求：(1)频率 f 为多少时 $I_2=0$；(2)f 又为多少时可知 $I_1=0$。

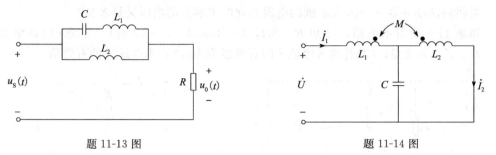

题 11-13 图　　　　　　　题 11-14 图

11-15 如题 11-15 图所示电路，已知 $\dot{U}=220\angle 0°\,\mathrm{V}$；$X_1=X_2=40\Omega$，$R_1=40\Omega$，$X_3=X_4=20\Omega$，$X_5=100\Omega$。求：电压表和电流表的读数。

11-16 题 11-16 图所示电路中 $U_{ab}=U_{bc}$，$R=10\Omega$，$\omega C=0.1\mathrm{s}$，Z_1 为感性阻抗，电路的总电压与总电流同相位。求 Z_1。

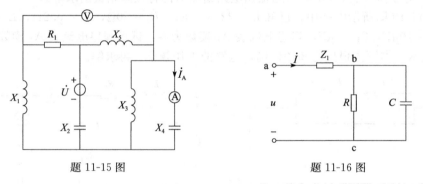

题 11-15 图　　　　　　　题 11-16 图

11-17 题 11-17 图所示电路中，已知激励 $u_S(t)=10\sqrt{2}\cos 1000t\,\mathrm{V}$，$i_S(t)=10\sqrt{2}\cos 500t\,\mathrm{A}$，元件 $R_1=1\Omega$，$R_2=4\Omega$，$C=1\mu\mathrm{F}$，$L_1=1\mathrm{H}$，$L_2=3\mathrm{H}$，$L_3=12\mathrm{H}$，$M=6\mathrm{H}$。试求响应 $u(t)$。（提示：本题先判断耦合电感的类型，再判断电路的工作状态，最后求解。）

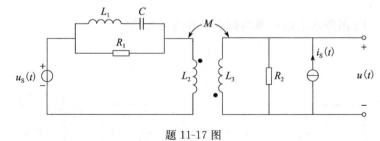

题 11-17 图

11-18 题 11-18 图所示电路中，已知电压源 $u_S(t)=40\sqrt{2}\cos(\omega t-30°)\,\mathrm{V}$，电流表 A_1 和 A_2 的读数相等，均为 1A（有效值），$R_1=R_2=2\Omega$，功率表读数为 100W，$L_1=0.1\mathrm{H}$。求 L_2 和 C。

（提示：本题先从已知条件判断电路的工作状态，再求解。）

11-19 题 11-19 图所示电路中，已知 $C_2=400\mathrm{pF}$，$L_1=100\mu\mathrm{H}$。求下列两种条件下电路的

谐振频率 ω_0：

（1）$R_1 = R_2 \neq \sqrt{\dfrac{L_1}{C_2}}$；

（2）$R_1 = R_2 = \sqrt{\dfrac{L_1}{C_2}}$。

（提示：本题利用并联谐振时电路等效导纳虚部为零的条件求解。）

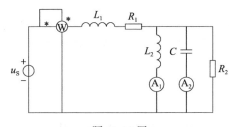 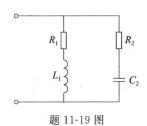

题 11-18 图 　　　　　　　　　　　　　题 11-19 图

第 12 章

二端口网络

内容提要：本章主要介绍二端口网络及其方程、二端口网络的 Z、Y、H 和 A 参数及各参数之间的关系，介绍二端口网络的等效电路以及二端口网络的连接。最后介绍用二端口描述的回转器和负阻抗变换器。

12.1 二端口网络的概念

当一个二端网络及其输入给定时，如果仅对外接电路中的情况感兴趣，则该二端网络可先用戴维南或诺顿等效电路替代，然后再计算待求支路的电压和电流，大多电路问题都属于这一类。在工程实际中还常涉及两对端子之间的关系，如变压器、滤波器等，如图 12-1a 和 b 所示。对于这些电路，可以把两对端子之间的电路概括在一个方框中，如图 12-1c 所示的二端口网络 N。一对端子 1-1′ 通常是输入端子，另一对端子 2-2′ 为输出端子。如果这两对端子满足端口条件，这种电路就称为二端口网络。

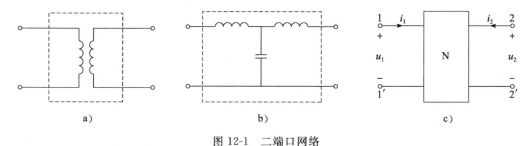

图 12-1　二端口网络

用二端口网络概念分析电路时，通常关心的不是它的内部结构，而是端口上的电压、电流关系，这种关系可用一些参数来表示，而这些参数只取决于构成二端口网络本身的元件及它们的连接方式。当这些参数确定了，端口的电压、电流关系也就确定了。当一个端口的电压、电流变化时，另一端口的电压和电流便可求出，以便于掌握电路特征。

本章只讨论线性无源二端口网络，它可以包含电阻、电感、电容和受控源等元件，但不包含独立源，也没有与外界相耦合的元件。

12.2 二端口网络的方程及参数

图 12-2 所示为一线性二端口网络 N，分析中按正弦稳态情况考虑，并运用相量法。

端口变量共有 4 个：$\dot{U}_1$、$\dot{U}_2$、$\dot{I}_1$ 和 $\dot{I}_2$，如果任取两个变量作为自变量（激励），另外两个作为因变量（响应），就有六组描述端口变量间关系的方程，方程的系数就是网络参数。本节主要讨论四个常用参数，即 Z、Y、H 和 A 参数。

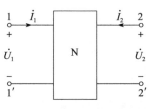

图 12-2　二端口网络相量模型

12.2.1 Z 参数

若取图 12-2 所示的二端口网络的电流 $\dot{I}_1$ 和 $\dot{I}_2$ 作为自变量，端口电压 $\dot{U}_1$、$\dot{U}_2$ 作为因变量，由线性电路的叠加性可得如下方程

$$\begin{cases} \dot{U}_1 = Z_{11}\dot{I}_1 + Z_{12}\dot{I}_2 \\ \dot{U}_2 = Z_{21}\dot{I}_1 + Z_{22}\dot{I}_2 \end{cases} \tag{12-1}$$

式(12-1)中，Z_{11}、Z_{12}、Z_{21}、Z_{22} 称为二端口网络的 Z 参数，具有阻抗的量纲，其矩阵形式为

$$\boldsymbol{Z} = \begin{bmatrix} Z_{11} & Z_{12} \\ Z_{21} & Z_{22} \end{bmatrix}$$

其中

$$\begin{cases} Z_{11} = \dfrac{\dot{U}_1}{\dot{I}_1}\bigg|_{i_2=0} & \text{输出端口开路时的输入阻抗} \\[3mm] Z_{12} = \dfrac{\dot{U}_1}{\dot{I}_2}\bigg|_{i_1=0} & \text{输入端口开路时的转移阻抗} \\[3mm] Z_{21} = \dfrac{\dot{U}_2}{\dot{I}_1}\bigg|_{i_2=0} & \text{输出端口开路时的转移阻抗} \\[3mm] Z_{22} = \dfrac{\dot{U}_2}{\dot{I}_2}\bigg|_{i_1=0} & \text{输入端口开路时的输出阻抗} \end{cases} \tag{12-2}$$

由于 Z 参数是在输入或输出端口开路时确定的，又具有阻抗的量纲，所以 Z 参数也称为开路阻抗参数。

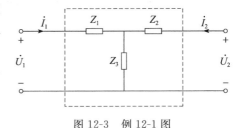

图 12-3 例 12-1 图

【例 12-1】 电路如图 12-3 所示，图中 Z_1、Z_2、Z_3 为已知，求该 T 形二端口网络的 Z 参数。

解 根据定义：

令端口 2 开路，即 $\dot{I}_2 = 0$，得

$$Z_{11} = \dfrac{\dot{U}_1}{\dot{I}_1}\bigg|_{i_2=0} = Z_1 + Z_3 \qquad Z_{21} = \dfrac{\dot{U}_2}{\dot{I}_1}\bigg|_{i_2=0} = Z_3$$

令端口 1 开路，即 $\dot{I}_1 = 0$，得

$$Z_{12} = \dfrac{\dot{U}_1}{\dot{I}_2}\bigg|_{i_1=0} = Z_3 \qquad Z_{22} = \dfrac{\dot{U}_2}{\dot{I}_2}\bigg|_{i_1=0} = Z_2 + Z_3$$

故 Z 参数为 $\qquad \boldsymbol{Z} = \begin{bmatrix} Z_1 + Z_3 & Z_3 \\ Z_3 & Z_2 + Z_3 \end{bmatrix}$

Z 参数也可根据二端口网络方程得到。即根据题意写出 Z 参数方程的形式，方程的系数就是所求的 Z 参数。

12.2.2 Y 参数

若取图 12-2 所示的二端口网络的电压 $\dot{U}_1$、$\dot{U}_2$ 作为自变量，端口电流 $\dot{I}_1$ 和 $\dot{I}_2$ 作为因

变量，由线性电路的叠加性可得如下方程

$$\begin{cases} \dot{I}_1 = Y_{11}\dot{U}_1 + Y_{12}\dot{U}_2 \\ \dot{I}_2 = Y_{21}\dot{U}_1 + Y_{22}\dot{U}_2 \end{cases} \tag{12-3}$$

式(12-3)中，Y_{11}、Y_{12}、Y_{21}、Y_{22}称为二端口网络的 Y 参数。具有导纳的量纲，其矩阵形式为

$$\mathbf{Y} = \begin{bmatrix} Y_{11} & Y_{12} \\ Y_{21} & Y_{22} \end{bmatrix}$$

其中

$$\begin{cases} Y_{11} = \dfrac{\dot{I}_1}{\dot{U}_1}\bigg|_{\dot{U}_2=0} & \text{输出端口短路时的输入导纳} \\[3mm] Y_{12} = \dfrac{\dot{I}_1}{\dot{U}_2}\bigg|_{\dot{U}_1=0} & \text{输入端口短路时的转移导纳} \\[3mm] Y_{21} = \dfrac{\dot{I}_2}{\dot{U}_1}\bigg|_{\dot{U}_2=0} & \text{输出端口短路时的转移导纳} \\[3mm] Y_{22} = \dfrac{\dot{I}_2}{\dot{U}_2}\bigg|_{\dot{U}_1=0} & \text{输入端口短路时的输出导纳} \end{cases} \tag{12-4}$$

由于 Y 参数是在输入或输出端口短路时确定的，又具有导纳的量纲。因此，Y 参数也称为短路导纳参数。

【例 12-2】　试求图 12-4 所示二端口网络的 Y 参数。

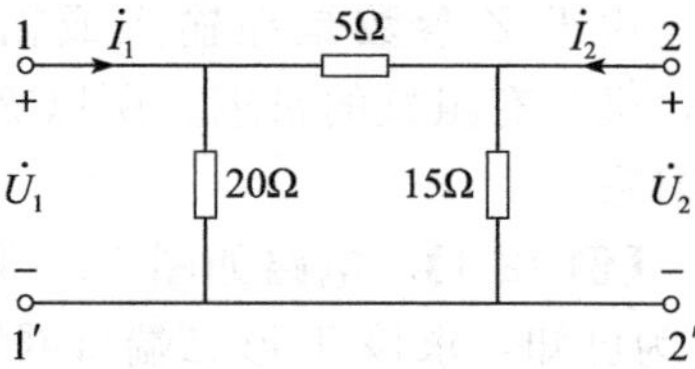

解　根据定义：

令端口 2 短路，即 $\dot{U}_2 = 0$，得

$$Y_{11} = \frac{\dot{I}_1}{\dot{U}_1}\bigg|_{\dot{U}_2=0} = \frac{1}{20} + \frac{1}{5} = \frac{1}{4} = 0.25\text{S}$$

$$Y_{21} = \frac{\dot{I}_2}{\dot{U}_1}\bigg|_{\dot{U}_2=0} = -\frac{20}{20+5} \times \frac{20+5}{20 \times 5} = -\frac{1}{5} = -0.2\text{S}$$

图 12-4　例 12-2 图

令端口 1 短路，即 $\dot{U}_1 = 0$，得

$$Y_{12} = \frac{\dot{I}_1}{\dot{U}_2}\bigg|_{\dot{U}_1=0} = -\frac{1}{\dfrac{5+15}{15} \times \dfrac{15 \times 5}{15+5}} = -\frac{1}{5} = -0.2\text{S}$$

$$Y_{22} = \frac{\dot{I}_2}{\dot{U}_2}\bigg|_{\dot{U}_1=0} = \frac{1}{5} + \frac{1}{15} = \frac{4}{15} = 0.27\text{S}$$

故 Y 参数为　　　　$\mathbf{Y} = \begin{bmatrix} 0.25 & -0.2 \\ -0.2 & 0.27 \end{bmatrix}$

根据互易定理，如果二端口网络由线性电阻、电感和电容组成，则有 $Z_{12} = Z_{21}$，$Y_{12} = Y_{21}$ 成立(如例 12-1 和例 12-2 所示)。此时 Z 参数和 Y 参数各有 3 个参数是独立的。当二端口网络含有受控源时，由于互易定理不再成立，故一般情况下，$Z_{12} \neq Z_{21}$，$Y_{12} \neq Y_{21}$。

12.2.3 H 参数

若取图 12-2 所示的二端口网络的 $\dot{I}_1$、$\dot{U}_2$ 作为自变量，$\dot{U}_1$、$\dot{I}_2$ 作为因变量，可得如下方程

$$\begin{cases} \dot{U}_1 = H_{11}\dot{I}_1 + H_{12}\dot{U}_2 \\ \dot{I}_2 = H_{21}\dot{I}_1 + H_{22}\dot{U}_2 \end{cases} \tag{12-5}$$

式(12-5)中，H_{11}、H_{12}、H_{21}、H_{22} 称为二端口网络的 H 参数。其中

$$\begin{cases} H_{11} = \left.\dfrac{\dot{U}_1}{\dot{I}_1}\right|_{\dot{U}_2 = 0} & \text{输出端口短路时的输入阻抗} \\[3mm] H_{12} = \left.\dfrac{\dot{U}_1}{\dot{U}_2}\right|_{\dot{I}_1 = 0} & \text{输入端口开路时的转移电压比} \\[3mm] H_{21} = \left.\dfrac{\dot{I}_2}{\dot{I}_1}\right|_{\dot{U}_2 = 0} & \text{输出端口短路时的转移电流比} \\[3mm] H_{22} = \left.\dfrac{\dot{I}_2}{\dot{U}_2}\right|_{\dot{I}_1 = 0} & \text{输入端口开路时的输出导纳} \end{cases} \tag{12-6}$$

H_{11} 具有阻抗的量纲，H_{12}、H_{21} 无量纲，H_{22} 具有导纳的量纲，故 H 参数也称为混合参数，H 参数的矩阵形式为

$$\boldsymbol{H} = \begin{bmatrix} H_{11} & H_{12} \\ H_{21} & H_{22} \end{bmatrix}$$

12.2.4 A 参数

取图 12-2 所示的二端口网络的 $\dot{U}_2$、$-\dot{I}_2$ 作为自变量，$\dot{U}_1$、$\dot{I}_1$ 作为因变量，可得 A 参数方程如下：

$$\begin{cases} \dot{U}_1 = A\dot{U}_2 - B\dot{I}_2 \\ \dot{I}_1 = C\dot{U}_2 - D\dot{I}_2 \end{cases} \tag{12-7}$$

式(12-7)中，A、B、C、D 称为二端口网络的 A 参数，其中

$$\begin{cases} A = \left.\dfrac{\dot{U}_1}{\dot{U}_2}\right|_{\dot{I}_2 = 0} & \text{输出端口开路时的转移电压比} \\[3mm] B = \left.\dfrac{\dot{U}_1}{-\dot{I}_2}\right|_{\dot{U}_2 = 0} & \text{输出端口短路时的转移阻抗} \\[3mm] C = \left.\dfrac{\dot{I}_1}{\dot{U}_2}\right|_{\dot{I}_2 = 0} & \text{输出端口开路时的转移导纳} \\[3mm] D = \left.\dfrac{\dot{I}_1}{-\dot{I}_2}\right|_{\dot{U}_2 = 0} & \text{输出端口短路时的转移电流比} \end{cases} \tag{12-8}$$

A 无量纲，B 具有阻抗的量纲，C 具有导纳的量纲，D 无量纲，故 A 参数也属于混合参数。A 参数的矩阵形式为

$$A = \begin{bmatrix} A & B \\ C & D \end{bmatrix}$$

以上分析了二端口网络的四种基本方程和参数，它们是从不同的角度，对同一二端口网络端口特性的描述。因此，各种网络参数之间必然存在内在的联系，可以从一种参数推算出其他各种参数，只要这种参数存在。参数 Z、Y、H 和 A 之间的相互转换关系，可根据参数的基本方程推导出来，表 12-1 给出了这些关系。

表 12-1　二端口网络四种参数间换算关系

	Z 参数		Y 参数		H 参数		A 参数	
Z 参数	Z_{11} Z_{21}	Z_{12} Z_{22}	$\dfrac{Y_{22}}{\Delta_Y}$ $-\dfrac{Y_{21}}{\Delta_Y}$	$-\dfrac{Y_{12}}{\Delta_Y}$ $\dfrac{Y_{11}}{\Delta_Y}$	$\dfrac{\Delta_H}{H_{22}}$ $-\dfrac{H_{21}}{H_{22}}$	$\dfrac{H_{12}}{H_{22}}$ $\dfrac{1}{H_{22}}$	$\dfrac{A}{C}$ $\dfrac{1}{C}$	$\dfrac{\Delta_A}{C}$ $\dfrac{D}{C}$
Y 参数	$\dfrac{Z_{22}}{\Delta_Z}$ $-\dfrac{Z_{21}}{\Delta_Z}$	$\dfrac{-Z_{12}}{\Delta_Z}$ $\dfrac{Z_{11}}{\Delta_Z}$	Y_{11} Y_{21}	Y_{12} Y_{22}	$\dfrac{1}{H_{11}}$ $\dfrac{H_{21}}{H_{11}}$	$-\dfrac{H_{12}}{H_{11}}$ $\dfrac{\Delta_H}{H_{11}}$	$\dfrac{D}{B}$ $-\dfrac{1}{B}$	$-\dfrac{\Delta_A}{B}$ $\dfrac{A}{B}$
H 参数	$\dfrac{\Delta_Z}{Z_{22}}$ $-\dfrac{Z_{21}}{Z_{22}}$	$\dfrac{Z_{12}}{Z_{22}}$ $\dfrac{1}{Z_{22}}$	$\dfrac{1}{Y_{11}}$ $\dfrac{Y_{21}}{Y_{11}}$	$-\dfrac{Y_{12}}{Y_{11}}$ $\dfrac{\Delta_Y}{Y_{11}}$	H_{11} H_{21}	H_{12} H_{22}	$\dfrac{B}{D}$ $-\dfrac{1}{D}$	$\dfrac{\Delta_A}{D}$ $\dfrac{C}{D}$
A 参数	$\dfrac{Z_{11}}{Z_{21}}$ $\dfrac{1}{Z_{21}}$	$\dfrac{\Delta_Z}{Z_{21}}$ $\dfrac{Z_{22}}{Z_{21}}$	$-\dfrac{Y_{22}}{Y_{21}}$ $-\dfrac{\Delta_Y}{Y_{21}}$	$-\dfrac{1}{Y_{21}}$ $-\dfrac{Y_{11}}{Y_{21}}$	$-\dfrac{\Delta_H}{H_{21}}$ $-\dfrac{H_{22}}{H_{21}}$	$-\dfrac{H_{11}}{H_{21}}$ $-\dfrac{1}{H_{21}}$	A C	B D

表中

$$\Delta_Z = \begin{vmatrix} Z_{11} & Z_{12} \\ Z_{21} & Z_{22} \end{vmatrix}, \quad \Delta_Y = \begin{vmatrix} Y_{11} & Y_{12} \\ Y_{21} & Y_{22} \end{vmatrix}, \quad \Delta_H = \begin{vmatrix} H_{11} & H_{12} \\ H_{21} & H_{22} \end{vmatrix}, \quad \Delta_A = \begin{vmatrix} A & B \\ C & D \end{vmatrix}$$

对于由线性 R、$L(M)$、C 元件构成的无源二端口网络，由互易定理有 $Z_{12} = Z_{21}$，$Y_{12} = Y_{21}$，从表 12-1 可得

$$H_{12} = -H_{21} = -\frac{Y_{12}}{Y_{11}} \tag{12-9}$$

$$AD - BC = \frac{Y_{11}Y_{22} - \Delta_Y}{Y_{21}^2} = 1 \tag{12-10}$$

二端口网络共有 6 组不同的参数，其余 2 组分别与 H 参数和 A 参数相似，在此不再列举。

求二端口网络参数的方法可归纳如下：

1）通过列写二端口网络方程求取。将端口两个自变量看作激励，两个因变量看作响应，由两类约束列出电路方程；把电路方程写成所求参数对应的参数方程形式，再根据定义比较系数可得各参数。

2）根据各参数定义求解。

3）如果已知二端口网络的某一参数（或更易求得该参数）而欲求另一种参数，可利用参数间的关系求取（参照表 12-1）。

【**例 12-3**】 试求图 12-5 所示二端口网络的 Z 参数、Y 参数和 A 参数。

解 由 Z 参数定义可得

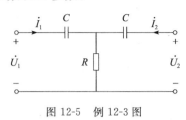

$$Z_{11} = \frac{\dot{U}_1}{\dot{I}_1}\bigg|_{\dot{I}_2 = 0} = R + \frac{1}{j\omega C}$$

$$Z_{12} = \frac{\dot{U}_1}{\dot{I}_2}\bigg|_{\dot{I}_1 = 0} = R$$

图 12-5 例 12-3 图

由于该网络为线性无源二端口网络，因此

$$Z_{12} = Z_{21} = R$$

$$Z_{22} = \frac{\dot{U}_2}{\dot{I}_2}\bigg|_{\dot{I}_1 = 0} = R + \frac{1}{j\omega C}$$

得 Z 参数为

$$\boldsymbol{Z} = \begin{bmatrix} R + \dfrac{1}{j\omega C} & R \\ R & R + \dfrac{1}{j\omega C} \end{bmatrix}$$

根据求出的 Z 参数，由表 12-1 中二端口网络参数间的变换关系，可得

$$\boldsymbol{Y} = \begin{bmatrix} \dfrac{Z_{22}}{\Delta_Z} & -\dfrac{Z_{12}}{\Delta_Z} \\ -\dfrac{Z_{21}}{\Delta_Z} & \dfrac{Z_{11}}{\Delta_Z} \end{bmatrix} = \frac{-\omega^2 C^2}{1 + j2\omega RC} \begin{bmatrix} R + \dfrac{1}{j\omega C} & -R \\ -R & R + \dfrac{1}{j\omega C} \end{bmatrix}$$

$$\boldsymbol{A} = \begin{bmatrix} \dfrac{Z_{11}}{Z_{21}} & \dfrac{\Delta_Z}{Z_{21}} \\ \dfrac{1}{Z_{21}} & \dfrac{Z_{22}}{Z_{21}} \end{bmatrix} = \begin{bmatrix} 1 + \dfrac{1}{j\omega RC} & \dfrac{2}{j\omega C} - \dfrac{1}{\omega^2 RC^2} \\ \dfrac{1}{R} & 1 + \dfrac{1}{j\omega RC} \end{bmatrix}$$

12.3 二端口网络的等效电路

等效变换是网络分析中常用的方法之一。对于一端口无源网络来说，总可以用一个等效阻抗来表征它的外部特性。同理，任何给定的由线性 R、$L(M)$、C 元件构成的无源二端口网络(不含受控源)的外部特性可用 3 个参数确定。那么只要找到一个由 3 个阻抗(或导纳)组成的简单二端口网络，且这个二端口与给定的二端口网络的参数分别相等，则这两个二端口网络的外部特性也完全相同，即它们是等效的。由 3 个阻抗(或导纳)组成的二端口网络有两种形式，即 T 形电路和 π 形电路。分别如图 12-6a 和 b 所示。

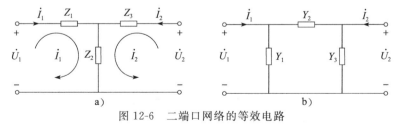

图 12-6 二端口网络的等效电路

如果给定二端口网络的 Z 参数，要确定此二端口网络的等效 T 形电路(见图 12-6a)中的 Z_1、Z_2、Z_3 的值，可先按图 12-6 中所示网孔电流的方向，写出 T 形电路的网孔方程

$$\left.\begin{aligned} \dot{U}_1 &= Z_1 \dot{I}_1 + Z_2(\dot{I}_1 + \dot{I}_2) \\ \dot{U}_2 &= Z_2(\dot{I}_1 + \dot{I}_2) + Z_3 \dot{I}_2 \end{aligned}\right\}$$

$$(12\text{-}11)$$

在式(12-1)中，由于 $Z_{12} = Z_{21}$，可以将式(12-1)改写为

$$\left. \begin{array}{l} \dot{U}_1 = (Z_{11} - Z_{12})\dot{I}_1 + Z_{12}(\dot{I}_1 + \dot{I}_2) \\ \dot{U}_2 = Z_{12}(\dot{I}_1 + \dot{I}_2) + (Z_{22} - Z_{12})\dot{I}_2 \end{array} \right\} \tag{12-12}$$

比较式(12-11)与式(12-12)可知

$$Z_1 = Z_{11} - Z_{12}, \quad Z_2 = Z_{12}, \quad Z_3 = Z_{22} - Z_{12} \tag{12-13}$$

即根据已知的 Z 参数，可给出其 T 形等效电路及参数。若二端口网络给定的是 Y 参数，宜先求出其等效 π 形电路(见图 12-6b)中的 Y_1、Y_2、Y_3 的值。为此针对图 12-6b 所示电路，按照求 T 形电路相似的方法可得

$$Y_1 = Y_{11} + Y_{12}, \quad Y_2 = -Y_{12} = -Y_{21}, \quad Y_3 = Y_{22} + Y_{21} \tag{12-14}$$

即 π 形等效电路就得到了。若给定二端口网络的其他参数，可查表 12-1，把其他参数变换成 Z 参数或 Y 参数，然后再由式(12-13)或式(12-14)求得 T 形等效电路或 π 形等效电路及参数值。

【**例 12-4**】 已知某二端口网络的 A 参数矩阵为 $\boldsymbol{A} = \begin{bmatrix} 4 & 3 \\ 9 & 7 \end{bmatrix}$，试分别求它的 T 形等效电路和 π 形等效电路。

解 由式(12-10)可知该二端口网络是由线性 R、$L(M)$、C 元件构成的无源二端口网络，参照表 12-1，把 A 参数变换成 Z 参数和 Y 参数，便可得到它的 T 形等效电路和 π 形等效电路。

由 A 参数求出 Z 参数

$$\boldsymbol{Z} = \begin{bmatrix} \dfrac{A}{C} & \dfrac{\Delta_A}{C} \\ \dfrac{1}{C} & \dfrac{D}{C} \end{bmatrix} = \begin{bmatrix} \dfrac{4}{9} & \dfrac{1}{9} \\ \dfrac{1}{9} & \dfrac{7}{9} \end{bmatrix}\Omega, \quad 由 Z 参数求 T 形等效电路参数$$

$$Z_1 = Z_{11} - Z_{12} = \frac{4}{9} - \frac{1}{9} = \frac{1}{3}\Omega, \quad Z_2 = Z_{12} = \frac{1}{9}\Omega, \quad Z_3 = Z_{22} - Z_{12} = \frac{7}{9} - \frac{1}{9} = \frac{2}{3}\Omega$$

可得网络的 T 形等效电路如图 12-7a 所示。

由 A 参数求出 Y 参数

$$\boldsymbol{Y} = \begin{bmatrix} \dfrac{D}{B} & -\dfrac{\Delta_A}{B} \\ -\dfrac{1}{B} & \dfrac{A}{B} \end{bmatrix} = \begin{bmatrix} \dfrac{7}{3} & -\dfrac{1}{3} \\ -\dfrac{1}{3} & \dfrac{4}{3} \end{bmatrix}S, \quad 由 Y 参数求 π 形等效电路参数$$

$$Y_1 = Y_{11} + Y_{12} = \frac{7}{3} - \frac{1}{3} = 2S, \quad Y_2 = -Y_{12} = -Y_{21} = \frac{1}{3}S, \quad Y_3 = Y_{22} + Y_{21} = \frac{4}{3} - \frac{1}{3} = 1S$$

可得网络的 π 形等效电路如图 12-7b 所示。

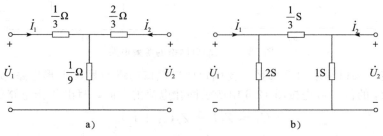

图 12-7　例 12-4 图

如果二端口网络内部含有受控源，那么，二端口网络的 4 个参数将是相互独立的。若给定二端口网络的 Z 参数，则式(12-1)可写成

$$\begin{cases} \dot{U}_1 = Z_{11}\dot{I}_1 + Z_{12}\dot{I}_2 \\ \dot{U}_2 = Z_{12}\dot{I}_1 + Z_{22}\dot{I}_2 + (Z_{21} - Z_{12})\dot{I}_1 \end{cases}$$

这样第 2 个方程右端的最后一项是一个 CCVS，其等效电路如图 12-8a 所示。同理，用 Y 参数表示的含有受控源的二端口网络可用图 12-8b 所示的等效电路替代。

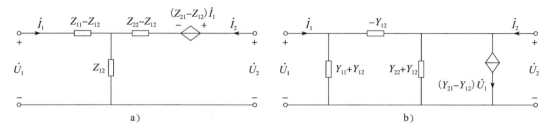

图 12-8　含受控源的二端口网络等效电路

12.4　二端口网络的连接

如果把一个复杂的二端口网络看成是由若干个简单的二端口网络按某种方式连接而成，将会使电路分析得到简化。另外，在设计和实现一个复杂的二端口网络时，可以用简单的二端口网络作为"积木块"，把它们按一定方式连接成具有所需特性的二端口网络。一般来说，设计简单的部分电路并加以连接要比直接设计一个复杂的整体电路容易些。因此，讨论二端口网络的连接问题具有重要意义。

二端口网络可按多种不同方式相互连接，主要的连接方式有三种：级联（链联）、并联和串联，分别如图 12-9a、b、c 所示。简单二端口网络 N_1 和 N_2 按一定方式连接后，构成一个复合网络。而复合二端口网络的参数与所连的 N_1、N_2 网络的参数之间的关系是研究二端口网络连接的重要内容。

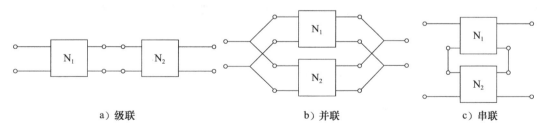

a) 级联　　　　　　　　　b) 并联　　　　　　　　c) 串联

图 12-9　二端口网络的连接

1. 二端口网络的级联

当两个无源二端口网络 N_1 和 N_2 按级联方式连接后，它们构成了一个复合二端口网络 N，如图 12-10 所示。设二端口网络 N_1、N_2 的 A 参数分别为

$$A' = \begin{bmatrix} A' & B' \\ C' & D' \end{bmatrix}, \quad A'' = \begin{bmatrix} A'' & B'' \\ C'' & D'' \end{bmatrix}$$

则二端口网络 N_1、N_2 的 A 参数方程分别为

$$\text{N}_1 \text{ 网络} \quad \begin{bmatrix} \dot U'_1 \\ \dot I'_1 \end{bmatrix} = \boldsymbol A' \begin{bmatrix} \dot U'_2 \\ -\dot I'_2 \end{bmatrix}$$

$$\text{N}_2 \text{ 网络} \quad \begin{bmatrix} \dot U''_1 \\ \dot I''_1 \end{bmatrix} = \boldsymbol A'' \begin{bmatrix} \dot U''_2 \\ -\dot I''_2 \end{bmatrix}$$

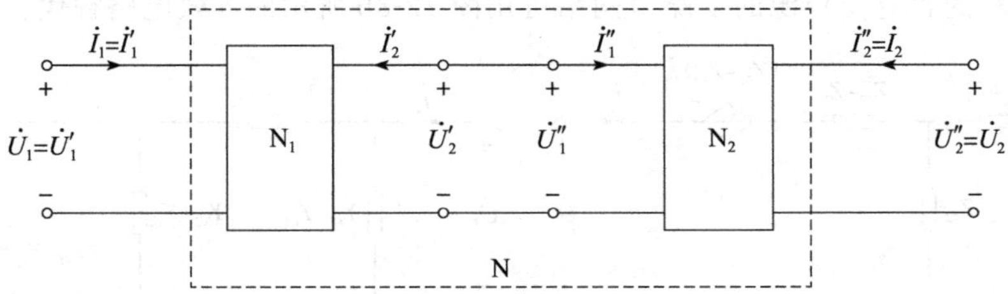

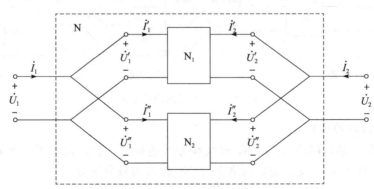

图 12-10　二端口网络的级联

由于 $\dot U_1 = \dot U'_1$，$\dot U'_2 = \dot U''_1$，$\dot U''_2 = \dot U_2$ 及 $\dot I_1 = \dot I'_1$，$\dot I'_2 = -\dot I''_1$，$\dot I''_2 = \dot I_2$ 所以有

$$\begin{bmatrix} \dot U_1 \\ \dot I_1 \end{bmatrix} = \begin{bmatrix} \dot U'_1 \\ \dot I'_1 \end{bmatrix} = \boldsymbol A' \begin{bmatrix} \dot U'_2 \\ -\dot I'_2 \end{bmatrix} = \boldsymbol A' \begin{bmatrix} \dot U''_1 \\ \dot I''_1 \end{bmatrix} = \boldsymbol A' \boldsymbol A'' \begin{bmatrix} \dot U''_2 \\ -\dot I''_2 \end{bmatrix} = \boldsymbol A' \boldsymbol A'' \begin{bmatrix} \dot U_2 \\ -\dot I_2 \end{bmatrix} = \boldsymbol A \begin{bmatrix} \dot U_2 \\ -\dot I_2 \end{bmatrix} \tag{12-15}$$

其中 $\boldsymbol A$ 为复合二端口网络 N 的 A 参数矩阵，它与二端口网络 N_1、N_2 的 A 参数矩阵的关系为

$$\boldsymbol A = \boldsymbol A' \boldsymbol A'' \tag{12-16}$$

即

$$\boldsymbol A = \begin{bmatrix} A'A'' + B'C'' & A'B'' + B'D'' \\ C'A'' + D'C'' & C'B'' + D'D'' \end{bmatrix}$$

2. 二端口网络的并联

当两个二端口网络 N_1 和 N_2 按并联方式连接时，构成了一个复合二端口网络 N，如图 12-11所示，两个二端口网络的输入电压和输出电压被分别强制为相同，即 $\dot U_1 = \dot U'_1 = \dot U''_1$，$\dot U_2 = \dot U'_2 = \dot U''_2$。

图 12-11　二端口网络的并联

如果每个二端口网络的端口条件（端口上流入一个端子的电流等于流出另一个端子的电流）不因并联而被破坏，则复合二端口网络的总端口的电流应为

$$\dot{I}_1 = \dot{I}_1' + \dot{I}_1'', \quad \dot{I}_2 = \dot{I}_2' + \dot{I}_2''$$

若设 N_1、N_2 的 Y 参数分别为

$$\boldsymbol{Y}' = \begin{bmatrix} Y_{11}' & Y_{12}' \\ Y_{21}' & Y_{22}' \end{bmatrix} \quad \boldsymbol{Y}'' = \begin{bmatrix} Y_{11}'' & Y_{12}'' \\ Y_{21}'' & Y_{22}'' \end{bmatrix}$$

则有

$$\begin{bmatrix} \dot{I}_1 \\ \dot{I}_2 \end{bmatrix} = \begin{bmatrix} \dot{I}_1' \\ \dot{I}_2' \end{bmatrix} + \begin{bmatrix} \dot{I}_1'' \\ \dot{I}_2'' \end{bmatrix} = \boldsymbol{Y}' \begin{bmatrix} \dot{U}_1' \\ \dot{U}_2' \end{bmatrix} + \boldsymbol{Y}'' \begin{bmatrix} \dot{U}_1'' \\ \dot{U}_2'' \end{bmatrix} = (\boldsymbol{Y}' + \boldsymbol{Y}'') \begin{bmatrix} \dot{U}_1 \\ \dot{U}_2 \end{bmatrix} = \boldsymbol{Y} \begin{bmatrix} \dot{U}_1 \\ \dot{U}_2 \end{bmatrix} \quad (12\text{-}17)$$

其中，$\boldsymbol{Y}$ 为复合二端口网络 N 的 Y 参数矩阵，它与二端口网络 N_1 和 N_2 的 Y 参数矩阵的关系为

$$\boldsymbol{Y} = \boldsymbol{Y}' + \boldsymbol{Y}'' \quad (12\text{-}18)$$

3. 二端口网络的串联

当两个二端口网络按串联方式连接时，如图 12-9c 所示，只要端口条件仍然成立，用类似方法，可导出复合二端口网络 N 的 Z 参数矩阵与串联方式连接两个二端口网络的 Z 参数矩阵有如下关系：

$$\boldsymbol{Z} = \boldsymbol{Z}' + \boldsymbol{Z}'' \quad (12\text{-}19)$$

表 12-2 给出了二端口网络的三种主要连接方式和参数间关系。

表 12-2　二端口网络的连接及参数

连接方式	网络结构	参数矩阵
级联	N_1　N_2	$\boldsymbol{A} = \boldsymbol{A}_1 \boldsymbol{A}_2$
并联	N_1　N_2	$\boldsymbol{Y} = \boldsymbol{Y}_1 + \boldsymbol{Y}_2$
串联	N_1　N_2	$\boldsymbol{Z} = \boldsymbol{Z}_1 + \boldsymbol{Z}_2$

12.5　回转器和负阻抗变换器

1. 回转器

回转器是一种线性非互易的多端元件，图 12-12 为它的电路符号，理想回转器可视为一个二端口网络，它的端口电压和电流关系可以用下列方程表示：

$$\begin{cases} u_1 = -r i_2 \\ u_2 = r i_1 \end{cases} \quad (12\text{-}20)$$

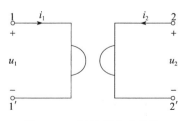

图 12-12　回转器电路符号

或写为
$$\begin{cases} i_1 = gu_2 \\ i_2 = -gu_1 \end{cases} \tag{12-21}$$

式中的 r 和 g 分别具有电阻和电导的量纲，它们分别称为回转电阻和回转电导，简称回转常数。把上式与理想变压器的关系对比，就可以明确两者的差别所在。用矩阵形式表示时，式(12-20)、式(12-21)可分别写为

$$\begin{bmatrix} u_1 \\ u_2 \end{bmatrix} = \begin{bmatrix} 0 & -r \\ r & 0 \end{bmatrix} \begin{bmatrix} i_1 \\ i_2 \end{bmatrix}$$

$$\begin{bmatrix} i_1 \\ i_2 \end{bmatrix} = \begin{bmatrix} 0 & g \\ -g & 0 \end{bmatrix} \begin{bmatrix} u_1 \\ u_2 \end{bmatrix}$$

可见，回转器的 Z 参数矩阵和 Y 参数矩阵分别为

$$\boldsymbol{Z} = \begin{bmatrix} 0 & -r \\ r & 0 \end{bmatrix}, \quad \boldsymbol{Y} = \begin{bmatrix} 0 & g \\ -g & 0 \end{bmatrix}$$

根据理想回转器的端口方程，即由式(12-20)，有
$$u_1 i_1 + u_2 i_2 = -r i_1 i_2 + r i_1 i_2 = 0$$

上式表示理想回转器既不消耗功率也不发出功率，它是一个无源线性元件。另外，按式(12-20)或式(12-21)，不难证明互易定理不适用于回转器。

从式(12-20)或式(12-21)可以看出，回转器具有把一个端口上的电流"回转"为另一端口上的电压或相反过程的性质。正是这一性质，使回转器具有把一个电容回转为一个电感的本领，这在微电子器件中为用易于集成的电容实现难以集成的电感提供了可能性，下面说明回转器的这一性质。

当在回转器的一端接电容元件时，如图12-13所示，在另一端将等效为电感元件。

若在 2-2′端口接电容元件 C，有 $i_2 = -C\dfrac{\mathrm{d}u_2}{\mathrm{d}t}$，将其代入式(12-20)得

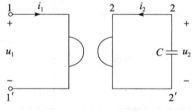

$$u_1 = r^2 C \frac{\mathrm{d}i_1}{\mathrm{d}t}$$

可见 1-1′端口的 VCR 同电感元件的 VCR，等效电感元件的电感值为

图 12-13　电感的实现

$$L = r^2 C$$

即在 2-2′端口接一电容元件 C，从 1-1′端口看入则等效为一电感元件 $r^2 C$。

如果设 $C=1\mu\mathrm{F}$，$r=50\mathrm{k}\Omega$，则 $L=2500\mathrm{H}$。换言之，回转器可把 $1\mu\mathrm{F}$ 的电容回转成 $2500\mathrm{H}$ 的电感。

2. 负阻抗变换器

负阻抗变换器(简称 NIC)也是一个二端口网络，它的电路符号如图12-14a所示。其端口电压和电流关系可以用下列方程表示：

$$\begin{cases} u_1 = u_2 \\ i_1 = k i_2 \end{cases} \tag{12-22}$$

或写为
$$\begin{cases} u_1 = -k u_2 \\ i_1 = -i_2 \end{cases} \tag{12-23}$$

用矩阵形式表示时，式(12-22)、式(12-23)可分别写为

$$\begin{bmatrix} u_1 \\ i_1 \end{bmatrix} = \begin{bmatrix} 1 & 0 \\ 0 & -k \end{bmatrix} \begin{bmatrix} u_2 \\ -i_2 \end{bmatrix} \tag{12-24}$$

$$\begin{bmatrix} u_1 \\ i_1 \end{bmatrix} = \begin{bmatrix} -k & 0 \\ 0 & 1 \end{bmatrix} \begin{bmatrix} u_2 \\ -i_2 \end{bmatrix} \tag{12-25}$$

式中 k 为正实常数。

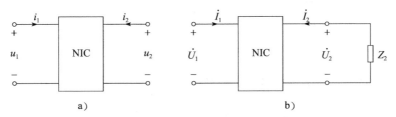

图 12-14　负阻抗变换器

从式(12-24)及图 12-14 可以看出，输入电压 u_1 经过传输后成为 u_2，u_1 等于 u_2，因此电压的大小和方向均没有改变；但是电流 i_1 经过传输后成为 ki_2，即电流经传输后改变了方向，所以该式定义的 NIC 称为电流反向型的 NIC。

从式(12-25)可以看出，输入电压经传输后变为 $-ku_2$，改变了方向，电流却不改变方向。这种 NIC 称为电压反向型的 NIC。下面说明 NIC 把正阻抗变为负阻抗的性质。

在端口 2-2′接上阻抗 Z_2，如图 12-14b 所示，从端口 1-1′看进去的输入阻抗 Z_1 计算如下。

设 NIC 为电流反向型，利用式(12-24)的相量形式，得

$$Z_1 = \frac{\dot{U}_1}{\dot{I}_1} = \frac{\dot{U}_2}{k\dot{I}_2}$$

由于 $\dot{U}_2 = -Z_2 \dot{I}_2$（根据指定的参考方向），

因此

$$Z_1 = -\frac{Z_2}{k}$$

也就是说，输入阻抗 Z_1 是负载阻抗 Z_2 乘以 $\frac{1}{k}$ 的负值。所以，这个二端口网络有把一个正阻抗变换为负阻抗的性质，即当端口 2-2′接上电阻 R、电容 C 或电感 L 时，则在端口 1-1′将变换为 $-\frac{1}{k}R$、$-\frac{1}{k}L$ 或 $-kC$。可见，通过负阻抗变换器可在电路设计中实现负的电阻、电感和电容。

习题 12

12-1　求题 12-1 图所示电路的 Z 参数。

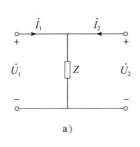

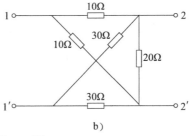

a)　　　　　　　　　　　　　b)

题 12-1 图

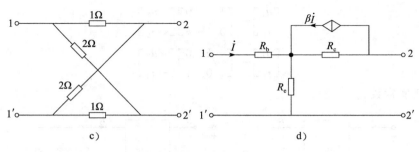

题 12-1 图 （续）

12-2 求题 12-2 图所示二端口网络的 Y 参数。

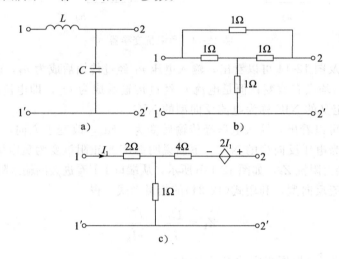

题 12-2 图

12-3 求题 12-3 图所示二端口网络的 A 参数。

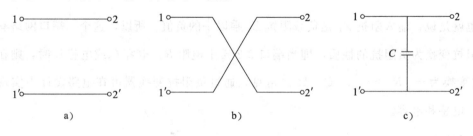

题 12-3 图

12-4 求题 12-4 图所示二端口网络的 H 参数。

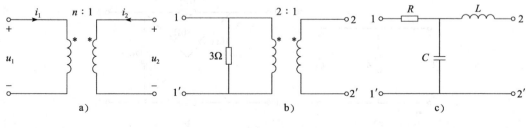

题 12-4 图

12-5 题12-5 图所示电路中，已知对于角频率为 ω 的电源，网络 N 的 Z 参数矩阵为 $\boldsymbol{Z}=$ $\begin{bmatrix} -j16 & -j10 \\ -j10 & -j4 \end{bmatrix}\Omega$，负载电阻 $R_L=3\Omega$，电源内阻 $R_S=12\Omega$，$\dot{U}_S=12\angle 0°\text{V}$。求：

(1) 电压 $\dot{U}_1$ 和 $\dot{U}_2$。

(2) 求网络 N 从 1-1′端口看入的等效阻抗 Z_i。

（提示：由已知的 Z 参数矩阵，可得两个 Z 参数方程，再根据 KVL 对输入回路和输出回路列写方程，联立方程求解，便可得到 $\dot{U}_1$ 和 $\dot{U}_2$ 以及 $\dot{I}_1$，由 $Z_i=\dfrac{\dot{U}_1}{\dot{I}_1}$，便可求得 Z_i。）

12-6 在题12-6 图所示电路中，已知 $Z_1=j4\Omega$，$Z_2=j6\Omega$，$Z_3=2\Omega$，$Z_4=-j2\Omega$。求：

(1) 该电路的 T 形等效电路。

(2) 在输入端口接 $\dot{U}_S=3\angle 0°\text{V}$，内阻为 $Z_S=(1+j2.5)\Omega$ 的信号源，输出端口接 $Z_L=(2+j4.5)\Omega$ 的负载，求负载上的电压 $\dot{U}_2$。

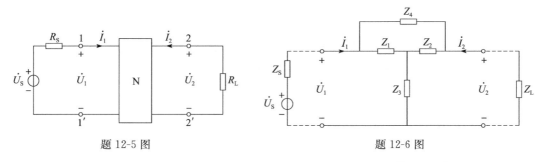

题12-5 图　　　　　　　　　　　　题12-6 图

12-7 题12-7 图所示二端口网络中，网络 N 的 Z 参数矩阵为 $\boldsymbol{Z}=\begin{bmatrix} \dfrac{5}{3} & \dfrac{4}{3} \\ \dfrac{4}{3} & \dfrac{5}{3} \end{bmatrix}\Omega$，试求二端口网络的 A 参数。

12-8 电路如题12-8 图所示，已知电路中网络 N 的 A 参数矩阵为 $\boldsymbol{A}=\begin{bmatrix} 0.5 & j2.5 \\ j0.02 & 1 \end{bmatrix}$，电流源 $\dot{I}_S=1\angle 0°\text{A}$，问负载 Z_L 为何值时，将获得最大功率？并求此最大功率。（提示：根据已知条件，可先求出网络 N 的等效电路，再根据最大功率传输定理去求解。）

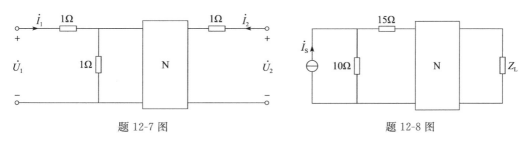

题12-7 图　　　　　　　　　　　　题12-8 图

12-9 题12-9 图所示电路 N 为无源二端网络，Z 参数矩阵为 $\boldsymbol{Z}=\begin{bmatrix} 25 & 15 \\ 15 & 15 \end{bmatrix}\Omega$，电路原已稳

定。$t=0$ 时 S 闭合，求 $t>0$ 时的 $i_L(t)$。

12-10 题 12-10 图所示电路可看作一 T 形二端口网络与理想变压器级联，求复合电路的 A 参数。

（提示：两个二端口网络级联，采用 A 参数较方便。若 N_1 和 N_2 的 A 参数分别为 A' 和 A''，则复合电路的 $A=A'A''$）

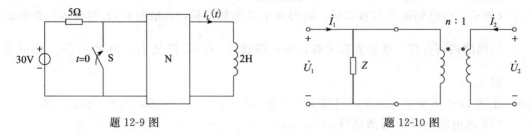

题 12-9 图   题 12-10 图

12-11 试求题 12-11 图所示二端口网络的 A 参数矩阵。

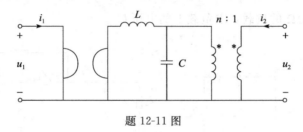

题 12-11 图

第13章

磁路和铁心线圈电路

内容提要：本章介绍磁场的基本知识、铁磁物质的磁性能、磁路及其基本规律。在此基础上，介绍恒定磁通磁路的计算、交变磁通磁路中的波形畸变和能量损耗。最后介绍铁心线圈的电路模型和分析方法。

13.1 磁场的基本物理量和基本性质

根据电磁场理论，一个运动电荷（电流）的周围除产生电场外，还产生磁场，即磁场是由电流产生的。若把载流导体构成的线圈绕在由磁性材料制成的（闭合）铁心上，由于铁磁物质优良的导磁性能，电流所产生的磁力线基本都局限在铁心内，工程上把这种由磁性材料组成的、能使磁力线集中通过的整体，称为磁路。

由于磁路这种形式，用较小的电流，便可获得较强的磁场。因此，凡需要强磁场的场合，都广泛采用磁路来实现，常见的有电机、变压器、电磁铁、电工测量仪表以及其他各种铁磁元件，图 13-1 所示为一变压器的磁路示意图。

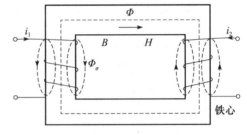

图 13-1　变压器的磁路示意图

磁路问题就是局限于一定路径内的磁场问题，因此磁场的各个基本物理量也适用于磁路，对磁路的分析计算实际上是对电磁场的求解问题。

13.1.1 磁场的基本物理量

1. 磁感应强度和磁通

磁感应强度是磁场的基本物理量，是根据洛仑兹力定义的，它是一个矢量，用符号 B 表示，其方向与磁场的方向一致。运动电荷在磁场中受到磁场力的作用，当运动电荷与磁场的方向垂直时，它所受到的磁力最大，记为 F_{max}。由实验可知，磁场中任意给定点的 F_{max} 与运动电荷所带的电量 q 和运动速度 v 都成正比，即

$$F_{max} \propto qv$$

则磁感应强度 B 的大小为

$$B = \frac{F_{max}}{qv} \tag{13-1}$$

B 的大小只与该点磁场的性质有关，与运动电荷的电量 q、运动速度 v 无关。磁场越强，磁感应强度越大。若磁场内各点的磁感应强度的大小相等、方向相同，这样的磁场称为均匀磁场。

在 SI 制中，力的单位是牛顿（N），电量 q 的单位是库仑（C），速度 v 的单位是米/秒（m/s），则磁感应强度 B 的单位为特［斯拉］（T）。

穿过某一截面 S 的磁感应强度 B 的通量称为磁通量，简称磁通，定义如下：

$$\Phi = \int_S \boldsymbol{B} \cdot \mathrm{d}\boldsymbol{S} \tag{13-2}$$

可见，磁感应强度 B 在某截面 S 上的面积分就是通过该截面的磁通。

对于均匀磁场，磁感应强度 B 与垂直于磁场方向的面积 S 的乘积，称为通过该面积的磁通 Φ，即

$$\Phi = BS \quad \text{或} \quad B = \frac{\Phi}{S} \tag{13-3}$$

由式(13-3)可见，磁感应强度在数值上可以看成与磁场方向垂直的单位面积所通过的磁通，故磁感应强度也称为磁通密度。

磁通的参考方向与产生它的电流方向满足右螺旋定则。

在 SI 制中，磁通的单位是伏秒(V·s)，通常称为韦[伯](Wb)。在工程上有时用电磁制单位麦克斯韦(Mx)，1Wb 相当于 $10^8 \mathrm{Mx}$。

2. 磁场强度和磁导率

磁场强度是描述磁场的另一个物理量，它也是矢量，用符号 H 表示，它与磁感应强度 B，磁介质的磁导率 μ 之间有如下关系：

$$B = \mu H \tag{13-4}$$

由于铁磁物质的磁导率 μ 不是常量，因此在磁路中，式(13-4)所示的关系为非线性关系。

在 SI 制中，磁场强度的单位是安/米(A/m)。在工程上有时用电磁制单位奥斯特(Oe)，1A/m 相当于 $4\pi \times 10^{-3} \mathrm{Oe}$。

磁导率是一个用来表示物质的磁性质的物理量，也就是用来衡量物质导磁能力的物理量，用符号 μ 表示，定义为

$$\mu = \frac{B}{H} \tag{13-5}$$

真空的磁导率 $\mu_0 = 4\pi \times 10^{-7} \mathrm{H/m}$，是一个常数，非铁磁物质的磁导率与 μ_0 相差无几，故一般可将其视为 μ_0 进行计算，$B = \mu_0 H$，B 与 H 成正比，它们之间有线性关系。而铁磁物质的磁导率很大，且大多数铁磁物质的磁导率不是常数，又 $B = \mu H$，故 B 与 H 不成正比，它们之间为非线性关系。

将其他物质的磁导率 μ 与真空磁导率 μ_0 的比称作该物质的相对磁导率，记为 μ_r，则

$$\mu_\mathrm{r} = \frac{\mu}{\mu_0} \tag{13-6}$$

非铁磁物质的 $\mu_\mathrm{r} \approx 1$，即 $\mu \approx \mu_0$；铁磁物质的 μ_r 很大，如硅钢片的 $\mu_\mathrm{r} = 6000 \sim 8000$，而坡莫合金的 μ_r 可达 1×10^5 左右。

在 SI 制中，磁导率的单位是亨/米(H/m)。

13.1.2　磁场的基本性质

磁场的基本性质包括磁通连续性原理和安培环路定律，它们是分析磁路的基础。

1. 磁通连续性原理

磁通 Φ 是由式(13-2)定义的，而磁通连续性原理的内容是：在磁场中，对磁感应强度的任意闭合面的积分为零，即

$$\oint_S \boldsymbol{B} \cdot \mathrm{d}\boldsymbol{S} = 0 \tag{13-7}$$

由于磁力线是闭合的空间曲线，显然，穿进任一闭合面的磁通恒等于穿出此闭合面的

磁通，式(13-7)的成立与磁场中的介质分布无关。

2. 安培环路定律

安培环路定律（也称全电流定律）的内容是：在磁场中，磁场强度沿任意闭合路径的线积分，等于该闭合路径所围面积的全部电流的代数和，即

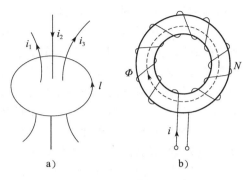

图13-2 安培环路定律示意图

$$\oint_l \boldsymbol{H} \cdot \mathrm{d}\boldsymbol{l} = \sum i \qquad (13\text{-}8)$$

当电流的参考方向与闭合回线的绕行方向符合右螺旋定则时，该电流前取正号，反之取负号。在图13-2a中，式(13-8)可表示为

$$\oint_l \boldsymbol{H} \cdot \mathrm{d}\boldsymbol{l} = i_1 - i_2 + i_3$$

对图13-2b来说，取磁通作为闭合回线，且以其方向作为回线的绕行方向，则有

$$\oint_l \boldsymbol{H} \cdot \mathrm{d}\boldsymbol{l} = Ni$$

其中 N 为线圈的匝数。

13.2 铁磁物质的磁化曲线

铁磁物质主要指铁、镍、钴及其合金，是构成磁路的主要材料，它们的磁导率比真空磁导率 μ_0 大得多，且常与所在磁场的强弱及物质磁状态的历史有关。铁磁物质的磁性能主要由磁化曲线即 $B\text{-}H$ 曲线表示，可以用实验的方法来测定。

13.2.1 起始磁化曲线与磁饱和性

起始磁化曲线如图13-3所示。真空中，$B = \mu H$，故 $B\text{-}H$ 曲线是一条直线，如图13-3中的直线①。曲线②即为起始磁化曲线，指铁磁物质从 $H=0$，$B=0$ 开始磁化，该曲线一般可由实验方法得出，在磁路的计算中非常重要。

可以看出，当外磁场由零逐渐增大时，磁感应强度 B 随着磁场强度 H 开始增加较慢（oa_1 段），然后迅速增长（a_1a_2 段），之后增长率减慢（a_2a_3 段），逐渐趋向于饱和（a_3a_4 段）。

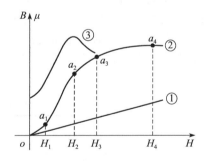

图13-3 铁磁物质起始磁化曲线

由于这条曲线的形状与人腿的形状相似，故把 a_1 点称为趾点，a_2 点称为膝点，a_3 点称为饱和点，a_3 点以上曲线趋于一条直线，其斜率决定于真空的磁导率 μ_0。图13-3中也给出了磁导率 μ 随 H 的变化曲线，即曲线③。

13.2.2 磁滞回线与磁滞性

当铁心线圈中通有交变电流时，铁心就受到交变

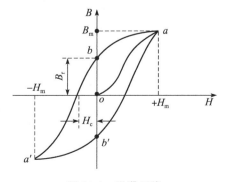

图13-4 磁滞回线

磁化，当电流变化一次时，磁感应强度 B 随磁场强度 H 而变化的关系如图 13-4 所示，称为磁滞回线，它不同于起始磁化曲线。

如果把磁场强度由零增加到 $+H_m$ 值，使铁磁物质达到磁饱和点 a（不超过磁饱和点），相应的磁感应强度为 B_m。当磁场强度 H 减小，磁感应强度 B 也随之减小，但不是按原来上升的起始磁化曲线减小，而是沿着图中的 ab 段减小。当 H 的值减小为零时，B 的值不为零，这种磁感应强度的改变落后于磁场强度改变的现象称为磁滞现象，简称磁滞。对应于 $H=0$ 时的磁感应强度（图 13-4 中的 B_r）称为剩余磁感应强度，简称剩磁。若要消去剩磁，需将铁磁物质反向磁化。当 H 在相反方向增加到 H_c 值时，B 降为零。此磁场强度值 H_c 称为矫顽磁场强度，简称矫顽力。当 H 继续反向增加时，铁磁物质开始反向磁化，当 $H=-H_m$ 时，反向磁化达到饱和点 a'（不超过磁饱和点），当 H 由 $-H_m$ 回到零时，磁感应强度沿 $a'b'$ 变化而完成了一个循环。

由图 13-4 所示磁滞回线的形状，可将铁磁物质分为两大类。一类是软磁材料，它的磁滞回线狭窄，回线面积较小，磁导率高，如硅钢片、铁镍合金、铁淦氧磁体、纯铁、铸铁、铸钢等都是软磁材料，电机、变压器的铁心就是用硅钢片叠成的。另一类是硬磁材料，有较高的剩磁感应 B_r 和较大的矫顽磁力 H_c，它的磁滞回线较宽，如钨钢、钴钢等都是硬磁材料，用来制成永久磁铁。

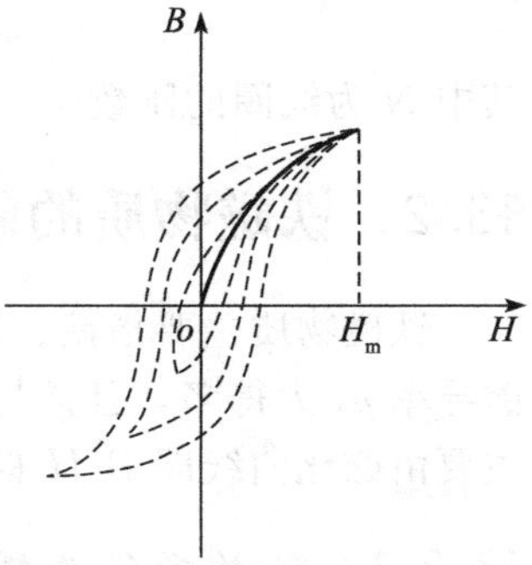

13.2.3　基本磁化曲线

对于同一铁磁物质制成的铁心，取不同的 H_m 值的交变磁场进行反复磁化，将得到一系列磁滞回线，如图 13-5 中虚线所示，将各磁滞回线顶点连成的曲线称为基本磁化曲线，如图 13-5 中实线所示。进行磁路计算时常用基本磁化曲线代替磁滞回线以得到简化，而基本磁化曲线和初始磁化曲线是很接近的，工程上给出的磁化曲线都是基本磁化曲线，有时也用表格的形式给出，称为磁化数据表，需要计算时可查阅。表 13-1 为常用铁磁材料磁化数据表。

图 13-5　基本磁化曲线

表 13-1　常用铁磁材料磁化数据表

一、铸钢（H 的单位为 A/m）

B/T	0	0.01	0.02	0.03	0.04	0.05	0.06	0.07	0.08	0.09
0.4	320	328	336	344	352	360	368	376	384	392
0.5	400	408	415	426	434	443	452	461	470	479
0.6	488	497	506	516	525	535	544	554	564	574
0.7	584	593	603	613	623	632	642	652	662	672
0.8	682	693	703	724	734	745	755	766	776	787
0.9	798	810	823	835	848	860	873	885	898	911
1.0	924	938	953	969	986	1004	1022	1039	1056	1073
1.1	1090	1108	1127	1147	1167	1187	1207	1227	1248	1269
1.2	1290	1315	1340	1370	1400	1430	1460	1490	1520	1555
1.3	1590	1630	1670	1720	1760	1810	1860	1920	1970	2030
1.4	2090	2160	2230	2300	2370	2440	2530	2620	2710	2800
1.5	2890	2990	3100	3210	3320	3430	3560	3700	3830	3960

（续）

二、铸铁（H 的单位为 A/m）

B/T	0	0.01	0.02	0.03	0.04	0.05	0.06	0.07	0.08	0.09
0.5	2200	2260	2350	2400	2470	2550	2620	2700	2780	2860
0.6	2940	3030	3130	3220	3320	3420	3520	3620	3720	3820
0.7	3920	4050	4180	4320	4460	4600	4750	4910	5070	5230
0.8	5400	5570	5750	5930	6160	6300	6500	6710	6930	7140
0.9	7360	7500	7780	8000	8300	8600	8900	9200	9500	9800
1.0	10100	10500	10800	11200	11600	12000	12400	12800	13200	13600
1.1	14000	14400	14900	15400	15900	16500	17000	17500	18100	18600

三、D21 硅钢片（H 的单位为 A/m）

B/T	0	0.01	0.02	0.03	0.04	0.05	0.06	0.07	0.08	0.09
0.8	340	348	356	364	372	380	389	398	407	416
0.9	425	435	445	455	465	475	488	500	512	524
1.0	536	549	562	575	588	602	616	630	645	660
1.1	675	691	708	726	745	765	786	808	831	855
1.2	880	906	933	961	990	1020	1050	1090	1120	1160
1.3	1200	1250	1300	1350	1400	1450	1500	1560	1620	1680
1.4	1740	1820	1890	1980	2060	2160	2260	2380	2500	2640

四、D23 硅钢片（H 的单位为 A/m）

B/T	0	0.01	0.02	0.03	0.04	0.05	0.06	0.07	0.08	0.09
1.0	383	392	401	411	422	433	444	456	467	480
1.1	493	507	521	536	552	568	584	600	616	633
1.2	652	672	694	716	738	762	786	810	836	862
1.3	890	920	950	980	1010	1050	1090	1130	1170	1210
1.4	1260	1310	1360	1420	1480	1550	1630	1710	1810	1910

五、D41 硅钢片（H 的单位为 A/m）

B/T	0	0.01	0.02	0.03	0.04	0.05	0.06	0.07	0.08	0.09
1.0	161	165	169	172	176	180	184	189	194	199
1.1	203	209	215	223	231	240	249	257	266	275
1.2	285	296	307	317	328	338	351	363	377	393
1.3	409	426	444	463	485	507	533	560	585	612
1.4	636	665	695	725	760	790	828	865	903	946
1.5	996									

13.3　磁路及其基本定律

13.3.1　磁路

所谓磁路，就是由磁性材料组成的、能使磁力线集中通过的路径。图 13-6 给出了几种常见的电气设备的磁路。

图 13-6a 是一种单相变压器的磁路，图 13-6b 和图 13-6c 是接触器和继电器的磁路，图 13-6d 是直流电机的磁路，图 13-6e 是电工仪表的磁路。

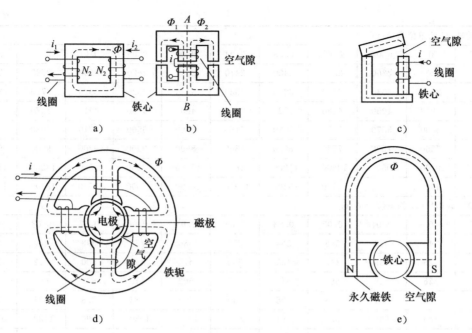

图 13-6　几种常见的电气设备的磁路

　　磁路中的磁通可以分为两部分。绝大部分是通过磁路(包括气隙)闭合的,该部分称为主磁通,用 Φ 表示;小部分是穿出铁心的,通过磁路周围非铁磁物质(包括空气)而闭合的,该部分称为漏磁通,用 Φ_σ 表示,如图 13-7a 所示。工程中采取有效措施,使漏磁通只占总磁通的很小一部分,可将漏磁通略去不计;同时选定铁心的几何中心闭合线作为主磁通的路径,则图 13-7a 可用图 13-7b 来表示。

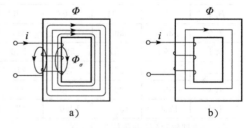

图 13-7　主磁通与漏磁通

13.3.2　磁路的基本物理量

　　磁路分析中所涉及的物理量与磁场中的物理量相同,只是增加了两个新的物理量:磁通势和磁压降。

1. 磁通势

　　将围绕磁路的环形线圈的电流 i 与其匝数 N 的乘积 Ni 称为该线圈电流产生的磁通势,也称为磁动势,简称磁势,用符号 F_m 表示,即

$$F_m = Ni \tag{13-9}$$

磁通势的方向与产生它的线圈电流之间符合右手螺旋定则。磁通势是产生磁通的激励,磁路中磁通势的作用类似于电路中电压源的作用。

　　在 SI 制中,其单位为安[培](A),但有时也用安匝(At)。

2. 磁压降

　　每段磁路中的磁场强度 H 与磁路长度 l 的乘积称为该段磁路的磁压降或磁位差,用符号 U_m 表示,即

$$U_m = Hl \tag{13-10}$$

磁压降的方向与磁场强度 H 的方向一致。

在 SI 制中，磁压降的单位为安［培］（A）。

13.3.3 磁路的基本定律

1. 磁路的基尔霍夫定律

磁路的基尔霍夫定律是由描述磁场性质的磁通连续性原理和安培环路定律推导而得到的，它是分析计算磁路的基础。

（1）磁路的基尔霍夫第一定律

由于磁通的连续性，如果忽略漏磁通，则可认为全部磁通都在磁路内穿过，那么磁路就与电路相似，在一条支路内处处具有相同的磁通。对于有分支磁路，如图 13-8 所示，在磁路分支点作闭合面 a，根据磁通连续性原理，可知穿过闭合面的磁通代数和必为零，即

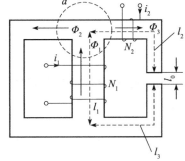

$$-\Phi_1 + \Phi_2 + \Phi_3 = 0 \quad \text{或} \quad \Phi_1 = \Phi_2 + \Phi_3$$

将其写成一般形式，即

$$\sum \Phi = 0 \quad \text{或} \quad \sum \Phi_\text{入} = \Phi_\text{出} \tag{13-11}$$

图 13-8　有分支磁路

式(13-11)为磁路的基尔霍夫第一定律表达式，其内容是：在磁路的分支点所连各支路磁通的代数和等于零。或者说进入分支点闭合面的磁通之和等于流出分支点闭合面的磁通之和。

上述定律在形式上与电路的基尔霍夫电流定律（KCL）相似，故有时把此定律称为磁路的基尔霍夫第一定律。

（2）磁路的基尔霍夫第二定律

磁路可以分为截面积相等、材料相同的若干段，磁路中任意截面上的磁通的分布认为是均匀的，并且各段磁路中的磁场强度处处相同，方向与磁路中心线平行。那么各段磁路中的磁场强度 H 与 $\mathrm{d}l$ 方向相同，式(13-8)所表示的安培环路定律中的矢量点积则简化为标量的乘积，即安培环路定律在磁路中可以简化为如下形式

$$\oint_l H \cdot \mathrm{d}l = H_1 l_1 + H_2 l_2 + \cdots + H_k l_k + \cdots = \sum Ni$$

或表示为

$$\sum Hl = \sum Ni \tag{13-12}$$

若引入磁通势和磁压降，可表示为

$$\sum U_\mathrm{m} = \sum F_\mathrm{m} \tag{13-13}$$

式(13-13)为磁路的基尔霍夫第二定律表达式，其内容是：在磁路的任意闭合回路中，各段磁压降的代数和等于各磁通势的代数和。

上述定律在形式上与电路的基尔霍夫电压定律（KVL）相似，故有时把此定律称为磁路的基尔霍夫第二定律。应用该定律时，要选一绕行方向，磁通的参考方向与绕行方向一致时，该段磁压降取为正号，反之取负号；励磁电流的参考方向与磁路回线绕行方向之间符合右手螺旋关系时，该磁通势取正号，反之取负号。对于图 13-8 所示磁路右侧的闭合路径，由磁路的安培环路定律，可写为

$$H_1 l_1 + H_2 l_2 + H_0 l_0 + H_3 l_3 = N_1 i_1 - N_2 i_2$$

式中 H_1、H_2、H_3、H_0 分别为 l_1、l_2、l_3、l_0 段的磁场强度，绕行方向为顺时针方向。

2. 磁路的欧姆定律

设在磁路中取出某一段由磁导率为 μ 的材料构成的均匀磁路，其横截面为 S，长度为 l，磁路中磁通为 Φ，如图 13-9 所示。则因 $H=\dfrac{B}{\mu}$，$B=\dfrac{\Phi}{S}$，故该段的磁压降（磁位差）为

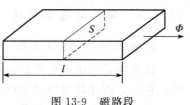

图 13-9　磁路段

$$U_{\mathrm{m}} = Hl = \frac{B}{\mu} \times l = \frac{l}{\mu S}\Phi = R_{\mathrm{m}}\Phi \qquad (13\text{-}14)$$

式中

$$R_{\mathrm{m}} = \frac{l}{\mu S} = \frac{U_{\mathrm{m}}}{\Phi} \qquad (13\text{-}15)$$

称为该段磁路的磁阻，磁阻的倒数称为磁导，用 Λ_{m} 表示，即

$$\Lambda_{\mathrm{m}} = \frac{1}{R_{\mathrm{m}}} = \frac{\mu S}{l} \qquad (13\text{-}16)$$

在 SI 制中，磁阻的单位为每亨（H^{-1}），磁导的单位为亨［利］（H）。

式(13-14)在形式上与电路的欧姆定律表达式相似，反映的是一段磁路磁通与磁压降之间的约束关系，当 R_{m} 为常量（不随 Φ 而变），则又称为磁路的欧姆定律。

需要注意的是，一般情况下不能应用磁路的欧姆定律进行计算，因为铁磁物质的磁导率不是常量，磁阻是非线性的。当对磁路作定性分析时，则可应用磁阻及磁导的概念。

根据以上介绍的磁路基本定律，可见磁路与电路中的有关定律在形式上有相似之处，但两者在本质上是不同的。例如，电路中电流会由于开路而中断，但磁路中有磁通势则必然伴有磁通，即使磁路中有空气隙存在，磁通并不中断。电路中有电流一般就有功率损耗，但在恒定磁通下的磁路却没有功率损耗。磁路的计算涉及磁路各部分的有关尺寸，但对集总参数电路来说，它的计算不涉及任何尺寸问题。

由于电路和磁路中的两类约束方程的相似性，线性磁路（磁阻 R_{m} 为常数）与线性电路的计算类似，如表 13-2 所示。下面举例说明磁路的计算方法。

表 13-2　电路与磁路对比

电路	磁路
电流　I	磁通　Φ
电压降　U	磁压降　U_{m}
电压源电压（电动势）　U_{S}	磁通势　F_{m}
电流密度　$J=\dfrac{I}{S}$	磁通密度　$B=\dfrac{\Phi}{S}$
电阻　$R=\dfrac{l}{\gamma S}$	磁阻　$R_{\mathrm{m}}=\dfrac{l}{\mu S}$
电导　$G=\dfrac{\gamma S}{l}$	磁导　$\Lambda_{\mathrm{m}}=\dfrac{\mu S}{l}$
电路的欧姆定律　$U=RI$	磁路的欧姆定律　$U_{\mathrm{m}}=R_{\mathrm{m}}\Phi$
电路的 KCL　$\sum I=0$	磁通连续性原理　$\sum \Phi=0$
电路的 KVL　$\sum U=\sum U_{\mathrm{S}}$	磁路的安培环路定律　$\sum Hl=\sum F_{\mathrm{m}}$

【例 13-1】　磁路如图 13-10a 所示，已知铁心平均长度 $l=20\mathrm{cm}$，截面积 $S=1\mathrm{cm}^2$，空气隙长度 $l_0=0.2\mathrm{mm}$，铁心材料的相对磁导率 $\mu_{\mathrm{r}}=1000$，若需在磁路中产生磁通 $\Phi=10^{-4}\mathrm{Wb}$，

试求所需的励磁线圈的磁通势 F_m 和空气隙的磁压降 U_{m0}。

　　解　为了便于分析，常用电路图的概念画出相应的磁路图，如图 13-10b 所示。

各部分磁阻可由式(13-15)求取。

空气隙磁阻为

$$R_{m0} = \frac{l_0}{\mu_0 S} = \frac{0.2 \times 10^{-3}}{4\pi \times 10^{-7} \times 10^{-4}}$$
$$= 1.59 \times 10^6 \, H^{-1}$$

铁心磁阻为

$$R_m = \frac{l}{\mu S} = \frac{l}{\mu_r \mu_0 S} = \frac{20 \times 10^{-2}}{10^3 \times 4\pi \times 10^{-7} \times 10^{-4}}$$
$$= 1.59 \times 10^6 \, H^{-1}$$

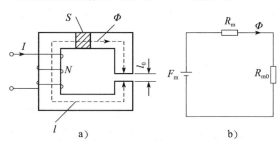

图 13-10　例 13-1 图

由式(13-14)和式(13-13)可得线圈的磁通势为

$$F_m = U_m = \Phi(R_{m0} + R_m) = 10^{-4}(1.59 \times 10^6 + 1.59 \times 10^6) = 318A$$

空气隙的磁压降为

$$U_{m0} = \Phi R_{m0} = 10^{-4} \times 1.59 \times 10^6 = 159A$$

　　由本例的计算结果可见，空气隙虽然很短，它只占磁路平均长度的千分之一，但空气隙的磁压降却占总磁通势的一半。这是由于空气的磁导率比铁磁物质的磁导率小得多的原因，很小的空气隙会有很大的磁阻，因此会有大的磁压降。

13.4　恒定磁通磁路的计算

　　恒定磁通磁路是指磁路中各励磁线圈的电流是直流，即磁路中的磁通和磁通势都是恒定的，有时也称为直流磁路。

　　对磁路的计算一般分为两类问题：一类是预先给定磁通（或磁感应强度），然后按照给定的磁通和磁路的结构及材料去求所需的磁通势；另一类问题是预先给定磁通势，要求求出磁路中的磁通。

　　恒定磁通磁路的线圈中不会产生感应电动势。从电路的角度来看，当线圈两端加直流电压时，其电流只取决于线圈电阻，与磁路的性质无关；从磁路的欧姆定律可知，磁路的磁通势也是恒定的，但磁通的大小却与磁路的性质有关，磁通随磁阻的增加而减小，而铁磁物质的磁阻又与磁路的饱和程度有关，是非线性的。

　　在介绍磁路计算之前，先对有关计算作一说明。

　　1. 磁路的长度

　　在磁路计算中，一般都取其平均长度（中心线长度）作为磁路的长度。

　　2. 磁路的面积

　　（1）铁磁物质部分

　　铁磁物质的截面积用磁路的几何尺寸直接计算。若铁心由涂有绝缘漆的电工硅钢片叠成时，实际铁心有效面积比由几何尺寸算出的截面积要小，需考虑一个小于1的叠装因数 K_{Fe}，K_{Fe} 也称填充因数，与硅钢片的厚度、表面绝缘层的厚度及叠装的松紧程度有关，一般在 $0.9 \sim 0.97$ 之间取值。

　　（2）空气隙部分

　　磁路中有空气隙时，气隙边缘的磁感应线将有向外扩张的趋势，称为边缘效应，气隙越长，边缘效应越显著，其结果使有效面积大于铁心的截面积，如图 13-11 所示。

工程上一般认为，当气隙长度不超过矩形截面短边或圆形截面半径的 1/5 时，可用下面两式计算气隙的有效面积。

矩形截面：

$$S_0 = (a + l_0)(b + l_0) \approx ab + (a + b)l_0 \qquad (13\text{-}17)$$

圆形截面：

$$S_0 = \pi(r + l_0)^2 \approx \pi r^2 + 2\pi r l_0 \qquad (13\text{-}18)$$

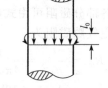

图 13-11　气隙的边缘效应

以上两式中，l_0 为气隙长度，a、b 为矩形截面的长和宽，r 为圆形截面的半径。通常当气隙长度很小时，则可用铁心的截面积替代空气隙的截面积进行计算。

13.4.1　已知磁通求磁通势

无分支磁路的主要特点在于不计及漏磁通时，磁路中处处都有相等的（主）磁通 Φ，如已知磁通和各磁路段的材料及尺寸，可按下述步骤去求磁通势。

1）将磁路按材料和截面积的不同分成若干段，要求每一段磁路具有相同的材料和截面积。

2）按磁路所给尺寸分别计算各段的截面积和平均长度。

3）根据已知的磁通，计算各磁路段的磁感应强度 $B = \dfrac{\Phi}{S}$，由于各磁路段截面积不同，因此磁感应强度就不同。

4）计算相应各段磁路的磁场强度 H。

需查阅对应铁磁材料的基本磁化曲线或磁化数据表，求得每一磁路段的磁场强度。

对于空气隙，可按下式计算磁场强度

$$H_0 = \frac{B_0}{\mu_0} = \frac{B_0}{4\pi \times 10^{-7}} \approx 0.8 \times 10^{-6} B_0 \qquad (13\text{-}19)$$

5）求每一磁路段的磁压降 $U_m (= Hl)$。

6）由式（13-13）求出所需磁通势 $F_m (= NI)$。

将上述计算步骤归纳如下：

$$\Phi \xrightarrow[B=\Phi/S]{} B \xrightarrow[H_0=B_0/\mu_0]{B\text{-}H\text{ 曲线}} H \xrightarrow[U_m=Hl]{} U_m \xrightarrow[F_m=\sum Hl]{} F_m$$

下面用例题来说明磁路的计算。

【例 13-2】　图 13-12a 所示磁路，其尺寸（mm）已标明在图上，所用硅钢片的基本磁化曲线如图 13-12b 所示，设填充因数 $K_{Fe} = 0.90$，励磁绕组的匝数为 120，求在该磁路中获得 $\Phi = 15 \times 10^{-4}$ Wb 所需的电流。

解　1）该磁路为无分支磁路。磁路由硅钢片和空气隙构成，硅钢片部分有两种截面积，故应分为三段来计算。

2）求每段的截面积和平均长度。

$$S_1 = 50 \times 50 \times 0.9 = 2250\,\text{mm}^2 = 22.5 \times 10^{-4}\,\text{m}^2$$

$$l_1 = 2l_1' = 2(100 - 20) = 160\,\text{mm} = 0.16\,\text{m}$$

$$S_2 = 50 \times 20 \times 0.9 = 900\,\text{mm}^2 = 9 \times 10^{-4}\,\text{m}^2$$

$$l_2 = l_2' + 2l_3' = (250 - 50) \times 2 - 2 = 398\,\text{mm} = 0.398\,\text{m}$$

$$S_0 = 20 \times 50 + (20 + 50) \times 2 = 1140 \text{mm}^2 = 11.4 \times 10^{-4} \text{m}^2$$

$$l_0 = 2 \text{mm} = 0.002 \text{m}$$

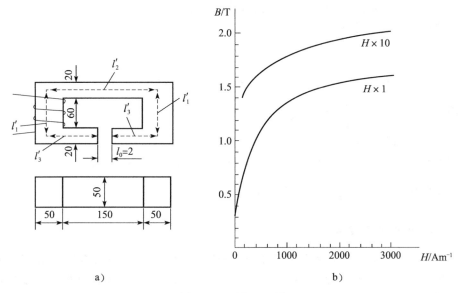

图 13-12 例 13-2 图

3）求每磁路段的磁感应强度。

$$B_1 = \frac{\Phi}{S_1} = \frac{15 \times 10^{-4}}{22.5 \times 10^{-4}} = 0.667 \text{T}$$

$$B_2 = \frac{\Phi}{S_2} = \frac{15 \times 10^{-4}}{9 \times 10^{-4}} = 1.667 \text{T}$$

$$B_3 = \frac{\Phi}{S_3} = \frac{15 \times 10^{-4}}{11.4 \times 10^{-4}} = 1.316 \text{T}$$

4）求每磁路段的磁场强度。

由图 13-12b 所示曲线查得

$$H_1 = 170 \text{A/m}, \quad H_2 = 4500 \text{A/m}$$

由式(13-19)得空气隙的磁场强度为

$$H_0 = 0.8 \times 10^6 B_0 = 10.53 \times 10^5 \text{A/m}$$

5）求每磁路段的磁压降。

$$U_{m1} = H_1 l_1 = 170 \times 0.16 = 27.2 \text{A}$$

$$U_{m2} = H_2 l_2 = 4500 \times 0.398 = 1791 \text{A}$$

$$U_{m0} = H_0 l_0 = 10.53 \times 10^5 \times 0.002 = 2106 \text{A}$$

6）求总磁通势。

$$F_m = U_{m1} + U_{m2} + U_{m0} = 27.2 + 1791 + 2106 = 3924.2 \text{A}$$

由于 $F_m = NI$，故励磁电流为

$$I = \frac{F_m}{N} = \frac{3924.2}{120} = 32.7 \text{A}$$

本例说明：气隙虽小，但对磁路的磁压分配影响很大；l_2 部分的截面积较小，在磁通 $\Phi = 15 \times 10^{-4} \text{Wb}$ 作用下已处于饱和状态（见图 13-12b），使这部分硅钢片的磁导率显著下降，故 U_{m2} 较大，否则空气隙的磁位差所占比例还要高。

【例 13-3】　有一环形铁心线圈，其内径为 10cm，外径为 15cm，铁心材料为铸钢。磁路中含有一空气隙，其长度等于 0.2cm，设励磁线圈中通有 1A 的电流，如要得到 0.9T 的磁感应强度(对应的 $H_1 = 798\text{A/m}$)，试求线圈匝数。

解　磁路的平均长度为

$$l = \frac{10+15}{2} \times \pi = 39.2\text{cm}$$

铁心段　　$H_1 l_1 = 798 \times (39.2 - 0.2) \times 10^{-2} = 311\text{A}$

气隙段　　$H_0 = \dfrac{B_0}{\mu_0} = \dfrac{0.9}{4\pi \times 10^{-7}} = 7.2 \times 10^5 \text{A/m}$

$$H_0 l_0 = 7.2 \times 10^5 \times 0.2 \times 10^{-2} = 1440\text{A}$$

总磁通势　　$F_\text{m} = \sum (Hl) = H_1 l_1 + H_0 l_0 = 311 + 1440 = 1751\text{A}$

所需线圈匝数　　$N = \dfrac{F_\text{m}}{I} = \dfrac{1751}{1} = 1751$

13.4.2　已知磁通势求磁通

由于磁路的非线性，各磁路段的磁阻与磁通的量值有关，在没有求出磁路的磁通之前，不能把各磁路段的磁位差求出来。因此，对已知磁通势求磁通问题，一般可用试探法，其计算步骤如下。

1) 先假设一个磁通值，按此磁通用已知磁通求磁通势的计算步骤求出磁通势。

2) 将计算所得磁通势与已知磁通势加以比较。修正第一次假设的磁通值，并反复修正，直到所得磁通势与已知磁通势相近为止，下面通过例题来说明具体的计算。

【例 13-4】　图 13-13a 所示磁路中，空气隙的长度 $l_0 = 1\text{mm}$，磁路横截面面积 $S = 16\text{cm}^2$，中心线长度 $l = 50\text{cm}$，线圈的匝数 $N = 1250$，励磁电流 $I = 800\text{mA}$，所用铸钢材料的基本磁化曲线如图 14-14b 所示，求磁路中的磁通。

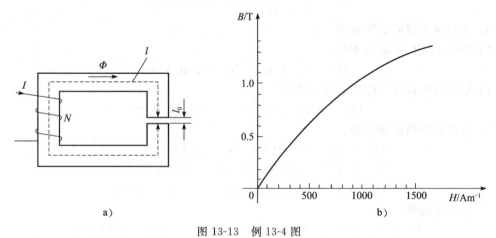

图 13-13　例 13-4 图

解　此磁路由两段构成，各磁路段的面积和平均长度为
铸钢段

$$S_1 = 16\text{cm}^2 = 16 \times 10^{-4}\text{m}^2$$

$$l_1 \approx 50\text{cm} = 0.5\text{m}$$

气隙段(为简化起见，忽略空气隙的边缘效应)

$$S_0 \approx 16 \times 10^{-4}\,\text{m}^2$$
$$l_0 = 0.1\,\text{cm} = 1 \times 10^{-3}\,\text{m}$$

磁路中的磁通势为

$$F_\text{m} = NI = 1250 \times 800 \times 10^{-3} = 1000\,\text{A}$$

由于空气隙的磁阻较大，用试探法时可暂设整个磁路磁通势都用于空气隙中，这样计算出的磁通作为第 1 次试探值，记为 Φ'，即

$$\Phi' = B_0{'}S_0 = \frac{NI\mu_0 S_0}{l_0} = \frac{1000 \times 16 \times 10^{-4} \times 4\pi \times 10^{-7}}{1 \times 10^{-3}} = 20.11 \times 10^{-4}\,\text{Wb}$$

由于设 $S_1 = S_2$，故得磁感应强度为

$$B_1{'} = B_0{'} = \frac{\Phi'}{S_1} = \frac{20.11 \times 10^{-4}}{16 \times 10^{-4}} = 1.26\,\text{T}$$

由图 13-13b 查得

$$H_1{'} = 1410\,\text{A/m}$$

空气隙中的磁场强度为

$$H_0{'} = 0.8 \times 10^6 B_0{'} = 10.08 \times 10^5\,\text{A/m}$$

磁通势为

$$F_\text{m}{'} = H_1{'}l_1 + H_0{'}l_0 = 1410 \times 0.5 + 10.28 \times 10^5 \times 1 \times 10^{-3} = 1713\,\text{A}$$

由于 $F_\text{m}{'} \neq F_\text{m}$，则要进行第 2、第 3…次试探，直至误差小于某一给定值为止。从第 2 次试探起，各次试探值与前一次试探值之间可按下式联系起来。

$$\Phi^{n+1} = \Phi^n \frac{F_\text{m}}{F_\text{m}^n} \tag{13-20}$$

各次试探结果见表 13-3，由表可见，可将第 4 次试探值作为最后的结果，即所求的磁通为

$$\Phi = \Phi^4 = 13.11 \times 10^{-4}\,\text{Wb}$$

另外，还可用试探法和作图相结合的方法，以便更快、更准确地找到所求的磁通。如图 13-14 所示，如果用试探法已求得 Φ_1、Φ_2、Φ_3，都与所求的磁通 Φ 有偏差，可作出 F_m-Φ 曲线，将 a_1、a_2、a_3 点用光滑的曲线连接起来，在这条曲线上，便可得到所求的磁通 Φ，也就是 a 点所对应的磁通。

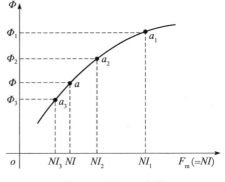

图 13-14　F_m-Φ 曲线

表 13-3　例 13-4 用表

n	$\Phi^n \times 10^{-4}/\text{Wb}$	$B_1 = B_0/\text{T}$	H_1/Am^{-1}	H_0/Am^{-1}	F_m/A	误差 %
1	20.11	1.26	1410	10.08×10^5	1713	+71.3
2	11.74	0.733	640	5.87×10^5	906	-9.4
3	12.94	0.809	680	6.47×10^5	987	-1.3
4	13.11	0.819	694	6.55×10^5	1002	+0.2

显然，试探法实质上是已知磁路磁通求磁通势的多次计算方法。

13.4.3　恒定磁通对称分支磁路计算

对称分支磁路在实际应用中很常见，如图 13-6b 所示的接触器磁路、图 13-6d 所示的电机磁路，都属于这类电路。这种磁路存在着对称轴，如图 13-6b 所示磁路中的 AB 轴。

AB 轴两侧磁路的几何形状完全对称，磁路的磁通也是对称的。当已知对称分支磁路的磁通求磁通势时，只需要取对称轴的一侧磁路计算，即将对称分支磁路转化成了无分支磁路，进而求出整个磁路所需的磁通势。

需要注意的是，取对称轴一侧磁路计算时，中间铁心柱（对称轴）的面积为原铁心柱的一半，中间柱（对称轴）的磁通也减为原来的一半。但磁感应强度和磁通势却保持不变。这种磁路的计算也有两类问题：一类是已知磁通求磁通势；另一类是已知磁通势求磁通。具体的计算步骤及方法同无分支磁路。

13.5   交流铁心线圈电路

上节介绍的是直流激励情况下铁心线圈的稳定状态，当线圈电压给定，其电流决定于线圈电阻，与磁路情况无关，恒定磁通的磁路中没有功率损耗。本节介绍正弦激励下铁心线圈电路的稳定状态，由于电流是交变的，会引起感应电压，电路中的电压、电流关系与磁路有关，且交变的磁通使铁心交变磁化，产生功率损耗，情况要复杂得多。

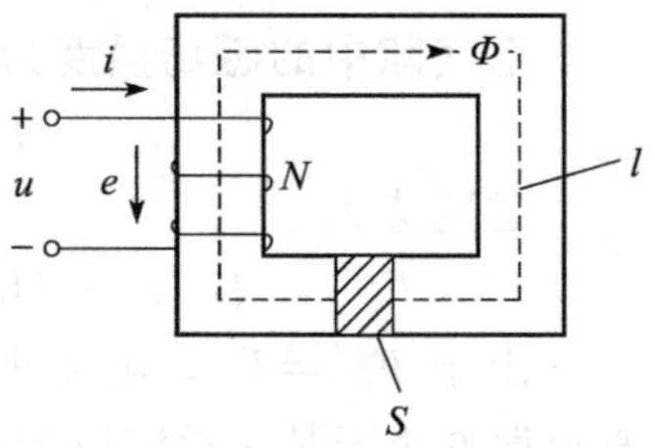

图 13-15   交流铁心线圈

13.5.1   线圈电压和磁通的关系

如图 13-15 所示的交流铁心线圈，忽略线圈电阻及漏磁通，并选择线圈电压 u、电流 i、磁通 Φ 及感应电动势 e 的参考方向如图所示。

根据电磁感应定律，得

$$u = -e = N\frac{\mathrm{d}\Phi}{\mathrm{d}t} \tag{13-21}$$

其中 N 为线圈的匝数。由式(13-21)可见，当电压为正弦量时，磁通也是正弦量，为了得到它们之间的关系，设磁通

$$\Phi = \Phi_{\mathrm{m}}\sin\omega t$$

则

$$u = N\frac{\mathrm{d}\Phi}{\mathrm{d}t} = \omega N\Phi_{\mathrm{m}}\cos\omega t = \omega N\Phi_{\mathrm{m}}\sin\left(\omega t + \frac{\pi}{2}\right) \tag{13-22}$$

可见电压的相位比磁通超前 90°，并得感应电压的有效值与主磁通的最大值的关系为

$$U = \frac{\omega N\Phi_{\mathrm{m}}}{\sqrt{2}} = \frac{2\pi f N\Phi_{\mathrm{m}}}{\sqrt{2}} = 4.44 f N\Phi_{\mathrm{m}} \tag{13-23}$$

式(13-23)是常用的重要公式，该式表明：

1) 电源的频率及线圈的匝数一定时，若线圈电压的有效值 U 不变，则主磁通的最大值 Φ_{m} 不变。

2) 线圈电压的有效值改变时，Φ_{m} 与成 U 正比地改变，而与磁路情况无关，但电流则与磁路有关。

3) 式(13-23)是在不计线圈电阻和漏磁通的情况下推得的，当给定正弦电压激励时，磁通最大值已基本确定，并基本保持为正弦波形。

13.5.2   交变磁通电流和磁通的波形

在正弦电压作用下，铁心线圈中的电流 i 和磁通 Φ 不是线性关系，i 与 Φ 的关系可根据基本磁化曲线求得，由图 13-15，有 $\Phi = BS$，而励磁电流 $i = Hl/N$，所以只要把铁心的

基本磁化曲线上 B 的坐标乘以 S，H 的坐标乘以 l/N，即可获得表示铁心特性的 $\Phi\text{-}i$ 曲线，如图 13-16 所示，其形状与 $B\text{—}H$ 曲线相似。

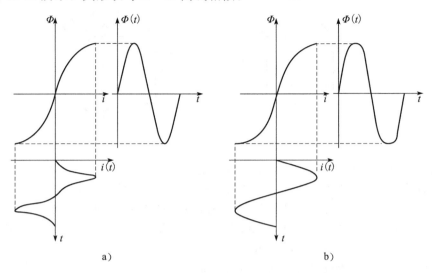

图 13-16 交变磁通电流和磁通的波形

图 13-16 给出了交变磁通电流和磁通的波形，当磁通作正弦变化且工作至饱和区域时，电流具有尖顶波形，如图 13-16a 所示；而当电流作正弦变化且工作至饱和区域时，磁通具有平顶波形，如图 13-16b 所示。若对非正弦的电流和磁通波形进行谐波分析，可见它们都是奇谐波函数，主要含有三次谐波，且随着铁心饱和程度的提高，三次谐波分量就越显著。若电压与磁通的振幅都较小，铁心没有饱和，则电流波形将更接近正弦波。

13.5.3 功率损耗

在交流铁心线圈中，如果磁通随时间变化，铁磁物质的磁滞现象会产生磁滞损耗，电磁感应现象会在铁磁物质中产生涡流，引起涡流损耗。通常把磁滞损耗和涡流损耗的总和称为磁损耗，或称为铁心损耗，简称铁损。

1. 磁滞损耗

磁滞损耗功率与铁磁物质磁滞回线的面积成正比。对同一铁心，磁滞回线的形状与磁感应强度的最大值 B_m 有关。工程上常用下式计算磁滞损耗。

$$P_h = \sigma_h f B_m^n V \tag{13-24}$$

式中 B_m 为磁感应强度最大值，单位为 T；n 由 B_m 值决定，当 $B_m < 1T$ 时，取 $n=1.6$；当 $B_m > 1.6T$ 时，取 $n=2$；f 为工作频率，单位为 Hz；σ_h 是与材料有关的系数；V 为铁心体积，单位为 m^3；P_h 为磁滞损耗，单位为 W。

2. 涡流损耗

铁心中的磁通变化时，不仅线圈中产生感应电动势，铁心中也产生感应电动势，铁心中的感应电动势使铁心中产生旋涡状的电流，称为涡流。涡流在铁心中垂直于磁通方向的平面内流动，如图 13-17 所示，图 a 为实心铁心，图 b 为钢片叠装铁心。涡流会消耗能量使铁心发热，这种能量损耗称为涡流损耗。

工程中常用下式计算涡流损耗

$$P_e = \sigma_e f^2 B_m^2 V \tag{13-25}$$

式中 σ_e 为与铁心材料的电阻率、厚度及磁通波形有关的系数，P_e 为涡流损耗，单位为 W。

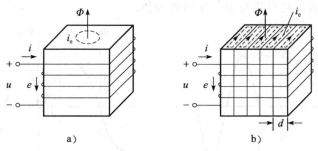

图 13-17　铁心中的涡流

在电机、变压器等电磁设备中，常用两种方法减少涡流损耗：一是增大铁心材料的电阻率，比如可在钢片中渗入硅使其电阻率大为提高；二是把铁心沿磁场方向剖分为许多薄片相互绝缘后再叠合成铁心，可增大铁心中涡流路径的电阻。这两种方法都能有效地减少涡流。在工频下采用的硅钢片有 0.35mm 和 0.5mm 两种规格，而在高频时常采用铁粉心或铁淦氧磁体，这些材料有更大的电阻率。

而在有些场合，涡流也是有用的，如在冶金、机械生产中所用的高频熔炼、高频焊接以及各种感应加热等都是涡流原理的应用。

铁损会使铁心发热、温度升高，对电机、变压器的运行性能影响很大，在实际应用中应采取有效措施，尽量减少铁损。

13.5.4　交流铁心线圈的电路模型

含铁心的线圈是常见的电路器件(元件)，由于铁磁物质的磁饱和性、磁滞性及铁损现象的存在，对其难于建立准确的电路模型而进行精确的分析。本节利用等效正弦波的方法建立铁心线圈在交流电路中的近似电路模型，以便于用相量法进行分析计算。

1. 忽略线圈电阻和漏磁通的作用

当图 13-18a 所示的铁心线圈中通以交变电流时，其中便有交变磁通。

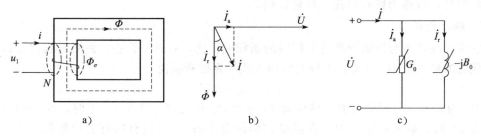

图 13-18　铁心线圈的电压电流关系

假设线圈电阻上电压为 u_R，漏磁通在线圈上的感应电压为 u_σ，主磁通在线圈上的感应电压为 u。当忽略了线圈电阻和漏磁通时，则有线圈端电压 $u_1 \approx u$。

当线圈两端电压 u_1 为正弦量时，由于 $u = N \dfrac{\mathrm{d}\Phi}{\mathrm{d}t}$，主磁通 Φ 也是正弦量，由图 13-16 可知，此时电流为非正弦量，为简化计算便于应用相量法，采用等效正弦电流替代实际非正弦电流，其条件是两者的有效值相等，且有功功率不变。设主磁通 $\Phi = \Phi_m \sin(\omega t)$，则

$$u = N \frac{\mathrm{d}\Phi}{\mathrm{d}t} = N\omega\Phi_m \cos(\omega t) = 2\pi f N\Phi_m \cos(\omega t)$$

其中，N 为线圈的匝数，则感应电压的有效值为

$$U = \frac{N\omega\Phi_m}{\sqrt{2}} = 4.44 fNB_m S$$

式中 B_m 为磁感应强度最大值。

由此得到图 13-18b 所示的相量图，图中等效电流相量有两个分量，分量 $\dot{I}_a$ 与电压相量 $\dot{U}$ 同相（用来计及铁心损耗），$\dot{I}_a$ 为电流 $\dot{I}$ 的有功分量；分量 $\dot{I}_r$ 与磁通相量 $\dot{\Phi}$ 同相，滞后电压 $\dot{U}$ 的相位为 $\pi/2$，称为铁心的磁化电流，$\dot{I}_r$ 为励磁电流 $\dot{I}$ 的无功分量。通常 $\dot{I}_r \gg \dot{I}_a$，α 非常小，称为损耗角。这样便得到了图 13-18c 所示的等效电路模型。

等效电路模型由两条并联支路组成，一条支路为电导 G_0，另一支路为电感 L_0。

假设 P、Q 分别表示铁心的有功功率和无功功率，则有

$$P = I_a U, \quad Q = I_r U$$

则

$$\begin{cases} G_0 = \dfrac{P}{U^2} = \dfrac{P}{(4.44 fNB_m S)^2} \\ B_0 = \dfrac{1}{\omega L_0} = \dfrac{Q}{(4.44 fNB_m S)^2} \end{cases} \tag{13-26}$$

P、Q 与 B_m 的关系是比较复杂的，按交变磁通磁路的观点才可严格计算，由式(13-26)可见，一般来说电导 G_0 和电感 L_0 都不是常数，而是随 B_m 或 U 而变，故在等效电路模型中均用非线性元件表示。

2. 计及线圈电阻和漏磁通的作用

线圈电阻 R 上的电压为

$$\dot{U}_R = R\dot{I}$$

漏磁通产生的感应电压为

$$\dot{U}_\sigma = j\omega L_\sigma \dot{I}$$

式中 $L_\sigma = \phi_\sigma / I$ 为漏电感，由于漏磁通主要经过空气闭合，可认为 ϕ_σ 与 I 之间为线性关系，漏电感 L_σ 可视为常数，则

$$\dot{U}_1 = \dot{U}_R + \dot{U}_\sigma + \dot{U} = R\dot{I} + j\omega L_\sigma \dot{I} + \dot{U} \tag{13-27}$$

式中，$\dot{U}_R = R\dot{I}$ 为线圈电阻上的电压，对应的损耗 $P_{Cu} = RI^2$，称为铜损；$\dot{U}_\sigma = j\omega L_\sigma \dot{I}$ 为漏磁通产生的感应电压；$\dot{U}$ 为主磁通的感应电压。相应的电路模型及相量图如图 13-19 所示，其中 U_R 和 U_σ 一般仅为 U 的长度的百分之几，图中所画是有意放大的。

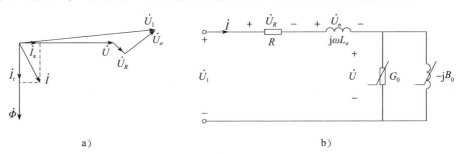

图 13-19 铁心线圈的电路模型及相量图

【例 13-5】 有一铁心线圈，加电压 $u = 311\cos314t\,\mathrm{V}$，其中电流 $i = 0.8\cos(314t - 85°) + 0.25\cos(942t - 105°)\mathrm{A}$，电流不为正弦量，试求等效正弦电流。

解　1）等效正弦电流的有效值等于非正弦周期电流的有效值，则

$$I = \sqrt{\left(\frac{0.8}{\sqrt{2}}\right)^2 + \left(\frac{0.25}{\sqrt{2}}\right)^2} = 0.593\mathrm{A}$$

2）等效正弦电流的有功功率等于非正弦周期电流的有功功率，则

$$P = U_1 I_1 \cos\varphi_1 + U_3 I_3 \cos\varphi_3 = U_1 I_1 \cos\varphi_1 + 0$$
$$= \frac{311}{\sqrt{2}} \times \frac{0.8}{\sqrt{2}} \cos85° = 10.8\mathrm{W}$$

3）求正弦电流与正弦电压之间的相位差。由于 $P = UI\cos\varphi$，则

$$\varphi = \arccos\frac{P}{UI} = \arccos\frac{10.8}{(311/\sqrt{2}) \times 0.593} = 85.2°$$

得等效正弦电流为

$$i = 0.593\sqrt{2}\cos(314t - 85.2°)\mathrm{A}$$

【例 13-6】 已知铁心线圈电阻为 0.1Ω，漏磁感抗为 0.8Ω，外加交流电压 $U_1 = 100\mathrm{V}$，测得电流 $I = 10\mathrm{A}$，有功功率 $P = 200\mathrm{W}$，试求线圈的铜损、铁损，主磁通产生的感应电压 U 和磁化电流 I_r。

解　铁心线圈的相量模型如图 13-19 所示。

铁损　　　　　$P_{\mathrm{Fe}} = P - P_{\mathrm{Cu}} = P - RI^2 = 200 - 0.1 \times 10^2 = 190\mathrm{W}$

功率因数　　　$\cos\varphi = \dfrac{P}{U_1 I} = \dfrac{200}{100 \times 10} = 0.2$

则　　　　　　$\varphi = \arccos0.2 = 78.5°$

取 $\dot{I} = I\angle0° = 10\angle0°\mathrm{A}$，则 $\dot{U}_1 = \angle78.5°\mathrm{V}$，相量图如图 13-20 所示。

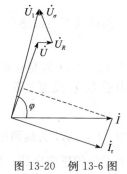

由式(13-27)，得主磁通产生的感应电压为

$$\dot{U} = \dot{U}_1 - \dot{U}_R - \dot{U}_\sigma = \dot{U}_1 - \dot{R}I - \mathrm{j}\omega L_\sigma \dot{I}$$
$$= \dot{U}_1 - (R + \mathrm{j}\omega L_\sigma)\dot{I}$$
$$= 100\angle78.5° - (0.1 + \mathrm{j}0.8) \times 10\angle0°$$
$$= (18.9 + \mathrm{j}90) = 92\angle78.1°\mathrm{V}$$

得　　　　　　$U = 92\mathrm{V}$

图 13-20　例 13-6 图

由相量图，得磁化电流 $I_r = I\sin78.1° = 10\sin78.1° = 9.8\mathrm{A}$

相量图中将 $\dot{U}_R$、$\dot{U}_\sigma$ 放大了，以便于看清楚各相量间关系。

习题 13

13-1　在题 13-1 图所示的磁路中，铁心的平均长度 $l = 100\mathrm{cm}$，铁心各处的截面积均为 $S = 10\mathrm{cm}^2$，空气隙长度 $l_0 = 1\mathrm{cm}$。当磁路中的磁通为 $0.0012\mathrm{Wb}$ 时，铁心中磁场强度为 $6\mathrm{A/cm}$。试求铁心和空气隙部分的磁阻、磁导和磁压降及励磁线圈的磁通势。

13-2　一环形铁心线圈如题 13-2 图所示，磁路平均长度为 $60\mathrm{cm}$，截面积为 $5\mathrm{cm}^2$，铁心由 D21 硅钢片制成，线圈匝数为 8000 匝时。(1) 当铁心内磁通为 $5 \times 10^{-4}\mathrm{Wb}$ 时，求

线圈中的电流；（2）假设铁心开一个空气隙，空气隙长 $l_0 = 0.1$ cm，磁通仍为 5×10^{-4} Wb，求线圈中电流。

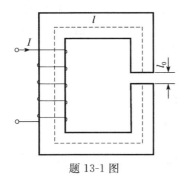

题 13-1 图

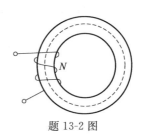

题 13-2 图

13-3 由 D21 硅钢片叠制而成的磁路如题 13-3 图所示，尺寸单位为 mm，线圈匝数为 200。设铁心中磁通为 1.2×10^{-4} Wb，（1）试求线圈中电流；（2）若线圈电流为 0.55A，求铁心中的磁通。

13-4 题 13-4 图为一直流电磁铁。磁路尺寸单位为 cm，铁心由 D21 硅钢片叠成，叠装系数 $K_{\mathrm{Fe}} = 0.92$，衔铁材料为铸钢。要使电磁铁空气隙中的磁通为 3×10^{-3} Wb，试求：（1）所需磁通势；（2）若线圈匝数 $N = 1000$，求线圈的励磁电流。

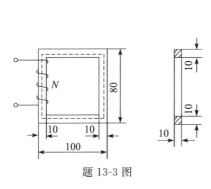

题 13-3 图

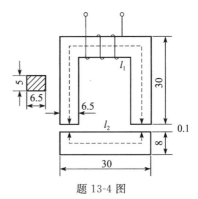

题 13-4 图

13-5 具有空气隙的铁心线圈如题 13-5 图所示，铁心由铸钢制成，尺寸单位为 cm，若励磁线圈的匝数为 1764，试求线圈内通过多大电流时，在空气隙中才能产生 0.00144Wb 的磁通。

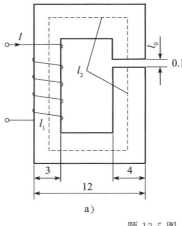

a)

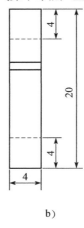

b)

题 13-5 图

（提示：这是一个无分支磁路，已知磁通，求磁通势的问题。首先将磁路分段，计算各段的截面积和长度；由 $B=\Phi/S$ 计算各段的磁感应强度；根据铸钢的磁化数据表（见表 13-1）查出对应各段的磁场强度，最后根据磁路的基尔霍夫第二定律求出电流。）

13-6   由 D21 硅钢片叠装而成的铁心如题 13-6 图所示，尺寸单位为 cm，不计空气隙边缘效应，求欲使铁心中磁通为 4×10^{-3} Wb 时所需磁通势。

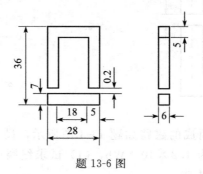

题 13-6 图

习题参考答案

习题 1 答案

1-1 (1)（a）关联，（b）非关联

(2)（a）$p=ui$，（b）非关联 $p=-ui$

(3)（a）发出，（b）发出

1-2 (1)（a）N_1 非关联，N_2 关联

(b)N_1 关联，N_2 非关联

(2)（a）$p_1=-ui$，$p_2=ui$

(b)$p_1=ui$，$p_2=-ui$

1-3 (a) u、i 实际方向与图示一致，$p_a=-ui=-12(W)$（发出）

(b) 当 $2\pi k-\dfrac{\pi}{2}\leqslant\omega t\leqslant2\pi k+\dfrac{\pi}{2}$ 时，u、i 实际方向与图示一致；当 $2\pi k+\dfrac{\pi}{2}<\omega t<$

$2\pi k+\dfrac{3\pi}{2}$ 时，u、i 实际方向与图示相反。$p_b=ui=30\cos^2\omega t(W)$（吸收）

(c) i 的方向与图示相反，u 的方向与图示一致。$p_c=ui=-0.2W$（发出）

(d) u、i 实际方向与图示一致，$P_d=ui=0.1mW$（吸收）

1-4 (a) $u_{ab}=10+2i$，(b) $u_{ab}=-10-2i$

1-5 $p_A=-20W$，$p_B=10W$，$p_C=15W$，$p_D=-5W$

1-6 (a) $P_u=15\times(-2)=-30W$ $P_R=i^2R=(-2)^2\times5=20W$

$P_i=-(P_u+P_R)=10W$

(b) $P_u=-15W$ $P_i=-30W$ $P_R=45W$

1-7 (a) $u=16V$ $P_R+P_u+P_i=128-32-96=0$

(b) $u=8V$ $P_R+P_u+P_i=16-40+24=0$

1-8 $I=4A$

1-9 $I=-7A$

1-10 $i_S=7A$

1-11 $I=1A$

1-12 (a) $i=8A$

(b) $u=0$

(c) $u=-2V$

(d) $i=2A$

1-13 $u=-5V$

1-14 $R_2=0.2\Omega$

1-15 $P_{3A}=36W$

1-16 $u=4V$，$i=2A$，$P_{2i}=-16W$

1-17 $u_A=-2V$

1-18　$u_a=160\text{V}$，$u_b=205\text{V}$

1-19　$u=6\text{V}$

1-20　$u=8\text{V}$

1-21　$P_{u_S}=0$，$P_{I_S}=-6\text{W}$，$P_{发(I_S)}=6\text{W}$

1-22　$I=-0.4\text{A}$，$u_{ab}=10\text{V}$，$u_{cd}=0$

1-23　$\dfrac{u_o}{u_i}=\dfrac{R_2R_3+R_2R_4}{R_2R_3-R_1R_4}$

1-24　$u_o=-R_f\left(\dfrac{u_1}{R_1}+\dfrac{u_2}{R_2}\right)$

习题 2 答案

2-1　(a) $R_{ab}=2\Omega$，(b) $R_{ab}=4\Omega$，(c) $R_{ab}=5\Omega$，(d)$R_{ab}=6\Omega$

2-2　(a) $R_{ab}=7\Omega$，(b) $R_{ab}=4\Omega$

2-3　(a) $R_{ab}=2\Omega$；(b) $R_{ab}=10\Omega$

2-4　(a) $U_S=15\text{V}$，$R_S=5\Omega$　(b) $U_S=40\text{V}$，$R_S=5\Omega$

2-5　4V

2-6　2A

2-7　$U_S=100\text{V}$，$R_0=5\Omega$

2-8　-35W

2-9　(1) $i_S=3\text{mA}$，$R=4\text{k}\Omega$；(2) $i_{R_3}=2\text{mA}$，$P_{R_3}=8\text{mW}$；

　　(3) $P_{R_1}=27\text{mW}$，$P_{R_2}=1.5\text{mW}$，$P_{R_3}=8\text{mW}$；

　　(4) $P_{i_S}\neq P_{u_{S1}}+P_{u_{S2}}$，$P_R\neq P_{R_1}+P_{R_2}$

2-10　0.125A

2-11　$4\text{k}\Omega$

2-12　18W

2-13　$u=-2i+5$

2-14　28V，16Ω

2-15　$i_{SC}=0.5\text{mA}$，$R_0=4\text{k}\Omega$

2-16　2Ω

2-17　3.2Ω

2-18　(a) $(1-\mu)R_1+R_2$；(b) 1Ω

2-19　0.4Ω

2-20　$U=2\text{V}$，$U_{ab}=20\text{V}$

习题 3 答案

3-1　略

3-2　略

3-3　$i_1=\dfrac{5}{9}\text{A}$，$i_2=\dfrac{1}{9}\text{A}$，$i_3=\dfrac{4}{9}\text{A}$

3-4　$I_1=2\text{A}$，$I_2=0\text{A}$，$P_{R3}=20\text{W}$

3-5　(a) $i=-1.6\text{A}$，(b) $u=3.15\text{V}$

3-6　$I=0.5\text{A}$

3-7　$U=12\mathrm{V}$

3-8　$u_x=5\mathrm{V}$

3-9　略

3-10　略

3-11　略

3-12　$U=24\mathrm{V}$

3-13　$I=1\mathrm{A}$

3-14　$I_x=3\mathrm{A}$

3-15　(a) $U=4\mathrm{V}$，(b) $U=6\mathrm{V}$

3-16　略

3-17　$I=0.6578\mathrm{A}$

3-18　1) $i=2\mathrm{A}$，$u=1\mathrm{V}$；2) $i=1\mathrm{A}$，$u=2\mathrm{V}$

3-19　略

3-20　$\dfrac{u_o}{u_S}=-\dfrac{R_2R_4}{R_1R_2+R_2R_3+R_1R_3}$

3-21　$u_o=\left(1+\dfrac{R_6}{R_4}\right)u_{S2}-\dfrac{R_6}{R_4}\left(1+\dfrac{R_3}{R_2}\right)u_{S1}$

习题 4 答案

4-1　$I=-0.9\mathrm{A}$

4-2　$I_S=1\mathrm{A}$

4-3　$I=\dfrac{2}{3}\mathrm{A}$

4-4　$u=68.5\mathrm{V}$

4-5　1) $u_x=150\mathrm{V}$；2) $u_x=160\mathrm{V}$

4-6　1.8 倍

4-7　$U_x=0.5\mathrm{V}$

4-8　$U_2=8\mathrm{V}$，$I_1=0.5\mathrm{A}$

4-9　$u_o=u_S/8$，$u_S'=8u_S$

4-10　$u_o=7u_1+14u_2$

4-11　$R=3\Omega$

4-12　$u_x=-3/2$

4-13　$U=-5\mathrm{V}$

4-14　(a) $u_{OC}=8\mathrm{V}$，$R_0=22/3\Omega$；(b) $u_{OC}=-1\mathrm{V}$，$R_0=99/20\Omega$；(c) $u_{OC}=0\mathrm{V}$，$R_0=7\Omega$；
(d) $u_{OC}=480/17\mathrm{V}$，$R_0=110/17\Omega$

4-15　(a) $i_{SC}=-1\mathrm{A}$，$R_0=6\Omega$；(b) $i_{SC}=1.5\mathrm{A}$，$R_0=30\Omega$；(c) $i_{SC}=4\mathrm{A}$，$R_0=1\Omega$；
(d) $i_{SC}=-30/11\mathrm{A}$，$R_0=11/5\Omega$

4-16　$i=3.53\mathrm{A}$

4-17　(a) $i=1\mathrm{A}$；(b) $i=\dfrac{12}{11}\mathrm{A}=1.1\mathrm{A}$

4-18　$u=5/3\mathrm{V}$

4-19　$u_{OC}=18\mathrm{V}$，$R_0=5\Omega$

4-20　$I = 0.5\text{A}$

4-21　(a) $R_L = 1\text{k}\Omega$，$P_{Lmax} = 0.31\text{W}$；(b) $R_L = 3\Omega$，$P_{Lmax} = 1.2\text{kW}$

4-22　$R_L = 2\Omega$，$P_{Lmax} = 18\text{W}$

4-23　$i_1' = 0.5\text{A}$

4-24　$I_2 = 0.5\text{A}$

4-25　A_1 读数为 1.4A，A_2 读数为 0.2A

4-26　$U_1 = 7.2\text{V}$

4-27　$u_1' = 1.2\text{V}$

4-28　$I_1 = 2\text{A}$，$I_2 = -1\text{A}$

4-29　$U = 2.1\text{V}$

4-30　$i_1 = 3.2\text{A}$，$i_2 = 4.2\text{A}$

4-31　略

习题 5 答案

5-1　(1) $u_1 = 20.8\text{V}$　$u_2 = 20\sin t + 0.8\sin^3 t = 20.5\sin t - 0.2\sin 3t\text{V}$；

　　　(2) $u \neq u_1 + u_2$，$u \neq ku_1$

5-2　3Ω　4Ω

5-3　(1) $U_0 = 0.5\text{V}$，$I_0 = 0.25\text{A}$；(2) $R = 2\Omega$；(3) $R_d = 1\Omega$

5-4　$u = 2i - 1(i < 0\text{A})$，$u = 3i - 2(0 < i < 1\text{A})$，$u = 4i - 3(i > 1\text{A})$

5-5　$i = 2u + 1(u < 0)$，$i = 1.5u + 1(0 < u < 1)$，$i = u + 1.5(u > 1)$

5-6　8.2V，17mA，200mW

5-7　$U_1 = 0.768\text{V}$　$I = 0.864\text{A}$；$U_2 = -20\text{V}$　$I_2 = 32\text{A}$

5-8　4V

5-9　0.94A　0.88mA

5-10　$u = 2.5\text{V}$，$i = 2\text{A}$

5-11　3mA；$U_{OC} = 1\text{V}$　$R_0 = 2\text{k}\Omega$

5-12　$I = 0.1\text{A}$

5-13　24mA　15mA

5-14　$u_S = 0$ 时 $u = 0$，$i = 0$；$u_S = 2\text{V}$ 时 $u = 1\text{V}$，$i = 1\text{A}$；$u_S = 4\text{V}$ 时 $u = 3\text{V}$，$i = 1\text{A}$

5-15　(1) 2V　2A；(2) $2 + 0.3\cos t\text{V}$

5-16　$u(t) = 2 + \dfrac{1}{7}\sin t\text{V}$

习题 6 答案

6-1　(2) $w(1) = 2\text{J}$　$w(2) = 0.5\text{J}$　$w(3) = 0.5\text{J}$

6-3　(1) $C = 2\mu\text{F}$；(2) $Q = 4 \times 10^{-6}\text{C}$；(3) $P = 0$；(4) $w_C = 4 \times 10^{-6}\text{J}$

6-4　(1) $u_L(t) = 10\text{e}^{-200t}\text{V}$　(2) $u_S(t) = 10\text{V}$

6-5　(1) $i(t) = (1 - t)\text{e}^{-t}\text{A}$　$u_L(t) = (t - 2)\text{e}^{-t}\text{V}$；(2) $t = 1\text{s}$　$w_{max} = 0.0677\text{J}$

6-6　(2) $R = 1\text{k}\Omega$　$L = 1\text{H}$

6-7　$R = 1.5\Omega$　$L = 0.5\text{H}$　$C = 1\text{F}$

6-8　$u_{S1} = L_2\dfrac{\text{d}i_{S2}}{\text{d}t}$，$L_1 = L_2$，$i_{S4} = C_3\dfrac{\text{d}u_{S3}}{\text{d}t}$，$C_3 = C_4$

6-9　(1)$C_{ab}=6\mu F$；(2)$L_{ab}=5.2H$

6-10　$C=0.15F$

6-11　(1)$u_L(0^+)=0$　$i_C(0^+)=0$　$i(0^+)=0$　(2)$i_C(0^+)=-2A$　$u_L(0^+)=0V$　$i(0^+)=2A$

6-12　$i_L(0^+)=3.5A$　$u_L(0^+)=-2V$　$i'_L(0^+)=-0.5A/s$

6-13　$u_C(0^+)=6V$　$u_R(0^+)=4V$　$i_C(0^+)=0$　$i_R(0^+)=0.2mA$

6-14　(a)$\tau=3ms$　(b)$\tau=8ms$　(c)$\tau=0.1\mu s$　(d)$\tau=1.5s$

6-15　$u_C(t)=4e^{-2500t}V(t>0)$

6-16　$i_L(t)=e^{-14t}A(t>0)$，$i(t)=8/3-0.8e^{-14t}A(t>0)$，$i_R(t)=0.8e^{-14t}A(t>0)$

6-17　$u_C(t)=6e^{-500t}V$　$i_L(t)=3e^{-10^6 t}mA(t>0)$，$i(t)=-3(e^{-500t}+e^{-10^6 t})mA(t>0)$

6-18　$u(t)=-16e^{-2t}V(t>0)$

6-19　$u_C(t)=5(1-e^{-6\times10^6 t})V(t\geqslant0)$

6-20　$i_L(t)=-0.06(1-e^{-1000t})A$　$u_C(t)=-6e^{-200t}V(t>0)$

6-21　$i(\infty)=0.4A$，$\tau=0.2s$

6-22　$i(t)=1.25-0.25e^{-1.6t}(A)(t>0)$

6-23　$i_L(t)=0.6(1-e^{-100t})A(t>0)$　$i_C(t)=0.15e^{-250t}A(t>0)$

6-24　$i_L(t)=3+e^{-8t}(A)(t>0)$，$i_{Lzi}(t)=4e^{-8t}A(t\geqslant0)$，$i_{Lzs}(t)=3(1-e^{-8t})A(t>0)$，暂态响应分量为 $e^{-8t}A(t>0)$，稳态响应分量为 $3A$

6-25　(a)$i_R(t)=1.5e^{-2t}A(t>0)$　(b)$u_C(t)=-2+4e^{-t}(V)$　$i_C(t)=-2e^{-t}A(t>0)$

6-26　(1)$u_C(t)=(4.75-0.75e^{-\frac{2}{3}\times10^3 t})V(t>0)$　(2)$U_{S2}=4V$

6-27　$i_L(t)=(9-5e^{-5t})A(t>0)$

6-28　$u_C(t)=1.2-0.2e^{-2.5t}(V)$　$t>0$，　$i(t)=0.6-0.1e^{-2.5t}(A)t>0$

6-29　$u_0(t)=\dfrac{5}{8}-\dfrac{1}{8}e^{-t}(V)(t>0)$

6-30　$R=2\Omega$，$L=1.2H$，　$I_S=3A$

6-31　$u_C(t)=4+6(1-e^{-20t})\varepsilon(t)(V)$

6-32　$S_u(t)=1.5(1+e^{-2t})\varepsilon(t)$

6-33　$i_L(t)=(1-e^{-(t-2)})\varepsilon(t-2)+(1-e^{-(t-4)})\varepsilon(t-4)-2(1-e^{-(t-5)})\varepsilon(t-5)+e^{-t}(A)$，$t>0$

6-34　(1)$i_L(t)=(5e^{-5t}-2e^{-2t})A(t\geqslant0)$；(2)$i_L(t)=2(1-4t)e^{-2t}A(t\geqslant0)$；
　　　(3)$i_L(t)=-0.433e^{-2t}\sin3.464tA$

6-35　$u_C(t)=-316\sin316tV(t\geqslant0)$　$i_L(t)=\cos316tA(t\geqslant0)$

6-36　$u_C(t)=6-4e^{-2t}+e^{-4t}(V)$　$i_L(t)=4e^{-2t}-2e^{-4t}(A)(t>0)$

6-37　$i(t)=(1+500t)e^{-500t}-0.4(A)$，$t\geqslant0$

6-38　(1)$0.5(e^{-t}-e^{-2t})\varepsilon(t)$；(2)$(-0.5e^{-t}+e^{-2t})\varepsilon(t)$；
　　　(3)$(e^{-t}-e^{-2t})\varepsilon(t)-(e^{-(t-1)}-e^{-2(t-1)})\varepsilon(t-1)$

6-39　$R\delta(t)-\dfrac{R^2}{L}e^{-\frac{R}{L}t}\varepsilon(t)$

习题 7 答案

7-1　(1)$\dfrac{1}{s}(1-e^{-s})$；(2)$\dfrac{1}{(s+1)^2}$；(3)$\dfrac{s^2-\omega_0^2}{(s^2+\omega_0^2)^2}$；(4)$\dfrac{1}{s-2}-\dfrac{2}{s+1}$

(5) $\dfrac{s+6}{s^2+9}$；　(6) $\dfrac{1}{s}-\dfrac{1}{s+2}$；　(7) $2e^{-s}$；　(8) $\dfrac{s+2}{(s+2)^2+25}$

7-2　(a) $\dfrac{1}{s^2}(1-e^{-s}-se^{-s})$；　(b) $\dfrac{1+e^{-\pi s}}{s^2+1}$；　(c) $\dfrac{1}{es^2}(1-e^{-s}-se^{-s})+\dfrac{1}{s+1}e^{-(s+1)}$

7-3　(1) $\dfrac{1}{s+2}$；　(2) $\dfrac{e^{-(s+2)}}{s+2}$；　(3) $\dfrac{e^2}{s+2}$；　(4) $\dfrac{e^{-s}}{s+2}$

7-4　(a) $\dfrac{A}{Ts^2}-\dfrac{Ae^{-sT}}{s(1-e^{-sT})}$；　(b) $\dfrac{A}{s(1+e^{-sT/2})}$；　(c) $\dfrac{A}{1-e^{-sT}}$

7-5　(1) $F(s)e^{-2s}$；　(2) $F(s)+\dfrac{s}{s^2+25}$；　(3) $0.5F(s+j5)+0.5F(s-j5)$；　(4) $F(s+2)$

7-6　(1)　$\dfrac{1}{s}-\dfrac{1}{s^2}(e^{-2s}-e^{-3s})$；　(2) $\dfrac{1}{s}e^{-s}-\dfrac{1}{s^2}e^{-2s}(1-e^{-s})$；　(3) $[\dfrac{1}{s}-\dfrac{1}{s^2}(e^{-2s}-e^{-3s})]e^{-s}$

7-7　(1) $\dfrac{3}{s^2+9}$；　(2) $\dfrac{3}{(s+1)^2+9}$；　(3) $\dfrac{3s}{(s+1)^2+9}$；　(4) $\dfrac{6(s+1)}{[(s+1)^2+9]^2}$

7-8　(1) 1；　(2) 0；　(3) 1/3；　(4) 1

7-9　(1) 0；　(2) 0；　(3) 不存在；　(4) 1/6；　(5) 2；　(6) 0

7-10　(1) $-e^{-2t}\varepsilon(t)+2e^{-3t}\varepsilon(t)$；　(2) $e^{-t}\sin t\varepsilon(t)$；　(3) $[1+2e^{-2t}\sin t]\varepsilon(t)$；　(4) $e^{-t}-e^{-2t}-te^{-2t}$

7-11　(1) $(e^{-t}+2e^{-2t}-3e^{-3t})\varepsilon(t)$；　　(2) $e^{-t}(2\cos3t+\dfrac{1}{3}\sin3t)\varepsilon(t)$；

　　(3) $(3e^{-2t}+2e^{-3t})\varepsilon(t)+\delta(t)$；　　(4) $e^{-2t}+2\sin t-\cos t$；

　　(5) $(1+t+2e^{-t})\varepsilon(t)$；　　　　　(6) $1+\sqrt{2}\sin(2t-45°)$

7-12　(1) $e^{-2(t-3)}\varepsilon(t-3)$；　　　　　(2) $\sqrt{2}e^{-(t-3)}\cos(t-3+\pi/4)\varepsilon(t-3)+2e^{-t}\sin t\varepsilon(t)$

　　(3) $\dfrac{e}{2}e^{(t-1)}\sin2(t-1)\varepsilon(t-1)+\dfrac{3}{2}e^t\sin2t\varepsilon(t)$；

　　(4) $[e^{-(t-1)}-e^{-2(t-1)}]\varepsilon(t-1)+[e^{-(t-2)}-e^{-2(t-2)}]\varepsilon(t-2)+[e^{-t}-e^{-2t}]\varepsilon(t)$

7-13　(1) $1+e^{-2t}$，$t>0$；　(2) $(e^{-t}-e^{-2t})t>0$；　(3) $(2+6t)e^{-2t}$，$t>0$；　(4) $e^{-3t}\sin4t$，$t>0$

7-14　$e^{-0.5t}\left[\cos\dfrac{\sqrt{3}}{2}t-\dfrac{1}{\sqrt{3}}\sin\dfrac{\sqrt{3}}{2}t\right]$，$t\geqslant0$

7-15　$(e^{-t}-e^{-2t})\varepsilon(t)$A，$(e^{-2t}-e^{-t})\varepsilon(t)$V

7-16　$0.5[e^{-t}(\cos t+\sin t)+1]\varepsilon(t)$

7-17　$2(t-e^{-2t}+e^{-3t})\varepsilon(t)$

7-18　$(2.5+5t-2.5e^{-2t})\varepsilon(t)$

7-19　$(-1/3+4/3e^{-6t}-3/2e^{-5t}+te^{-5t})\varepsilon(t)$

7-20　$(e^{-0.5t}-e^{-t})\varepsilon(t)$

7-21　$2e^{-2t}$V，$t>0$

7-22　$e^{-t}(\cos2t+\sin2t)$，$t\geqslant0$

7-23　$1.716e^{-2t}\cos(3t+29°)$，$t\geqslant0$

7-24　(1) $te^{-t}\varepsilon(t)$；　(2) $i_L(0^-)=1$，$u_C(0^-)=0$

7-25　$(3-0.6e^{-40t})\varepsilon(t)$V，$(4.8\delta(t)+48e^{-40t})\varepsilon(t)$mA

习题 8 答案

8-1　(1) $u_1=50\sqrt{2}\cos(628t+30°)$V，$u_2=100\sqrt{2}\cos(628t+30°)$V；　(2) $\theta_{1,2}=0°$

8-2　$u_1(t)=50\cos(10t+30°)\text{V}$，$u_2(t)=100\sqrt{2}\cos(10t+120°)\text{V}$

8-3　(1) 电阻 $R=5\Omega$；(2) 电容 $C=2\times10^{-3}\text{F}$；(3) 电感 $L=10\text{H}$；(4) 非单一元件

8-4　1 为电阻，$R=10\Omega$；2 为电容，$C=0.02\text{F}$；3 为电感，$L=0.5\text{H}$

8-5　25V

8-6　$R=30\Omega$，$C=79.62\mu\text{F}$

8-7　(a) $Z_{ab}=5-\text{j}5\Omega$，$Y_{ab}=(0.1+\text{j}0.1)\text{S}$

　　(b) $Z_{ab}=\left(\dfrac{4}{5}-\text{j}\dfrac{7}{5}\right)\Omega$，$Y_{ab}=\left(\dfrac{4}{13}+\text{j}\dfrac{7}{13}\right)\text{S}$

　　(c) $Z_{ab}=(150+\text{j}100)\Omega$，$Y_{ab}=(0.0046-\text{j}0.003)\text{S}$

8-8　$I=10\sqrt{2}\text{A}$，$U_S=100\text{V}$

8-9　(a) $\sqrt{2}\angle45°\text{V}$

　　(b) $10\angle0°\text{V}$

　　(c) $8.94\angle-26.6°\text{V}$

8-10　(1) 电流表示数 7.07A；(2) 电流表示数 40.3A

8-11　$i_{ab}=\sqrt{2}\cos(10^3t-90°)\text{A}$

8-12　$i(t)=2\sqrt{2}\cos2t+0.25\sqrt{2}\cos(3t+127.87°)\text{A}$

8-13　$100\sqrt{2}\angle45°\text{V}$

8-14　$i_2(t)=1.12\sqrt{2}\cos(t+60.96°)\text{A}$

8-15　$\dot{I}=7.07\angle-8.13°\text{A}$

8-16　$i_1=3.16\sqrt{2}\cos(2t+18.43°)\text{A}$

8-17　(a) $\dot{U}_{OC}=4.23\angle-39.7°\text{V}$，$Z_0=3.86\angle44.5°\Omega$

　　　$\dot{I}_{SC}=1.1\angle-84.2°\text{A}$，$Y_0=0.26\angle-44.5°\text{S}$

　　(b) $\dot{U}_{OC}=4.47\angle26.6°\text{V}$，$Z_0=(1+\text{j})\Omega$

　　　$\dot{I}_{SC}=3.16\angle-18.4°\text{A}$，$Y_0=(0.5-\text{j}0.5)\text{S}$

8-18　0.36W

8-19　$P=3000\text{W}$，$S=5000\text{V}\cdot\text{A}$

8-20　(1) $P=3\text{W}$，$Q=0\text{var}$，$S=3\text{V}\cdot\text{A}$

　　(2) $P=8.66\text{W}$，$Q=5\text{var}$，$S=10\text{V}\cdot\text{A}$

　　(3) $P=8.66\text{W}$，$Q=-5\text{var}$，$S=10\text{V}\cdot\text{A}$

8-21　$X_C=8\Omega$

8-22　$71\mu\text{F}$

8-23　(1) 21.264A，900W，0.847

　　(2) 5.11Ω，1393W，0.926

　　(3) 51.5μF

8-24　(a) $Z_L=(1-\text{j})\Omega$，$P_{max}=50\text{W}$

　　(b) $Z_L=(500+\text{j}500)\Omega$，$P_{max}=625\text{W}$

8-25　$\dfrac{\dot{U}_o}{\dot{U}_i}=\dfrac{\text{j}\omega}{2-\omega^2+\text{j}4\omega}$，$u_o(t)=0.728\cos(2t+16°)\text{V}$

8-26 $\widetilde{S} = (150 + j625)V \cdot A$, $P = 150W$, $Q = 325var$, $S = 642.7V \cdot A$

8-27 $\dot{U}_{R1} = 51.5\angle -61°V$, $\dot{U}_{R2} = 34.3\angle -61°V$, $\dot{U}_L = 51.5\angle 29°V$, $\widetilde{S} = 1715\angle 31°V \cdot A$

8-28 $I = 6A$, $R_1 = 20\Omega$

8-29 $I_S = 5A$

8-30 $U_L = 8V$

8-31 $\widetilde{S}_{cd} = (8 + j9)V \cdot A$, $Z_{cd} = (8 + j9)\Omega$

8-32 $Z = 22.36\angle 25.56°\Omega$, $P = 2.52W$

8-33 (1) 7.68W；(2) 65W

8-34 $U = 12.7V$, $I = 3.16A$, $P = 19.8W$

8-35 电流表示数 4.27A，电压表示数 73.25V，功率表示数 219W

习题 9 答案

9-1 $i_A = 44\sqrt{2}\cos(314t - 23.1°)A$

9-2 $I_p = 7.6A$ $I_l = 13.16A$

9-3 $I_l = 19A$

9-4 $\dot{I}_A = 13.91\angle -18.44°A$(设 $\dot{U}_{AN}$ 为参考电压)，$\dot{I}_B = 13.91\angle -138.44°A$, $\dot{I}_C = 13.91\angle 101.56°A$

9-5 (1) $\dot{I}_1 = 6.08A$；(2) $Z_Y = 36.18\angle 53.13°\Omega$；(3) $Z_\triangle = 108.31\angle 53.13°\Omega$

9-6 (1) 6.1A；(2) 3348.9W；(3) 18.26A, 6665W；(4) 0A, 1665W

9-7 $\dot{I}_A = 30.1\angle -65.8°A$, $\dot{U}_{A'B'} = 260\angle 36.41°V$(设 $\dot{U}_{AN} = 220\angle 0°V$)

9-8 (1) 22A, $U_{AB} = 1228.2V$

(2) 27780W

9-9 $P_Y = 3333.02W$, $P_\triangle = 10000kW$

9-10 (1) $\dot{I}_A = 5.17\angle 50.56°A$

(2) $\widetilde{S} = 2166 - j2632.7 = 3409.22\angle -50.56°V \cdot A$(设 $\dot{U}_{AN} = 220\angle 0°V$)

9-11 $P_1 = 1666.68W$, $P_2 = 833.34W$

9-12 $U_{AB} = 332.03V$, $\lambda' = 0.991$

9-13 $\dot{I}_A = 38.3\angle 23.4°A$

$\dot{I}_B = 38.3\angle -143.4°A$(设 $\dot{U}_{AN} = 220\angle 0°V$)

$\dot{I}_C = 8.8\angle 120°A$

9-14 $\dot{I}_{BC} = 8.07\angle -8.26A$

$\dot{I}_{CA} = 11\angle 87.6°A$

$\dot{I}_A = 21.2\angle -105°A$

9-15 (1) $\dot{I}_A = 22\angle -30°A$

$\dot{I}_B = 11\angle 180°A$

$\dot{I}_C = 14.67\angle 75°A$

$\dot{I}_N = 12.27\angle -165°A$

(2) $\dot{I}_A = 19.41\angle -44.39°A$

$\dot{I}_B = 13.89\angle 179.27°A$

$\dot{I}_C = 13.4\angle 89.93°A$

9-16　$\dot{I}_{A1} = 2.57\angle -20.56°A$

$\dot{I}_{B1} = 2.57\angle -140.56°A$

$\dot{I}_{C1} = 2.57\angle 99.44°A$

$\dot{I}_{A2} = 5.68\angle -36.87°A(设\dot{U}_{AN}=220\angle 0°V)$

$\dot{I}_{B2} = 5.68\angle -156.87°A$

$\dot{I}_{C2} = 5.68\angle 83.13°A$

$\dot{I}_N = \dot{I}_R = 2.2\angle 0°A$

习题 10 答案

10-1　(a) a 与 d　a 与 e　c 与 e 为同名端;　(b) 1 与 2′ 为同名端

10-2　a 与 d 为同名端

10-3　(a) $\begin{cases} u_1(t)=L_1\dfrac{di_1}{dt}-M\dfrac{di_2}{dt} \\ u_2(t)=-L_2\dfrac{di_2}{dt}+M\dfrac{di_1}{dt} \end{cases}$　(b) $\begin{cases} u_1(t)=L_1\dfrac{di_1}{dt}+M\dfrac{di_2}{dt} \\ u_2(t)=L_2\dfrac{di_2}{dt}+M\dfrac{di_1}{dt} \end{cases}$　(c) $\begin{cases} u_1(t)=L_1\dfrac{di_1}{dt}+M\dfrac{di_2}{dt} \\ u_2(t)=-L_2\dfrac{di_2}{dt}-M\dfrac{di_1}{dt} \end{cases}$

10-4　(a) $u_2(t)=L_2\dfrac{di_2}{dt}-M\dfrac{di_1}{dt}$;　(b) $u_1(t)=-12e^{-2t}V$;　(c) $u_1(t)=\dfrac{M}{L_2}u_2(t)$

10-5　(a) $L_{eq}=8H$;　(b) $L_{eq}=6H$;　(c) $L_{eq}=\dfrac{2}{3}H$;　(d) $L_{eq}=\dfrac{2}{3}H$

10-6　$k=0.89$

10-7　(a) $Z_{ab}=(0.2+j0.6)\Omega$;　(b) $Z_{ab}=-j1\Omega$;　(c) $Z_{ab}=\infty\Omega$

10-8　$u_2(t)=-16e^{-4t}V$

10-9　$\dot{U}_{OC}=30\angle 0°V$; $Z_{eq}=(3+j7.5)\Omega$

10-10　略

10-11　略

10-12　$Z_{ab}=(3+j3)\Omega$; $\dot{I}_1=(2-j2)A$; $\dot{I}_2=2A$

10-13　$i=0A$

10-14　$Z_L=(50-j50)\Omega$, $P_{Lmax}=25W$

10-15　$Z_L=(0.2-j9.8)k\Omega$, $P_{Lmax}=1W$

10-16　$\dot{U}_S=25.5\angle -11.31°V$

10-17　(a) $\dot{I}=1.5\angle 0°A$;　(b) $\dot{I}=5\sqrt{2}\angle 45°A$

10-18　$\dot{I}=4.71\angle 42.7°A$

10-19　$\dot{U}_1=3\angle -150°V$, $\dot{U}_2=3\angle 30°V$

10-20　$n=0.447$

10-21　$n=2$, $P_{Lmax}=1.25W$

10-22　$n_1=8.66$, $n_2=2$, $P_{Lmax}=10/3mW$

10-23　$I_1 = 0\text{A}$，$U_2 = 40\text{V}$

10-24　$i_1(t) = (1.5 - 0.9\text{e}^{-2t})\text{A}(t>0)$，$u_2(t) = 1.8\text{e}^{-2t}\text{V}(t>0)$

10-25　$\dot{U}_0 = 40\sqrt{2}\angle 45°\text{V}$

习题答案 11

11-1　(a) $K_U(\text{j}\omega) = \dfrac{R_2}{R_1 + R_2}\dfrac{1}{1 + \dfrac{1}{\text{j}\omega C(R_1 + R_2)}}$

　　　(b) $K_U(\text{j}\omega) = \dfrac{R_2}{R_1 + R_2}\dfrac{1}{1 + \dfrac{R_1 R_2}{\text{j}\omega C(R_1 + R_2)}}$

11-2　(a) $K_I(\text{j}\omega) = -\dfrac{1}{1 + \text{j}\omega CR}$，截止角频率 $\omega_C = \dfrac{1}{RC}\text{rad/s}$，通频带 $0 \sim \omega_C \text{rad/s}$

　　　(b) $K_I(\text{j}\omega) = -\dfrac{1}{1 + \dfrac{R}{\text{j}\omega L}}$，截止角频率 $\omega_L = \dfrac{R}{L}\text{rad/s}$，通频带 $\omega_C \sim \infty\text{rad/s}$

11-3　$f_0 = 0.796\text{MHz}$，$Q = 80$，$\text{BW} = 9.97\text{kHz}$，$I_0 = 0.1\text{A}$，$U_{L0} = U_{C0} = 80\text{V}$

11-4　$L = 20\text{mH}$，$Q = 50$

11-5　$r = 2.5\Omega$，$L = 0.4\text{H}$

11-6　$R = 10\Omega$，$L = 0.005\text{H}$，$C = 0.5\text{F}$

11-7　(1) $\text{BW} = 23.9\text{kHz}$，$U = 52.5\text{V}$；(2) $R_L = 78\text{k}\Omega$，$U = 31.4\text{V}$

11-8　(1) $f_0 = 15.9\text{kHz}$，$Z_0 = 2\text{M}\Omega$，$\rho = 4\text{k}\Omega$，　$Q = 500$，(2) $U = 20\text{V}$

11-9　$I_2 = 9\text{mA}$

11-10　电流表 A_2 读数为 4.5A

11-11　(1) $L = 0.07\text{H}$，$C = 144.9\mu\text{F}$；(2) $u_L(t) = 330\sqrt{2}\cos(314t - 159°)\text{V}$

11-12　(a) $\omega_{短路} = \sqrt{\dfrac{L_1 + L_2}{L_1 L_2 C}}$；$\omega_{开路} = \sqrt{\dfrac{1}{L_2 C}}$　(b) $\omega_{短路} = \sqrt{\dfrac{1}{(C_1 + C_2)L}}$；$\omega_{开路} = \sqrt{\dfrac{1}{C_2 L}}$

　　　(c) $\omega_{短路} = \sqrt{\dfrac{1}{LC_1}}$；$\omega_{开路} = \sqrt{\dfrac{C_1 + C_2}{LC_1 C_2}}$　(d) $\omega_{短路} = \sqrt{\dfrac{1}{CL_1}}$；$\omega_{开路} = \sqrt{\dfrac{1}{C(L_1 + L_2)}}$

11-13　$L_1 = 0.12\text{H}$，$L_2 = 0.96\text{H}$

11-14　(1) $f = \dfrac{1}{2\pi\sqrt{MC}}$；(2) $f = \dfrac{1}{2\pi\sqrt{L_2 C}}$

11-15　电压表读数为 200V，电流表的读数为 $10\sqrt{2}\text{A}$

11-16　$Z_1 = (5 + \text{j}5)\Omega$

11-17　$u(t) = (-20\sqrt{2}\cos 1000t + 20\sqrt{2}\cos 500t)\text{V}$

11-18　$L_2 = 0.144\text{H}$，$C = 1.44 \times 10^{-3}\text{F}$

11-19　(1) $\omega_0 = \sqrt{\dfrac{1}{CL}}$；(2) 任意值

习题 12 答案

12-1　(a) $\boldsymbol{Z} = \begin{bmatrix} Z & Z \\ Z & Z \end{bmatrix}\Omega$；　　(b) $\boldsymbol{Z} = \begin{bmatrix} 20 & 0 \\ 0 & 8.57 \end{bmatrix}\Omega$；　　(c) $\boldsymbol{Z} = \begin{bmatrix} \dfrac{3}{2} & \dfrac{1}{2} \\ \dfrac{1}{2} & \dfrac{3}{2} \end{bmatrix}\Omega$；

(d) $\boldsymbol{Z}=\begin{bmatrix} R_b+R_e & R_e \\ R_e-\beta R_c & R_c+R_e \end{bmatrix}\Omega$

12-2 　(a) $\boldsymbol{Y}=\begin{bmatrix} -j\dfrac{1}{\omega L} & j\dfrac{1}{\omega L} \\ j\dfrac{1}{\omega L} & j\left(\omega C-\dfrac{1}{\omega L}\right) \end{bmatrix}$S;　(b) $\boldsymbol{Y}=\begin{bmatrix} \dfrac{5}{3} & -\dfrac{4}{3} \\ -\dfrac{4}{3} & \dfrac{5}{3} \end{bmatrix}$S;　(c) $\boldsymbol{Y}=\begin{bmatrix} \dfrac{5}{12} & -\dfrac{1}{12} \\ -\dfrac{1}{4} & \dfrac{1}{4} \end{bmatrix}$S

12-3 　(a) $\boldsymbol{A}=\begin{bmatrix} 1 & 0 \\ 0 & 1 \end{bmatrix}$;　(b) $\boldsymbol{A}=\begin{bmatrix} -1 & 0 \\ 0 & -1 \end{bmatrix}$;　(c) $\boldsymbol{A}=\begin{bmatrix} 1 & 0 \\ j\omega C & 1 \end{bmatrix}$

12-4 　(a) $\boldsymbol{H}=\begin{bmatrix} 0 & n \\ -n & 0 \end{bmatrix}$;　(b) $\boldsymbol{H}=\begin{bmatrix} 0 & 2 \\ -2 & \dfrac{4}{3} \end{bmatrix}$;　(c) $\boldsymbol{H}=\begin{bmatrix} R+\dfrac{j\omega L}{1-\omega^2 LC} & \dfrac{1}{1-\omega^2 LC} \\ \dfrac{1}{1-\omega^2 LC} & \dfrac{j\omega C}{1-\omega^2 LC} \end{bmatrix}$

12-5 　(1) $\dot{U}_1=6$V，$\dot{U}_2=3\angle-36.9°$V；(2) $Z_i=12\Omega$

12-6 　(1) 略；(2) $\dot{U}_2=2.05\angle 9.7°$V

12-7 　$\boldsymbol{A}=\begin{bmatrix} \dfrac{13}{4} & 6 \\ 2 & 4 \end{bmatrix}$

12-8 　50Ω，1W

12-9 　$i_L(t)=2e^{-3t}$A

12-10 　$\boldsymbol{A}=\begin{bmatrix} n & \dfrac{1}{n} \\ \dfrac{n}{Z} & \dfrac{1}{n} \end{bmatrix}$

12-11 　$\boldsymbol{A}=\begin{bmatrix} j\omega Crn & \dfrac{r}{n} \\ n\left(\dfrac{1}{r}-\dfrac{\omega^2 LC}{r}\right) & \dfrac{j\omega L}{rn} \end{bmatrix}$

习题 13 答案

13-1 　$U_m=600$A；$U_{m0}=9550$A，$F_m=10150$A

13-2 　(1) 0.04A；(2) 0.14A

13-3 　(1) 1.41A；(2) 0.805×10^{-4}Wb

13-4 　(1) 2036A；(2) 2.04A

13-5 　0.672A

13-6 　5443A

参 考 文 献

[1]　邱关源. 电路[M]. 4 版. 北京：高等教育出版社，1999.

[2]　李瀚荪. 电路分析基础[M]. 3 版. 北京：高等教育出版社，1993.

[3]　陈洪亮，张峰，田社平. 电路基础[M]. 北京：高等教育出版社，2007.

[4]　于歆杰，朱桂萍，陆文娟. 电路原理[M]. 北京：清华大学出版社，2007.

[5]　胡钋，樊亚东. 电路原理[M]. 北京：高等教育出版社，2011.

[6]　张宇飞，史学军，周井泉. 电路分析基础[M]. 西安：西安电子科技大学出版社，2010.

[7]　张永瑞，杨林耀，张雅兰. 电路分析基础[M]. 2 版. 西安：西安电子科技大学出版社，1998.

[8]　沈元隆，刘陈. 电路分析[M]. 修订版. 北京：人民邮电出版社，2001.

[9]　江泽佳. 电路原理[M]. 3 版. 北京：高等教育出版社，1992.

[10]　吴锡龙. 电路分析导论[M]. 北京：高等教育出版社，1987.

[11]　范世贵. 电路基础[M]. 西安：西北工业大学出版社，1993.

[12]　王曙钊. 电路分析[M]. 西安：西北工业大学出版社，1996.

[13]　霍锡真，侯自立. 电路分析[M]. 北京：北京邮电大学出版社，1994.

[14]　邱关源. 网络理论分析[M]. 北京：科学出版社，1984.

[15]　周守昌. 电路原理[M]. 北京：高等教育出版社，1999.

[16]　周长源. 电路理论基础[M]. 2 版. 北京：高等教育出版社，1996.

[17]　胡翔骏. 电路分析[M]. 北京：高等教育出版社，2002.

[18]　上官右黎. 电路分析基础[M]. 北京：北京邮电大学出版社，2003.

[19]　Hayt W H, Kemmerly J E. Engineering Circuit Analysis[M]. New York：McGraw-Hill Inc，1978.

[20]　Chua L O, Desor C A, Kuh E S. Linear and Nonlinear Circuit[M]. McGraw-Hill Inc，1987.

[21]　Thomas L Floyd. 电路原理[M]. 7 版. 罗伟雄，等译. 北京：电子工业出版社，2005.

[22]　Charles K Alexander, Matthew N O Sadiku. 电路基础[M]. 改编版. 高歌改编. 北京：清华大学出版社，2008.